JN060314

第2種 電気工事士 学科試験 完全合格 テキスト&問題集

2024年版
上期・下期対応!

石原鉄郎／毛馬内洋典 著

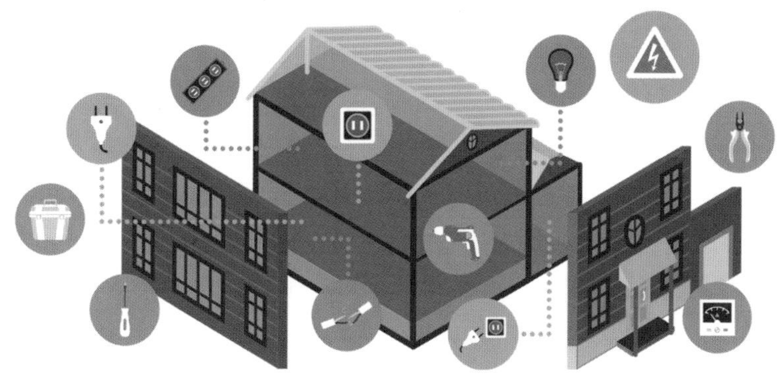

ナツメ社

本書で効率よく勉強する方法

★第２種電気工事士学科試験はかつて出題された問題が数年後、同様な形式で出題されることがよくあります。つまり、「過去問題を何度も解く」ことで勝負が決まると言ってもいいでしょう。

★しかし、「過去問題を解くための知識」が身についていなければ、「解き方」が頭に残りません。本書を次のように読み進めることで、知識が定着しやすくなります。次の表にある日数を目安に勉強すれば、約１か月でひと通り勉強できます。これを３回繰り返せば、試験対策は万全でしょう。

章	内容	勉強方法
第1章	電気の基礎理論	**テキストを読む** （「過去問に挑戦」で知識を定着） ⬇ **「一問一答で総チェック！」** を解く （各章とも２～３日かける）
第2章	配電理論と配電設計	
第3章	電気機器、配線器具、電気工事用の材料と工具	
第4章	電気工事の施工方法	
第5章	電気設備の検査と測定	
第6章	電気工事の関係法令	
第7章	配線図	

章	内容	勉強方法
第8章	鑑別	**赤シート**を使って 名称と図記号と写真を**暗記** （１日５ページ × ４日）

章	内容	勉強方法
別冊	過去問題	４回分の**過去問題**を １日１回分解く

★「8章 鑑別」は、本書の３章、５章、７章の知識をまとめたもので、きちんと暗記できていれば問題はさほど難しくありません。また、１章と２章は電気数学を使った計算問題が出題されるため、苦手意識を持つ受験生が多い科目です。したがって、難易度の低い暗記科目からスタートして３章➡５章➡７章➡８章➡４章➡６章➡１章➡２章と進めるのもよい方法です。

※本書では特に断りの記載がない場合、学科試験は筆記形式試験のことをさしています。

テキスト

1-7 章は出題される科目で構成されており、
各章とも次のような内容になっています。

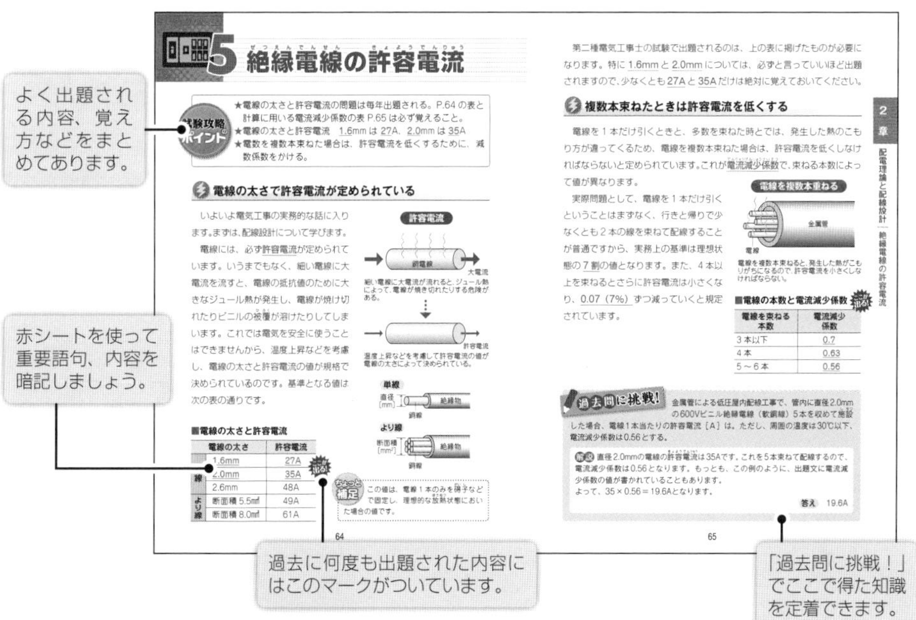

5 絶縁電線の許容電流

試験攻略のポイント
★電線の太さと許容電流の問題は毎年出題される。P.64 の表と計算に用いる電流減少係数の表 P.65 は必ず覚えること。
★電線の太さと許容電流　1.6mm は 27A、2.0mm は 35A
★電数を複数本束ねた場合は、許容電流を低くするために、減数係数をかける。

電線の太さで許容電流が定められている

いよいよ電気工事の実務的な話に入ります。まずは、配線設計について学びます。

電線には、必ず許容電流が定められています。いうまでもなく、細い電線に大電流を流すと、電線の抵抗値のために大きなジュール熱が発生し、電線が焼け切れたりビニルの被覆が溶けたりしてしまいます。これでは電気を安全に使うことはできませんから、温度上昇などを考慮し、電線の太さと許容電流の値が規格で決められているのです。基準となる値は次の表の通りです。

許容電流
銅電線
大電流
細い電線に大電流が流れると、ジュール熱によって、電線が焼き切れたりする危険がある。
許容電流
温度上昇などを考慮して許容電流の値が電線の太さによって決められている。
単線
直径 [mm]
絶縁物
銅線
より線
断面積 [mm²]
絶縁物
銅線

■電線の太さと許容電流

	電線の太さ	許容電流
単線	1.6mm	27A
	2.0mm	35A
	2.6mm	48A
より線	断面積 5.5㎟	49A
	断面積 8.0㎟	61A

ちょっと補足　この値は、電線 1 本のみを碍子などで固定し、理想的な放熱状態においた場合の値です。

64

第二種電気工事士の試験で出題されるのは、上の表に掲げたものが必要になります。特に 1.6mm と 2.0mm については、必ずと言っていいほど出題されますので、少なくとも 27A と 35A だけは絶対に覚えておいてください。

複数本束ねたときは許容電流を低くする

電線を 1 本だけ引くときと、多数を束ねた時とでは、発生した熱のこもり方が違ってくるため、電線を複数本束ねた場合は、許容電流を低くしなければならないと定められています。これが電流減少係数で、束ねる本数によって値が異なります。

実際問題として、電線を 1 本だけ引くということはまずなく、行きと帰りで少なくとも 2 本の線を束ねて配線することが普通ですから、実務上の基準は理想状態の 7 割の値となります。また、4 本以上を束ねるとさらに許容電流は小さくなり、0.07（7%）ずつ減っていくと規定されています。

電線を複数本重ねる
金属管
電線
電線を複数本束ねると、発生した熱がこもりがちになるので、許容電流を小さくしなければならない。

■電線の本数と電流減少係数

電線を束ねる本数	電流減少係数
3 本以下	0.7
4 本	0.63
5～6 本	0.56

過去問に挑戦！　金属管による低圧屋内配線工事で、管内に直径 2.0mm の 600V ビニル絶縁電線（軟銅線）5 本を収めて施設した場合、電線 1 本当たりの許容電流［A］は。ただし、周囲の温度は 30℃以下、電流減少係数は 0.56 とする。

解説　直径 2.0mm の電線の許容電流は 35A です。これを 5 本束ねて配線するので、電流減少係数は 0.56 となります。もっとも、この例のように、出題文に電流減少係数の値が書かれていることもあります。
よって、35 × 0.56 = 19.6A となります。

答え　19.6A

65

2 章　配電理論と配線設計｜絶縁電線の許容電流

一問一答で総チェック！

よく出題される問題を一問一答形式にしたもの。
赤シートで答えを隠して、何度も繰り返し解きましょう。

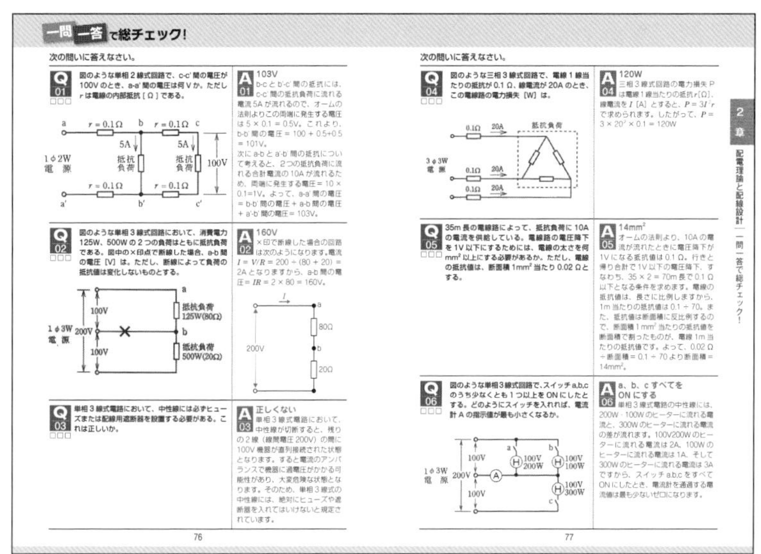

一問一答で総チェック！

次の問いに答えなさい。

Q01　図のような単相 2 線式回路で、c-c' 間の電圧が 100V のとき、a-a' 間の電圧は何 V か。ただし r は電線の内部抵抗［Ω］である。

A01　103V
b-c と b'-c' 間の抵抗には、c-c' 間の抵抗負荷に流れる電流 5A が流れるので、オームの法則よりこの両端に発生する電圧は 5 × 0.1 = 0.5V。これより、b-b' 間の電圧 = 100 + 0.5+0.5 = 101V。
次に a-b と a'-b' 間の抵抗について考えると、2 つの抵抗負荷に流れる合計電流の 10A が流れるため、両端に発生する電圧 = 10 × 0.1=1V。よって、a-a' 間の電圧 = b-b' 間の電圧 + a-b 間の電圧 + a'-b' 間の電圧 = 103V。

Q02　図のような単相 3 線式回路において、消費電力 125W、500W の 2 つの負荷はともに抵抗負荷である。図中の×印点で断線した場合、a-b 間の電圧［V］は。ただし、断線によって負荷の抵抗値は変化しないものとする。

A02　160V
×印で断線した場合の回路は次のようになります。電流 $I = V/R = 200 \div (80 + 20) = 2A$ となりますから、a-b 間の電圧 = $IR = 2 \times 80 = 160V$。

Q03　単相 3 線式電路において、中性線には必ずヒューズまたは配線用遮断器を設置する必要がある。これは正しいか。

A03　正しくない
単相 3 線式電路において、中性線が切断すると、残りの 2 線（線間電圧 200V）の間に 100V 機器が直列接続された状態となります。すると電流のアンバランスで機器に過電圧がかかる可能性があり、大変危険な状態となります。そのため、単相 3 線式の中性線には、絶対にヒューズや遮断器を入れてはいけないと規定されています。

76

次の問いに答えなさい。

Q04　図のような三相 3 線式回路で、電線 1 線当たりの抵抗が 0.1 Ω、線電流が 20A のとき、この電線路の電力損失［W］は。

A04　120W
三相 3 線式回路の電力損失 P は電線 1 線当たりの抵抗 r[Ω]、線電流を I［A］とすると、$P = 3I^2r$ で求められます。したがって、$P = 3 \times 20^2 \times 0.1 = 120W$

Q05　35m 長の電線路によって、抵抗負荷に 10A の電流を供給している。電線路の電圧降下を 1V 以下にするためには、電線の太さを何 mm² 以上にする必要があるか。ただし、電線の抵抗値は、断面積 1mm² 当たり 0.02 Ω とする。

A05　14mm²
オームの法則より、10A の電流が流れたときに電圧降下が 1V になる抵抗値は 0.1 Ω。行きと帰り合計で 1V 以下の電圧降下、すなわち、35 × 2 = 70m 長で 0.1 Ω 以下となる条件を求めます。電線の抵抗値は、長さに比例しますから、1m 当たりの抵抗値は 0.1 ÷ 70。また、抵抗値は断面積に反比例するので、断面積 1 mm² 当たりの抵抗値を断面積で割ったものが、電線 1m 当たりの抵抗値です。よって、0.02 Ω ÷ 断面積 = 0.1 ÷ 70 より断面積 = 14mm²。

Q06　図のような単相3線式回路で、スイッチ a,b,c のうち少なくとも 1 つ以上を ON にしたとする。どのようにスイッチを入れれば、電流計 A の指示値が最も小さくなるか。

A06　a、b、c すべてを ON にする
単相 3 線式電路の中性線には、200W・100W のヒーターに流れる電流と、300W のヒーターに流れる電流の差が流れます。100V200W のヒーターに流れる電流は 2A、100W のヒーターに流れる電流は 1A、そして 300W のヒーターに流れる電流は 3A ですから、スイッチ a,b,c をすべて ON にしたとき、電流計を通過する電流値は最も少ないゼロになります。

77

2 章　配電理論と配線設計｜一問一答で総チェック！

第 2 種電気工事士学科試験　完全合格

テキスト＆問題集　もくじ

第 1 章　電気の基礎理論

第2章 配電理論と配線設計

第3章 電気機器、配線器具、電気工事用の材料と工具

第4章 電気工事の施工方法

第5章 電気設備の検査と測定

第6章 電気工事の関係法令

第7章 配線図

第8章 鑑別

別冊

第2種電気工事士

2023年度 上期 午前・午後　学科試験問題
下期 午前・午後　学科試験問題

本文デザイン・組版：株式会社ウエイド
イラスト：株式会社ウエイド　くぼゆきお
編集協力：パケット
編集担当：山路和彦（ナツメ出版企画）

受験ガイド

電気工事士とは

私たちの生活、経済を支える電気は、常に安全で効率よく使用することが求められます。誤った電気工事を行うことで安全や効率性が失われるばかりでなく、人的被害、物的被害を及ぼす可能性もあります。そのため、国では「電気工事士法」によって、「電気工事を行えるのは電気工事士のみ」と定めています。したがって、住宅や商店、オフィスなどの電気設備や屋内配線は、安全のため、「電気工事士」の免状をもっている人でなければ工事を行うことができません。

電気工事士には「第１種」と「第２種」の２種類があり、対応可能な電気工事に違いがあります。

第２種電気工事士	一般住宅や店舗などの600ボルト以下で受電する設備の工事
第１種電気工事士	第２種の範囲に加え、最大電力500キロワット未満の工場、ビルなどの工事

●受験資格

学歴、年齢、性別、経験等の制限はありません。

●用意するもの（筆記方式の場合）

①受験申込書①（Webでの申し込みも可能）
②写真１枚（受験申込書②兼写真票への貼付用）
③受験手数料
（9,600円　インターネットでの申し込み9,300円）

学科試験にCBT方式が導入されました

これまでの問題用紙とマークシートを用いた**筆記方式**に加えて、パソコンを用いた**CBT方式**（Computer Based Testing）が2023〈令和5〉年より導入されました。**CBT方式**では、定められた約3週間の開催期間内に曜日と時間を選択し、全国約200カ所ある試験会場で受験ができます。また、試験日3日前までに試験会場や日時の変更が可能です。
CBT方式の詳細は、電気技術者試験センターのホームページや「受験案内」を参考にしてください。

●試験科目

試験は、①学科試験と②技能試験によって行われます。学科試験合格者（免除者）だけが技能試験を受けることができます。
なお、学科試験に合格し、その年の技能試験で不合格だった人は、次の年の試験で学科試験が免除されます。
また、電気工事士法で定める電気工学の課程を修めて学校を卒業をした人、電気主任技術者の有資格者、なども申請すれば学科試験が免除されます。

●学科試験の概要（筆記方式の場合）

学科試験	●一般問題、配線図問題 ●４肢択一マークシート方式＊CBT方式も４肢択一式でコンピューター上で解答。 ●試験時間は２時間 ●問題数は全50問（一般問題30問、配線図問題20問） ●合格基準点は60点（約６割の正解が必要） 【試験科目】 1　電気に関する基礎理論 2　配電理論及び配線設計 3　電気機器、配線器具並びに電気工事用の材料及び工具 4　電気工事の施工方法 5　一般用電気工作物の検査方法 6　配線図 7　一般用電気工作物の保安に関する法令

＊2023年（令和５年）学科試験は午前、午後に分けて行われた。

●技能試験の概要

技能試験	●持参した作業工具によって配線図で与えられた問題を支給される材料で40分以内に完成させる問題。 ●事前に発表される公表問題13問の中から１問出題される。 ●合格基準は、作品に「欠陥」がないこと。 【問われる技能内容】 1　電線の接続 2　配線工事 3　電気機器及び配線器具の設置 4　電気機器、配線器具並びに電気工事用の材料及び工具の使用方法 5　コード及びキャブタイヤケーブルの取り付け 6　接地工事 7　電流、電圧、電力及び電気抵抗の測定 8　一般用電気工作物等の検査 9　一般用電気工作物等の故障箇所の修理

問い合わせ先

一般財団法人　電気技術者試験センター
〒104-8584　東京都中央区八丁堀2-9-1（RBM東八重洲ビル８階）
電話　03-3552-7691　　ホームページ　http://www.shiken.or.jp/
Eメール　info@shiken.or.jp

第２種電気工事士　資格取得手続きの流れ

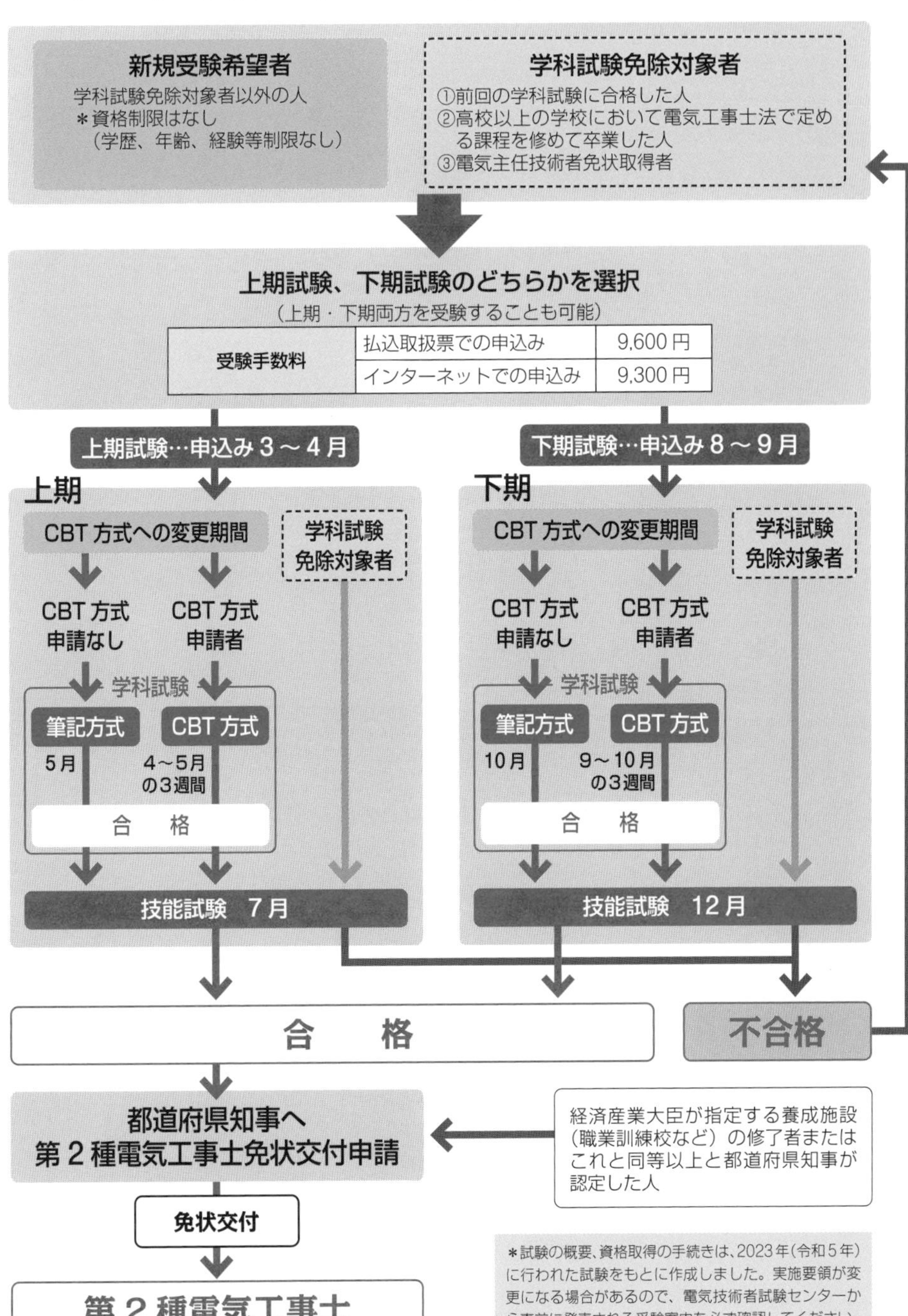

新規受験希望者
学科試験免除対象者以外の人
＊資格制限はなし
（学歴、年齢、経験等制限なし）
学科試験免除対象者
①前回の学科試験に合格した人
②高校以上の学校において電気工事士法で定める課程を修めて卒業した人
③電気主任技術者免状取得者
上期試験、下期試験のどちらかを選択
（上期・下期両方を受験することも可能）
受験手数料
払込取扱票での申込み　9,600円
インターネットでの申込み　9,300円
上期試験…申込み３～４月
下期試験…申込み８～９月
上期
CBT方式への変更期間
学科試験免除対象者
CBT方式申請なし
CBT方式申請者
学科試験
筆記方式
CBT方式
5月
4～5月の3週間
合　格
技能試験　7月
下期
CBT方式への変更期間
学科試験免除対象者
CBT方式申請なし
CBT方式申請者
学科試験
筆記方式
CBT方式
10月
9～10月の3週間
合　格
技能試験　12月
合　格
不合格
都道府県知事へ
第２種電気工事士免状交付申請
経済産業大臣が指定する養成施設（職業訓練校など）の修了者またはこれと同等以上と都道府県知事が認定した人
免状交付
第２種電気工事士
＊試験の概要、資格取得の手続きは、2023年（令和５年）に行われた試験をもとに作成しました。実施要領が変更になる場合があるので、電気技術者試験センターから事前に発表される受験案内を必ず確認してください。

試験対策と受験直前の心構え

★学科試験の合格ラインは60点、つまり全体で50問中30問が正解できれば合格できるということです。極端なことを言えば、自分の苦手な範囲が全滅してしまっても、他の科目でカバーできれば合格する可能性があるということです。

★また、学科試験は科目によって難易度が異なるという特徴があります。人によって得意、不得意科目は違いますが、比較的得点しやすい科目を重点的に勉強したほうが効率的でしょう。なお、本書を使った試験対策はP.2-3を参照してください。

●比較的得点しやすい科目

3　電気機器、配線器具並びに電気工事用の材料及び工具

4　電気工事の施工方法

5　一般用電気工作物の検査方法

6　配線図

7　一般用電気工作物の保安に関する法令

●比較的得点しにくい科目

1　電気に関する基礎理論

2　配電理論及び配線設計

★「比較的得点しやすい科目」は暗記中心の内容になっています。電気記号など慣れないと取っつきにくいものもありますが、赤シートや暗記カードを使うことで自分なりに効率よく覚えられる方法を見つけてください。

★本書での勉強がひと通り終わったら、別冊の「過去問題」は必ず4回とも挑戦してください。最初は60点は難しいかもしれませんが、2回3回と繰り返すことで正解数が大きく増えるはずです。4回とも9割近く得点できるところまで進めてください。

★試験直前（1日～10分前）になったら、「比較的得点しやすい科目」を重点的に復習しましょう。
復習のしかたとしては、次の❶❷が有効です。

❶ ここが出る! がついた内容だけを最初から最後まで追う。（記憶があやふやなところはザッとページをめくって目に焼きつけるだけでも直前の暗記なら効果があります。）

❷「8章 鑑別」を赤シートを使ってできるかぎり繰り返し覚える。

第1章
電気の基礎理論

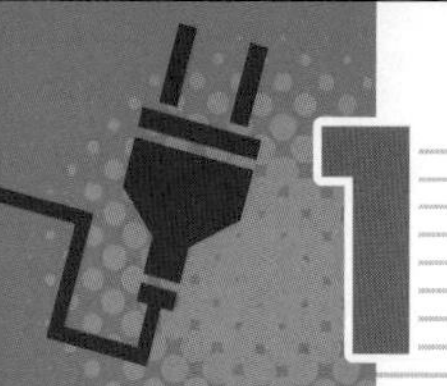

1 電気の正体

★この範囲から試験に出題されることはないが、抵抗率、導電率の知識につながる重要な内容。
★電気の正体は**電子**。世の中のあらゆる物体には**電子**が含まれている。
★電子を流しやすい物体が**導体**（どうたい）、電子を流しにくい物体が**絶縁体**（ぜつえんたい）。

導体、絶縁体、半導体とは？

身の回りで電気が流れるものを挙げてみましょう。まず思いつくのが電線。これらは普通、**銅**という金属でできています。銅は大変電気を通しやすい金属なので、電気をたやすく導く物体、という意味で**導体**といわれます。同様に、金や銀、アルミニウム、鉄なども電気をよく通す物質です。

それでは、電気を通さない物質を挙げるとしたら、何が思いつきますか。プラスチックやゴム、ガラス、空気などが身近な例といえるでしょう。これらの物質は、電流が流れないように縁を切る物体、という意味で**絶縁体**と呼ばれています。導体と絶縁体の中間程度に電気を通す物質は**半導体**（はんどうたい）といいます。

電気の正体は電子

しかし、雷の稲妻の様子を思い出してみてください。空気は絶縁体で、電気を通さない物質です。しかし、雷は空気中を伝わり、雲と地面の間で電気を通します。絶縁体のはずなのになぜでしょう？

物質を形作っている**原子**とい

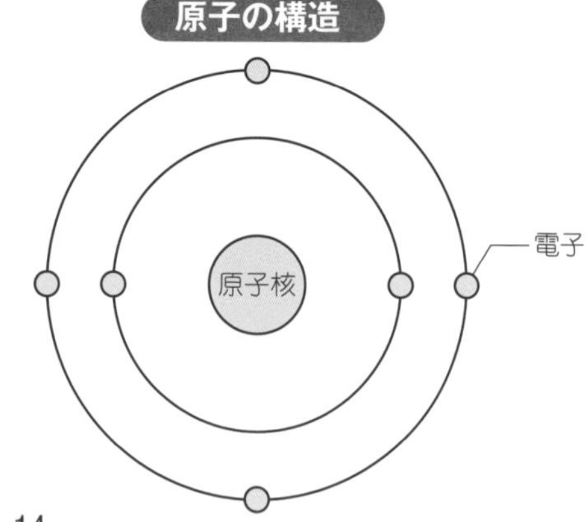

うのは、真ん中に原子核があって、その周囲を**電子**が回っている構造になっています。私たちが住んでいる宇宙は、原子が存在しない真空の場所と、何らかの原子で構成されています。もちろん私たちの体も、水や炭素などの原子の集まりですから、電子をたくさん持っています。銅や金、銀などの金属の中も電子でいっぱいですし、空気も窒素や酸素、二酸化炭素などで構成されていますので、やはり大量の電子を含んでいます。

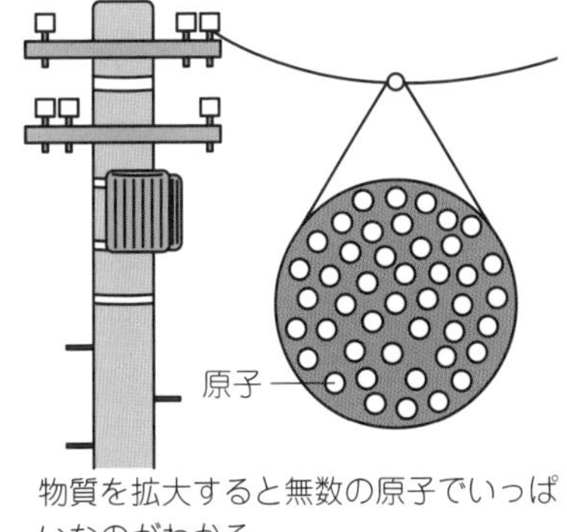

物質を拡大すると無数の原子でいっぱいなのがわかる。

導体、半導体、絶縁体と電子の動きやすさの関係

ある物体が導体なのか絶縁体なのかは、その物体に含まれる電子を容易に動かすことができるのか、それとも容易には動かすことができないのかによって決まります。空気を構成する窒素や酸素、二酸化炭素などは容易に電子が動かない性質を持っていますが、雷のような極めて大きな力で電子を動かそうとすると、その力に対抗しきれず電流を流してしまうわけです。

物体はすべて大量の電子を持っていますが、その電子が弱い力で容易に動くのが**導体**、少し力を加えると動くのが**半導体**、そして強力な接着剤で固定されているかのごとく、極めて大きな力を与えてやるとようやく電子が動くのが**絶縁体**なのです。

ちょっと補足

静電気と動電気

私たちの身近にある電気の代表例は**静電気**（せいでんき）でしょう。冬の乾燥する時期、金属に触ったとたんにパチッと放電するあれです。この静電気を連続的に流し続け、電球を光らせるなどということはできません。

絶縁体の中にある電子は、ちょっとやそっとの力（電圧）を加えても飛び出すことはありませんが、電圧を大きくしていき、いよいよとなると一気に飛び出します。これが静電気の「パチッ」の正体です。

それに対して導体の中の電子は、少しの力を加えるだけでどんどん流れていきます。これが**動電気**（どうでんき）で、コンセントや乾電池などから導線を使って電気を導き、電球などで消費することができます。

2 オームの法則

試験攻略のポイント

★オームの法則を使って解く問題が必ず出る。変形式もあわせて覚えておく。
★オームの法則……電流は電圧に比例し、抵抗に反比例する。
★オームの法則［公式］　電流＝$\frac{\text{電圧}}{\text{抵抗}}$
★電流は電子の流れる量、電圧は電子を流そうとする勢いの大きさ、抵抗は電子の流れにくさ、と覚えておくと公式を思い出しやすい。
★ P.17にある抵抗と直流電源の記号を覚えておくこと。

電子の流れを水の流れにたとえる

電気の正体は、物質を構成する原子中の電子であるとお話ししました。電子の流れを電流といい、ちょうどホースの中を水が流れているのと同じように導線の中を流れていきます。

このとき、ホースが太ければ一度に大量の水を流すことができますが、細いホースだとあまり多くの水を流せません。また、水を押し流す勢いを強くするほど大量の水が流れますが、ホースが細いとたくさんの水は流れませんし、ホースが長いと、やはり抵抗が強くなるため水は流れにくくなります。

水の流れる量と水を押し流す力とホースの太さの関係

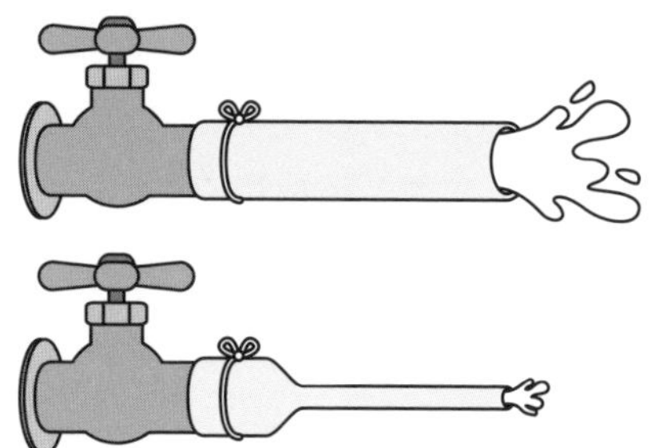
ホースが太ければ一度に大量の水を流すことができるが、細いホースだとあまり多くの水を流せない。

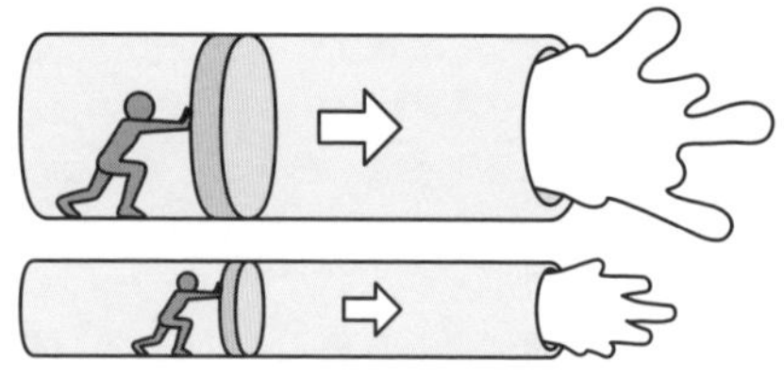
水を押し流す勢いを強くすればするほど大量の水が流れるが、ホースが細かったり長かったりすると水は流れにくい。

オームの法則

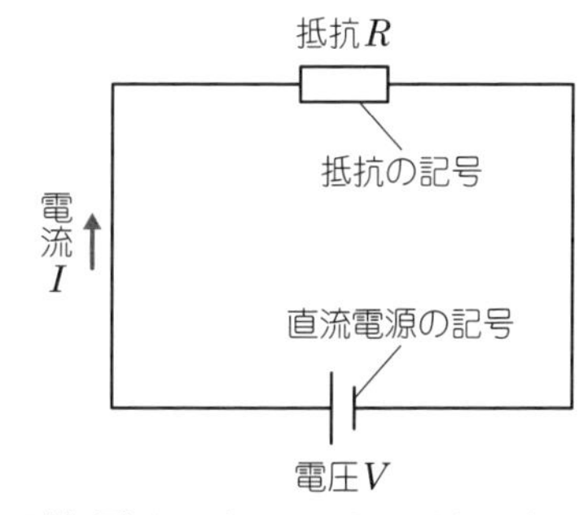

このとき、水を電気に置き換えてみましょう。電気（水）を押し流そうとする勢いの大きさを**電圧**、電気（水）が流れる量を**電流**、電気（水）の流れにくさを**抵抗**といいます。水の例でイメージできるように、電圧・電流・抵抗の間には、「電流の大きさは電圧の大きさに**比例**し、抵抗の大きさに**反比例**する」という関係が成り立ちます。この法則は、発見者であるドイツ人物理学者オームの名をとって**オームの法則**と言われており、次の公式で表すことができます。

●オームの法則［公式］

$$I=\frac{V}{R}\quad\left(\begin{array}{l}I:\text{電流［A］}\\V:\text{電圧［V］}\\R:\text{抵抗［Ω］}\end{array}\right)$$

（水が流れる量＝$\frac{\text{水を押し流す勢いの大きさ}}{\text{ホースの水の流れにくさ}}$）

これも覚えておこう!

電圧、電流、抵抗の記号と単位

電流と電圧、抵抗、それぞれの記号と単位をまとめておきます。
この記号でオームの法則を表すと次のようになります。

電流 $I=\frac{\text{電圧}\ V}{\text{抵抗}\ R}$ ➡ 変形すると $V=R\cdot I$　$R=\frac{V}{I}$

	記号	単位
電流	I	A：アンペア
電圧	V	V：ボルト
抵抗	R	Ω：オーム

過去問に挑戦!

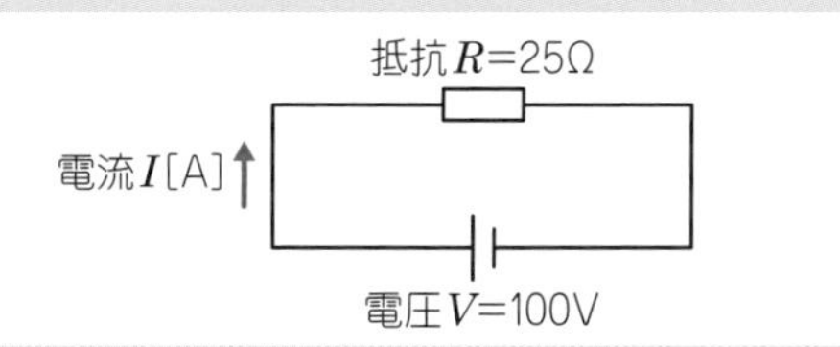

100V の直流電源に 25 Ωの抵抗を持つ電動機をつなげた。このとき、この回路に流れる電流はいくらか。

解説 オームの法則の公式に数値を当てはめると、電流 $I=\frac{\text{電圧 100［V］}}{\text{抵抗 25［Ω］}}=4$ A

答え 4A

3 抵抗率（ていこうりつ）

試験攻略のポイント

★導線の長さ、断面積、抵抗率を使って抵抗値を求める問題がよく出題される。
★抵抗値は導線の長さに**比例**し、導線の断面積に**反比例**する。
★ P.19 にある「抵抗値と導線の長さと導線の断面積の関係式」は必ず暗記。計算問題を解くときには、単位をあわせることを忘れないようにする。

抵抗値と導線の長さ、断面積の関係

電流を流すための電線は、銅などの金属でできています。「超伝導」という、特殊な条件下で電線の抵抗がゼロになってしまうという物理現象もありますが、それは例外で、どんなに電気をよく通す金属でも一定の**抵抗値**を持っています。電気を扱ううえで、抵抗は切り離せないものですから、これについて水とホースの例えを用いて考えてみましょう。

ある太さ・長さの電線を用意したとして、長さを２倍や半分にしたり、太さを２倍や半分にしたら抵抗はどう変化するでしょうか。

ホースに水を流す場合を思い浮かべてみると、ホースは長ければ長いほど、

水の流れる量とホースの太さ・長さの関係

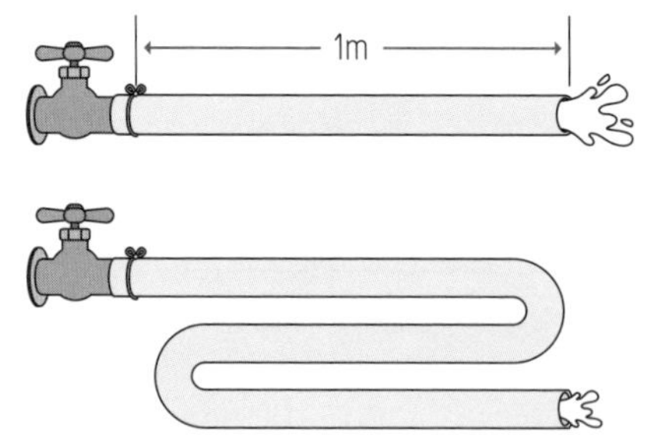

1m程度の短いホースでは勢いよく水が流れるが、何十mの長いホースではあまり勢いよく流れない。

太さを２倍にすると、同じ長さでも水は勢いよく流れる。

水に対する抵抗は大きくなります。水道の栓に1m程度の短いホースをつなぎ、水栓を全開にするとすごい勢いで水が流れます。しかし、30mや50mの長いホースをつないだ場合は、全開にしてもあまり勢いよく水は流れません。

また、同じ長さでも、太さを2倍にすると水はかなり勢いよく流れます。

実は、抵抗値は**長さ**に比例し、**断面積**に反比例する、という性質を持っているのです。ここで重要なのは、直径や半径ではなく**断面積**に反比例するという点です。円の断面積は半径の2乗に比例しますから、半径が2倍になれば断面積は4倍になる、ということに注意してください。

抵抗値を求める

これらの性質により、抵抗値は次の式で求めることができます。

●抵抗値と導線の長さ、断面積の関係［公式］

$$R = \rho \frac{\ell}{A}$$

- R：抵抗値［Ω］
- ρ：抵抗率［Ω・m］
- ℓ：導線の長さ［m］
- A：導線の断面積［m^2］

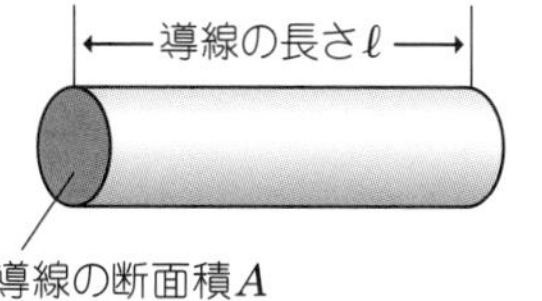

単に式を暗記するのではなく、水道のホースと流れる水が受ける抵抗の様子を思い浮かべることにより、理解しやすくなるでしょう。

なお、ここでρ（ロー）は**抵抗率**といい、長さ1m·断面積1m^2当たりの物質の抵抗値を表します。実際の電線に適用するにあたって、断面積1m^2（1m×1m）は大きすぎるので、実用上は1mm^2（1mm×1mm）を用います。

過去問に挑戦!

抵抗率$\frac{1}{58}$［Ω·mm^2/m］の軟銅線がある。直径1.6mmで長さが200mであるとき、この電線の抵抗値は何Ωか。

解説 直径1.6mmということは、半径0.8mm。したがって、断面積Aは、

断面積$A = 3.14 \times 0.8 \times 0.8 =$約$2.0mm^2$

長さℓは200m、ρは$\frac{1}{58}$なので、これを公式に当てはめると

$$R = \frac{1}{58} \times \frac{200}{2.0} = 1.7\,\Omega$$

答え 1.7Ω

4 抵抗の直列接続と並列接続

試験攻略のポイント

★抵抗の直列接続や並列接続の合成抵抗の算出はよく出題される。
★抵抗の直列接続の場合は「抵抗値の和」。２つの抵抗の並列接続の場合は「和分の積」と覚える。
★試験問題では、P.23 の問題３のように、直列・並列接続された複数の抵抗の合成抵抗値を求める問題が出題される。この場合は求めやすいところから順番に合成していけば解ける。

直列接続の場合の合成

オームの法則によると、一定の電圧が掛けられたとき、ある電流を流す物質の抵抗値は、電圧÷電流で求められました。では、複数の抵抗を直列に接続するとどうなるでしょうか。

これも、水道のホースに例えるとわかりやすいでしょう。100m のホースと 200m のホースをつなぐと、全体としては 300m のホースになり、100m や 200m の場合に比べ、より水を通しにくくなるのは明らかです。

ホースを直列につないだときの水の量と同じように、抵抗を直列に接続すると、電子は

抵抗の直列接続

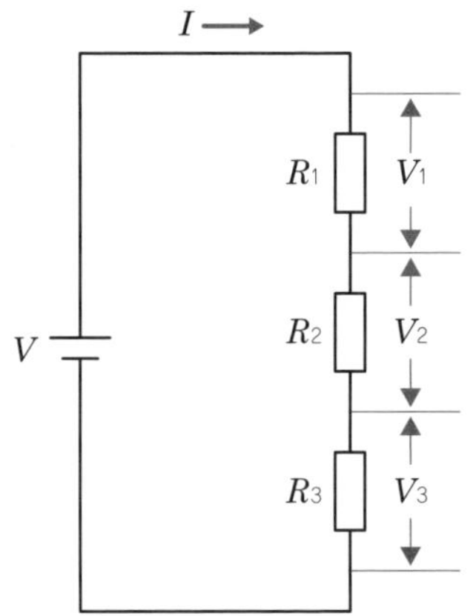

ホースを直列につないだ場合の水の流れる量

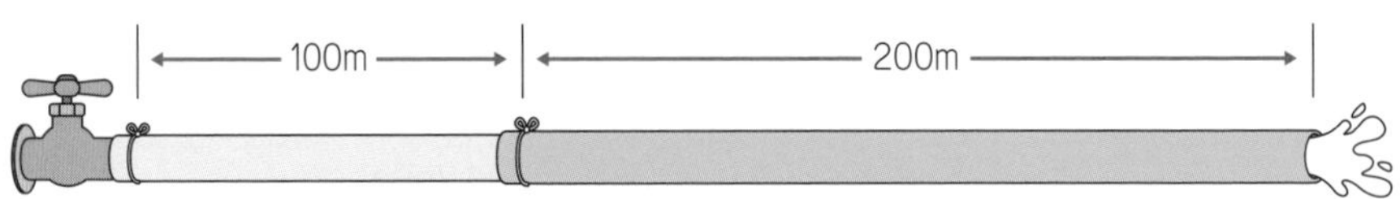

100m のホースと 200m のホースをつなぐとより水が流れにくくなる。
同じように抵抗を直列につなぐと電子が流れにくくなる。

流れにくくなります。つまり、全体としての抵抗値は、個々の抵抗の合計となります。

●n個の抵抗を直列に接続したときの合成抵抗

$R = R_1 + R_2 + R_3 + \ldots\ldots + R_n$（$R$:合成抵抗［Ω］ $R_1 \sim R_n$:各抵抗［Ω］）

並列接続の場合の合成抵抗

では、複数の抵抗を並列に接続するとどうなるでしょうか。水道のホースに置き換えて考えると、水道の蛇口から複数に分岐させ、並列につないだのと同じ状態です。このとき、たくさんのホースを並列につなげばつなぐほど、実質的な断面積は大きくなることにより、水は流れやすくなっていくことが想像できます。

ここで、抵抗率の逆数として導電率（でんりつ → どうでんりつ）という値を考えます。抵抗率は、その物質の単位断面積・単位長さ当たりの抵抗の値でしたが、導電率はその物質の単位断面積・単位長さ当たりの電気の通しやすさの値です。

抵抗の並列接続

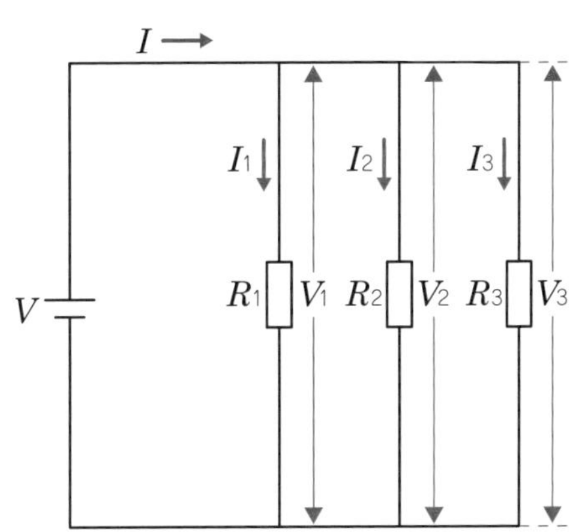

ホースを並列につないだ場合の水の流れる量

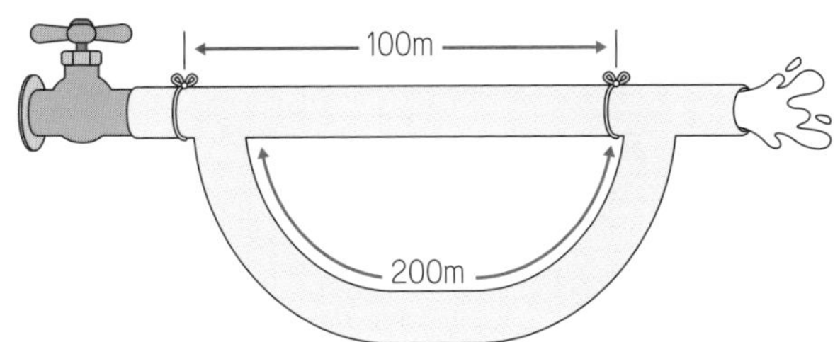

ホース2本を並列につないだほうが実質的な断面積は大きくなるから、水は流れやすくなる。
同じように抵抗を並列につなぐと電子が流れやすくなる。

抵抗値が増えれば増えるほど電気の通しやすさの値は小さくなりますから、導電率をσ（シグマ）とすると$\sigma = \dfrac{1}{R}$と表せます。すると、ホースの並列接続が「通りやすさの合計」になるのと同様に、電気回路においても

> 並列接続時の導電率＝個々の抵抗の導電率の合計

ということになります。

例として、R_1とR_2の抵抗があるとき、これらを並列に接続した場合を考えてみましょう。この場合、次の式が成り立ちます。

$$\frac{1}{R} = \frac{1}{R_1} + \frac{1}{R_2}$$

（$\frac{1}{R}$：合成抵抗の電気の通りやすさ
$\frac{1}{R_1}$：R_1の電気の通りやすさ　$\frac{1}{R_2}$：R_2の電気の通りやすさ）

したがって、合成の抵抗値Rは次の式で求められます。

ここが出る！

●2つの抵抗を並列に接続したときの合成抵抗

$$R = \frac{1}{\dfrac{1}{R_1} + \dfrac{1}{R_2}} = \frac{1}{\dfrac{R_2+R_1}{R_1 R_2}} = \frac{R_1 R_2}{R_1+R_2}$$

（R：合成抵抗［Ω］ R_1, R_2：並列接続された抵抗［Ω］）

このように抵抗2つを並列接続する場合は**「和分の積」**と覚えましょう。

3本以上の抵抗が並列であったとしても、「全体の導電率は、個々の抵抗の導電率の合計」であることは変わりませんから、R_1・R_2・R_3の3本の並列の合成抵抗値Rは、

$$R = \frac{1}{\dfrac{1}{R_1} + \dfrac{1}{R_2} + \dfrac{1}{R_3}}$$

となります。

抵抗の並列接続の公式を暗記したことがある方も多いと思いますが、このように順序を追って考えてみると、理解しやすいでしょう。

問題 1 50 Ωと 30 Ωと 10 Ωの抵抗を直列にした。合成抵抗は何Ωか。

解説 抵抗の直列接続の場合、合成抵抗はそれぞれの抵抗値の和になりますから、50 + 30 + 10 = 90 Ω

答え 90 Ω

問題 2 40 Ωと 60 Ωの抵抗を並列にしたら何Ωか。

解説 抵抗の逆数である導電率は、それぞれ $\frac{1}{40}$ と $\frac{1}{60}$ ですから、合成の導電率は $\frac{1}{40}+\frac{1}{60}=\frac{6+4}{240}=\frac{10}{240}=\frac{1}{24}$。合成抵抗はこの値の逆数だから、分母分子をひっくり返して 24 Ω。

答え 24 Ω

問題 3 図のような回路で、端子 a-b 間の合成抵抗［Ω］は。

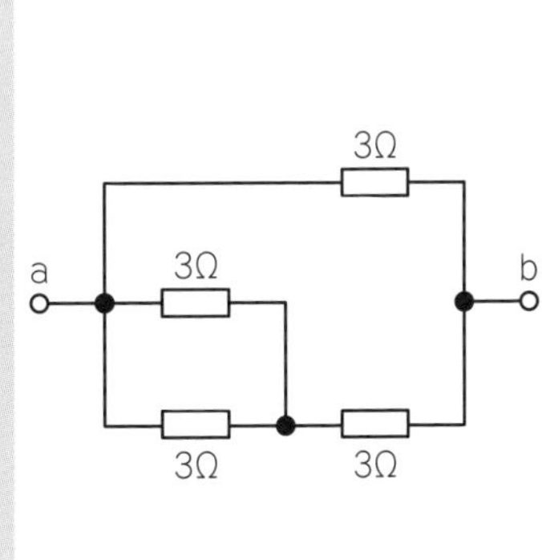

解説 パズルを解くように、求めやすいところから順番に解いていきます。
まず左下の 3 Ωの並列部分に注目すると、この合成抵抗は 1.5 Ωです。右下の 3 Ωとこの抵抗が直列になっていますので、合成すると 4.5 Ωとなります。したがって、上の 3 Ωと下の合成抵抗 4.5 Ωの並列抵抗が a-b 間となるので、$R=\frac{1}{\frac{1}{3}+\frac{1}{4.5}}$ =1.8 Ω、したがって答えは 1.8 Ωとなります。

答え 1.8 Ω

これも覚えておこう!

同じ値の抵抗が並列に接続された場合の合成抵抗の簡単な求め方

同じ値の抵抗を複数並列にすると、2 本で合成抵抗は 2 分の 1、3 本で 3 分の 1、4 本で 4 分の 1…となることを覚えておくと便利です。

2個の合成抵抗

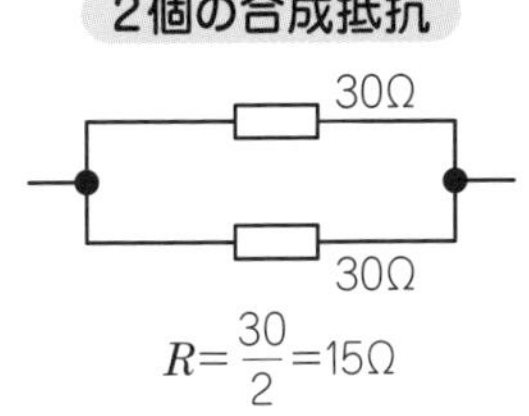

$R=\frac{30}{2}=15\Omega$

3個の合成抵抗

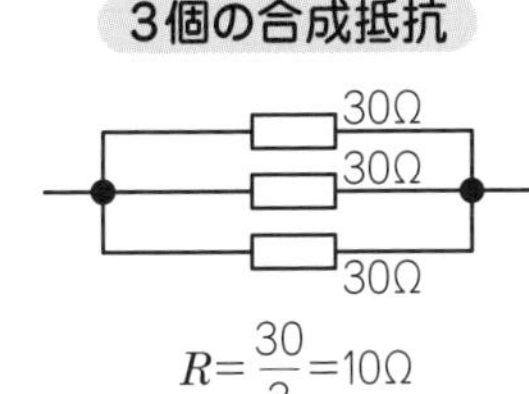

$R=\frac{30}{3}=10\Omega$

5 電力と電力量

★電力と電力量を求める問題がよく出題される。
★電力＝電圧×電流、電力量は電力×時間
★オームの法則を使って電力を求める式を展開するやり方も覚えておく。試験ではこれができないと解けない問題が出題される。

電力とは？

電力とは、その名のとおり、電気による力のことです。といっても、あまりピンと来ないかもしれませんので、こちらも水の流れに例えてみましょう。

川の流れの中を、大きな板を手に持って水流に逆らって歩くことを考えます。当然、自分に向かってくる水の量が多いほど、そして勢いが強いほど、大きな力を受けることがわかります。つまり、水の量と勢いをかけた値が、水が自分を押し流そうとする力になるわけです。

水の量と勢いを掛けたものが押し流そうとする力になる

川の流れの中を、大きな板を手に持って水流に逆らって歩くとき、向かってくる水の量が多ければ多いほど、そしてその勢いが強ければ強いほど、大きな力を受ける。

これを電気に当てはめると、水の量が電流、勢いが電圧に対応するので、電力は次の式で求められます。電力の記号は P で単位は **W（ワット）** です。

ここが出る！

●電力を求める式

$P = VI$ （P：電力［W］ V：電圧［V］ I：電流［A］）

電力を求める式を展開する

抵抗で消費される電力は、抵抗の両端の電圧×電流となりますが、同時にオームの法則も成り立ちますから、

$P = V \cdot I = \dfrac{V^2}{R} = I^2 \cdot R$ と展開できることも覚えておきましょう。

電力量とは？

水の流れに逆らって歩くとき、疲れ具合は歩いた時間に比例します。これは電気の世界でも同じで、電力に時間をかけたエネルギーのことを**電力量**といいます。

●電力量を求める式

$W = Pt = VIt$ （W:電力量［W·s］もしくは［J］ P:電力［W］ t:時間［s］ V:電圧［V］ I:電流［A］）

例えば、100W（ワット）の電球を1時間点けていたときと、20Wの電球を5時間点けていたときとでは、同じ電力量になります。なお、電力量の記号は W で単位は **W·s（ワット秒）** です。エネルギーには **J（ジュール）** という単位が使われるのですが、W·s とJには次の関係があります。

1W·s ＝ **1J** ＝ 1W × 1s（秒）（＝ 1V × 1A × 1s）

つまり、1Wの電力を1秒消費したエネルギー（電力量）が **1J** ということです。

図のような回路で、電流計Ⓐは10Aを示している。抵抗 R で消費する電力［W］は。

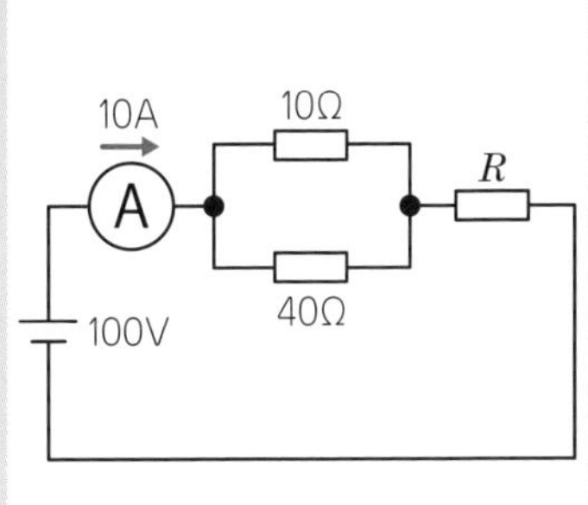

解説 100Vの電源から10Aの電流が流れているので、10Ω·40Ω·R の合成抵抗値はオームの法則より10Ωであることがわかります。次に10Ωと40Ωの並列抵抗値を求めると、$\dfrac{1}{\frac{1}{10}+\frac{1}{40}}$ =8Ωです。よって、R は2Ωであることがわかります。

R で消費される電力を求めるのですから、$P=I^2R$ より、P=10 × 10 × 2 ＝ 200W となります。

答え 200 W

6 熱量（ジュール熱）

試験攻略のポイント

★抵抗によるジュール熱の量（＝熱量）を求める問題がよく出題される。
★試験では、電熱器から発生する熱量を求める問題などが出題される。
★熱量を求める式は電力量を求める式と同じ。単位も［W·s］もしくは［J］。
★電熱器によって上昇する水の温度を求める問題も出題される。P.27 にある「熱量と水温の関係」の式に当てはめて解く。

電気のエネルギーを熱エネルギーに変える計算

抵抗に電流を流し、発生した熱で水をお湯にするのが電気ポットです。そのときに発生する発熱のエネルギー（抵抗による**ジュール熱**）の量のことを**熱量**といいます。

この熱量は次の式で求めることができます（電力量を求める式と同じです）。

電気ポットの構造

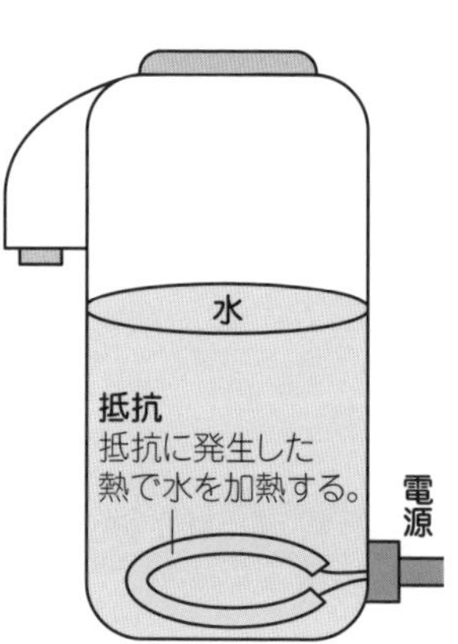

ここが出る!

●熱量を求める式

$$Q=Pt=VIt$$

（Q：熱量［W·s］または［J］　P：電力［W］　t：時間［s］　V：電圧［V］　I：電流［A］）

これも覚えておこう!

覚えておきたい補助単位

「キロ」「メガ」「ギガ」などは補助単位と呼ばれます。これは、300000000 とか 0.00004 などのように、非常に大きいまたは小さい数において、ゼロの数が多すぎるのを省略するために作られたものです。補助単位は数多くありますが、右のものを覚えておけば十分です。
例えば、電力量のところで出てきた 12000J は 12kJ と書き表せます。

補助単位	単位に乗ぜられる倍数
k（キロ）	10^3 = 1000 倍
M（メガ）	10^6 = 1000000 倍
G（ギガ）	10^9 = 1000000000 倍
m（ミリ）	10^{-3} = 1/1000
μ（マイクロ）	10^{-6} = 1/1000000
n（ナノ）	10^{-9} = 1/1000000000

 ジュール熱の大きさと上昇する温度の関係

ある物質1gの温度を1℃上げるために必要な熱量のことを**比熱**といい、水の比熱は**4.2J**であることがわかっています。つまり、「1gの水を1℃温度上昇させるためには、**4.2J**の熱量が必要」なのです。

これらより、ある量の水を、ある温度上昇させるために使われた電力量Qについて、次の計算式が成り立つことがわかります。

熱損失

実際には導線での熱の損失（**熱損失**）があるので、計算値がすべて水の温度を上げるために使われるわけではありません。この熱損失の分を考える場合は、**熱効率**の記述があります。「熱効率80％」だったら、熱量の80％が水温上昇に使われる、という意味です。

●熱量と水温の関係

Q[J]×熱効率＝**[水の全体量(g)]×[上昇させる温度差(℃)]×[比熱(4.2J)]**

問題1 消費電力が500Wの電熱器を、1時間30分使った時の発熱量は何［kJ］か。

解説 1時間30分を秒に換算すると、1時間30分＝90分＝90×60＝5400s。求める発熱量をQとして、26ページにある算出式に当てはめると、

$Q = Pt$ ＝500W×5400s＝2700000J＝2700kJ　**答え** 2700kJ

問題2 電線の接触不良により、接続点の接触抵抗が0.2Ωとなった。この電線に10Aの電流が流れると、接続点から1時間に発生する熱量［kJ］は。ただし、接触抵抗の値は変化しないものとする。

解説 26ページの式はオームの法則より、次のように変形できます。

$Q = Pt = VIt = I^2Rt$

また、1時間を秒に換算すると、1時間＝60分＝60×60＝3600sとなる。求める熱量をQとし、この変形した算出式に数値を当てはめてみると、

$Q = I^2Rt = 10^2 \times 0.2 \times 3600 = 72000 = 72$kJ　**答え** 72kJ

7 交流電圧・電流

★交流の最大値から実効値を求める問題、また実効値から最大値を求める問題、さらに実効値を求めないと解けない問題が出題される。
★家庭用 100V 電源の電圧の場合、実効値は 100V、最大値は 100 ×$\sqrt{2}$＝ 141V と覚えておく。
★周期と周波数を求める問題は出題されないが、今後出てくるコイルとコンデンサのリアクタンスを求める際に周波数が関わってくる。

交流とは？

電気には、一定の電圧・電流が続き、時間的に変化しない**直流**のほかに、時間とともにプラス・マイナスが入れ替わる**交流**の電気があります。電気の勉強を始めた方が、まず最初につまずきがちなのが、この交流です。しかし、いくつかのポイントを押さえてしまえば難しくありません。

正弦波

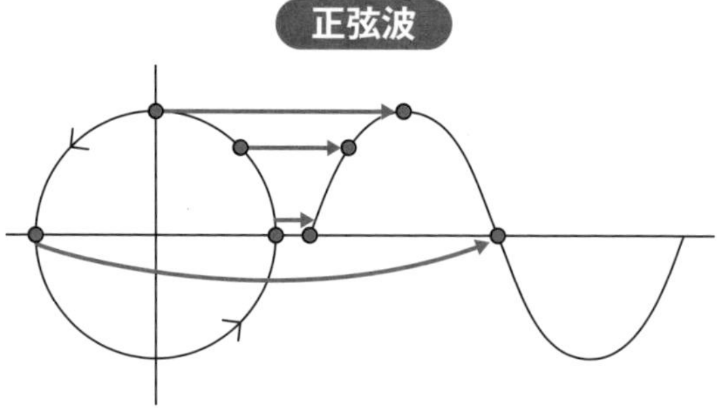

正弦波は、円周上を反時計回りに回転する点の高さをとったもの。

交流電圧や交流電流の大きさをグラフに描くとき、ゼロを中心として上下に滑らかなカーブを描きます。この波形は**正弦波**といい、**サイン波形**ともいいます。この波形は、円周上を反時計回りにグルグル回る点を、時間を横軸に点の高さを縦軸にしてとったものです。

正弦波の単相交流電圧

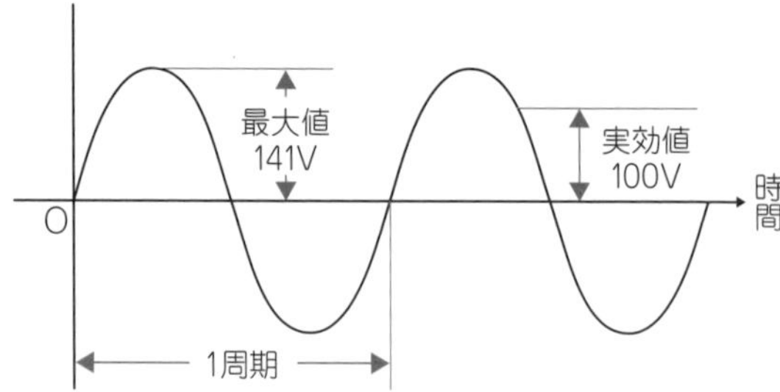

さて、この正弦波ですが、ぐるっと1周回って元に戻るまでの時間を**周期**、1秒間に何周期回転するのかを**周波数**、0から最大値までの高さを**振幅**といいます。交流の周期と周波数には次の関係があります。

●交流の周期と周波数の関係

$$T = \frac{1}{f}$$ （T：周期［s］ f：周波数［Hz］）

交流の実効値と最大値

時間に関係なく一定の電圧・電流値を保つ直流に対し、交流は常に変動しています。そこで問題となるのが、どの値を用いて電圧や電流の値を表すかということです。最も単純な尺度は、正弦波の山のピークの値を使うことで、この値のことを**最大値**といいます。ところが、電熱器に電圧を加えて物体を加熱したとき、100Vの直流電圧で加熱した場合と、最大値100Vの交流電圧で加熱した場合では、得られる熱量が違うのです。これでは不便なので、「直流の電源と交流の電源で加熱した場合、直流とまったく同じ熱量になる値を交流の電圧・電流とする」ということに決めました。この値を**実効値**といい、数学的に「最大値の $\frac{1}{\sqrt{2}}$ 」と証明されています。

●実効値と最大値の関係

$$実効値［V］もしくは［A］ = \frac{最大値［V］もしくは［A］}{\sqrt{2}}$$

ふだん私たちが使っているコンセントの100Vは実効値です。したがって、瞬間的には最大値である141V（＝実効値×$\sqrt{2}$）の電圧が掛かることがあるのです。

過去問に挑戦! 最大値が282Vの正弦波交流電圧の実効値［V］は。

解説 実効値＝$\frac{最大値}{\sqrt{2}}$ より、$\frac{282}{\sqrt{2}} = \frac{282}{1.41} = 200$Vです。

答え 200V

8 コイルとコンデンサ

★電圧と電流の位相のずれは次節の「リアクタンス」の理解につながる重要な内容。
★抵抗のみの交流回路では電圧と電流の位相は同じ。
★コイルに流れる電流は電圧よりも $\frac{1}{4}$ 周期(90°)位相が遅れる。
★コンデンサに流れる電流は電圧よりも $\frac{1}{4}$ 周期(90°)位相が進む。

抵抗のみの交流回路での電流と電圧の位相

直流回路には**抵抗**という素子がありましたが、交流回路には、**コイル**や**コンデンサ**という素子も存在します。交流電源に接続されたこれらの素子は、両端にかかる電圧と流れる電流が、時間的にずれてしまうという性質があります。

まず、交流電源 V に抵抗 R のみをつないだ回路では、電流 I_R と V、R の間にはオームの法則が成り立ちます。また、交流電源の電圧は正弦波を描き、電流はそれとまったく同じタイミングでプラスマイナスが入れ替わるように変化します。この電圧と電流が同じタイミングで波を描くことを**位相**(いそう)**が同じ**、といいます。

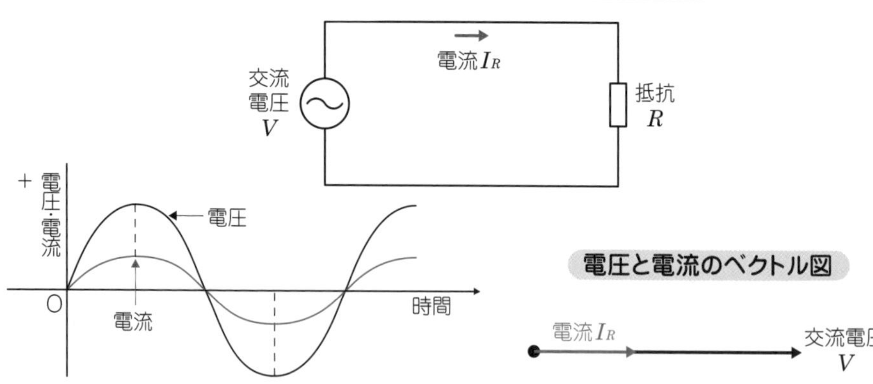

抵抗の両端にかかる電圧と流れる電流が同じタイミングで波を描く。

電圧と電流の位相が同じ。

 コイルのみの交流回路での電流と電圧の位相のズレ

コイルは、導線をグルグルと巻いてある素子で、その性質を生かしてモータやスピーカ、マイクなどの音響機器に使われたりします。

抵抗と同じように、交流電源 V にコイル L のみをつないだ交流回路を考えてみましょう。コイルに交流電流が流れると、電磁誘導（でんじゆうどう）作用によって電源電圧 V とは反対向きの電圧が発生し、それが電流を妨げるように働きます。コイルが持つ電磁誘導作用の強さを表す定数を**インダクタンス**といい、記号 L で表します。単位は **H（ヘンリー）** を用います。

また、交流電源の電圧は正弦波を描きますが、コイルに流れる電流はそれより $\frac{1}{4}$ 周期（**90°**）位相が**遅れた**電流が流れます。

なお、電流を位相の基準として考えると、電圧は $\frac{1}{4}$ 周期（**90°**）位相が**進んでいる**ことになります。

コイルのみの交流回路と電圧・電流の変化

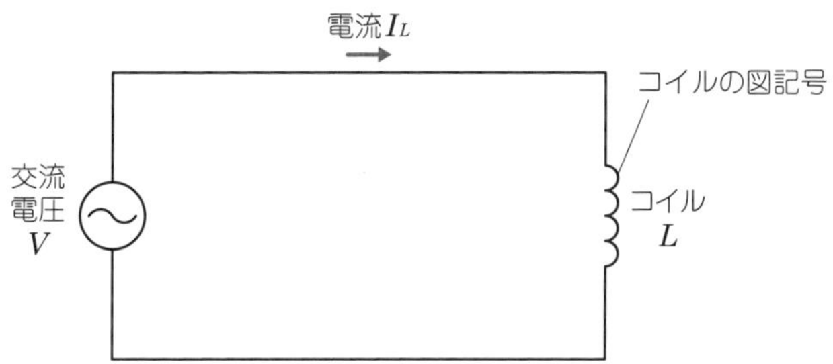

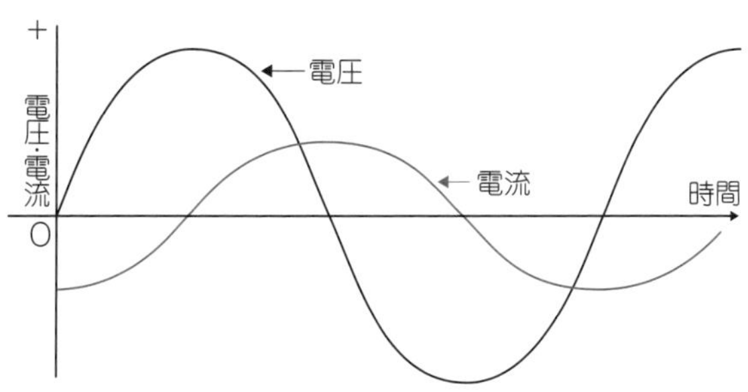

コイルの両端にかかる電圧に比べて、そこを流れる電流が $\frac{1}{4}$ 周期（90°）遅れる。

電圧と電流のベクトル図

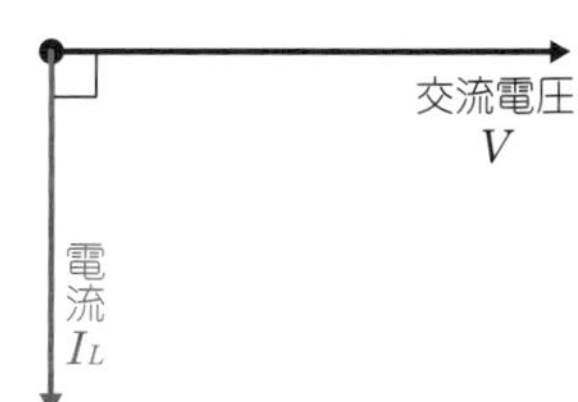

90°位相が遅れた電流が流れる。

コンデンサのみの交流回路での電流と電圧の位相のズレ

コンデンサは、2枚の電極板を離して置いた素子で、電圧を与えると電極板に電荷が蓄えられるという性質を持っています。

コンデンサの極板の間は接触せず絶縁されていますから、コンデンサに直流電流は流れません。極板の面積を増やすほど、そして極板間を近接させるほどコンデンサの働きは大きくなります。その大きさを**静電容量**（せいでんようりょう）**（キャパシタンス）**といい、記号 C で表します。単位は **F（ファラド）**を用います。

また、交流電源の電圧は正弦波を描きますが、コンデンサには $\frac{1}{4}$ 周期（**90°**）位相が**進んだ**電流が流れます。

こちらも電流を位相の基準とすると、電圧は $\frac{1}{4}$ 周期（**90°**）位相が**遅れている**ことになります。

コンデンサのみの交流回路と電圧・電流の変化

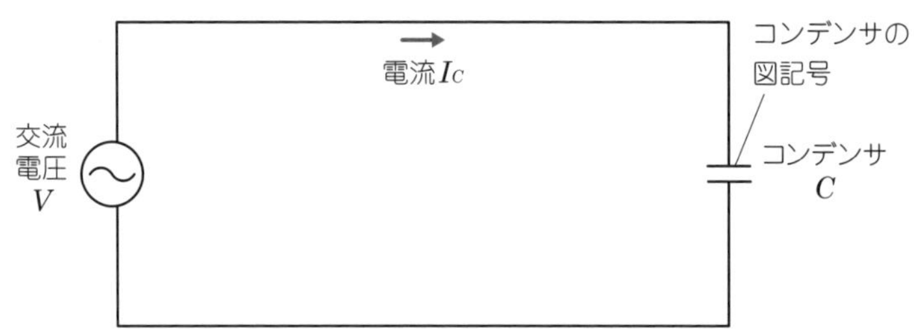

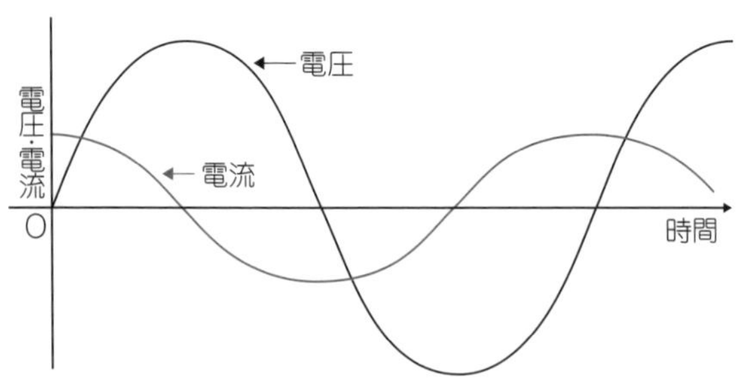

コンデンサの両端にかかる電圧に比べて、流れる電流が $\frac{1}{4}$ 周期（90°）進む。

電圧と電流のベクトル図

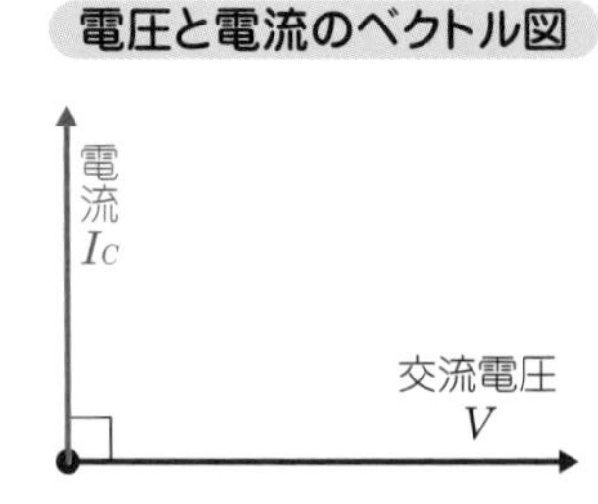

90°位相が進んだ電流が流れる。

過去問に挑戦！

①図のような正弦波交流回路の電源電圧vに対する電流iの波形として、正しいものをイ～ニから選べ。

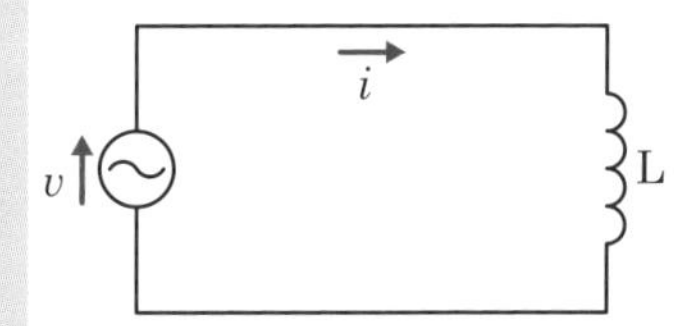

②図のような正弦波交流回路の電源電圧vに対する電流iの波形として、正しいものをイ～ニから選べ。

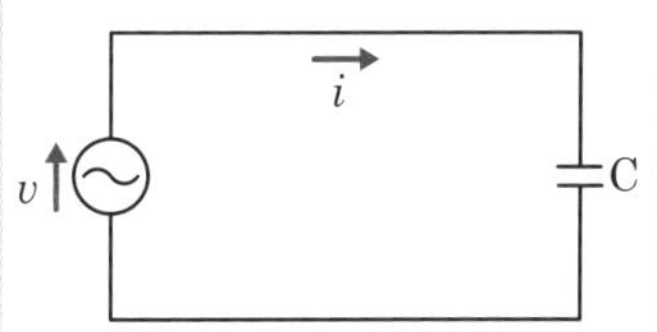

③図のような正弦波交流回路の電源電圧vに対する電流iの波形として、正しいものをイ～ニから選べ。

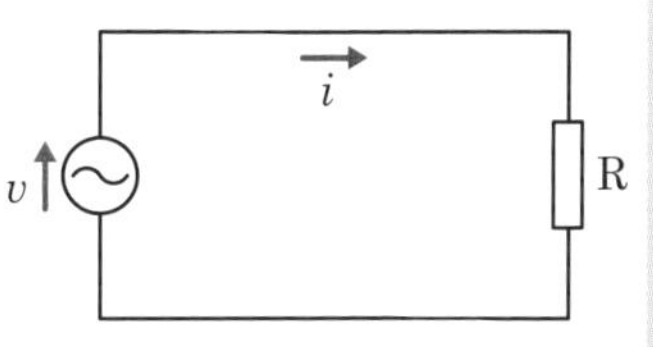

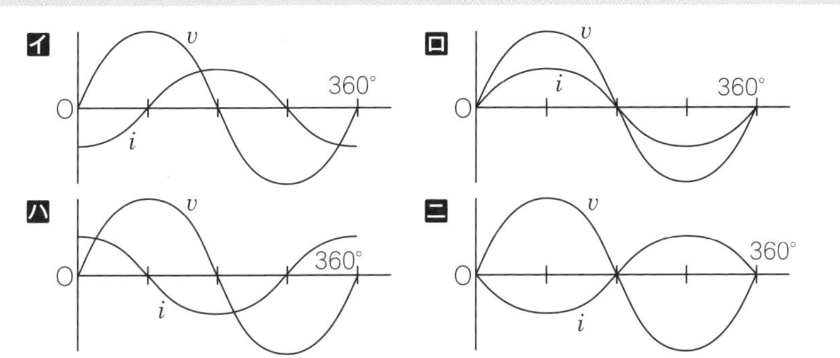

解説 ①コイルに流れる交流電流は電源電圧よりも90°位相が遅れます。したがってイが正解になります。

②コンデンサに流れる交流電流は電源電圧よりも90°位相が進みます。したがってハが正解になります。

③抵抗に流れる交流電流は電源電圧の位相と同じです。したがって、ロが正解になります。

答え ①イ　②ハ　③ロ

9 リアクタンス

★コイルやコンデンサにかかる電圧をそれらに流れる電流で割った値を**リアクタンス**という。単位は**Ω**。
★コイルやコンデンサに交流電圧を加えたときに流れる電流を求める問題が出題される。リアクタンスを求める式とリアクタンスと交流電圧、交流電流の関係式を覚えておくこと。

リアクタンスとは？

前節で解説したように、コイルやコンデンサには、電圧がゼロなのに電流が流れる瞬間があったり、電流がゼロなのに一定の電圧がかかっている瞬間があったりするので、そのまま単純にオームの法則を適用することはできません。そこで、交流の電圧や電流については、瞬間の値を用いるのではなく、時間的に平均した実効値で値を表します。

また、コイルやコンデンサにおいて、素子にかかる電圧を流れる電流の値で割った値は、普通の抵抗とは性質が異なるので**リアクタンス**という名称で呼びます。リアクタンスの単位は、抵抗と同じ**Ω（オーム）**を用います。

コイルのリアクタンスの求め方

コイルに交流電流が流れると、電源電圧とは逆向きの電圧が発生し、それが抵抗のように電流の流れを妨げる、と前節で説明しました。この性質を**誘導性リアクタンス**（ゆうどうせい）といいます。誘導性リアクタンスは次の式で求めることができます。

ここが出る！
●誘導性リアクタンスを求める式

$$X_L = 2\pi f L \quad \left(\begin{array}{l} X_L\text{：誘導性リアクタンス［Ω］} \quad f\text{：周波数［Hz］} \\ L\text{：インダクタンス［H］} \end{array} \right)$$

直流は周波数が0Hzですから、コイルに直流電圧を掛けると、リアクタンスは0Ω、すなわち単なる電線とみなせることがわかります。

なお、右図のようなコイルと交流電源の回路において、交流電圧と交流電流、コイルのリアクタンスの間にはオームの法則が成り立ちます。

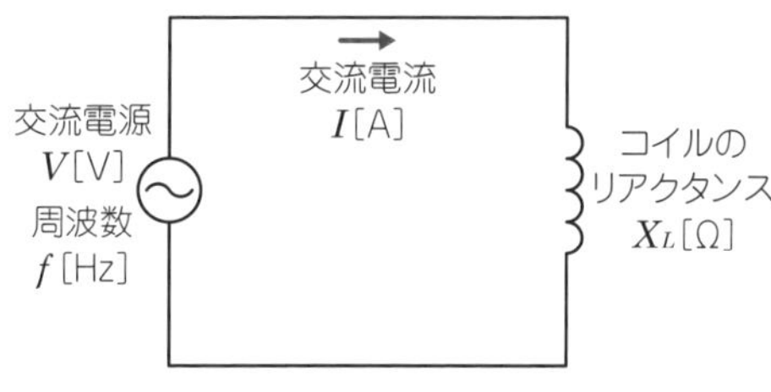

●交流電圧と交流電流、コイルのリアクタンスの関係

$$I = \frac{V}{X_L} = \frac{V}{2\pi f L}$$

（I：交流電流の実効値［A］　V：交流電圧の実効値［V］
X_L：誘導性リアクタンス［Ω］　f：交流電源の周波数［Hz］
L：インダクタンス［H］）

コンデンサのリアクタンスの求め方

コンデンサにも交流電流の流れを妨げる働きがあり、その作用を**容量性リアクタンス**といいます。容量性リアクタンスは次の式で求めることができます。

●容量性リアクタンスを求める式

$$X_C = \frac{1}{2\pi f C}$$

（X_C：容量性リアクタンス［Ω］　f：周波数［Hz］
C：静電容量［F］）

直流に対しては、$f = 0$Hz とすると X_C の分母はゼロとなってしまうため、コンデンサのリアクタンスは無限大になってしまう（＝電流を通さない）ことがわかります。

過去問に挑戦！ コイルに100V、50Hzの交流電圧を加えたら6Aの電流が流れた。このコイルに100V、60Hzの交流電圧を加えたときに流れる電流［A］は。ただし、コイルの抵抗は無視できるものとする。

解説 コイルのリアクタンスは $2\pi f L$ で求められます。つまり、周波数に比例したリアクタンス値を持ちます。これより、50Hzに対して60Hzの交流電圧を加えた場合、コイルのリアクタンスは $\frac{6}{5} = 1.2$ 倍となります。オームの法則より、電源電圧が一定であれば電流は抵抗（リアクタンス）に反比例するので、50Hzのときに6Aだとすると60Hz時には $6 \div 1.2 = 5$A となります。　**答え**　5A

10 RLC 直列回路

★ RLC 直列回路全体の電圧、合成インピーダンスを求める問題がよく出題される。
★インピーダンスとは、抵抗とコイルのリアクタンス、コンデンサのリアクタンスを合成したもので、交流回路における負荷。
★試験でよく出題される「力率を求める問題」にはインピーダンスの計算が不可欠。ここでしっかりマスターしておこう。

インピーダンス　交流回路における抵抗成分

交流回路にある抵抗、コイル、コンデンサはともに電流の流れにくさ（抵抗 R、誘導性リアクタンス X_L、容量性リアクタンス X_C）として働きます。交流回路におけるこれらの抵抗成分をインピーダンスと呼びます。単位は抵抗と同じΩです

電圧 V、電流 I の交流回路のインピーダンス Z [Ω] に関しては、オームの法則が成り立つので、$V=IZ$ が成り立ちます。

合成インピーダンスの求め方

抵抗、コイル、コンデンサが直列接続された RLC 直列回路のインピーダンスを合成する場合、直流回路における直列抵抗の合成のように抵抗値とリアクタンス値を合算すればよいかというと、そうはなりません。

インピーダンス Z は $Z=\frac{V}{I}$ なので、これは電圧と電流の比を表す値でもあります。また、コイルとコンデンサでは、電圧と電流の変化に位相差があり、その最大値を示すタイミングにもずれがあります。これを考え合わせると、位相差がある電圧と電流の比であるインピーダンスは、抵抗値とリアクタンス値を合算しただけでは求められないことがわかります。したがって、合成インピーダンスを求めるには、この位相差を考慮する必要があるのです。

RLC 直列回路では素子に流れる電流は共通であり、抵抗にかかる電圧の

位相は電流と同じです。そこで、合成インピーダンスを求める足がかりとして、抵抗にかかる電圧の位相を基準にして考えていきます。

● RL 直列回路

まず、抵抗とコイルが直列接続された RL 直列回路で合成インピーダンスの求め方を見てみましょう。

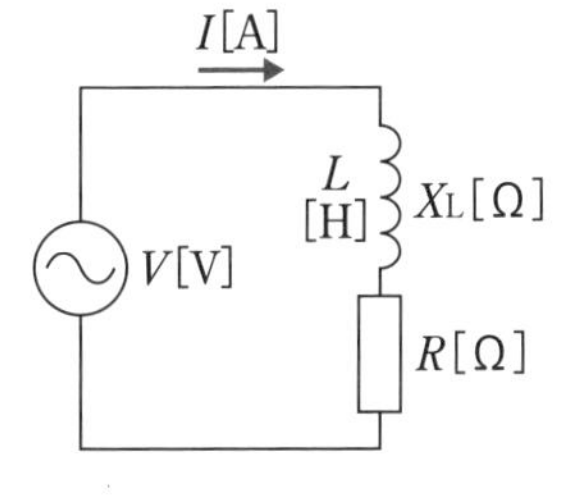

抵抗にかかる電圧に対しコイルにかかる電圧の位相は 90 度進みます。この位相差をふまえて電圧の関係をベクトルで表すと、図のような直角三角形になります。

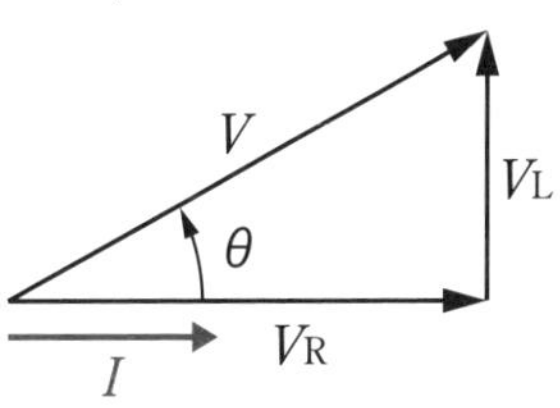

$V = IZ \quad V_R = IR \quad V_L = IX_L$

交流波形のグラフを元に考えると、波形の変化とともに位相は左回りに回転します。コイルにかかる電圧のベクトルは、抵抗にかかる電圧に対し、位相差 90 度で進むので、右図のような上向きのベクトルになります。そして、両素子にかかる電圧を合成したものは、電源電圧に等しくなります。したがって、三平方の定理を使うと、電圧 V に関しては次の式が成り立ちます。

● RL 直列回路　電圧の合成と合成インピーダンス

$$V = \sqrt{V_R^2 + V_L^2} = I\sqrt{R^2 + X_L^2} \qquad Z = \sqrt{R^2 + X_L^2}$$

（V：回路全体の電圧［V］ V_R：抵抗にかかる電圧［V］
V_L：コイルにかかる電圧［V］ I：電流［A］ R：抵抗［Ω］
X_L：誘導性リアクタンス［Ω］ Z：合成インピーダンス［Ω］）

これも覚えておこう!

電圧の三角形を元に、インピーダンスの関係を描いたのが右の図です。これはインピーダンスの三角形と呼ばれるものです。合成インピーダンスは、この三角形で三平方の定理を使って求めても同じになります。

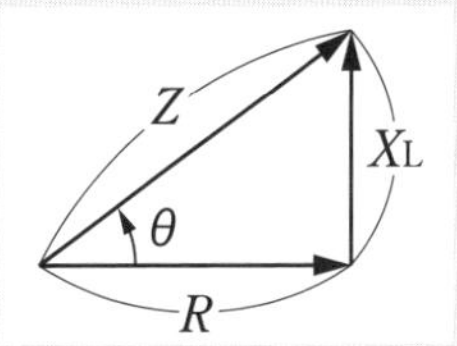

● RC 直列回路

次に、抵抗とコンデンサが直列接続された RC 直列回路における合成インピーダンスの求め方を見てみましょう。考え方は RL 直列回路と同じです。

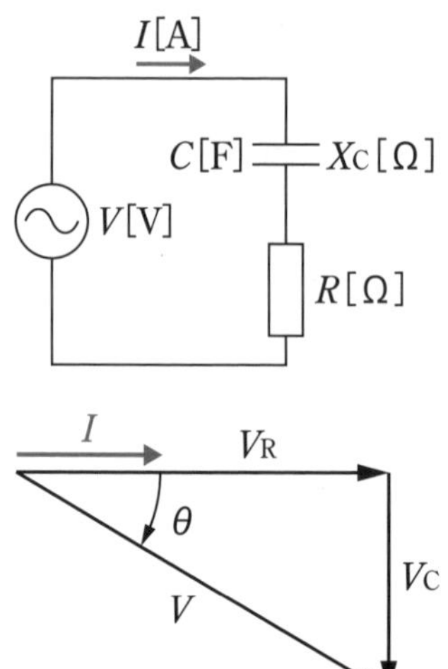

$V = IZ \quad V_R = IR \quad V_C = IX_C$

抵抗にかかる電圧に対しコンデンサにかかる電圧の位相は 90 度遅れます。この位相差をふまえて電圧の関係をベクトルで表すと、右図のような直角三角形になります。

コンデンサにかかる電圧のベクトルは、抵抗にかかる電圧に対し、位相差 90 度の遅れがあるので、図のような下向きのベクトルになります。

したがって、電圧 V に関しては次の式が成り立ちます。

● RC 直列回路　電圧の合成と合成インピーダンス

$$V = \sqrt{V_R^2 + V_C^2} = I\sqrt{R^2 + X_C^2} \qquad Z = \sqrt{R^2 + X_C^2}$$

（V：回路全体の電圧［V］ V_R：抵抗にかかる電圧［V］
V_C：コンデンサにかかる電圧［V］ I：電流［A］ R：抵抗［Ω］
X_C：容量性リアクタンス［Ω］ Z：合成インピーダンス［Ω］）

これも覚えておこう!

電圧の三角形を元に、インピーダンスの関係を描いたのが右の図です。このインピーダンスの三角形から、合成インピーダンスを求めることができます。

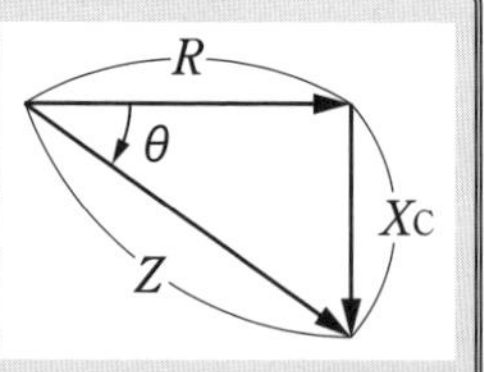

● RLC 直列回路

抵抗、コイル、コンデンサが直列接続された RLC 回路では、まず、コイルとコンデンサにかかる電圧、V_L と V_C のベクトルを合成します。両素子に

かかる電圧は位相差が 180° あるので、下図左のような関係になり、合成した電圧の大きさは $|V_L - V_C|$ となります。

この電圧と抵抗にかかる電圧 V_R を使った電圧の三角形が下図右です。

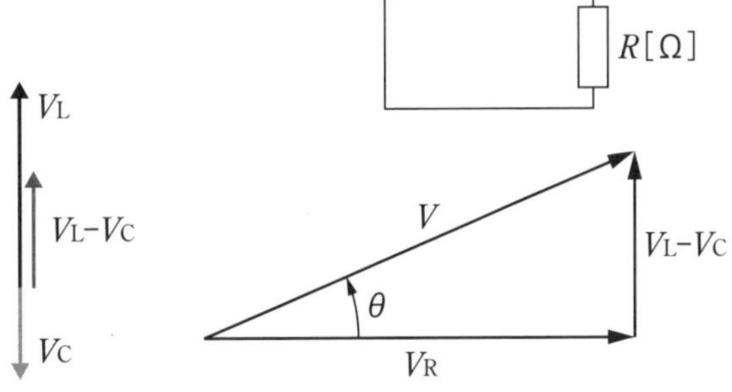

電圧 V に関しては次の式が成り立ちます。

$$V = IZ \quad V_R = IR \quad V_L - V_C = I(X_L - X_C)$$

● RLC 直列回路　電圧の合成

$$V = \sqrt{V_R^2 + (V_L - V_C)^2}$$

（V：回路全体の電圧［V］ V_R：抵抗にかかる電圧［V］
V_L：コイルにかかる電圧［V］ V_C：コンデンサにかかる電圧［V］）

そして、インピーダンスの三角形は右図になります。

$X_L > X_C$ なら大きさ $|IX_L - IX_C|$ のベクトルは上向きで、位相は 90 度進みます。

$X_C > X_L$ なら大きさ $|IX_L - IX_C|$ のベクトルは下向きで、位相は 90 度遅れます。

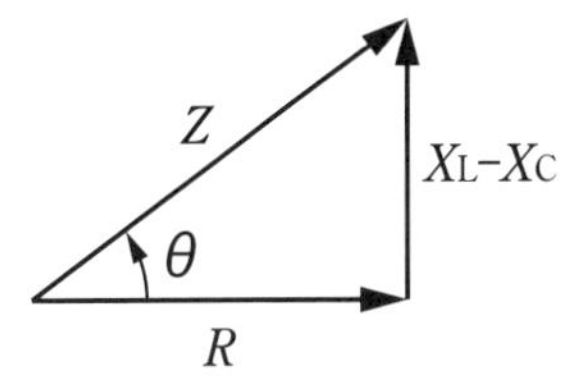

三平方の定理を使って求めた合成インピーダンスは次の式になります。

● RLC 直列回路　合成インピーダンス

$$Z = \sqrt{R^2 + X^2} = \sqrt{R^2 + (X_L - X_C)^2}$$

（Z：合成インピーダンス［Ω］ R：抵抗［Ω］
X：コイルとコンデンサの合成インピーダンス［Ω］
X_L：誘導性リアクタンス［Ω］ X_C：容量性リアクタンス［Ω］）

11 RLC 並列回路

★ RLC 並列回路全体の電流を求める問題が出題される。合成インピーダンスを求める問題は出題されたことはないが、公式や考え方は覚えておこう。

★試験でよく出題される「力率を求める問題」を確実に解くためには、ここでの知識が欠かせない。

合成インピーダンスを求める

RLC 直列回路では素子に流れる電流が共通でしたが、RLC 並列回路では素子にかかる電圧が共通です。また、抵抗にかかる電圧の位相は電流の位相と同じなので、抵抗に流れる電流の位相を基準にして考えます。

● RL 並列回路

位相差をふまえた電流のベクトルの関係（電流の三角形）は右下の図のようになります。

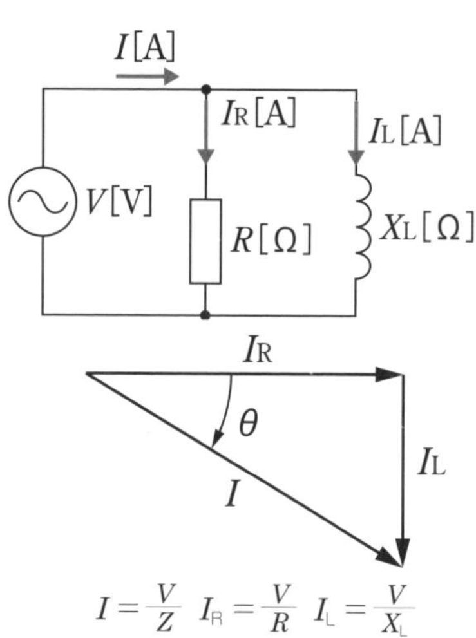

$I=\frac{V}{Z}$ $I_R=\frac{V}{R}$ $I_L=\frac{V}{X_L}$

コイルに流れる電流のベクトルは、抵抗に流れる電流に対し、位相が 90 度遅れるので、下向きのベクトルになります。両素子に流れる電流を合成したものは、電流 I に等しくなります。

したがって、三平方の定理を使うと、回路に流れる電流 I は次式で表されます。

● RL 並列回路　電流の合成

$$I=\sqrt{I_R^2+I_L^2}$$

（I:回路全体の電流［A］ I_R:抵抗に流れる電流［A］ I_L:コイルに流れる電流［A］）

● RC 並列回路

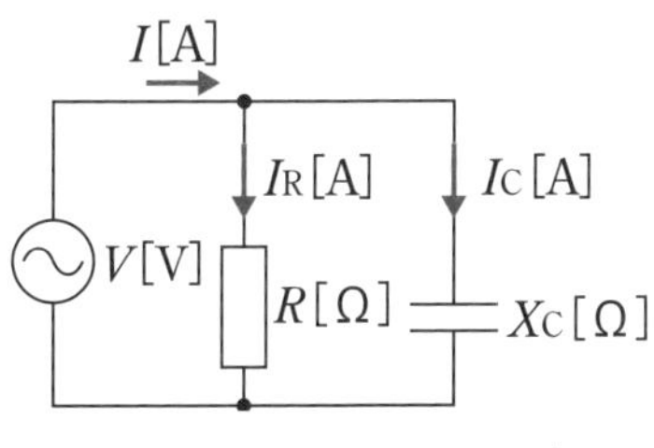

RL並列回路と同様に考えると、電流の位相差をふまえた電流の三角形は右下図のようになります。

また、回路に流れる電流 I は次式で表されます。

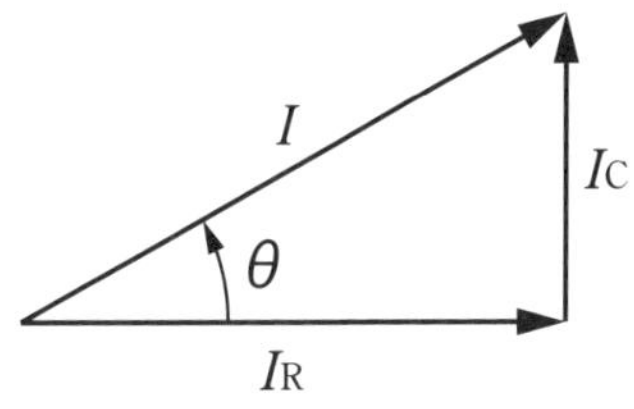

$I=\frac{V}{Z}$　$I_R=\frac{V}{R}$　$I_C=\frac{V}{X_C}$

● RC 並列回路　電流の合成

$$I=\sqrt{I_R^2+I_C^2}$$

（I：回路全体の電流［A］
I_R：抵抗に流れる電流［A］
I_C：コンデンサに流れる電流［A］）

● RLC 並列回路

コイルに流れる電流とコンデンサに流れる電流は、位相差が 180 度あるので左下図のような関係になり、合成したベクトルの大きさは $|I_L-I_C|$ になります。そして、抵抗に流れる電流の位相を基準にした電流の三角形が右の図です。電流 I に関しては次式が成り立ちます。

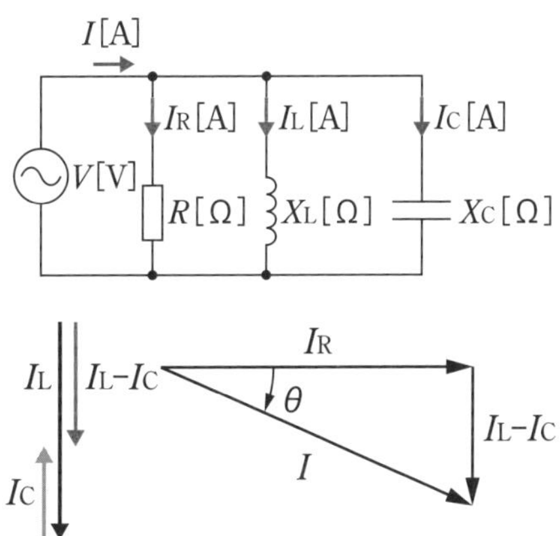

● RLC 並列回路　電流の合成

$$I=\sqrt{I_R^2+(I_L-I_C)^2}$$

（I：回路全体の電流［A］
I_R：抵抗に流れる電流［A］
I_L：コイルに流れる電流［A］
I_C：コンデンサに流れる電流［A］）

また、この式と　$I_R=\frac{V}{R}$　$I_L=\frac{V}{X_L}$　$I_C=\frac{V}{X_C}$ から合成インピーダンス Z を求めると、次のように表されます。

$$Z=\frac{V}{I}=\frac{1}{\sqrt{\left(\frac{1}{R}\right)^2+\left(\frac{1}{X_L}-\frac{1}{X_C}\right)^2}}$$

（Z：合成インピーダンス［Ω］　R：抵抗［Ω］
X_L：誘導性リアクタンス［Ω］
X_C：容量性リアクタンス［Ω］）

12 交流の電力と力率

★交流の有効電力（消費電力）、力率を求める問題がほぼ毎年出題される。また、提示された消費電力と力率から回路に流れる電流を求める問題なども出題される。
★これらを解くためには、有効電力、皮相電力、無効電力と力率の関係をしっかり理解しておくことが大切。

「電力が有効に消費されない」とは？

コイルやコンデンサは、その両端にかかる電圧と流れる電流の間には位相差があります。電力は電圧×電流で求められますが、コイルやコンデンサは電圧と電流の間に位相差があるので、ちょうど「暖簾に腕押し」のようになってしまい、電力が有効に**消費されません**。それどころか、コイルやコンデンサは、いったん電源から受け取った電力を、次の瞬間にまた電源に投げ返す、という厄介な動作をします。

有効電力（消費電力）と力率の求め方

このようなコイルやコンデンサと抵抗を組み合わせた回路においては、電力は抵抗でのみ消費されることになります。これを**有効電力**（**消費電力**）と呼びます。コイルやコンデンサに流れ込む電流で見掛け上消費される電力は**無効電力**といい、これは消費されずに電源側に投げ返されることになるのです。

コイルやコンデンサと抵抗との合成回路に流れ込む、見掛け上の電力を**皮相電力**といい、皮相電力に対する有効電力の割合を**力率**といいます。力率が悪いということは、コイルやコンデンサが電源からエネルギーを受け取り、そのまま電源側に投げ返す割合が大きい（無効電力の割合が大きい）ということを意味します。

有効電力、力率は次の式で求められます。

ここが出る!

●有効電力、力率を求める式

$$力率\ \cos\theta = \frac{P}{S} \times 100\%$$

$$皮相電力\ S = VI$$

$$有効電力\ P = S\cos\theta = VI\cos\theta$$

（P：有効電力［W］　S：皮相電力［VA］
Q：無効電力［var］　V：電圧（実効値）［V］
I：電流（実効値）［A］　$\cos\theta$：力率）

有効電力と皮相電力と無効電力の関係

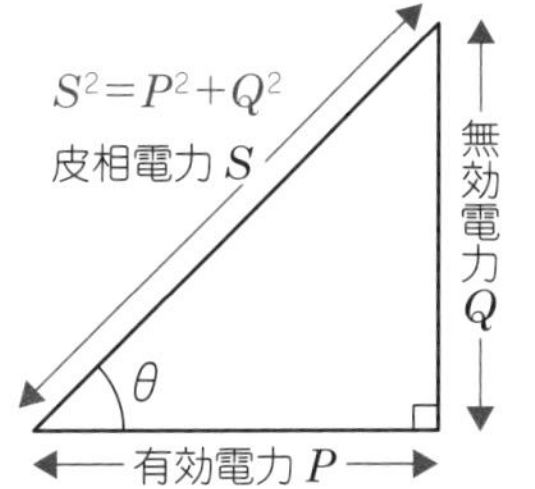

つまり、有効電力は皮相電力に力率 $\cos\theta$ をかけたものですから、右の図のように表すことができます。

力率 $\cos\theta$ は電流と電圧の位相差を角度によって表したものです。位相差とは、抵抗とリアクタンス、インピーダンスのベクトルの直角三角形が作る角度です。右図は RLC 直列回路の場合です（P.39 参照）。

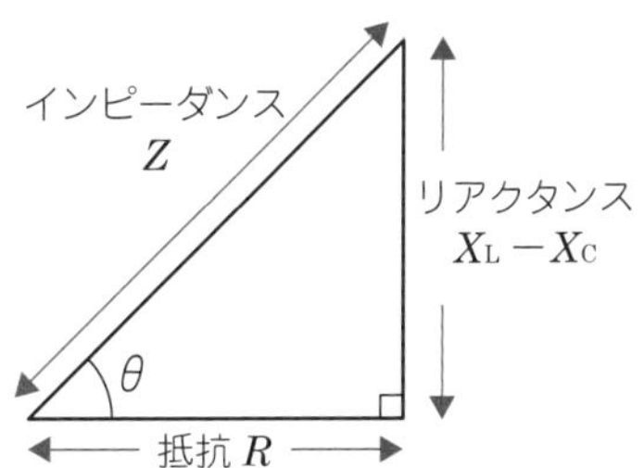

つまり、RLC 直列回路における力率 $\cos\theta$ は次の式で求められます。

ここが出る!

● RLC 直列回路における力率を求める式

$$\cos\theta = \frac{R}{Z} = \frac{R}{\sqrt{R^2 + (X_L - X_C)^2}}$$

（R：抵抗［Ω］　Z：インピーダンス［Ω］
X_L：コイルのリアクタンス［Ω］
X_C：コンデンサのリアクタンス［Ω］）

過去問に挑戦!

図のような回路で、抵抗に流れる電流が6 A、リアクタンスに流れる電流が8 A であるとき、回路の力率は。

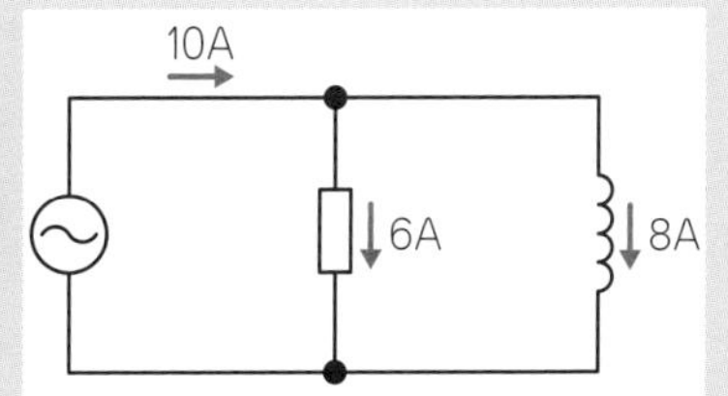

解説 抵抗に流れる電流とコイルに流れる電流は 90 度の位相差があるため、合成電流は$\sqrt{6^2+8^2}=10$A です。電源電圧が記されていませんが、仮に 1V だとすると、皮相電力は $1\times10=10$VA です。いっぽう抵抗で消費される電力は、$1\times6=6$W ですから、$\frac{6}{10}=0.6$、よって力率は 60%となります。

13 三相交流

★三相交流のY結線、Δ結線の線間電圧、相電流を求める問題が毎年出題されている。
★三相交流にはスター（Y）結線とデルタ（Δ）結線がある。
★結線のしかたによって線電流と相電圧、線間電圧の求め方が異なる。P.46～47の公式を暗記しておくこと。

三相電流とは？

一般家庭に送られてくる電気は、**単相交流**といって2本の線で送られてくる、普通の交流の電気です。しかし、工場など大電力を必要とするところでは、**三相交流**という3本の線で供給される電気で受電しています。三相交流は、それぞれ120°ずつ位相がずれた3本の交流で、理論上最も少ない本数で最大の電力を送ることができるのです。また、単相交流では180°の交互に変化する磁界（**交番磁界**という）しか得られませんが、三相交流では容易に**回転磁界**が得られ、モータで動力を得るのに非常に適しているという利点があります。

三相交流の電圧の波形

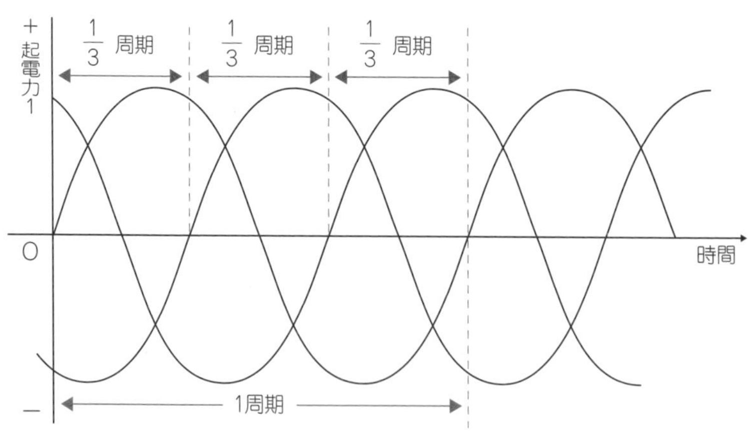

三相交流は3系統の単相交流で、どの瞬間をとっても3つの和がゼロになる。

 三相交流の結線 ― スター結線とデルタ結線

三相交流は、互いに位相が120°ずつずれた3本の線で送られてきます。この三相交流を発生する発電機や負荷とのつなぎ方には**スター（Y）結線**と**デルタ（Δ）結線**があり、それぞれ特徴があります。また、三相交流には接地線がないため、線間電圧・相電圧、線電流・相電流など、単相交流とは少し異なる電圧や電流の定義があるので、間違えないようにしてください。

スター（Y）結線

スター結線とは、図のように回路がスター（Y）型に見えるので、そのように呼ばれています。Y結線と書いてスター結線と読むほか、**ワイ結線**とそのまま読むこともあります。

まず、三相交流を送る3本の線の間の電圧を**線間電圧**といいます。そして、発電側の中心のO端子と負荷中心のO端子からそれぞれの線の間の電圧を**相電圧**といいます。回路図から、相電圧よりも線間電圧のほうが高くなることがわかっており、これは**$\sqrt{3}$**倍であることが数学的に証明されています。

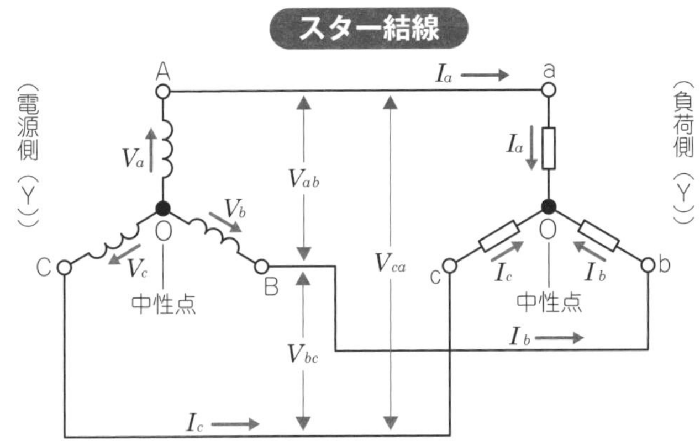

発電側のO端子と負荷側のO端子は**中性点**で、ここを電線で結ぶことにより1本の共通線を3個の発電機・3個の負荷で共用するのが元々の考え方なのですが、発電機相互間の位相差を120°にすると共通線には電流が流れなくなってしまうことを利用し、線を3本に減らしたのが三相交流です。

また、3本の線を流れる電流を**線電流**、1相当たりのコイルや負荷に流れる電流を**相電流**といいますが、Y結線の場合、**線電流＝相電流**です。

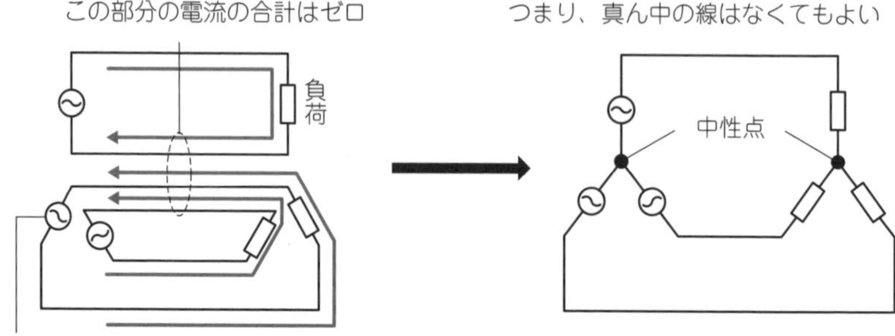

● Y結線の線間電圧と線電流の求め方
線間電圧[V]＝$\sqrt{3}$×相電圧　　線電流[A]＝相電流

デルタ（Δ）結線

デルタ結線とは、図のように回路がデルタ（Δ）型に見えるのでこのように呼ばれています。

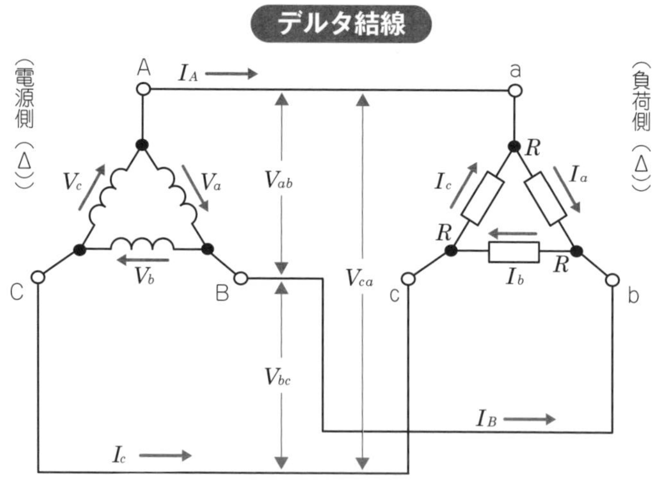

Δ結線も、Y結線と同様に三相交流を送る3本の線の間の電圧を**線間電圧**といいます。Δ結線の場合、**相電圧＝線間電圧**となり、線電流は相電流の**$\sqrt{3}$倍**となります。

●Δ結線の線間電圧と線電流の求め方
線間電圧[V]＝相電圧　　線電流[A]＝$\sqrt{3}$×相電流

三相交流の負荷における全消費電力

Y結線・Δ結線とも、負荷における消費電力を求める問題がよく出題されています。この求め方は、まず相電流を求め、$P=I^2R$の式より相電流の2乗と各相の負荷の抵抗成分をかけ算して求めるやり方が定番です。

●三相交流回路の負荷における全消費電力の求め方（抵抗値が三相とも同じ場合）
全消費電力＝I^2R × 3 ［W］（I：相電流［A］　R：各相の負荷［Ω］）
1相分の消費電力↑　↑─3相分

過去問に挑戦！

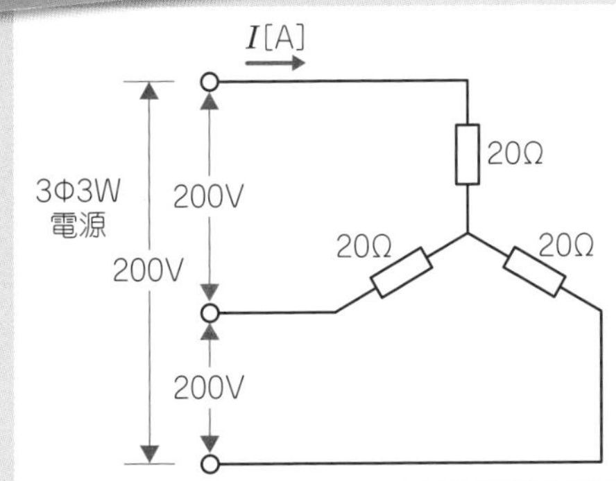

問題1 図のような三相3線式回路に流れる電流I［A］は。

解説 Y結線の三相交流の場合、線間電圧＝$\sqrt{3}$×相電圧でした。よって、線間電圧が200Vの場合、相電圧は200÷$\sqrt{3}$＝115Vとなります。これとオームの法則より、115÷20＝5.8Aとなります。

答え　5.8A

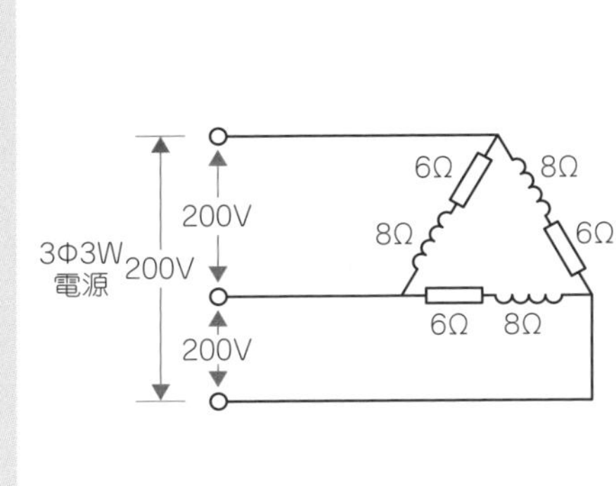

問題2 図のような三相3線式回路の全消費電力［kW］は。

解説 まず負荷1相当たりのインピーダンスZを求めると、$\sqrt{6^2+8^2}=10$ Ω。したがって、相電流$I=\frac{200}{10}=20$A。1相分の抵抗で消費される電力Pを求めると、$P=20^2\times6=2400$W。全消費電力はその3倍だから、2400×3＝7200W＝7.2kW

答え　7.2kW

一問一答で総チェック!

次の問いに答えなさい。

Q01 □□□
A、B2 本の同材質の銅線がある。A は直径 1.6mm で長さ 40m、B は直径 3.2mm で長さ 20m である。A の抵抗は B の抵抗の何倍か。

A01 **8 倍**
銅線の抵抗は、抵抗率と断面積と長さから求められます（P.18 参照）。銅線の断面積は、半径×半径× 3.14。直径が 2 倍ということは半径も 2 倍、よって断面積は半径を 2 回かけているので 4 倍。さらに A は長さが 2 倍ですから、4 × 2 = 8 倍。

Q02 □□□
図のような直流回路で、スイッチ S を閉じたときの端子 a-b 間の電圧は何 V か。

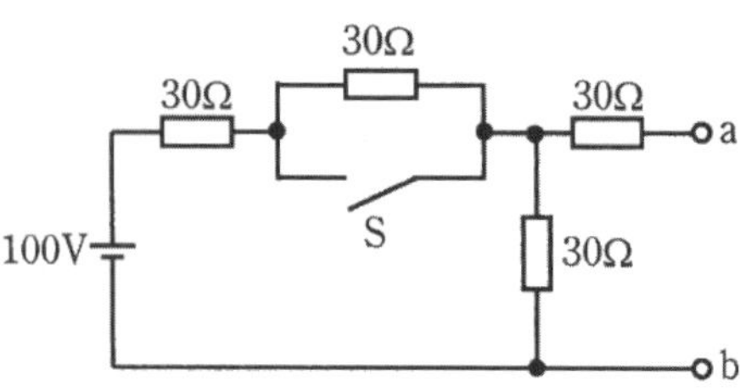

A02 **50V**
スイッチを閉じると、S の真上の 30 Ωはショートされてしまいますから、下の図の回路に書き直せます。

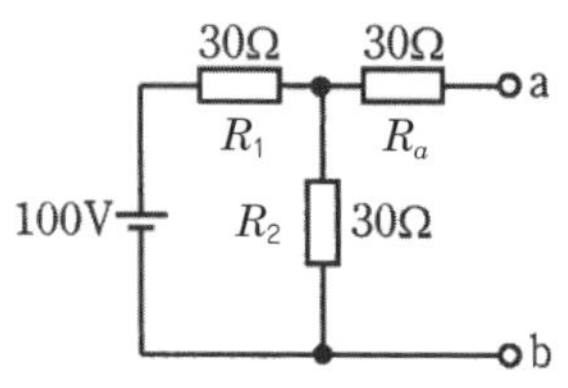

端子 a につながっている 30 Ωの働きがあるのだろうか？と悩むかもしれません。a-b 間をショートするなどして電流を流すと、この抵抗の両端には電圧が発生します。しかし、単に a-b 間の電圧を測るときは、ここには電流が流れないため、R_a の両端に電圧降下は発生しません。よって、100V を R_1 と R_2 で分圧した 50V が答えとなります。

Q03 □□□
図のような直流回路で、端子 a-b 間の電圧は何 V か。

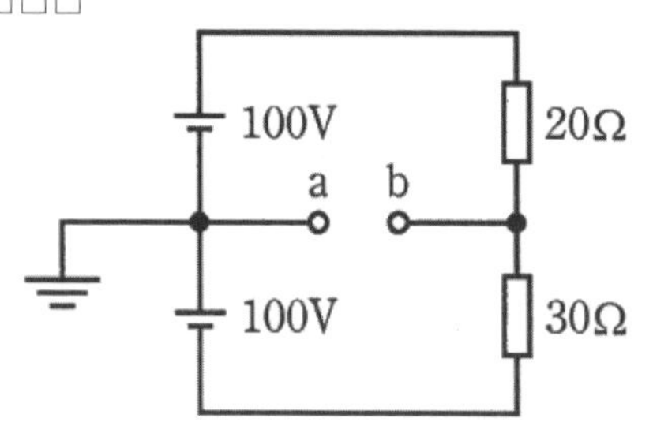

A03 **20V**
回路中、最も電圧が低い部分を 0 V と置きます。この回路においては、30 Ωと 100V のマイナス端子をつなぐ線を 0 V とすると、端子 a は + 100V、そして上側の電池のプラス端子は + 200V。端子 ab 間は何も部品がつながれていないので、回路全体をみると、200V の電池と 20 Ωと 30 Ωの直列抵抗が接続されている回路と見なせます。すると、オームの法則より、20 Ωの両端の電圧は 80V、30 Ωの両端の電圧は 120V。a 点の電圧は + 100V、b 点の電圧は 200 − 80 = +120V なので、a-b 間の電圧＝ 120-100 ＝ 20V。

次の問いに答えなさい。

Q 04 □□□

図のような回路で、電流計Ⓐの値が2Aを示した。このときの電圧計Ⓥの指示値は何［V］か。

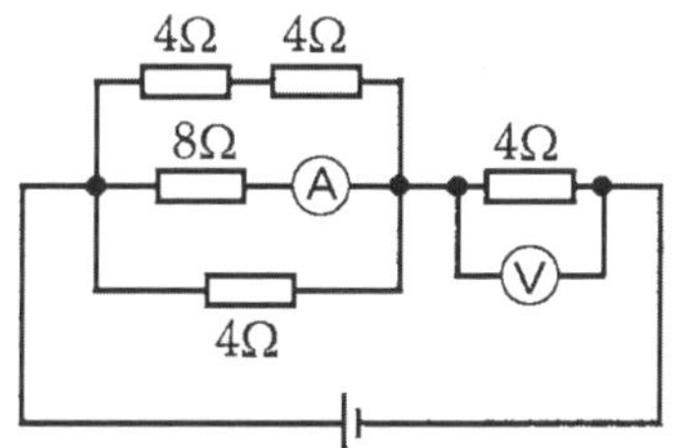

A 04

32［V］

下図 a-b 間の電圧は、8Ωに流れる I_2 = 2A であることから、

8Ω× 2 A = 16V。

これより $I_1 = \frac{16}{4+4} = 2$ A、

$I_3 = \frac{16}{4} = 4$ A。

$I_4 = I_1 + I_2 + I_3 = 2 + 2 + 4 = 8$Aですから、

電圧計（V）の指示値= 8 × 4 = 32V。

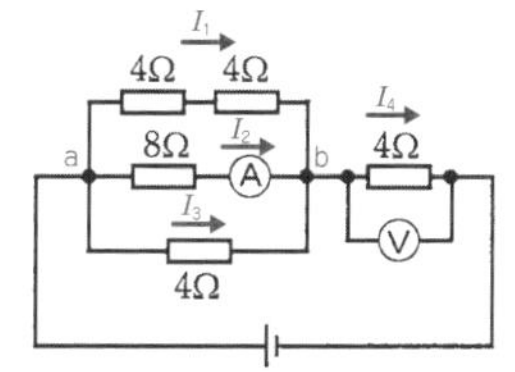

Q 05 □□□

図のような直流回路に流れる電流 I[A] は。

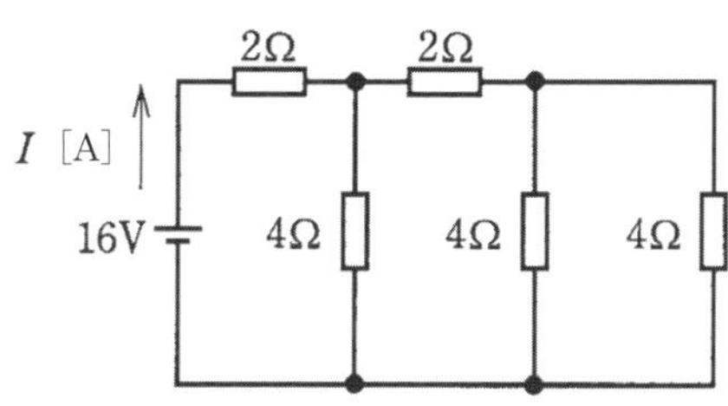

A 05

4［A］

回路の右端から合成抵抗を順に求めていきます。

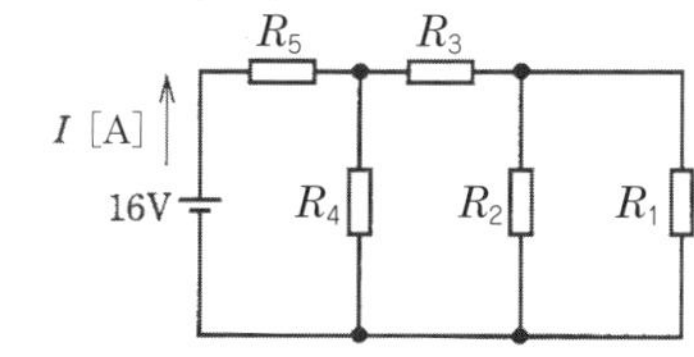

R_1 と $R_2 = \frac{4 \times 4}{4+4} = 2\ \Omega$ ………… R_a
（和分の積）

R_a と $R_3 = 2 + 2 = 4\ \Omega$ ………… R_b

R_b と $R_4 = \frac{4 \times 4}{4+4} = 2\ \Omega$ ……… R_c
（和分の積）

R_c と $R_5 = 2 + 2 = 4\ \Omega$

……………………… 回路全体の合成抵抗

したがって、回路に流れる電流は

$I = \frac{16}{4} = 4$ A

Q 06 □□□

電線の接続不良により、接続点の接触抵抗が 0.5 Ωとなった。この電線に 20A の電流が流れると、接続点から 1 時間に発生する熱量は何［kJ］か。

A 06

720kJ

電力を求める式 $P=I^2R$ より、20 × 20 × 0.5 = 200W。電力量（発熱量）＝電力×時間＝ 200W × 3600 秒 = 720000J。出題文は［kJ］の単位で聞いているので、720000 を 1000 で割って 720kJ。

一問一答で総チェック!

次の問いに答えなさい。

Q07 □□□
消費電力が 300W の電熱器を 2 時間使用したときの発熱量は何［kJ］か。

A07 2160kJ
発熱量［J］＝消費電力［W］×時間［s］です。2 時間＝ 120 × 60 ＝ 7200s ですから、発熱量＝ 300 × 7200 ＝ 2160000J ＝ 2160kJ となります。

Q08 □□□
実効値が 210V の正弦波交流電圧の最大値は何［V］か。

A08 296.1V
正弦波交流電圧の最大値＝実効値 × $\sqrt{2}$ です。したがって、210 × 1.41 ＝ 296.1V となります。

Q09 □□□
図のような回路で、抵抗 R に流れる電流が 4A、リアクタンス X に流れる電流が 3A であるとき、この回路の消費電力［W］はいくらか。

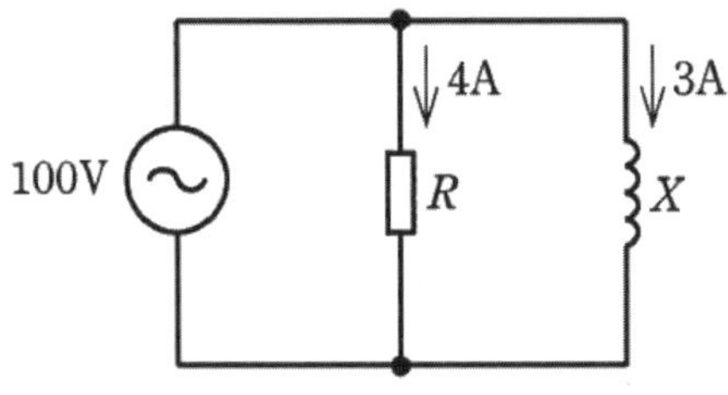

A09 400W
抵抗とコイルが並列になっているので、これらの合成電流を求めなければいけない気がしますが、電力を消費するのは抵抗だけなので、コイルは無視して考えてかまいません。よって、電力＝電圧×電流より、100 × 4 ＝ 400W となります。

Q10 □□□
図のような交流回路で、リアクタンス 8 Ω の両端の電圧は何［V］か。

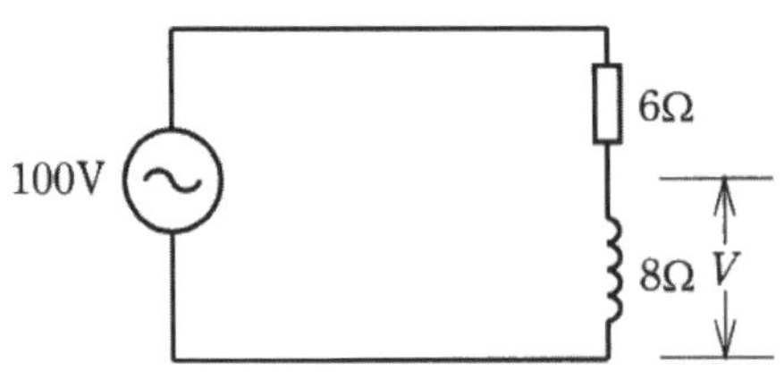

A10 80V
抵抗とコイルの直列回路の場合、合成インピーダンスは単純な足し算ではなく、両方の値を 2 乗して足し合わせ、その値の$\sqrt{}$で求めます。これを求めると、6 の 2 乗は 36、8 の 2 乗は 64 ですから、36 ＋ 64 ＝ 100 となります。よって合成インピーダンスは $\sqrt{100}$ ＝ 10 Ωです。オームの法則により、回路に流れる電流は 100 ÷ 10 ＝ 10A で、これにリアクタンスの 8 Ωをかけて 80V が答えとなります。

次の問いに答えなさい。

図の交流回路の力率（%）を求める式は。

□□□

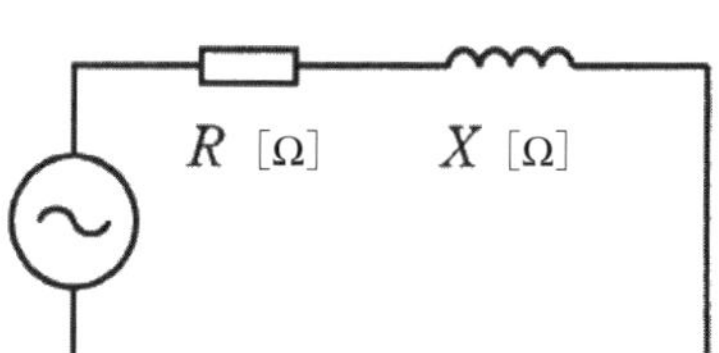

A 11 $\dfrac{100R}{\sqrt{R^2+X^2}}$

抵抗と、コイルまたはコンデンサの直列回路の場合、合成インピーダンスは、それぞれの2乗の和を√したものです。合成インピーダンスのうち、電力を消費するのは抵抗ですから、力率は$\dfrac{R}{\sqrt{R^2+X^2}}$。力率の単位を%で答えるので、$\dfrac{100R}{\sqrt{R^2+X^2}}$となります。

コイルに100V、60Hzの交流電圧を加えたら、5Aの電流が流れた。このコイルに100V、50Hzの交流電圧を加えると、流れる電流は何［A］か。

□□□

A 12 6A

コイルのリアクタンスは周波数に比例します。そのため、60Hzから50Hzにすると、リアクタンスは6分の5に減ることになります。オームの法則から、電圧（この問題では100V）が一定のとき、流れる電流は抵抗（コイルの場合はリアクタンス）に反比例しますから、電流は5Aに5分の6をかけて6A。

図のような交流回路で、負荷に対してコンデンサCを設置して、力率を100%に改善した。このときの電流計の指示値は、力率改善前と比較して増加するか減少するか？

□□□

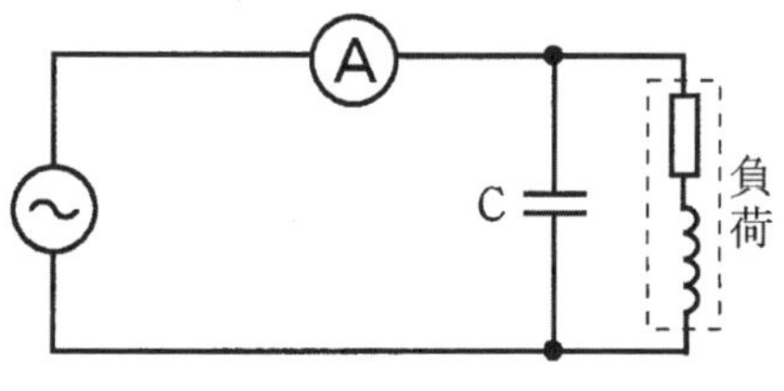

A 13 減少する

力率が悪いということは、コイルやコンデンサが電源からエネルギーを受け取り、そのまま電源側に投げ返す電力が大きいということを意味します。これを無効電力といいます。よって、力率が100%の状態が最も電流値が少なくなり、電流値はコンデンサ設置前に比べて減少します。

一問一答で総チェック！

次の問いに答えなさい。

Q14 □□□ 単相 200V の回路に、消費電力 2kW、力率 80%の負荷を接続した場合、回路に流れる電流は何 A か。

A14 12.5A

電力 = 200V × 10A = 2kW で力率が 80%ということは、負荷に流れ込む電流のうち 80%しか実際の電力として使っていないため、求める電流を I とすると、200 × I × 0.8 = 2000。したがって、I=2000 ÷（200 × 0.8）= 12.5。

Q15 □□□ 図のような三相 3 線式回路の全消費電力 [kW] はいくらか。

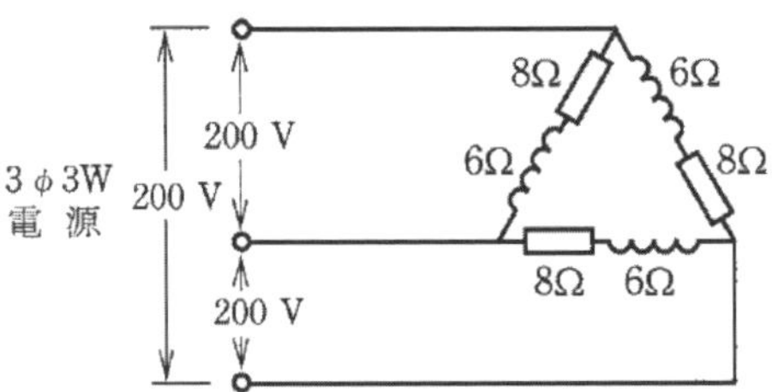

A15 9.6kW

6 Ωのコイルと 8 Ωの抵抗の合成インピーダンスは、3 : 4 : 5 の直角三角形より 10 Ω。一方、相電圧は 200V なので、この負荷に流れる相電流は 200 ÷ 10 = 20A。電力を消費するのは抵抗なので、$P=I^2R$ より、20 × 20 × 8 = 3200W、これが 3 相分あるので、3200 × 3 = 9600W = 9.6kW。

Q16 □□□ 図のような三相 3 線式 200V の回路で、c-o 間の抵抗が断線した。断線前と断線後の a-o 間の電圧はそれぞれ何 V であるか。

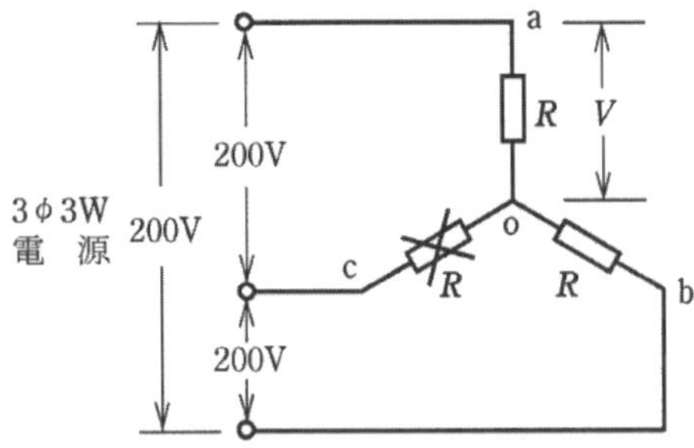

A16 断線前は 116V、断線後は 100V

a-o 間の電圧は相電圧、すなわち線間電圧の 1 ／$\sqrt{3}$ ですから、200 ÷ $\sqrt{3}$ = 約 116V。断線後は、c-o 間の抵抗を取り去って考えると、これは線間電圧 200V に対して、a-o 間と o-b 間の抵抗 R が直列になっているだけと考えられるので、R の両端の電圧は 100V。よって、断線前は 116V、断線後は 100V。

第2章

配電理論と配線設計

配電方式

試験攻略のポイント

★配電方式には、**単相2線式**、**単相3線式**、**三相3線式**の3つがある。
★**単相2線式**（**1φ2W**）…単相 100V 交流を得られる。
★**単相3線式**（**1φ3W**）…単相 100V と 200V の 2 種類の交流を得られる。
★**三相3線式**（**3φ3W**）…三相 200V 交流を得られる。

発電所から住宅まで電気が送られるしくみ

電気は発電所で作られて、下にあるイラストのような経路を通って住宅や工場に届きます。このうち、発電所から配電用変電所までの電線を**送電線**といい、配電用変電所から電柱を通って電気を買って使用する需要家に送られる電線のことを**配電線**といいます。

配電線には、配電用変電所から電柱（**柱上トランス**）までの**高圧配電線**と、柱上トランスから家庭までの**低圧配電線**の 2 種類があります。

ちょっと補足　大工場、中規模工場などへの電気の供給

大工場や中規模工場、大規模ビルなどは高圧電力を必要とするため、変電所から供給されます。

送電線路と配電線路

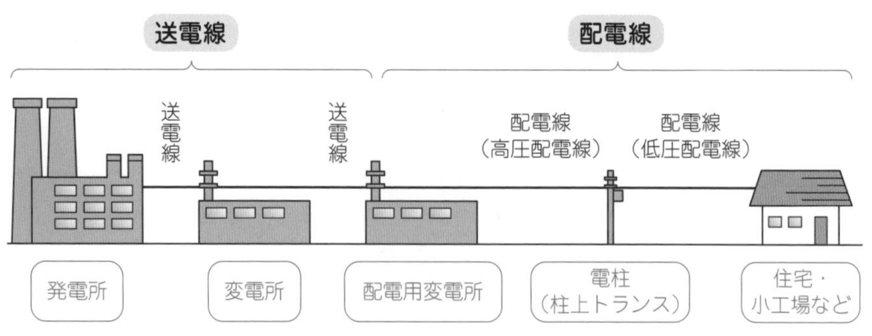

日本の３つの配電方式

低圧配電線を通じて一般家庭などに電気を供給する場合、その方式にはいくつかの種類があります。みなさんのご家庭にある普通のコンセントには100V の交流電気がきていますが、大容量のエアコンなどでは 200V の電気を使うものがあります。

普通に考えると、100V の配線と 200V の配線を混在させるためには 4 本の線が必要です。また、200V という高い電圧を供給するためには安全基準も厳しくしないといけません。しかし、ほとんどの一般家庭では、**単相 3 線式**という巧妙な方法で送電されています。これは非常に簡単に 100V と 200V を得ることができ、なおかつ安全性も高い方式です。

日本の配電方式

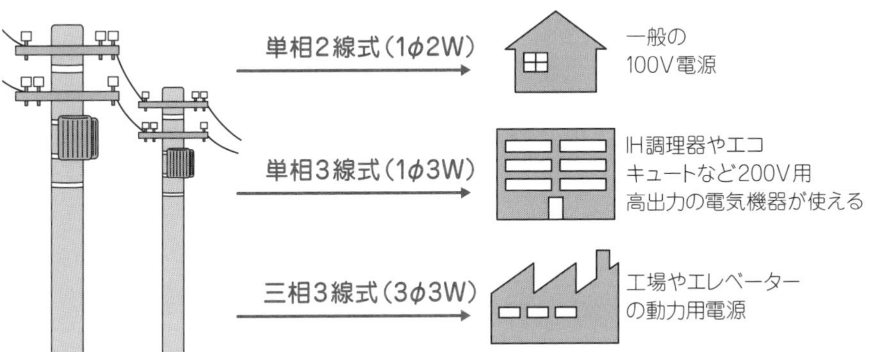

日本では、単相 3 線式のほかに、単純な供給方式である**単相 2 線式**、三相交流を 3 本電線で供給する**三相 3 線式**の 3 つが採用されています。

単相 2 線式（1φ2W）ー 単相交流を 2 本の電線で送る

基本となるのは**単相 2 線式**です。これは、2 本の線を使って電気を送る方式で、非常に当たり前な方法です。普通私たちが使うコンセントには 2 つの端子（穴）がありますが、そこから電気を取ると実効値 100V の交流を得ることができます。これが単相 2 線式の電気です。

何十年も前は、電力会社から一般家庭への引き込み線も単相２線式でした。この場合、100V から 200V に変換するトランスを使うなどの特殊な方法を除き、家の中で 200V の電気機器を使うことはできませんでした。ところが、電力需要が増大するにつれ、エアコンなどの大電力機器を 200V で使いたいという需要が高まり、そこで単相３線式という方式が考えられたのです。

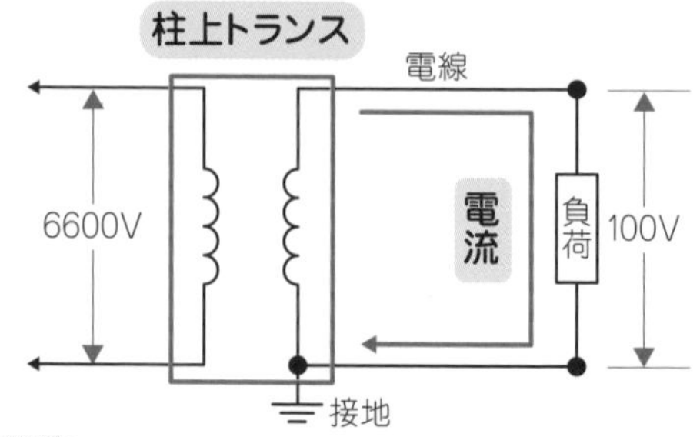

これも覚えておこう!

200V のほうが効率がよいわけ

ちなみに、なぜ大電力機器を 100V ではなく 200V で使ったほうが効率がよいかというと、電気の基礎理論で出てきたとおり、電力は電圧×電流で求められるので、同じ電力を消費するのであれば、電圧を２倍にすれば電流が半分で済むからです。電気配線には抵抗があるので、電流が半分になれば $P=I^2R$ の式より、電気配線での損失電力は４分の１になるのです。

単相３線式（1φ3W）— 単相交流を３本の電線で送る

単相３線式とは、単相の交流を３本の電線で配電する方式です。この３本の線のうち、真ん中の１本がアースされている**中性線**（ちゅうせいせん）で、この中性線と残り２本の線のどちらの間からも 100V の単相交流を取りだすことができます（実際の建物の電気工事の際は、負荷が偏らないように２本から平等に配線するようにします）。

そして、中性線ではない両端の２本の間から電気を取り出すと、単相 200V の交流が得られるようになっています。どうしてこのようなことが可能かというと、交流の性質を巧みに用い、上側の電線が＋100V のときに下側の電線は－100V というように、上下で逆の電圧値にな

接地されている側の電線とされていない電線

中性線とは、接地されている側の電線のことで接地側電線ともいいます。これに対し、接地されていない側の電線のことを電圧側電線、非接地側電線ともいいます。

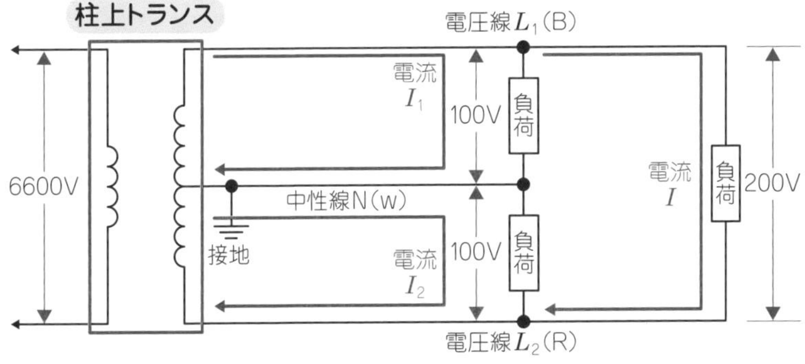

るようにしているのです。このようにすることにより、上側の電線・下側の電線ともに100Vの低い電圧で配電されているにもかかわらず200Vの電圧も得ることができ、便利で安全性も高いため、現在の一般家庭への配電方式は、特段の事情がない限り単相３線式となっています。

三相３線式（3φ3W）ー 三相交流を３本の電線で送る

三相３線式は、一般家庭ではなく、工場や高圧送電線で用いられている送電方式です。

単相３線式と混同されやすいのですが、単相３線式の場合は線間電圧が100V・100V・200Vであったのに対し、三相３線式は３本の線どの間を取っても200Vであり、また単相３線式のような中性線は存在せず、３本の線がすべて対称になっています。電気の基礎理論のときにも出てきましたが、元々は３つの発電機からの配線を、１本を共通として４本の電線で送るべきところを、巧妙な手法を用いて３本に減らしたものです。

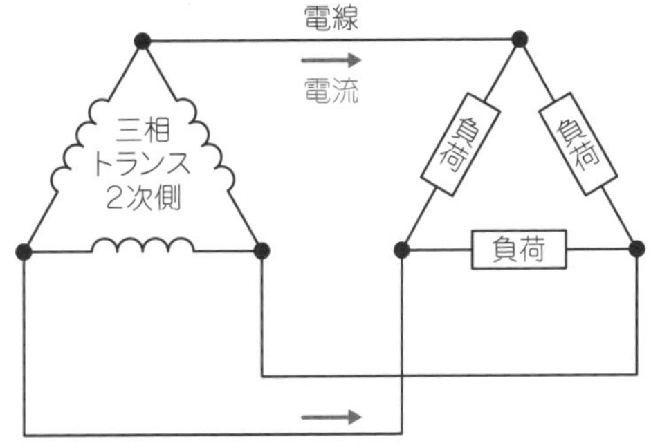

2 単相2線式配電の電圧降下・電力損失

★電線の抵抗による電圧の降下のことを**電圧降下**といい、電圧降下による電力の損失のことを**電力損失**という。試験ではこれらを求める問題がよく出題される。
★単相２線式の電圧降下と電力損失を求める式を暗記すること。「電線１本分の電圧降下×**２本分**」となることを忘れないように。

電圧降下 ― 電線の抵抗によって電圧が降下すること

物質の抵抗はその長さに比例し、断面積に反比例しますが（P.18参照）、電気を送る送電線や配電線にも抵抗があります。電線に電流を流すと、その抵抗のために、わずかながら電圧は降下します。例えば、電源100Vのときに負荷での電圧が99Vだった場合、1Vの電圧が電線の抵抗のために下がったことになります。このことを**電圧降下**といいます。電圧降下が起こることによって、電圧×電流で計算される電力も失われます。このことを**電力損失**といいます。

電気工事士の試験では、配電線による電圧降下や電力損失を求める問題がよく出題されます。例題で解き方を解説しましょう。

単相２線式配電での電圧降下と電力損失を求める

例題 図のように、電線のこう長L[m]の配線により、消費電力1000Wの抵抗負荷に電力を供給した結果、負荷の両端の電圧は100Vであった。
①配線における電圧降下［V］を表す式を書きなさい。
②配線における電力損失［W］を表す式を書きなさい。
ただし、電線の電気抵抗は長さ1m当たりr［Ω］とする。

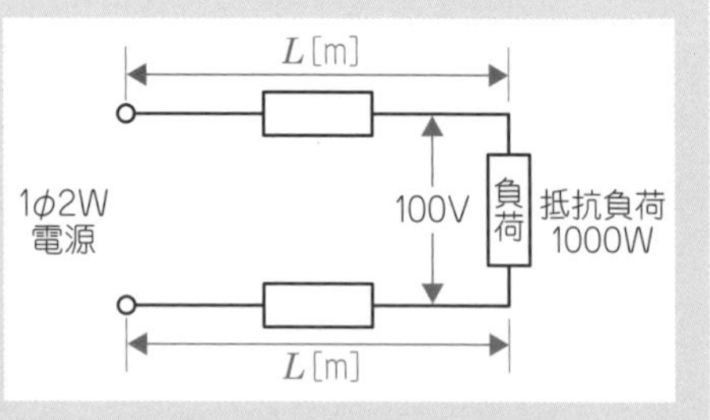

●単相 2 線式配電線での電圧降下

まず、①の電圧降下から考えます。電気の配線は往復で 2 本ありますし、銅線は非常に抵抗が小さいといっても抵抗値は完全にゼロではありません。したがって、電線で負荷に電力を供給する場合、この問題の回路図のように行きと帰りの 2 本分の直列抵抗が入るようになります。

出題文を見ると、消費電力 1000W で電圧 100V の負荷に電力を供給する場合の配線における電圧降下を求めるものなので、まずは負荷に流れる電流を求めると 1000 ÷ 100 = 10 A です。1 m当たり r ［Ω］の抵抗値を持つ電線 L ［m］は、$r \times L$ ［Ω］の抵抗値を持つことになりますから、オームの法則により $10 \times r \times L$ が電線 1 本分の電圧降下だとわかります。電線は往復で 2 本あるため、$2 \times 10 \times r \times L = 20rL$ が答えということになります。　**答え**　$20rL$

●単相 2 線式配電線での電力損失

次に②の電力損失を求めてみます。

電力の計算式は $P=I^2R$ や $P=\dfrac{E^2}{R}$ ですから（P.24 参照）、この式に当てはめて電力を求めます。この出題の場合は、流れる電流が 10A で抵抗値が $r \times L$ でしたから、$P=I^2R$ の式に代入すると $10 \times 10 \times r \times L = 100rL$ が電線 1 本分の電力損失となり、この 2 倍が 2 本分の電力損失ですから、$2 \times 100rL = 200rL$ が答えとなります。　**答え**　$200rL$

●単相 2 線式電線での電圧降下と電力損失

電圧降下＝ $2rLI$ ［V］　電力損失＝ $2rLI^2$ ［W］

（1m 当たりの電線抵抗：r ［Ω／m］
電線の長さ：L ［m］　電流：I ［A］）

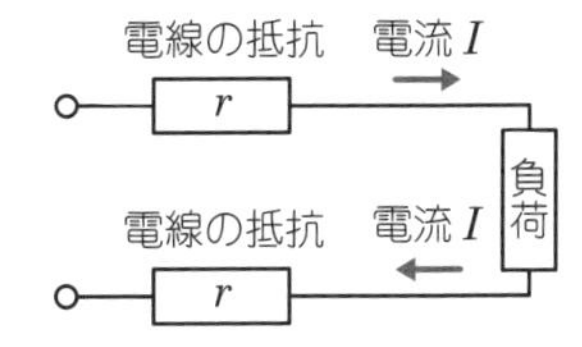

過去問に挑戦！

図のような単相 2 線式回路において、c-c´ 間の電圧が 100V のとき、a-a´ 間の電圧［V］は。ただし、r は電線の電気抵抗［Ω］とする。

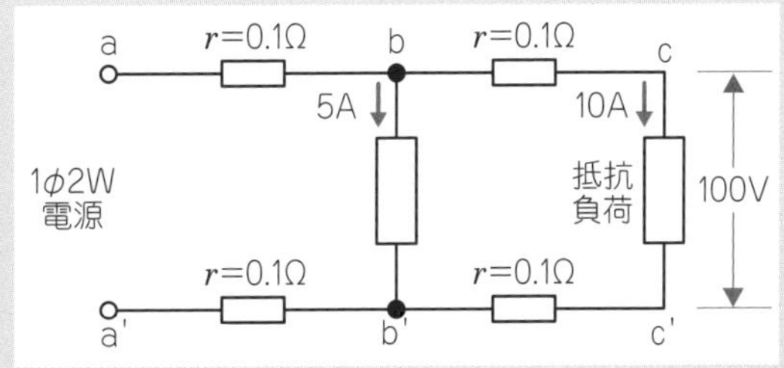

解説 まず b-c 間を見てみると、0.1 Ωの抵抗に 10A の電流が流れていますから、両端の電圧はオームの法則より 0.1 × 10 ＝ 1V です。b'-c' 間も同じですから、b-b' 間は 100 ＋ 1 ＋ 1 ＝ 102V となります。

次に a-b 間を見てみると、ここに流れる電流は 5 ＋ 10 ＝ 15A なので、0.1 Ωの両端の電圧は 15 × 0.1 ＝ 1.5V です。a'-b' 間も同様ですから、a-a' 間は 102 ＋ 1.5 ＋ 1.5 ＝ 105V ということになります。　**答え**　105V

3 単相3線式配電の電圧降下・電力損失

★単相３線式の電圧降下は、中性線に電流が流れるかどうかで計算のしかたが変わる。問題を解いて計算方法を覚えること。
★平衡負荷の場合は中性線には電流は流れない。したがって、中性線では電圧降下も電力損失も起こらない。

単相３線式配電での電圧降下と電力損失を求める

現在の一般家庭における配電方式の標準である単相３線式の場合も、やはり配電線による電圧降下や電力損失を求める問題がよく出題されています。これも例題で解き方を解説しましょう。

例題 図のような単相３線式回路で、電線１線当たりの抵抗が 0.1 Ω、負荷に流れる電流がいずれも 10A のとき、
①A-A'、B-B'、N-N' 間それぞれの電圧降下［V］は。
②この回路の電力損失［W］は。
ただし、負荷は抵抗負荷とする。

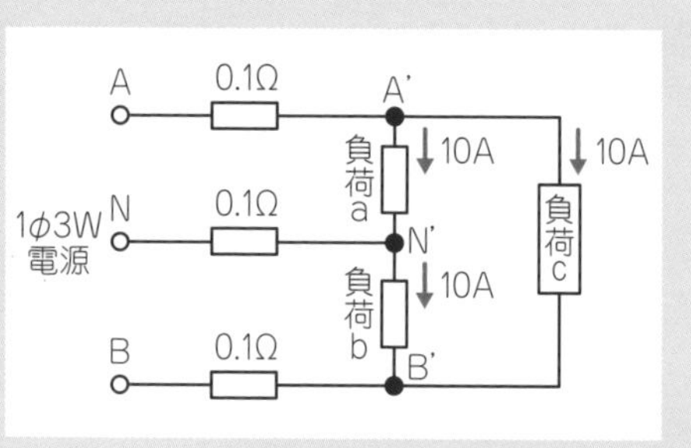

●単相３線式配電での電圧降下

まず、①の電圧降下から考えます。この回路は単相３線式の電源で、３つの負荷が接続されています。まず A-A' 間について考えると、これは負荷 c に流れる 10A と、負荷 a に流れる 10A の合計 20A の電流が流れることになるので、20 A × 0.1 Ω＝2 V が電圧降下になります。

B-B' 間も同様で、負荷 c に流れる 10A と、負荷 b に流れる 10A の合計 20A が流れますから、20 A × 0.1 Ω＝2 V が電圧降下になります。

さて、問題は N-N' 間です。ここに負荷 a と負荷 b に流れる電流の差が流れるはずですが、この電流はどちらも 10A であることから、N-N' 間には電流がまったく流れない、つまり、N-N' 間の電圧降下＝0 です。

答え A-A' 間：2V　B-B' 間：2V　N-N' 間：0V

●単相３線式配電線での電力損失

次に②の電力損失を考えます。まず A-A' 間は負荷 c に流れる 10A と、負荷 a に流れ

る 10A の合計 20A の電流が流れることになるので、この抵抗に発生する電力は $P=I^2R$ の式より、20 × 20 × 0.1 = 40W となります。

B-B' 間も同様で、負荷 c に流れる 10A と、負荷 b に流れる 10A の合計 20A が流れますから、抵抗に発生する電力は 20 × 20 × 0.1 = 40W となります。

N-N' 間には電流がまったく流れないので、電力消費はゼロです。

したがって、電線路全体の電力損失は 40 + 40 + 0 = 80W となります。

答え 80W

中性線に流れる電流

この問題のように、負荷 a と負荷 b の抵抗値が等しい場合、この負荷 a、負荷 b を**平衡負荷**(へいこうふか)といいます。平衡負荷の場合、中性線には電流は流れません。負荷 a と負荷 b の抵抗値が等しくない場合、この負荷 a、負荷 b を**不平衡負荷**(ふへいこうふか)といいます。不平衡負荷の場合、中性線には A-A' 間に流れる電流 I_a と B-B' 間に流れる電流 I_b の差の電流が流れます。

●単相 3 線式配電での電圧降下

A-N 間の電圧降下
$= I_a r + (I_a - I_b) r$ [V]

B-N 間の電圧降下
$= I_b r - (I_a - I_b) r$ [V]

＊ $I_a = I_b$ の場合は中性線には電流は流れない。

(I_a : A-A' 間を流れる電流 [A]
I_b : B-B' 間を流れる電流 [A]
V_a : A-N 間の電圧 [V]
V_b : B-N 間の電圧 [V]
r : 電線 1 線当たりの抵抗 [Ω])

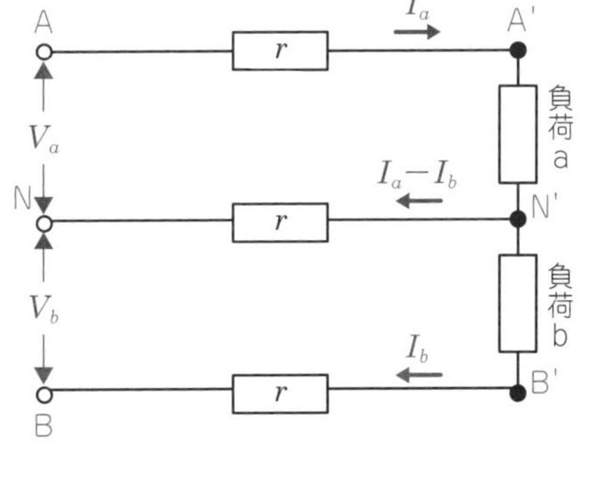

過去問に挑戦!

図のような単相３線式回路において、電線１線当たりの電気抵抗が 0.1 Ωのとき、a－b 間の電圧［V］は。

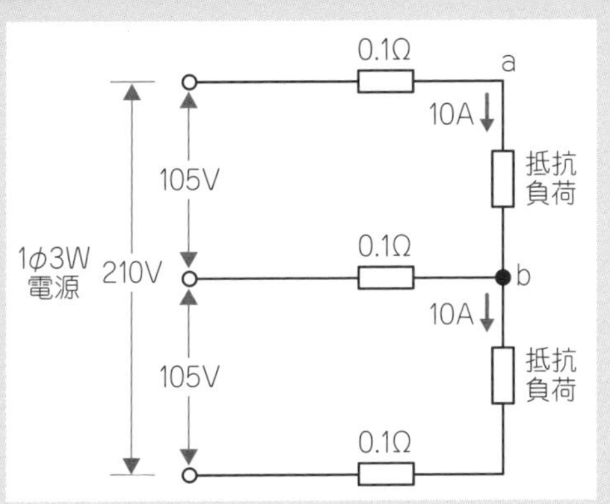

解説 単相３線式回路で負荷に流れる電流は同じなので、中性線には電流は流れません。したがって、a-bにかかる電源電圧から電線抵抗 0.1 Ωによる電圧降下分を引いた電圧が加わることになります。
V_{ab} = 105 − 10 × 0.1 = 104V
と求められます。

答え 104V

4 三相3線式配電の電圧降下・電力損失

★三相３線式の配電線による電圧降下や電力損失の問題はP.63の公式を覚えておくことで解ける。
★「電圧降下を示す式は？」「電力損失を示す式は？」という、この公式自体を問う問題も出題されるから必ず暗記しておく。

三相３線式配電での電圧降下

三相３線式配電による電圧降下や損失電力を求める問題も出題されます。まずは電圧降下を求める問題を解説します。

●三相３線式配電での電圧降下

例題１ 図のような三相３線式回路で、電線１線当たりの抵抗が r [Ω]、線電流が I [A] であるとき、電圧降下（$V_1 - V_2$）[V] を示す式は。

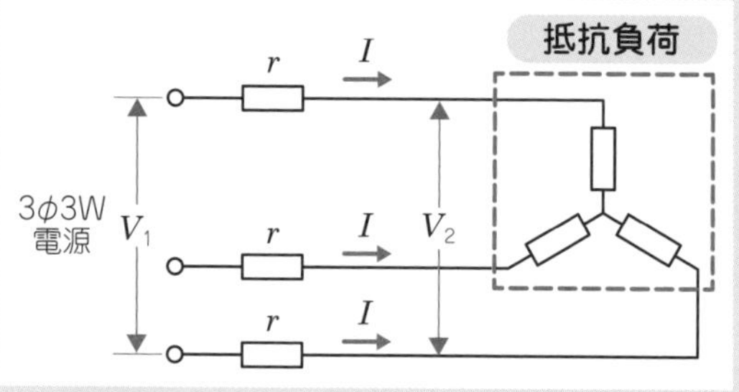

Y結線回路の電圧降下を求める問題です。オームの法則より、抵抗 r に I の電流が流れているときの電圧降下は $r \times I$ であることから、$2Ir$ だと思った人が多いかもしれません。しかし、三相３線式は３本の電線それぞれの間の電圧や電流は120°ずつの位相差を持っているため、瞬間で見ると２本の抵抗で $r \times I$ の電圧降下が同時に発生しないのです。電圧降下は $2Ir$ よりも小さい、$\sqrt{3}Ir$ となることがわかっています。

答え $\sqrt{3}Ir$

ちょっと補足　三相３線式電線の電圧降下の解き方

「電圧降下が $2Ir$ ではなく、$\sqrt{3}Ir$ となる」理由は、三角関数を使っての証明が必要になるため、ここでは触れません。「三相３線式は３本の電線それぞれの間の電圧や電流は120°ずつの位相差を持っているため、瞬間で見ると２本の抵抗で $r \times I$ の電圧降下が同時に発生しない、よって電圧降下は $2Ir$ よりも小さい値となる」ということを覚えておきましょう。裏技的な話ですが、選択肢に $2Ir$、$2\sqrt{3}Ir$ といった式が出てくる問題がありますが、このことを覚えておけばこれらの選択肢は排除されます。

三相３線式配電での電力損失

次に電力損失を求める場合を解説します。

例題２ 図のような三相３線式回路で、電線１線当たりの抵抗が 0.1 Ω、線電流が 20A のとき、この電線路の電力損失［W］は。

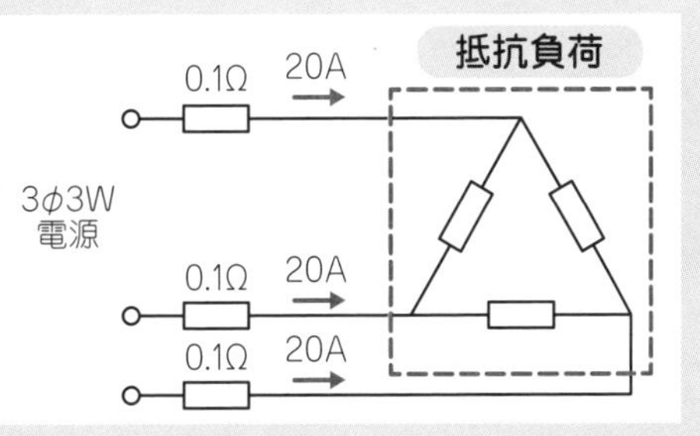

第１章で出てきたΔ回路です。この図を見て、「あれ？」と思った人もいるかもしれません。この回路は、３本の線すべて右側に 20A の電流が流れると書いてありますが、そうすると電流のつじつまが合わなくなります。ところが、これは三相３線式ですから、どれか２本の線が右側に電流が流れている瞬間、残りの１本の線はその合計の値と同じだけ左側に電流が流れているし、どれか２本の線が左側に電流が流れている瞬間は、残りの１本の線はその合計と同じだけの右向きの電流が流れているのです。三相３線式は３本の電線それぞれの間の電圧や電流は 120°ずつの位相差を持っているため、このようなことが起こります。

しかし、一見複雑そうなのですが、この問題は複雑に考える必要はありません。電線路の電力損失を求めるのですから、単にその線を流れる電流と抵抗値のみに注目すればよく、$P=I^2R$ の式から電線１本当たりの電力損失は 20 × 20 × 0.1 ＝ 40W、これが３本分ですから 120W が答えとなります。

答え 120W

●三相３線式電線での電圧降下と電力損失

電圧降下＝$\sqrt{3}Ir$［V］　電力損失＝$3I^2r$［W］　（I：線電流［A］　r：電線１線当たりの抵抗［Ω］）

過去問に挑戦！ 図のような三相３線式回路で、電線１線当たりの抵抗が 0.15 Ω、線電流が 10A のとき、電圧降下（$V_S－V_R$）は。

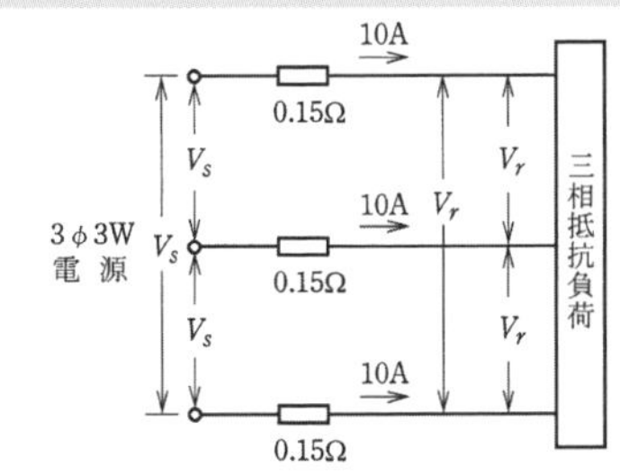

解説 三相３線式回路での電圧降下の式を用いて求めます。電圧降下＝$\sqrt{3}Ir$ ＝ 1.73 × 10 × 0.15 ＝ 2.6V

答え 2.6V

5 絶縁電線の許容電流

★電線の太さと許容電流の問題は毎年出題される。P.64 の表と計算に用いる電流減少係数の表 P.65 は必ず覚えること。
★電線の太さと許容電流　1.6mm は 27A、2.0mm は 35A
★電数を複数本束ねた場合は、許容電流を低くするために、減数係数をかける。

電線の太さで許容電流が定められている

いよいよ電気工事の実務的な話に入ります。まずは、配線設計について学びます。

電線には、必ず**許容電流**が定められています。いうまでもなく、細い電線に大電流を流すと、電線の抵抗値のために大きなジュール熱が発生し、電線が焼け切れたりビニルの被覆が溶けたりしてしまいます。これでは電気を安全に使うことはできませんから、温度上昇などを考慮し、電線の太さと許容電流の値が規格で決められているのです。基準となる値は次の表の通りです。

許容電流

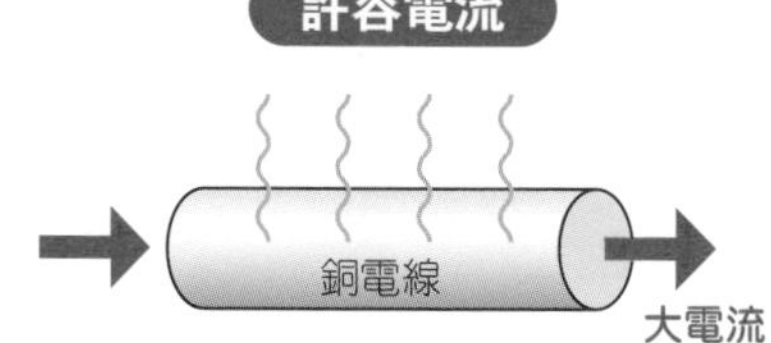

細い電線に大電流が流れると、ジュール熱によって、電線が焼き切れたりする危険がある。

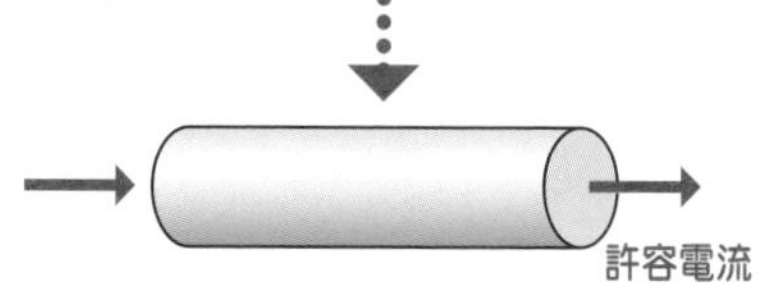

温度上昇などを考慮して許容電流の値が電線の太さによって決められている。

単線

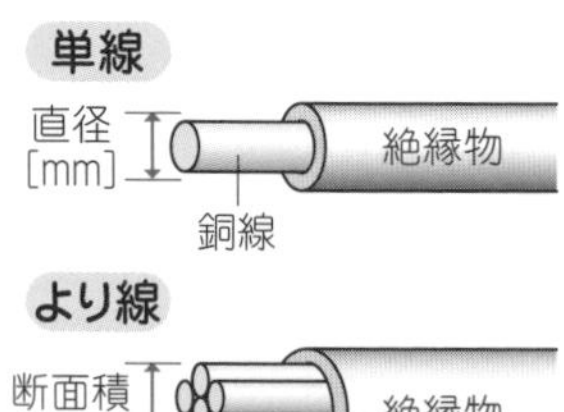

より線

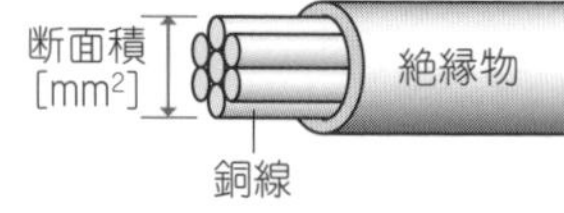

■電線の太さと許容電流

	電線の太さ	許容電流
単線	1.6mm	27A
	2.0mm	35A
	2.6mm	48A
より線	断面積 5.5㎟	49A
	断面積 8.0㎟	61A

ここが出る!

ちょっと補足
この値は、電線 1 本のみを碍子などで固定し、理想的な放熱状態においた場合の値です。

第二種電気工事士の試験で出題されるのは、上の表に掲げたものが必要になります。特に1.6mmと2.0mmについては、必ずと言っていいほど出題されますので、少なくとも27Aと35Aだけは絶対に覚えておいてください。

複数本束ねたときは許容電流を低くする

電線を1本だけ引くときと、多数を束ねた時とでは、発生した熱のこもり方が違ってくるため、電線を複数本束ねた場合は、許容電流を低くしなければならないと定められています。これが**電流減少係数**（でんりゅうげんしょうけいすう）で、束ねる本数によって値が異なります。

実際問題として、電線を1本だけ引くということはまずなく、行きと帰りで少なくとも2本の線を束ねて配線することが普通ですから、実務上の基準は理想状態の**7割**の値となります。また、4本以上を束ねるとさらに許容電流は小さくなり、**0.07（7%）**ずつ減っていくと規定されています。

電線を複数本重ねる

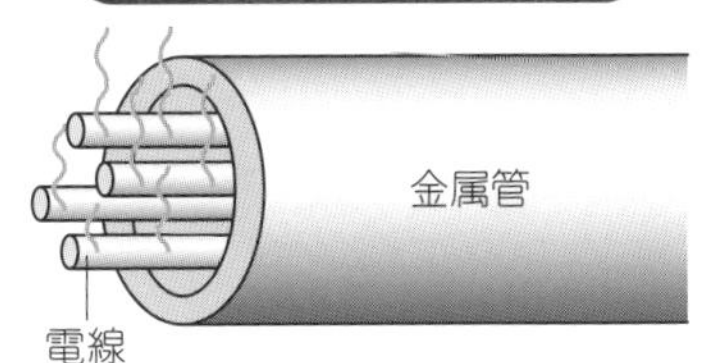

電線を複数本束ねると、発生した熱がこもりがちになるので、許容電流を小さくしなければならない。

■電線の本数と電流減少係数 ここが出る！

電線を束ねる本数	電流減少係数
3本以下	0.7
4本	0.63
5～6本	0.56

過去問に挑戦！ 金属管による低圧屋内配線工事で、管内に直径2.0mmの600Vビニル絶縁電線（軟銅線）5本を収めて施設（しせつ）した場合、電線1本当たりの許容電流［A］は。ただし、周囲の温度は30℃以下、電流減少係数は0.56とする。

解説 直径2.0mmの電線の許容電流（きょようでんりゅう）は35Aです。これを5本束ねて配線するので、電流減少係数は0.56となります。もっとも、この例のように、出題文に電流減少係数の値が書かれていることもあります。
よって、35×0.56＝19.6Aとなります。

答え 19.6A

6 幹線（かんせん）の設計

★幹線は屋内に引き込んだ電線で、照明やコンセントなどにつながる分岐線の出発点になる重要な電線。分岐した回路すべての電流が流れるため、許容電流（I_L）が定められており、その計算が試験ではよく出題される。

$I_M \leqq I_H$ の場合　$I_L \geqq I_M + I_H$

$I_M > I_H$ で、I_M が 50A 以下の場合　$I_L \geqq 1.25I_M + I_H$

$I_M > I_H$ で、I_M が 50A を超える場合　$I_L \geqq 1.1I_M + I_H$

幹線 ― 親ブレーカーと子ブレーカーの間の配線

電柱から家屋に電気を引き、そこから各部屋へ電気を分けるまでの基本的な構造は下のイラストのとおりです。どの家屋にも、電気を安全に使用するために漏電遮断器（**漏電（ろうでん）ブレーカー**）や**配線用遮断器（はいせんようしゃだんき）**（**安全ブレーカー**）をまとめた**分電盤（ぶんでんばん）**が設置されているはずです。

電柱から家屋への配線の基本図

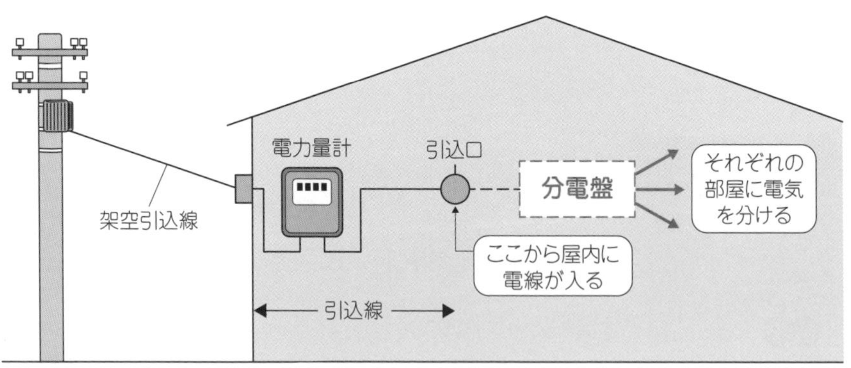

何かのはずみで遮断器（ブレーカー）が切れて、分電盤を開けて電源を入れ直した経験がある方なら、遮断器は単体ではなく、必ず大きい遮断器１個

と小さい遮断器複数で構成されていることに気づいたと思います。

これは、まず電力会社からの電気引き込み線の大元に親ブレーカー（過電流遮断器や過負荷保護付漏電遮断器）があり、そこから部屋単位やコンセント・照明単位の子ブレーカー（配線用遮断器）へ分岐し、コンセントなどに接続されているのです。このとき、親ブレーカーと子ブレーカーの間の配線を**幹線**（かんせん）といい、ここの配線の許容電流についても規定があります。

分電盤の構造

一般的な住宅の配線

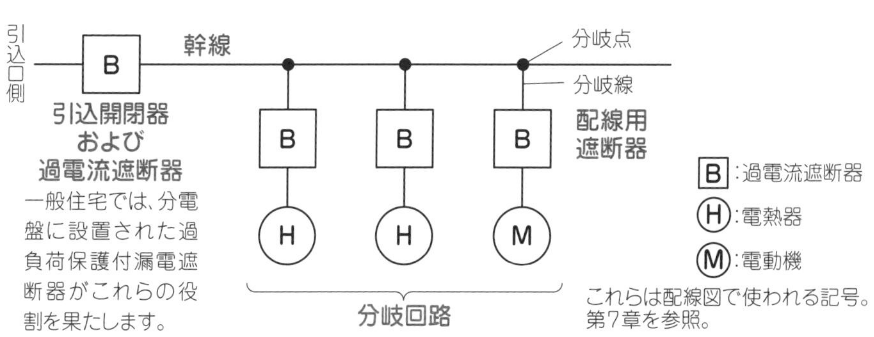

幹線の許容電流の計算方法

幹線は、子ブレーカーに接続された各種電気機器に流れる電流の合成電流が流れますから、それなりに太い配線にしないと危険です。特に、電動機（モーター）は、電源を入れた瞬間に非常に大きな電流が流れるという性質を持っているため、その性質を考慮しなければなりません。とはいえ、すべてのモーターを同時に運転開始した瞬間でも許容電流を超えないようにするためには極めて太い電線を使わなければいけなくなるうえ、配線の許容電流も、ほんの一瞬でもそれを超えたら即危険というわけでもないので、経済的・現実的観点からほどほどの目安が規定されているわけです。

幹線の許容電流の計算方法は次の通りです。

●幹線の許容電流 I_L の計算方法

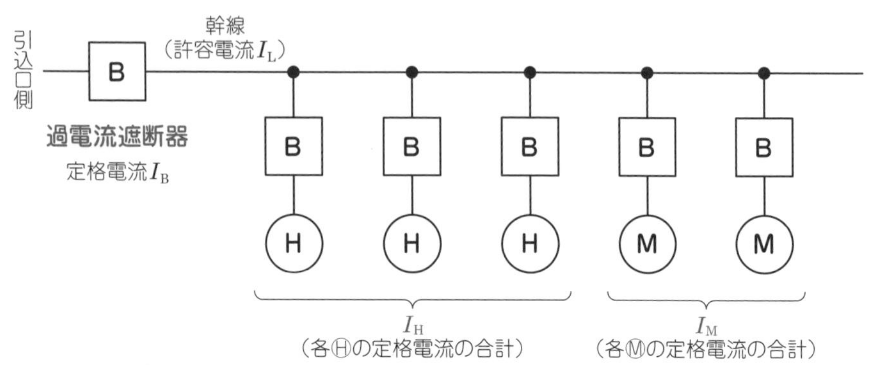

I_L：幹線の許容電流　I_M：電動機（モーター）負荷の定格電流の合計　I_H：電動機以外の負荷の電流の合計

① $I_M \leqq I_H$ の場合　$I_L \geqq I_M + I_H$ ここが出る！

電動機の定格電流（ていかくでんりゅう）の合計がそれ以外の負荷の定格電流の合計と同じかそれ以下の場合は、幹線の許容電流は $I_M + I_H$ の値以上でよいとされています。もちろん、I_H を定格一杯で使用しているときにすべての電動機の電源を入れると、その瞬間は配線の許容電流を超えてしまいますが、そのような事態が発生する頻度や一瞬の過電流による危険性の程度を考えれば問題がないとされているのです。

定格とは？
電機製品の製造メーカーが指定する、各々の電機製品の電圧や電流の規格値のこと。

② $I_M > I_H$ で、I_M が 50A 以下の場合　$I_L \geqq 1.25I_M + I_H$ ここが出る！

電動機の定格電流の合計が、それ以外の負荷の定格電流の合計より大きく、なおかつ 50A 以下である場合は、電動機の定格電流の合計を 1.25 倍に見積もって合計します。これも、経済的・現実的観点から設定されている値です。

③ $I_M > I_H$ で、I_M が 50A を超える場合　$I_L \geqq 1.1I_M + I_H$ ここが出る！

電動機の定格電流の合計が、それ以外の負荷の定格電流の合計より大きく、なおかつ 50A を超える場合は、電動機の定格電流の合計を 1.1 倍に見積もって合計します。これも、50A を超えるような電流を流せる導線は物理的に大きくて重くなるため、短時間の過電流による発熱があっても温度上昇が少ないなどの現実的要素を考慮して規定されているわけです。

需要率（じゅようりつ） ─ 最大供給電力と最大需要電力との比

瞬間的に大電流が流れる頻度などの現実的要素を加味して許容電流が規定された、と述べましたが、実際の設備において、すべての電気機器が同時に稼働するということは通常ありえません。一般家庭においても、すべての部屋の照明を点け、すべての電気機器を同時に稼働させ、電気ストーブもクーラーも同時に作動させる、ということはないはずです。このように、設備全体を許容電流目一杯まで利用した場合の理論的な**最大供給電力**（さいだいきょうきゅうでんりょく）と、実際問題として通常ありえる**最大需要電力**（さいだいじゅようでんりょく）との比を**需要率**といいます。幹線の許容電流を求める際には、この需要率を考慮することにより、現実に即した経済的な幹線配線とすることができます。

$$需要率＝\frac{\textbf{最大需要電力}}{\textbf{最大供給電力}}\times 100\%$$

過去問に挑戦！

定格電流 10A の電動機 5 台が接続された単相 2 線式の低圧屋内幹線がある。この幹線の太さを決定する電流の最小値［A］は。ただし、需要率は 80%とする。

解説 定格電流10Aの電動機が5台あるので、合計消費電流は50Aです。しかし、需要率が80%ということは、最大限稼働しても5×80%＝4台までしか同時稼働しないので、負荷電流は50×0.8＝40Aで計算できます。
これをもとにして幹線の電流を求めると、$I_M>I_H$かつI_Mが50A以下ですから、$1.25I_M+I_H$を用います。この屋内配線には電動機のみが接続されているので、1.25×40＋0＝50となり、答えは50Aとなります。

答え 50A

7 過電流遮断器①（かでんりゅうしゃだんき）
幹線を保護するもの

★幹線を過電流から保護する過電流遮断器にはその値を超える電流が流れたときに回路を遮断する定格電流が定められている。その計算がよく出題される。

★過電流遮断器の定格電流（I_B）

①電動機が接続されていない場合　$I_B \leqq I_L$

②電動機が接続されている場合（原則）　$I_B \leqq 3I_M + I_H$

過電流遮断器 ― 電流が流れすぎた際に回路を遮断する装置

過電流遮断器とは、電流が流れすぎた場合に安全のために回路を遮断する装置です。一般家庭にあるブレーカー（アンペアブレーカー、配線用遮断器など）やヒューズが身近な例といえます。これらは定格電流以上の大きな電流が流れると、回路を遮断して幹線を保護します。

●配線用遮断器

過電流を検出して回路を遮断する装置。

●過負荷保護付漏電遮断器

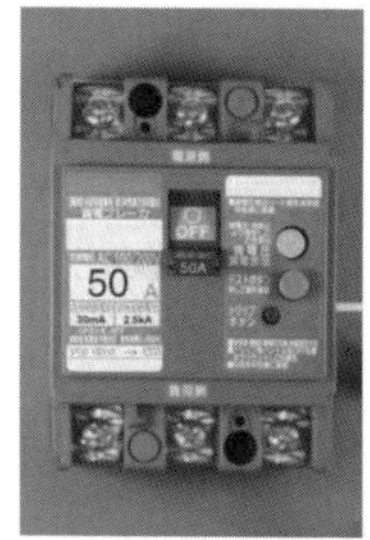

配線用遮断器と漏電遮断器の両機能をもつ装置。過電流と漏電の両方を検出して遮断する。

過電流遮断器の定格電流の制限

過電流遮断器の**定格電流**は、小さすぎては度々切れてしまい実用になりません。また、大きすぎて事故が発生した際に切れなくても意味がありません。また、電動機負荷がある場合は、電動機のスイッチ投入時に流れる大電流を考慮する必要があります。そのため、多少の過電流と安全性を秤（はかり）にかけて現実的な値を決定するための規定があるのです。

幹線を保護する過電流遮断器の定格電流は、下の表のように定められています。

幹線に施設する過電流遮断器の定格電流

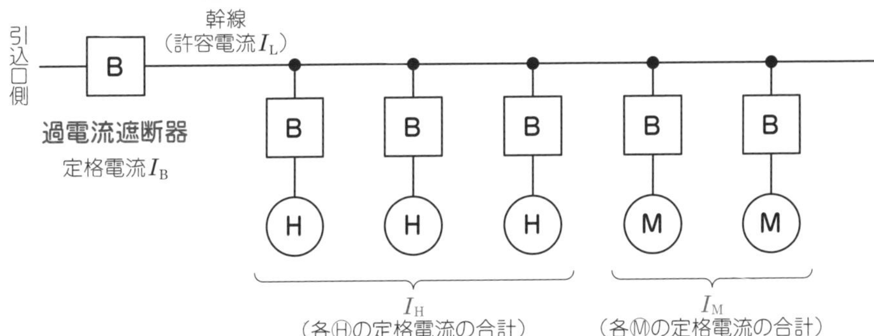

I_B：幹線を保護する過電流遮断器の定格電流　I_L：幹線の許容電流
I_M：電動機（モーター）負荷の定格電流の合計　I_H：電動機以外の負荷の電流の合計

①電動機が接続されていない場合	$I_B \leqq I_L$ （幹線の許容電流以下）
②電動機が接続されている場合	$I_B \leqq 3I_M + I_H$　（原則） ただし、$3I_M + I_H$ が I_L の 2.5 倍を超えてしまう場合は、$I_B \leqq 2.5I_L$

過去問に挑戦!

図のような電熱器H1台と電動機M2台が接続された単相2線式の低圧屋内幹線がある。この幹線の太さを決定する根拠となる I_L[A] と幹線に施設しなければならない過電流遮断器の定格電流を決定する根拠となる電流 I_B[A] を求めなさい。
ただし、需要率は100%とする。

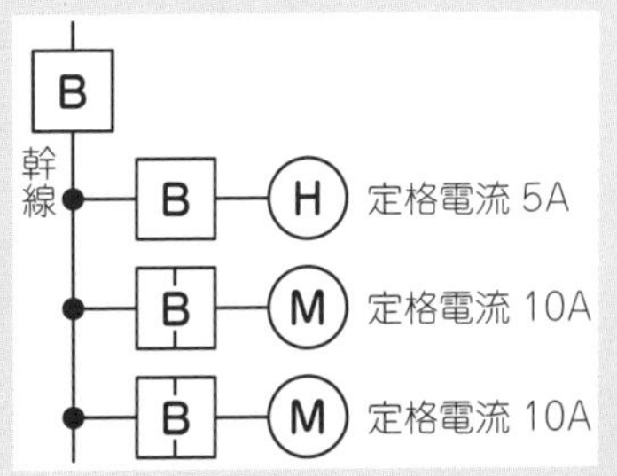

解説 まず I_L の値を求めると、10A × 2 = 20A、I_H が 5A なので、幹線の太さを求める式は $1.25I_M + I_H$ となり、$I_L = 1.25 \times 20 + 5 = 30$A です。
また、過電流遮断器の定格電流を求める式は $3I_M + I_H$ なので、3 × 20 + 5 = 65A、また、幹線の許容電流の 2.5 倍は 30 × 2.5 = 75A ですから、小さいほうの 65A を採用することになります。よって、幹線の許容電流は 30A、過電流遮断器の定格電流は 65A となります。

答え I_L：30A、I_B：65A

8 過電流遮断器②
分岐回路に取り付けるもの

★分岐回路にも過電流を検出して回路を遮断する過電流遮断器を施設するが、その位置を問う問題がよく出題される。
★分岐回路に施設する過電流遮断器の位置
①原則、幹線との分岐点から３ｍ以内（許容電流の規定なし）
② 3m 超なら分岐回路の電線の許容電流は幹線の過電流遮断器の定格電流の 55％以上
③許容電流が幹線の過電流遮断器の定格電流の 35％～ 54％の電線なら 8m 以内

分岐回路 ― 分岐点からコンセントや電気機器までを含めた電路

幹線は引込口から分岐点までのことでしたが、分岐点から分岐線を通ってコンセントや電気機器までを含めた回路のことを**分岐回路**といいます。

幹線と分岐回路

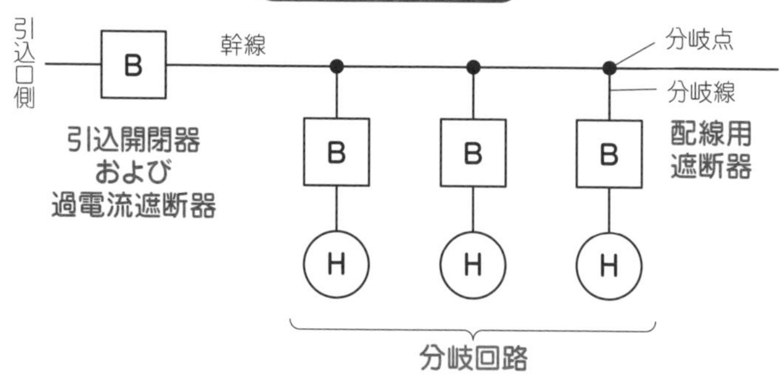

分岐回路に施設する過電流遮断器の位置

幹線にはそれを保護する過電流遮断器を施設しますが、幹線から枝分かれする分岐回路にも過電流遮断器を設けます。一般家庭のブレーカー盤でいうところの子ブレーカーがこれに該当します。この分岐回路の配線は幹線よりも細く、許容電流も少ないことがあるので、これも安全性の面より規格が決められています。

分岐回路に施設する過電流遮断器の施設位置の規定

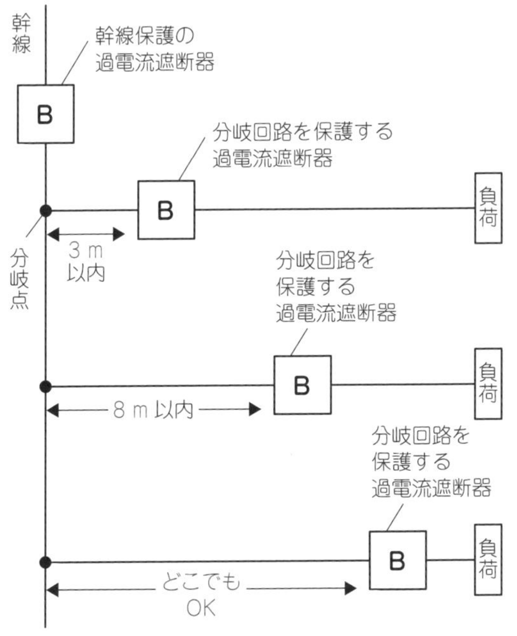

分岐回路の過電流遮断器の取付位置は、原則として、分岐点から3 m以内。

分岐回路の電線の許容電流が、幹線を保護する過電流遮断器の定格電流の35%以上である場合
→分岐回路の過電流遮断器の取り付け位置は、幹線の分岐点から8 m以内。

分岐回路の電線の許容電流が、幹線を保護する過電流遮断器の定格電流の55%以上ある場合
→分岐回路の過電流遮断器はどこに取り付けてもOK。

これも覚えておこう!

分岐回路に施設する過電流遮断器

分岐回路に施設する過電流遮断器の規定はわかりにくく、試験でも間違いやすい項目です。しかし、次のように整理すれば比較的理解しやすいでしょう。

①原則として幹線との分岐から3m以内に取り付ける（許容電流規定なし）。
② 3mを超えてしまうなら、分岐回路の電線の許容電流は55%以上にする。
③許容電流が35%～54%の電線しか用意できないなら、8m以内に取り付ける。

これも覚えておこう!

母屋から離れた物置や倉庫などの引込開閉器

庭に物置や倉庫兼駐車場などの離れがあり、母屋から離れまで電気配線を引き出す際には、離れの方にも電線引き込み口に開閉器を設置しなければなりません。ただし、使用電圧が300V以下の低圧で、母屋の電源側の分岐回路遮断器が20Aの配線用遮断器（または15Aのヒューズ）であること、そして母屋から離れまでの電路が**15 m以下**である場合に限り、離れ側の引込口開閉器を省略することができます。

また、屋外の常夜灯などに屋外配線を引き出す際、原則としては屋内配線を延長することはできませんが、長さが**8 m以内**の場合は屋内配線の延長で屋外灯等に配線することができます。これらの距離が配線図問題で出題されることがあります。

9 分岐回路の設計と接続できるコンセント

★過電流遮断器の定格電流と電線の太さ・コンセントの規格はよく出る。
★特に配線用遮断器の定格電流が15A以下、20A配線用遮断器、20Aヒューズのときはきちんと覚えておくこと。

コンセントの定格電流

一般家庭で使われている**コンセント**は、許容電流が**15A**ないし**20A**のものです。しかし、工業用に30Aや40A、50Aなどのコンセントも製品化されています。当然のことながら、これらの大電流用コンセントに接続される分岐回路の過電流遮断器や使用配線は、コンセントに合わせて30Aや40Aなどである必要があります。

いっぽう、例えば15Aの許容電流のコンセントにつながる過電流遮断器（配線用遮断器）の定格電流が30Aであった場合、仮に連続して30Aの電流が流れ続けた場合、コンセントが過電流となり危険であるにもかかわらず回路が遮断されず、器具が過熱して極めて危険な状態となります。そこで、分岐回路に設けられた過電流遮断器と、それに対して設置できるコンセントの定格電流、そして使用できる電線の太さ（許容電流）についても定められています。

基本的に過電流遮断器の定格電流と同一かその1つ下の定格電流であるコンセントまで接続できることになっています。

ここが出る！
■配線用遮断器の定格電流と電線の太さ・コンセントの規定

配線用遮断器の定格電流	電線の太さ（直径・断面積）	コンセントの定格電流
15 A 以下	**1.6 mm** 以上	**15 A** 以下
15 A 超 20 A 以下の配線用遮断器	**1.6 mm** 以上	**15 A** または **20 A**
15 A 超 20 A 以下のヒューズ	**2.0 mm** 以上	**20 A**
20 A 超 30 A 以下	2.6 mm 以上	20 ～ 30 A
30 A 超 40 A 以下	8 mm^2 以上	30 ～ 40 A
40 A 超 50 A 以下	14 mm^2 以上	40 ～ 50 A

配線用遮断器とヒューズで規定が違う理由

前ページの表で 15 A 超 20 A 以下の項目だけが分かれている理由を説明します。1.6 mm の電線の許容電流は 27 A ですが、ふつう配線に使用されるケーブルは電線を 2 本束ねてあるため、電流減少係数 0.7 を適用して最大許容電流が 18.9 A となり、20 A を流すと定格を超えてしまいます。しかし、電線の定格電流は余裕を持って設定されているため、事実上 20 A を連続して流してもほとんど問題はありません。そこで、遮断電流を厳密に設定できる（少しの定格電流オーバーでも比較的正確に遮断できる）配線用遮断器を用いる場合に限り、1.6 mm の電線でも 20 A まで許容しているのです。

それに対してヒューズは少々の過電流でも溶断しないため、安全を重視して 2.0 mm 以上の太さの電線を使用することになっているのです。また、20 A のヒューズ使用時に限り、15 A のコンセントを接続することができないのも同じ理由です。

過電流遮断器を設置してはいけない回路

万が一のショートなどの電気事故による被害を防ぐために設置するのが過電流遮断器ですが、単相３線式回路の中性線は過電流遮断器を設置してはいけないことになっています。これは単相３線式の性質上、中性線の接続が切れてしまうと、残りの２線の間の 200 V が 100 V 機器に分割して掛かってしまい、思わぬ高電圧により機器が損傷し、または過熱・発火事故の原因となるからです。

過去問に挑戦!

低圧屋内配線の分岐回路の設計で、配線用遮断器の定格電流とコンセントの組合せとして、不適切なものは。

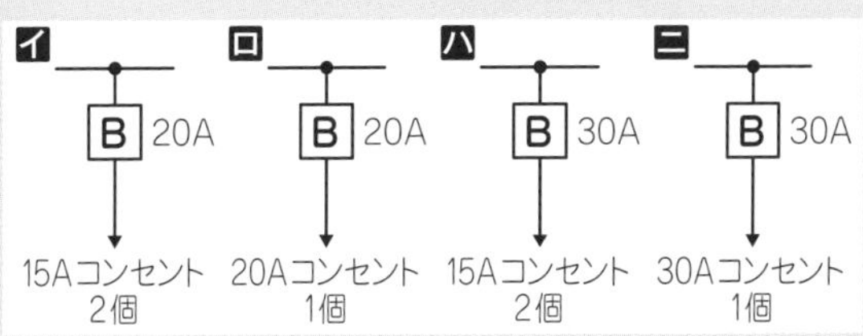

解説 イとロは20 Aの配線用遮断器ですから、ここには15 Aと20 Aのコンセントを接続できます。よって問題ありません。
ハとニは30 Aの配線用遮断器ですから、ここに接続できるのは20 Aと30 Aのコンセントです。以上より、ニは問題ありませんが、ハは不適切ということになります。

答え ハ

次の問いに答えなさい。

Q01 □□□

図のような単相２線式回路で、c-c' 間の電圧が100V のとき、a-a' 間の電圧は何 V か。ただし r は電線の内部抵抗［Ω］である。

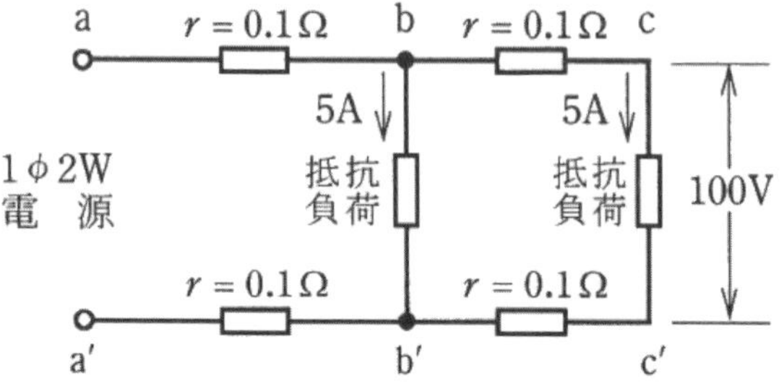

A01 **103V**

b-c と b'-c' 間の抵抗には、c-c' 間の抵抗負荷に流れる電流 5A が流れるので、オームの法則よりこの両端に発生する電圧は 5 × 0.1 ＝ 0.5V。これより、b-b' 間の電圧＝ 100 ＋ 0.5+0.5 ＝ 101V。

次に a-b と a'-b' 間の抵抗について考えると、２つの抵抗負荷に流れる合計電流の 10A が流れるため、両端に発生する電圧＝ 10 × 0.1=1V。よって、a-a' 間の電圧＝ b-b' 間の電圧＋ a-b 間の電圧＋ a'-b' 間の電圧＝ 103V。

Q02 □□□

図のような単相３線式回路において、消費電力125W、500W の２つの負荷はともに抵抗負荷である。図中の×印点で断線した場合、a-b 間の電圧［V］は。ただし、断線によって負荷の抵抗値は変化しないものとする。

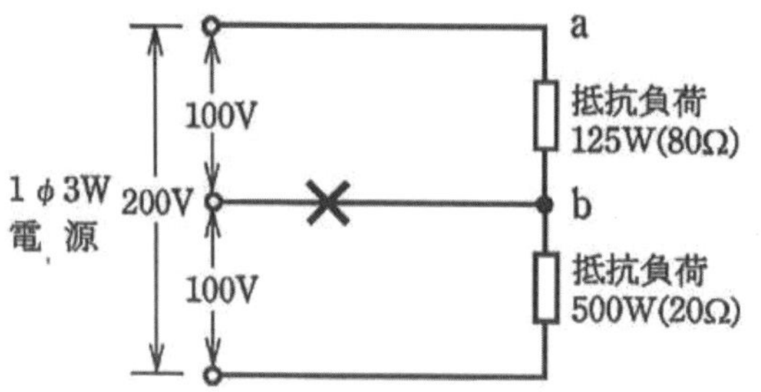

A02 **160V**

×印で断線した場合の回路は次のようになります。電流 $I = V/R = 200 \div (80 + 20) =$ 2A となりますから、a-b 間の電圧＝ $IR = 2 \times 80 = 160$V。

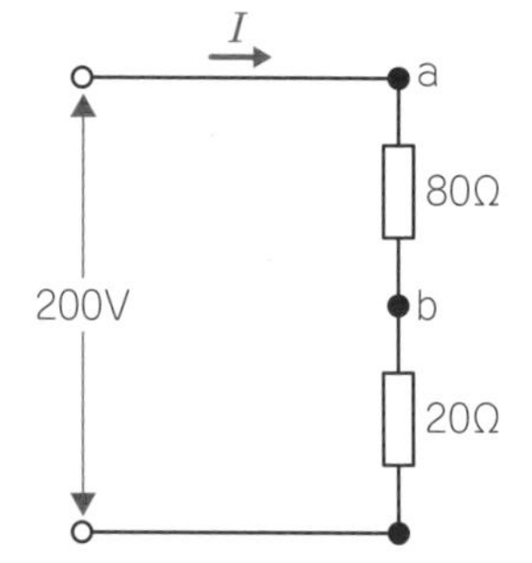

Q03 □□□

単相３線式電路において、中性線には必ずヒューズまたは配線用遮断器を設置する必要がある。これは正しいか。

A03 **正しくない**

単相３線式電路において、中性線が切断すると、残りの２線（線間電圧 200V）の間に 100V 機器が直列接続された状態となります。すると電流のアンバランスで機器に過電圧がかかる可能性があり、大変危険な状態となります。そのため、単相３線式の中性線には、絶対にヒューズや遮断器を入れてはいけないと規定されています。

次の問いに答えなさい。

Q 04 □□□

図のような三相 3 線式回路で、電線 1 線当たりの抵抗が 0.1 Ω、線電流が 20A のとき、この電線路の電力損失［W］は。

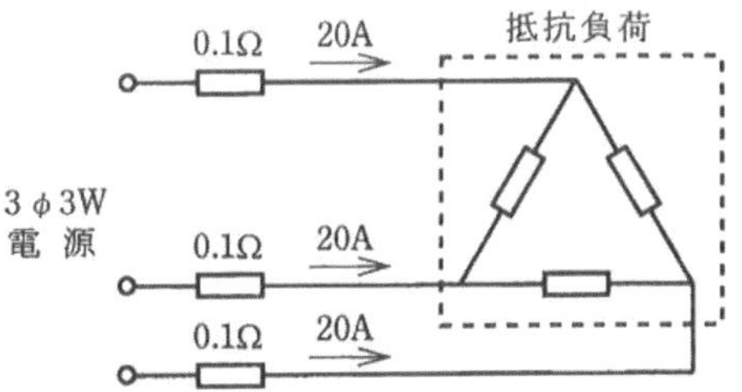

A 04 **120W**

三相 3 線式回路の電力損失 P は電線 1 線当たりの抵抗 r［Ω］、線電流を I［A］とすると、$P = 3I^2r$ で求められます。したがって、$P = 3 \times 20^2 \times 0.1 = 120$W

Q 05 □□□

35m 長の電線路によって、抵抗負荷に 10A の電流を供給している。電線路の電圧降下を 1V 以下にするためには、電線の太さを何 mm^2 以上にする必要があるか。ただし、電線の抵抗値は、断面積 $1mm^2$ 当たり 0.02 Ωとする。

A 05 **$14mm^2$**

オームの法則より、10A の電流が流れたときに電圧降下が 1V になる抵抗値は 0.1 Ω。行きと帰り合計で 1V 以下の電圧降下、すなわち、35 × 2 = 70m 長で 0.1 Ω以下となる条件を求めます。電線の抵抗値は、長さに比例しますから、1m 当たりの抵抗値は 0.1 ÷ 70。また、抵抗値は断面積に反比例するので、断面積 1 mm^2 当たりの抵抗値を断面積で割ったものが、電線 1m 当たりの抵抗値です。よって、0.02 Ω ÷ 断面積 = 0.1 ÷ 70 より断面積 = $14mm^2$。

Q 06 □□□

図のような単相 3 線式回路で、スイッチ a,b,c のうち少なくとも 1 つ以上を ON にしたとする。どのようにスイッチを入れれば、電流計 A の指示値が最も小さくなるか。

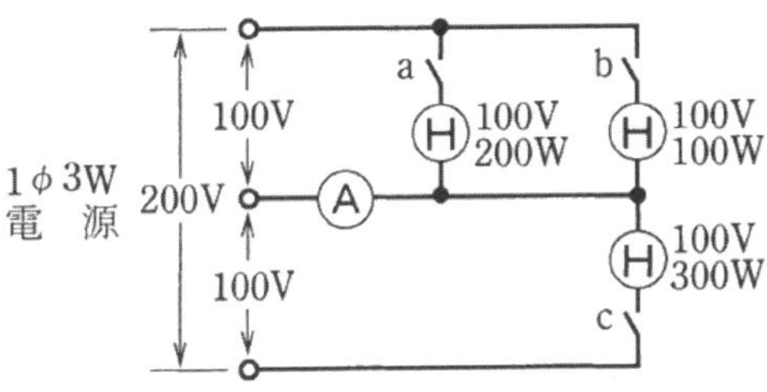

A 06 **a、b、c すべてを ON にする**

単相 3 線式電路の中性線には、200W · 100W のヒーターに流れる電流と、300W のヒーターに流れる電流の差が流れます。100V200W のヒーターに流れる電流は 2A、100W のヒーターに流れる電流は 1A、そして 300W のヒーターに流れる電流は 3A ですから、スイッチ a,b,c をすべて ON にしたとき、電流計を通過する電流値は最も少ないゼロになります。

次の問いに答えなさい。

Q07 図の単相3線回路で開閉器を閉じたところ、機器Aの両端の電圧が120Vを示した。この場合、中性線の断線が原因と考えられるか。

a線
100V
200V
開閉器
中性線
機器A
V
100V
機器B
b線

A07 **考えられる。**
中性線が断線していると、機器Aと機器Bにかかる電圧が不平衡になり、電圧計が120Vを示す場合がある。

Q08 低圧屋内配線工事に使用する600Vビニル絶縁ビニルシースケーブルで、銅導体の直径が2.0mm、3芯であるものの許容電流は何Aか。

A08 **24A**
導体直径が2.0mmの銅導線は、許容電流が35A。これを3本束ねたときの許容電流減少率は0.70。したがって、35×0.7＝約24A。

Q09 合成樹脂電線管による低圧屋内配線工事で、管内に断面積5.5mm^{2}の600Vビニル絶縁電線3本を収めて施設した場合、電線1本当たりの許容電流は何Aか。

A09 **34A**
断面積5.5mm^{2}である銅線の許容電流は49A。これを3本束ねた場合、電流現象係数は0.70ですから、49×0.7＝約34A。

Q10 定格電流30Aの配線用遮断器で保護される分岐回路に、直径2.0mmの配線で20Aのコンセントを接続した。この工事は正しいか。

A10 **誤り**
30Aのブレーカーには30Aと20Aのコンセントが接続可能なうえ、直径2.0mmの電線の許容電流値は35Aですから正しいように思えますが、電線の許容電流値はあくまでも単線の場合で、2本を束ねた場合の電流減少係数0.7をかけると、この配線には24.5Aまでしか流すことができません。よって、配線には太さ2.6mm以上の電線を使う必要があります。

次の問いに答えなさい。

Q11 □□□ 定格電流 10A の電動機 10 台が接続された単相 2 線式の低圧屋内幹線がある。この幹線の太さを決定する電流の最小値は何 A か。ただし需要率は 80%とする。

A11 **88A**

定格電流 10A の電動機が 10 台あるので、合計電流は 100A。しかし、需要率が 80%ですから、0.8 をかけた 80A が見込まれる電流値です。ここで幹線の電流値を計算する条件式を考えると、I_M は 50A を超えていますから、$1.1I_M + I_H$ の式を採用します。よって、$1.1 \times 80 + 0 = 88$A。

Q12 □□□ 低圧屋内幹線に、定格電流が 30A の三相電動機 2 台と、定格電流 15A の三相電熱器が 2 台接続されている。この場合、幹線の許容電流を決める根拠となる電流値はいくらか。ただし、需要率は 100%とする。

A12 **96A**

低圧屋内幹線の許容電流を求めるには、まず電動機の電流 I_M と電熱器の電流 I_H を比較します。前者が 60A、後者が 30A なので、$I_M > I_H$。この場合、I_M が 50A を超えるとき、許容電流は $1.1I_M + I_H$ で求めますから、$1.1 \times 60 + 30 = 96$A。

Q13 □□□ 低圧屋内配線の分岐回路で、定格電流 20A の配線用遮断器に 15A のコンセントを 10 個取り付けた。この工事は正しいか。

A13 **正しい**

20A の配線用遮断器には、20A と 15A のコンセントを取り付けることができます。電線の長さや取り付ける個数に関する制限はありません。

Q14 □□□ 20A のヒューズで保護された分岐回路に、20A のコンセント 2 個と 15A のコンセント 2 個を取り付けた。この工事は正しいか。

A14 **誤り**

ヒューズではなく配線用遮断器（ブレーカー）を用いた場合は、20A と 15A のコンセントを接続することができますが、ヒューズは構造上遮断電流を厳密に設定することができないため、危険な過電流状態が長時間継続してしまう可能性があります。よって、20A のヒューズには 20A 専用コンセントしか設置できないこととされています。

一問一答で総チェック!

次の問いに答えなさい。

□□□
庭の池で 100V の電灯を使うために、母屋の分岐回路の 20A 配線用遮断器を取り付けた分岐回路から 12m 長の屋外配線を引き出した。これは正しいか。

A 15
誤り
このような状況では、屋外配線の長さが 8m 以内である場合に限り、20A 配線用遮断器を取り付けた分岐回路から延長することができます。

□□□
定格電流 120A の過電流遮断器で保護された低圧屋内幹線から分岐して、5m の位置に過電流遮断器を施設するとき、この過電流遮断器に至る電線の許容電流の最小値はいくらか。

A 16
42A
わかりにくい規定ですが、「35%以上 55% 未満の場合 8m 以内」という規定がありました。これにより、120 × 0.35 = 42A が答えとなります。

□□□
定格電流 120A の過電流遮断器で保護された低圧屋内幹線から分岐して、12m の位置に過電流遮断器を施設するとき、この過電流遮断器に至る電線の許容電流の最小値はいくらか。

A 17
66A
「8m を超える場合、許容電流は 55%以上」という規定に合致しますので、120 × 0.55 = 66A。

□□□
40A の配線用遮断器に、40A のコンセントと 30A のコンセントを接続し、配線には断面積 8.0mm^2 の電線を使用した。この工事は正しいか。

A 18
正しい
40A の配線用遮断器に接続できるコンセントは、30A または 40A のものと規定されています。また、使用できる電線は、2本束ねた場合の電流減少係数を考慮に入れ、許容電流 61A（実務上、61A × 0.7 = 42.7A）である断面積 8.0mm^2 のものを使用する必要があります。

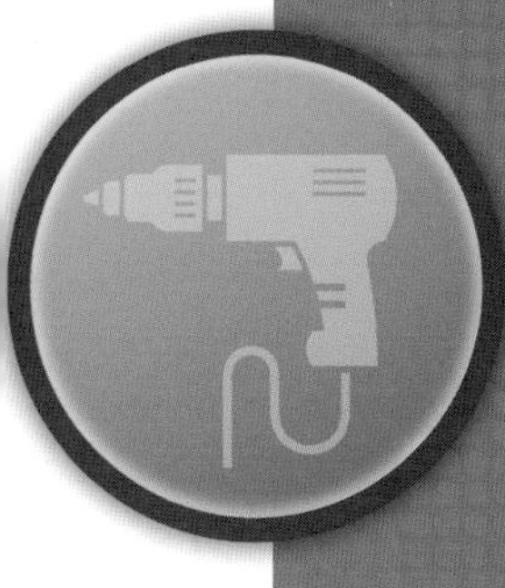

第3章

電気機器、配線器具、電気工事用の材料と工具

1 照明器具

★白熱電灯と蛍光灯の発光効率などの比較、蛍光灯の点灯のしくみといった、蛍光灯に関する問題がよく出題される。
★水銀灯の性質など、この単元で取り上げた照明器具の主な性質も問われることがある。赤字部分はきちんと覚えておこう。

照明器具

照明器具は、白熱灯である白熱電球、放電灯である蛍光灯・水銀灯などがおもに使用されていましたが、近年では半導体技術の進歩によって実用的な明るさを持つLEDが開発され、それまで一般に使用されていた白熱電球や蛍光灯から**LED照明**への置き換えが急速に進んでいます。そのため、今後はLED照明関係の出題も多くなることが予想されます。

試験では、このような照明器具の簡単な概要や動作原理、性質に関する出題があります。実際に実物を観察して理解を深めるのが効果的な勉強方法です。

照度(しょうど)―照明の明るさを表す単位

照明の明るさは**照度**で表すことができます。照明から出る光の量のことを**光束**といい（単位は**ℓm**：**ルーメン**）、単位面積当たりの光束が**照度**です（単位は**ℓm/㎡**）。

照度は、簡単にいうと、照明に照らされた面の明るさを表すものです。

照度の単位は、一般的には**ℓx**（**ルクス**）が用いられます。これはℓm/㎡と同じ値になります（1ℓm/㎡＝1ℓx）。

照度の単位 ℓx（ルクス）

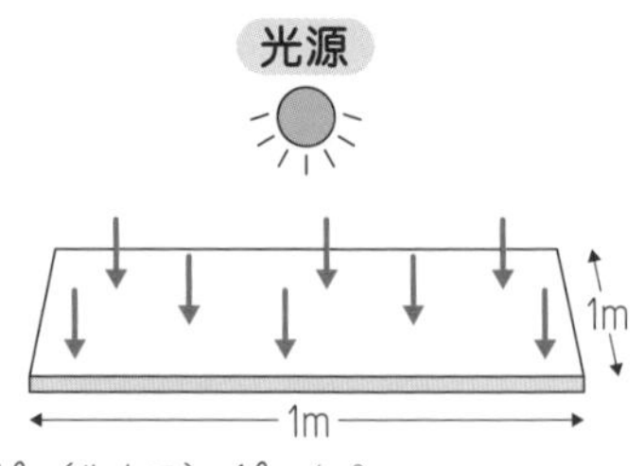

1ℓx（ルクス）=1ℓm/m²
（1ℓxは1m²当たり1ℓmの光束で照らされるときの照度）

 白熱電球

白熱電球は、不活性ガス（**アルゴン**ガス）が封入されたガラス球の中に、**タングステン**という高温に耐える金属で作った**フィラメント**を封入し、ここに電流を流すことによって**発熱**させせます。このときに発生する光を用いる照明器具です。

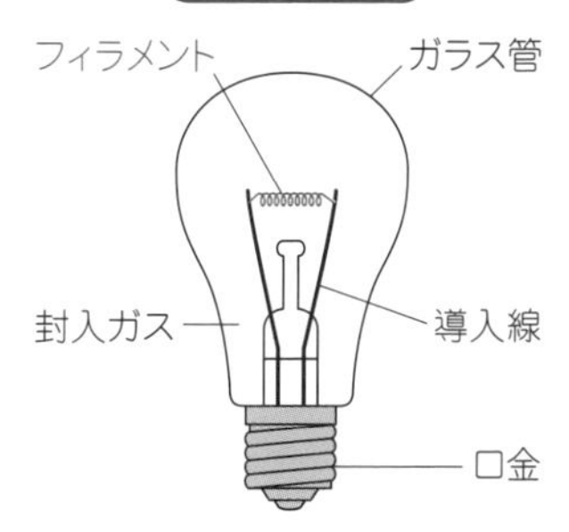

発光効率が低くエネルギーの無駄が多いため、一部の特殊用途を除いて生産は終了しています。

 蛍光灯

蛍光灯は、ガラス管の中に**アルゴン**ガスと微量の**水銀**が入っています。**水銀**の蒸気内に電圧をかけて**放電**させせると、強力な紫外線が発生します。この紫外線を蛍光管のガラス表面に塗った**蛍光物質**（有害な紫外線を無害な白色光に変換する物質）によって照明に使える光に変換しています。

白熱電球よりも**発光効率**が高く**長寿命**ですが、光がちらついたり力率が悪い欠点があります。廃棄する際は、中に含まれる水銀が有害であるため、大抵の自治体では分別収集しています。

蛍光灯の点灯のしくみ

試験では、蛍光灯器具の回路図や点灯のしくみについて問われることがあります。

蛍光灯には、**グロースタート式**、**インバータ式**（高周波点灯方式）などの点灯方式があります。ここではグロースタート式の点灯のしくみを見てみましょう。

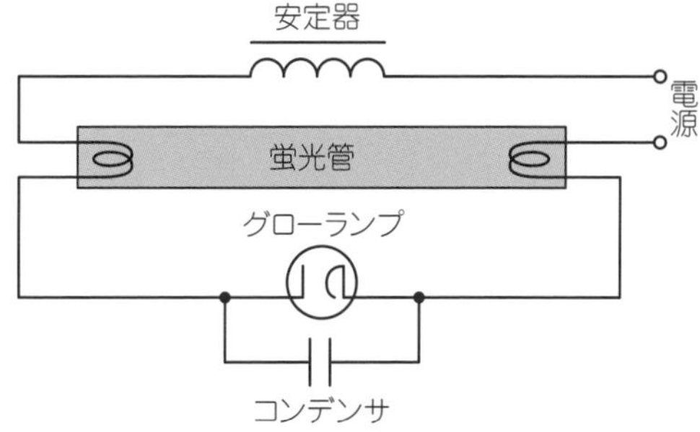

蛍光灯の点灯のしくみ（グロースタート式で点灯する場合）

①グローランプの電極に電圧がかかり、放電がはじまる

スイッチを入れると、**安定器**→**蛍光灯のフィラメント**→**グローランプ（点灯管）**→**蛍光灯のフィラメント**という経路で電流が流れる。蛍光灯のような放電管は、放電開始に高電圧が必要なため、この段階では点灯しない。

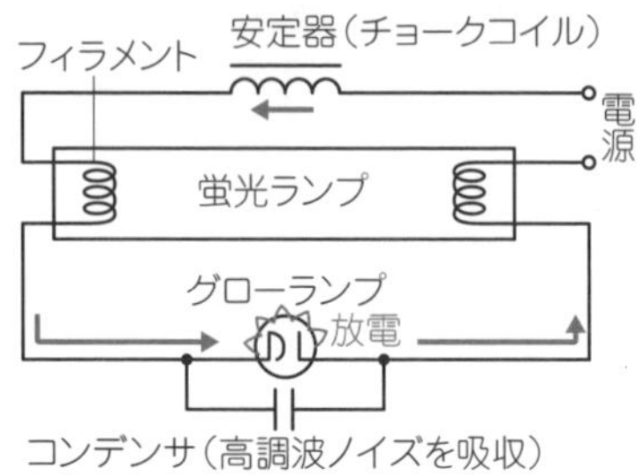

↓

②フィラメントが加熱される

グローランプの電極はバイメタル（温度変化によって変形する金属）になっている。放電の熱でバイメタルが熱せられると、1～2秒で電極間が接触し、蛍光灯の**フィラメント**には大きな電流が流れ、放電開始に向けて十分に熱せられる。

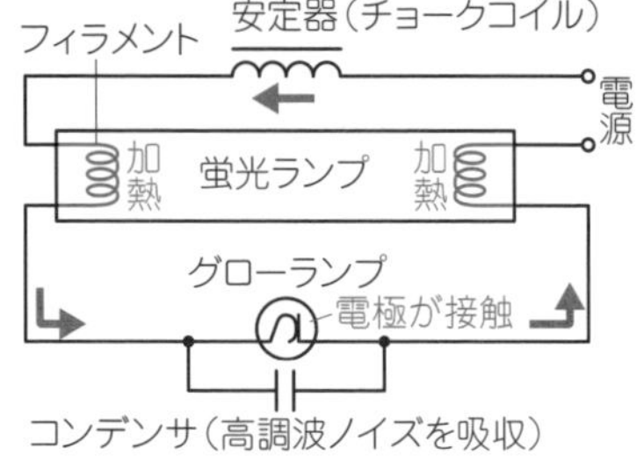

↓

③安定器が放電を安定させる

バイメタルが冷えて電極が離れる。すると、安定器のコイルが瞬間的に高電圧を発生し、蛍光管の中で放電が始まる。いったん放電すると、あとは低電圧でも放電が維持されるため、**安定器**が電流を制限して放電を安定化させる。そして、**コンデンサ**が点灯時に生じる大きな雑音を吸収する。

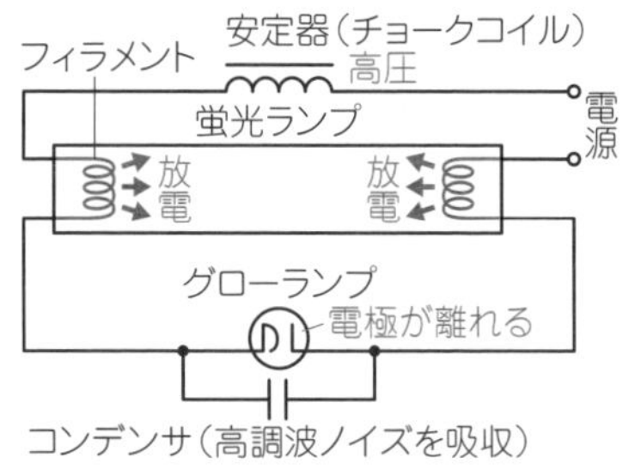

近年では、インバータ式の電子回路によって制御する蛍光灯器具が多くなりました。従来の安定器・グローランプ式の器具に比べてインバータ式（高周波点灯方式）は**効率**がよい、物理的な大きさが小さい、**点灯**が速い、**蛍光管の寿命**が長い、**ちらつき**が少ないなどの特徴を持っています。

LED照明

LEDとは、半導体素子による**ダイオード**の１つで、直流電流を流すことにより光を発するものです。発光色は、赤・黄・緑などが以前から実用化されていましたが、青色LEDが1990年代に実用化されてから、白色光光源として広く用いられるようになりました。白熱電球と比べて、価格が高く、**力率**は低いが、**発光効率**が高く、**長寿命**という利点があるため、従来の白熱電球や蛍光灯からの移行が急速に進んでいます。一般照明に用いられているLED電球は、青色の光を蛍光体で白色に変換する構造のものが一般的です。

その他の照明

蛍光灯以外の放電を利用した照明器具の特徴も覚えておきましょう。

●水銀灯

原理は蛍光灯とほぼ同じですが、高圧の水銀蒸気中で電気放電を起こすことで、強い光を発します（**放電**を安定させるために水銀灯用の**安定器**が用いられる）。その半面、いったん電源を切ると電球が冷えるまで再点灯が難しいという欠点を持っているため、主に体育館や広場、公園、野球場のスタンド、道路照明などに用いられています。青白い光が特徴です。

●メタルハライドランプ

水銀灯の放電管の中に、微量のハロゲン化金属を追加したものです。水銀灯に比べて**光色**が良く、**高輝度**で**効率**も良い、**長寿命**という特徴があるので、水銀灯に代わって大規模商業施設やトンネルなどに用いられています。

●ネオン管

ネオンガス中で放電させると、オレンジ色や黄色などの光を発することができるため、屋外広告の電飾などに広く用いられてきましたが、これらも高性能なLED照明に取って代わられつつあります。ネオン管を放電させるためには、**ネオン変圧器**という特殊な**変圧器**を用いるので、電気工事士の資格ではネオン管工事を行うことができず、特種電気工事資格者（ネオン）という特別の資格が必要です。

2 変圧器

★変圧器の出題率は高くはない。ただし、過去には電圧比＝巻数比、電流の比＝巻数の逆の比という関係を用いて二次側電流の値を求める問題が出題されている。
★変圧器は目的にあった電圧に変換する機器。電源側に接続する一次コイルと負荷側に接続する二次コイルがある。
★一次側と二次側の電圧比はコイルの巻数比に等しく、電流の比はコイルの巻数の比の逆数に等しい関係がある。

変圧器で目的にあった電圧に変換する

街角の電柱の上に、大きなゴミバケツのような形状のものが載っているのを目にしたことがあると思います。それが 6600V の高圧を 100V や 200V に変換する**変圧器（トランス）**です。

変圧器は、**環状鉄心**の上に 2 組以上の**コイル**を巻き重ねた構造をしています。コイルの一方に発電所から送られてきた高電圧の電流を流して、もう一方のコイルから低電圧の電流を取り出すというように、目的にあった電圧に変換します。

変圧器の電源側に接続される巻線を**一次側**、負荷側に接続される巻線を**二次側**といいます。

変圧器の原理

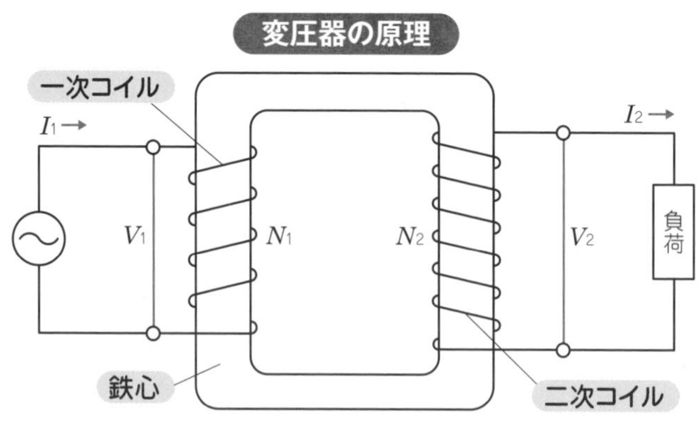

 コイルの巻数比と電圧・電流の比

コイルの巻数と電圧の間には一定の関係があり、一次側と二次側の電圧の比は**巻数の比**になります。たとえば、6600V の高圧を 100V の低圧に変換するための変圧器は、66：1 の巻数比となります。

また、コイルの巻数と電流の間にも一定の関係があり、一次側と二次側の電流の比は**巻数の逆の比**になります。これらは次の式で表すことができます。

●コイルと巻数比と電圧・電流の比

$$\frac{V_1}{V_2} = \frac{N_1}{N_2} = \frac{I_2}{I_1}$$

（V_1：一次側の電圧[V]　V_2：二次側の電圧[V]
I_1：一次側の電流[A]　I_2：二次側の電流[A]
N_1：一次側の巻数　N_2：二次側の巻数）

また、電力については**電圧×電流**で表すことができました（P.24）。これにしたがうと、仮にトランス内部での損失がゼロとした場合、一次側の電圧×電流と二次側の電圧×電流の値（電力）は**同じ**になります。これは計算式で次の式で表すことができます。

●変圧器内部の電力の関係

$$\frac{V_1}{V_2} = \frac{I_2}{I_1} \rightarrow V_1 I_1 = V_2 I_2$$

（V_1：一次側の電圧[V]　V_2：二次側の電圧[V]
I_1：一次側の電流[A]　I_2：二次側の電流[A]）

電圧の比、電流の比の関係は混同しやすいので、「電圧は**巻数に比例**、電流は**巻数の逆の比**」と、間違えないように覚えておきましょう。

これも覚えておこう!

太陽光発電でも変圧器が使われている？

個人宅の屋根などに太陽光発電設備を設置して余った電力を売ることが流行しています。電力を売るときには定められた一定の電圧にしなければなりませんが、その際に使われるのが変圧器です。また、太陽光発電で作られる電気は直流なので、交流に変換することも必要になります。このように太陽光発電において、電圧や周波数の変換、各種保護を行う装置のことを**パワーコンディショナ**といいます。

パワーコンディショナと商用電源の間に施設される漏電遮断器には、パワーコンディショナ内部での地絡や短絡事故、また商用電源側での地絡や短絡事故の両方に対して保護をするために、電流がどちらの方向に流れている場合でも保護が行われる**逆接続可能型**の漏電遮断器が用いられます。

3 誘導電動機（ゆうどうでんどうき）

★試験で問われることはないが、誘導電動機の動作原理は電気と磁気の関係を知るうえで重要。ここで解説する内容は最低限覚えておこう。

★試験では、三相誘導電動機の回転速度、始動方法（スターデルタ始動法）、逆回転させる方法、力率改善のための進相コンデンサの役割がよく出題される。

三相誘導電動機の原理と構造

電気は動力源としての利用方法も重要です。工場などの大規模動力が必要な場所で最もよく用いられているのが**三相誘導電動機**で、試験でもよく出題されます。電動機の基本的な原理は、電流を流したコイルを磁石の近くにおくと、コイルは磁石から力を受けて動くという、**フレミングの左手の法則**にしたがった原理です。

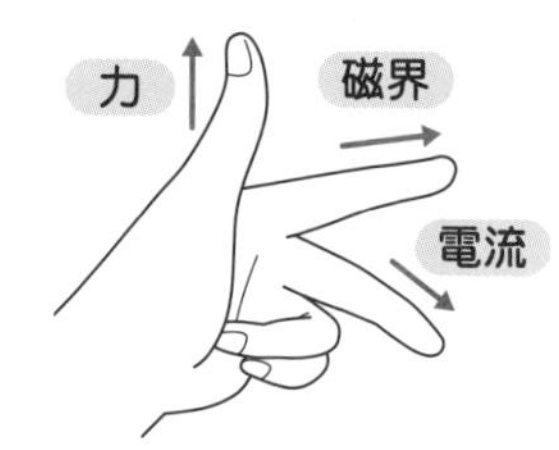

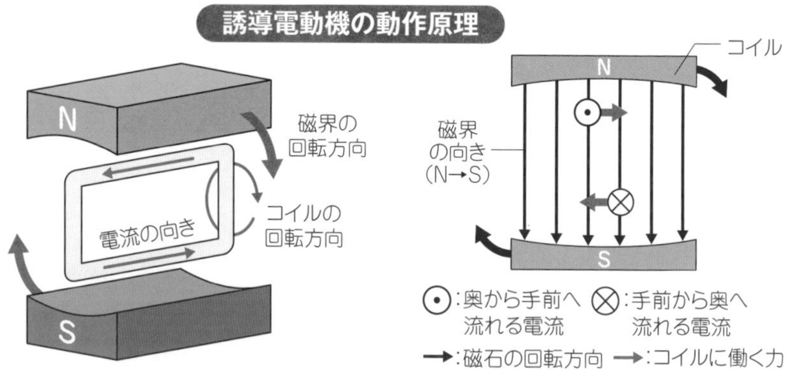

コイルに電流を流すとフレミングの左手の法則にしたがって、コイルに右図のような力が働く。磁石を回転させると、磁石の回転につられるようにしてコイルが力の向きの方向に回転をする。

三相誘導電動機は、**回転子**（回転するコイル）の周りに**固定子**（固定されたコイル）が配置されています。固定子に流した電流によって回転子に電流が流れ、磁界が発生して回転するという構造を持っています。

三相誘導電動機の回転子（回転コイル）は大きく分けて、**かご形**と**巻線形**がありますが、動作原理に大きな違いはなく、必要とする特性などによって使い分けています。

 三相誘導電動機の回転速度

三相交流は、互いに120°ずつ位相がずれた三組の交流のことです（P.44）。三相誘導電動機の場合、回転子の周囲に固定子として物理的に120°ずつ離した固定コイルを設け、三相交流電圧をかけます。そうすることで順番に回転する磁界を発生させることができ、回転子が回転を始めます。

かご形回転子が回転するしくみ

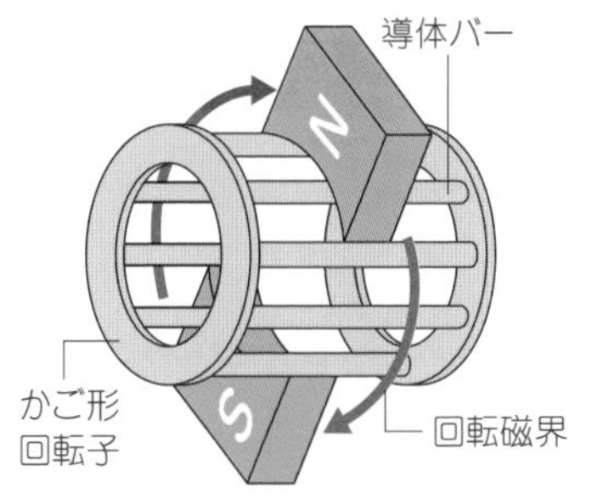

かごのような形をした回転子の周りに回転する磁界を発生させると、回転子が回転する。

かご形回転子と固定子

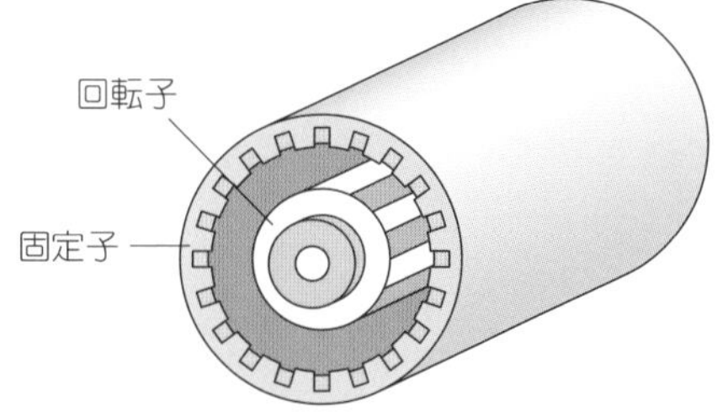

実際は、磁石を回転させるのではない。固定したコイル（固定子）それぞれに三相交流を流し、3つの交流の位相差で電気的に磁界が回転するしくみになっている。

アンペアの右ねじの法則

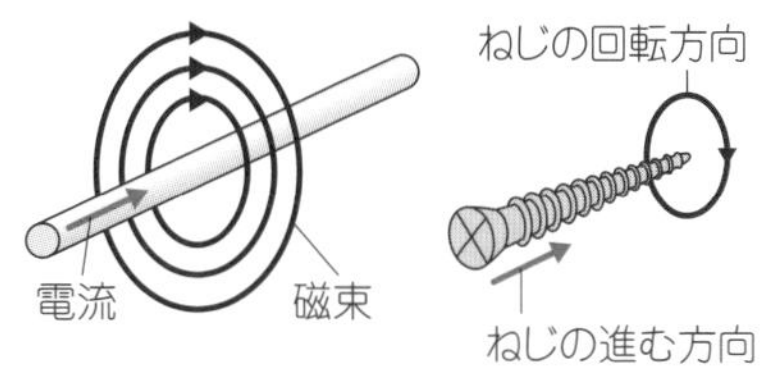

電線に電流を流すと電線の周囲に図のような磁束が発生する。電流の向きを右ねじが進む方向だとすると、磁束の向きはねじの回転方向と同じ。

固定子に磁界が発生するしくみ

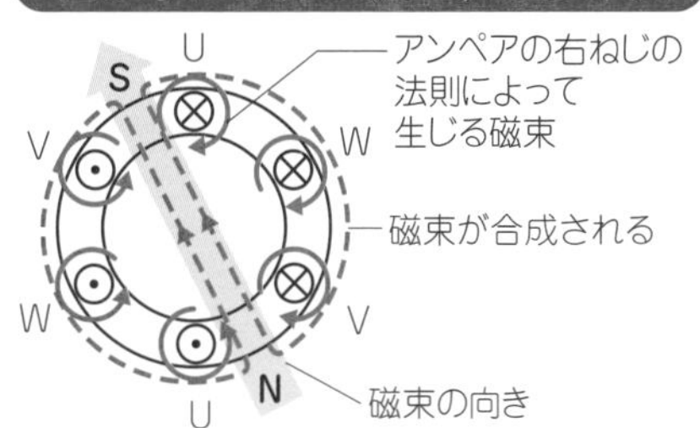

固定子は、互いに120°ずつずれたU、V、Wの固定コイルが組み合わさったもの。U、V、Wに電流を流すと、それぞれの導線の周りにアンペアの右ねじの法則にしたがった磁束が発生する。それが合成されて矢印の向きの磁界が発生する。

固定コイルU、V、W（固定子）に三相交流を流したときの電流の波形と発生する磁界

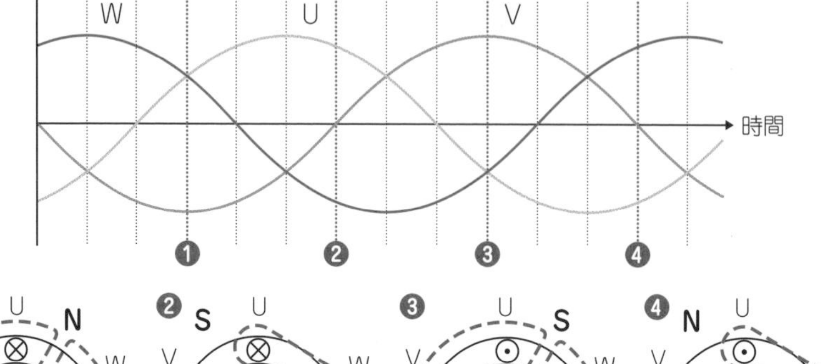

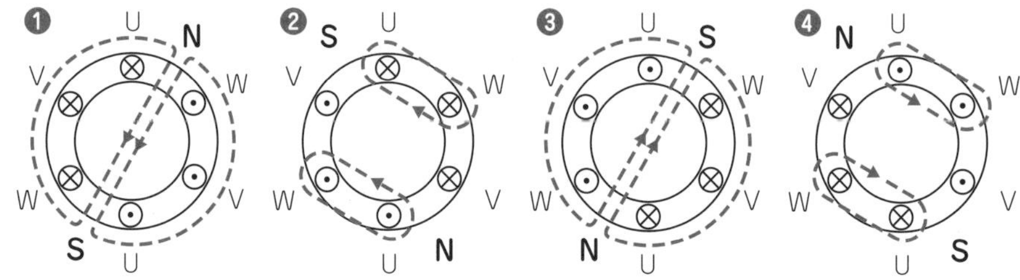

固定コイルU、V、Wに三相交流を流すと、1/3 周期ずつずれた電流がそれぞれに流れる。交流電流は常に大きさと向きが変化するため、それぞれの導線に発生する磁束の向きも常に変化する。磁束を合成してできる磁界は右回りに回転する。

1 相当たりのコイルが 180° 向かい合って 2 極を構成しているため、**極数 2** の三相誘導電動機と表現されます。また、1 周 360° 当たりの極数を 4 極、6 極など増やせば増やすほど、回転磁界の移動速度は遅くなっていきます。三相誘導電動機の回転速度 N は次の式で表されます。

ここが出る!

●三相誘導電動機の回転速度（同期速度）

$$N = \frac{120f}{P} \quad \left(\begin{array}{l} N\text{: 三相誘導電動機の回転速度 [min}^{-1}\text{]} \\ f\text{: 電源の周波数 [Hz]} \quad P\text{: 極数} \end{array} \right)$$

この速度を**同期速度**といい、実際は同期速度よりも若干遅く回転しますが、ほぼこの値に近いと思ってよいでしょう。回転速度の単位は、歴史的な経緯から、**1 分間当たりの回転数**（min^{-1}, **rpm** = round per minute）で表します。なお、周波数 f は交流波形が 1 秒間に振動する回数なので、これを用いると 1 秒間の回転数を求める式は $N = 2\frac{f}{P}$ ［S^{-1}］となります。

過去問に挑戦！ 三相誘導電動機が周波数 50Hz の電源で無負荷運転されている。この電動機を周波数 60Hz の電源で無負荷運転した場合、回転速度はどう変化するか。

解説 $N=\frac{120f}{P}$ の式から、誘導電動機の回転数は周波数に比例し、極数に反比例することがわかります。したがって、50Hz で運転している誘導電動機の電源周波数を 60Hz にすると、極数は同じですから回転数は $\frac{60}{50}$=1.2 倍となり、回転速度は増加することになります。 **答え** 回転速度が増加する

三相誘導電動機の始動方式 —スターデルタ始動法 ここが出る！

幹線の許容電流（P.67）でも触れましたが、誘導電動機の性質上、電源を入れた瞬間に**大電流**が流れ、その電流は定格電流の数倍から 10 倍弱にまでおよびます。したがって、直接電源を入れてしまうと（**じか入れ始動**または**全電圧始動**という）、配線の瞬間的な電圧降下が起こって他の機器の誤動作を招いたり、コンピュータなどの場合は故障の原因にもなります。

そのため、誘導電動機の始動時は、始動電流を**少なく**するための手法がいくつか実用化されており、代表的な始動方法が**スターデルタ始動**です。スター（Y）、デルタ（Δ）はそれぞれ結線のことです。

スターデルタ始動とは、誘導電動機の巻線をＹ結線にして始動することで、相電圧を線間電圧の**√3分の１**にして始動電流を低減させ、回転数が上がってきたところでΔ結線に切り替えるという始動法です。

スターデルタ始動法のしくみ

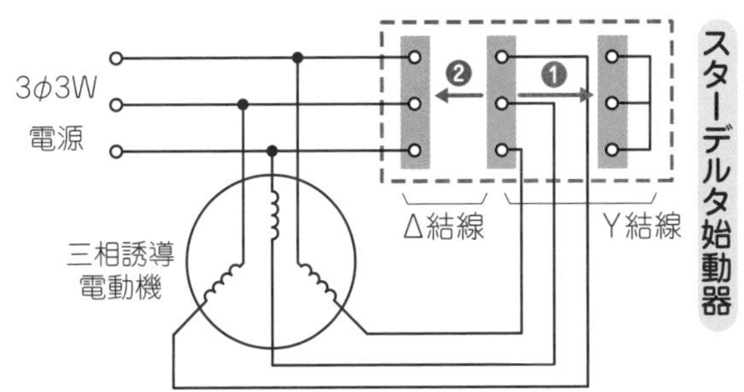

三相誘導電動機の固定子を、まずＹ結線でつないで始動電流を1/3 に抑える（❶）。回転数が上がってきたらΔ結線に切り替える（❷）。

ちょっと補足 回路図中の３連スイッチをＹ結線方、あるいはΔ結線方に切り替えたときの全体の回路図を描き起こしてみると、この働きを理解しやすくなります。

三相誘導電動機の回転方向

三相交流は、120°ずつ位相がずれた対称な電圧を発生させているため、三相誘導電動機に接続した結線のどれか2本を入れ替えると、**逆回転**します。

これは実務上、気をつけるべき重要事項のひとつで、ポンプや大型機械などで電動機が逆回転すると故障や事故の原因になってしまいます。そのため、**検相器**という器具を使い、試運転前に必ず三相交流の結線を間違えていないかチェックする必要があります。

三相誘導電動機を逆回転させるつなぎ方

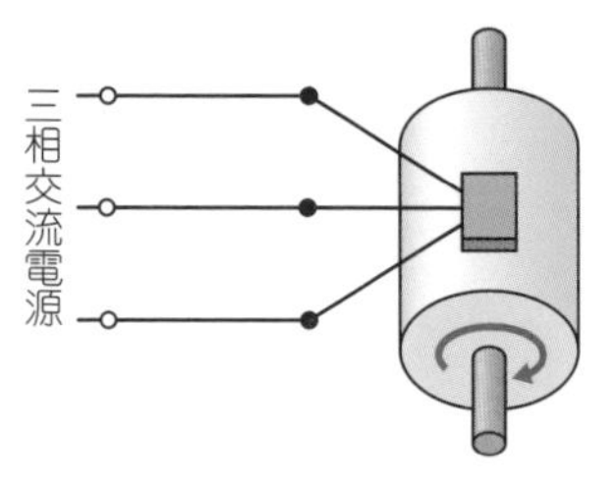

三相誘導電動機

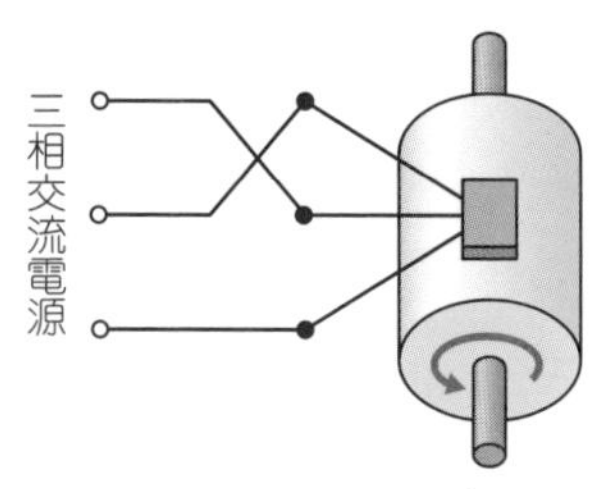

三相誘導電動機

●検相器 ここが出る!

三相交流回路の結線が間違えていないかどうかを調べる。

進相コンデンサによって力率を改善する

誘導電動機など、電流をコイルに流して発生する磁界の作用を利用している電気機器は、その原理上、**力率が悪い**という欠点を持っています。これらの電気機器は器具にかかる電圧の波形に対して、そこに流れる電流の波形が時間的に遅れてしまいます（**遅れ力率**という）。この遅れを打ち消すために電源線に接続するのが**進相コンデンサ**です。

進相コンデンサは**進み力率**を持っているため、電源からの電流を誘導電動機よりも時間的に早く受け取って一度蓄えることができます。その後、コンデンサから誘導電動機に対して電流を供給する動作を行います。そうすることで、電源側からの見かけの力率を改善することができるのです。

進相コンデンサは、手元開閉器の負荷（電動機）の側に、電動機と**並列**に接続します。

進相コンデンサのつなぎ方

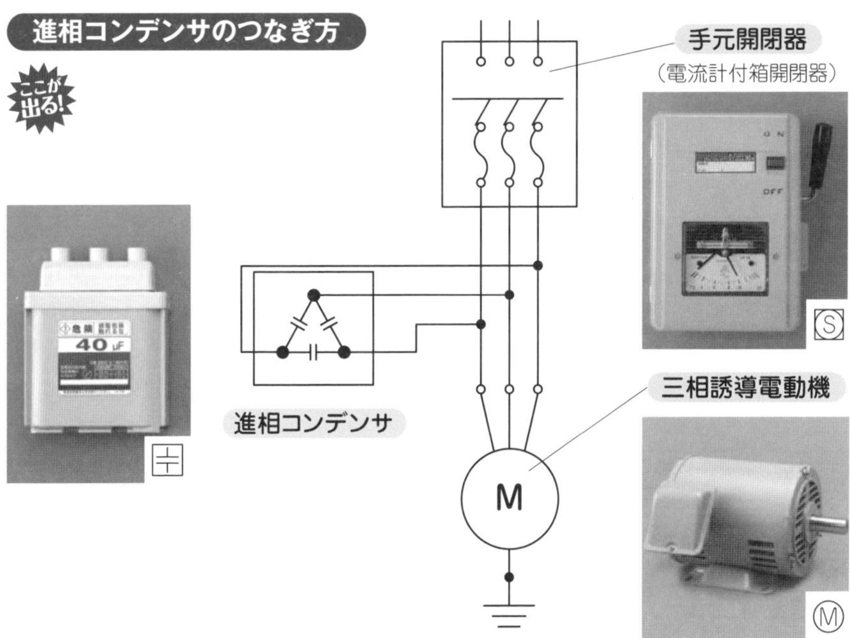

過去問に挑戦!

問題1 一般用低圧三相かご形誘導電動機に関する記述で、誤っているものは。

イ じか入れ（全電圧）での始動電流は全負荷電流の4～8倍程度である。
ロ 電源の周波数が60Hzから50Hzに変わると回転速度が増加する。
ハ 負荷が増加すると回転速度はやや低下する。
ニ 3本の結線のうちいずれか2本を入れ替えると逆回転する。

解説 三相誘導電動機の性質をコンパクトにまとめた問題です。三相誘導電動機は、じか入れ始動の場合、定格電流の数倍の電流が流れます。また、負荷を重くすると回転数が若干低下するという性質を持ち、また3本の結線のうち2本を入れ替えると逆に回転します。回転数は周波数に比例しますから、60Hzから50Hzにすると回転数は低下することになります。 **答え** ロ

問題2 定格周波数60Hz、極数4の低圧三相かご形誘導電動機の同期回転速度[min^{-1}]は。

解説 三相誘導電動機の回転数Nは、極数をP、周波数をfとして、$N=\frac{120f}{P}$という式で求められました。これに$P=4$、$f=60$を代入することにより、回転数は1800min^{-1}（あるいはrpm）であることが求められます。 **答え** 1800min^{-1}

4 遮断器

★遮断器は大きく分けて、①過電流遮断器と②漏電遮断器がある。そして、屋内配線で使用する過電流遮断器には、ヒューズと配線用遮断器の2つがある。
★配線用遮断器と漏電遮断器は写真鑑別の出題が多い。この2つは、写真がよく似ているので、外見上の違いを覚えておく。
★その他次の内容がよく出題される。
- ・ヒューズが溶断するまでの時間
- ・配線用遮断器が遮断するまでの時間
- ・漏電遮断器の施設を省略できる場合

ヒューズ

ヒューズは、発熱すると容易に溶ける鉛合金でできており、定格以上の電流が流れると**溶け落ちる**ことによって回路を保護します（**溶断**という）。かつては一般家庭・工場を問わず広く使われていましたが、一度溶けると交換しなくてはならないため、最近は古い工場などでたまに目にする程度となり、ほとんどが配線用遮断機に取って代わられています。

●つめ付きヒューズ

図記号

ヒューズは、**過電流**が流れてから溶断するまでの**時間**が定められていますので、これだけは覚えておきましょう。

ちょっと補足　**定格**とは、機器の使用条件と機器の使用できる限度を表したもので、定格を超える電流が流れることを**過電流**といいます。

ここが出る！ ■ヒューズが溶断するまでの時間

定格電流	定格の1.6倍の電流が流れた場合	定格の2倍の電流が流れた場合
30A以下	60分以内に溶断	2分以内に溶断
30Aを超え60A以下	60分以内に溶断	4分以内に溶断

配線用遮断器

配線用遮断器は、過電流が流れた際に回路を保護するもので、いわゆる**ブレーカー**と呼ばれているものです。こちらも過電流が流れてから動作するまでの時間が定められていて、試験にもよく出題されます。

●配線用遮断器

配線用遮断器　図記号 B

電動機保護兼用タイプ

ここが出る! ■配線用遮断器が遮断するまでの時間

定格電流	定格の 1.25 倍の電流が流れた場合	定格の 2 倍の電流が流れた場合
30A 以下	**60分**以内に動作	**2分**以内に動作
30A を超え **50A** 以下	**60分**以内に動作	**4分**以内に動作

配線用遮断器はヒューズに比べると精度が高く、定格の 1.25 倍の電流値においての作動時間が定められています。

また、配線用遮断器は、回路を遮断するスイッチがいくつ内蔵されているかによって、2 極 1 素子（**2P1E**）、2 極 2 素子（**2P2E**）、3 極 2 素子（**3P2E**）などのタイプがあります。P は電線を接続する極数（**端子**の数）、E はスイッチの数（**素子**の数）を表します。また、2P1E などの配線用遮断器には**「N」**と刻印してある極がありますが、これは必ず**接地線**と接続しなければならないという決まりがあります。

配線遮断器の回路のタイプ

2極1素子

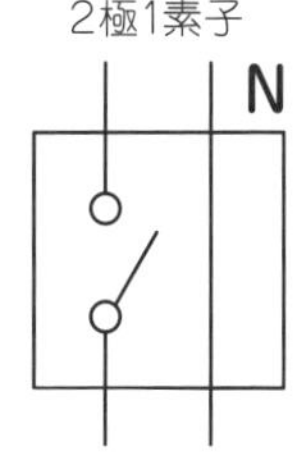

2極2素子

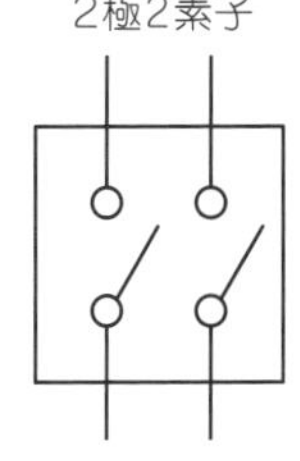

3極2素子

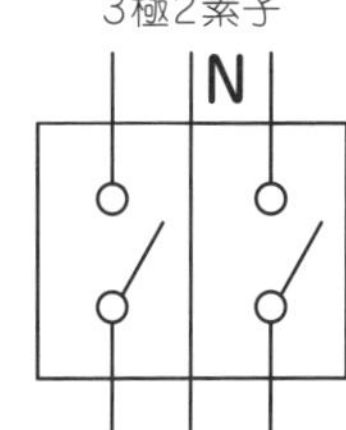

3章 電気機器、配線器具、電気工事用の材料と工具―遮断器

●配線用遮断器のタイプの使い分け

- 通常の単相 100V の分岐回路（コンセント、照明など）➡ **2P1E**
- 単相 3 線式で 200V を取り出す場合➡ **2P2E**
- 単相 3 線式の幹線➡中性点が切断されることのない **3P2E**

単相3線式の2P1E、2P2E、3P2E の回路のつなぎ方

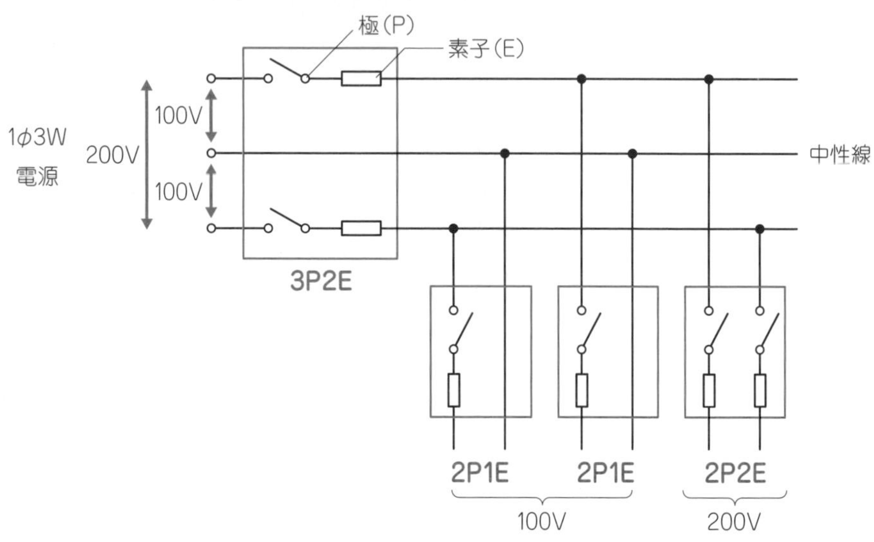

漏電遮断器

漏電遮断機は、万が一、**地絡**（地面との間で漏電すること）した場合に自動的に回路を遮断する機能を持ったものです。漏電遮断器の内部に組み込まれた**零相変流器**が、地絡時に流れる零相電流を検知するしくみになっています。水気の多い場所で使う洗濯機や、室外機を風雨にさらされるエアコンなど、漏電の危険性が高い機器に電力を供給する場合に設けられています。漏電遮断機は、漏電機能のテスト用の**ボタン**があるのが特徴です。おそらく、どの家庭でもブレーカー盤内に設置されているはずですから、一度実物を見ておくとよいでしょう。

●漏電遮断器

図記号 E

法律上、「金属製外箱を有する、使用電圧が 60V を超える電気器具で、人が容易に触れるもの」に関しては漏電遮断器を設置しなければいけません。ただし、次のような場合には、漏電遮断器を省略できます。

●漏電遮断器を省略できるおもな場合

- ●電気器具を**乾燥**した場所に設置する場合
- ●対地電圧が **150**V 以下の電気器具を**水気**のない場所に設置する場合
- ●電気用品安全法が適用された**二重絶縁**構造の器具である場合
- ●器具に C 種接地工事または D 種接地工事が施されていて、接地抵抗値が **3 Ω**以下の場合

過去問に挑戦!

問題 1 写真に示す器具の名称は。

①
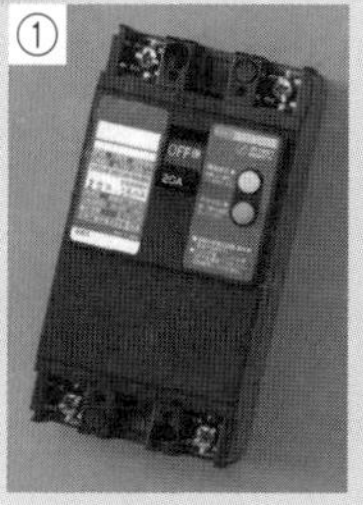

②
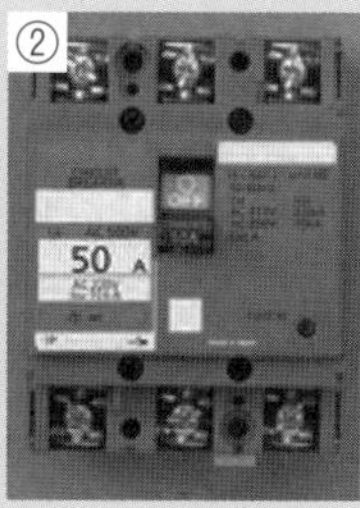

③

解説 ①漏電遮断機は、漏電遮断機能だけではなく過電流遮断機能も持っているものが一般的です。そのため、電流値が記載してあるレバーを持ち、その他に漏電機能テスト用ボタンがあることで見分けがつきます。 **答え** ①漏電遮断器

解説 ②電動機回路の配線用遮断器として使われるものです。

答え ②配線用遮断器（電動機保護兼用）

解説 ③配線用遮断器は、開閉用のレバーと電線を接続する端子ねじがついているのが特徴です。 **答え** ③配線用遮断器

問題 2 低圧電路に使用する定格電流 20A の配線用遮断器に 25A の電流が継続して流れたとき、この配線用遮断器が自動的に動作しなければならない時間［分］の限度（最大時間）は。

イ 20　ロ 30　ハ 60　ニ 120

解説 問題文より、25 ÷ 20 ＝ 1.25 倍の電流が流れたことになるので、P.95 の表より、60 分以内に動作しなければなりません。 **答え** ハ

5 開閉器・スイッチ

試験攻略のポイント

★ここで取り上げた開閉器、スイッチは鑑別でも配線図でもよく出題される。それぞれの用途、記号ともに暗記しておくこと。
★特に、自動点滅器、タイムスイッチ、リモコンスイッチ（リモコンリレー、リモコントランス）など、その用途を問う問題がよく出題される。

開閉器の種類

開閉器は、頻繁に電源を**オン・オフ**することを目的として作られている器具です。機能だけに着目すると過電流遮断器と似ているところがありますが、過電流遮断器には電源スイッチのように日頃からオン・オフを切り替えるような用途は想定されていないという点が異なります。

●ナイフスイッチ

図記号 S

レバー操作によって直接接点をオン・オフします。内部につめ付きヒューズが内蔵されているので、過電流遮断器の機能も兼ねています。電動機操作用の手元開閉器として使用され、主に中小工場などで用いられています。

●箱開閉器（電流計付）

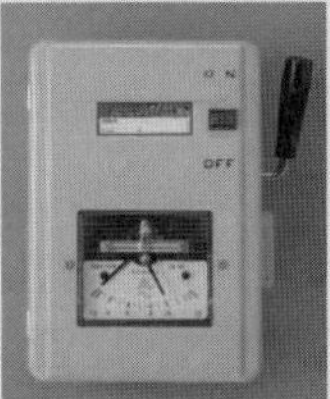

図記号 Ⓢ Ⓢf

ナイフスイッチと機能は同じですが、箱状のケースに収納し、レバーで開閉を切り替え可能で、電流計や表示灯なども備えたものです。電動機操作用の手元開閉器として使用されています。

（傍記のｆはヒューズの意味）

●電磁開閉器

図記号 S

内部に電磁石が組み込まれ、その電磁石の力で接点を開閉します。大電流の動力配線など、比較的危険性が高い回路の開閉を遠隔から安全に行うことができます。また、タイマーと組み合わせてスターデルタ始動回路の制御用に用いられています。

これも覚えておこう!

開閉器の記号に◉の記号がついている場合は、どの開閉器を使用する？

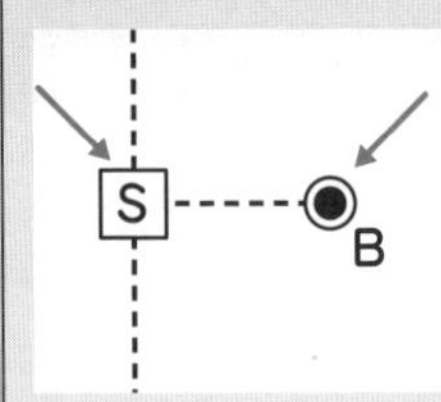

◉の記号は電磁開閉器用押しボタンスイッチです。したがって、電磁開閉器を使用します。

スイッチの種類

部屋の照明などのオン・オフ用に日頃から誰もが使っているものです。代表的なスイッチと名称を覚えておきましょう。

●プルスイッチ

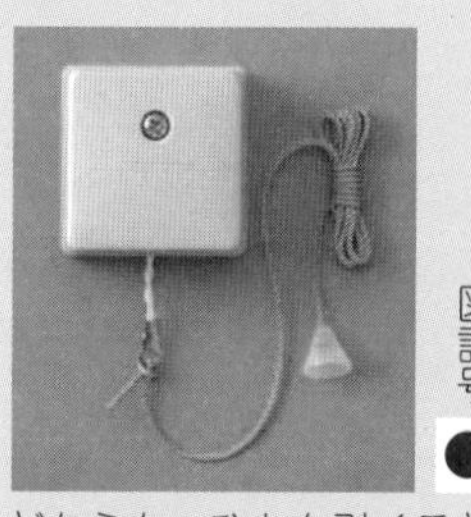

図記号 ●P

●キャノピスイッチ

どちらも、ひもを引くことによってオン・オフを切り替えるスイッチです。洗面台や台所の照明用のスイッチとしてよく用いられています。壁などに取り付けて使用するのが**プルスイッチ**、器具の中に取り付けるのが**キャノピスイッチ**です。

●ペンダントスイッチ

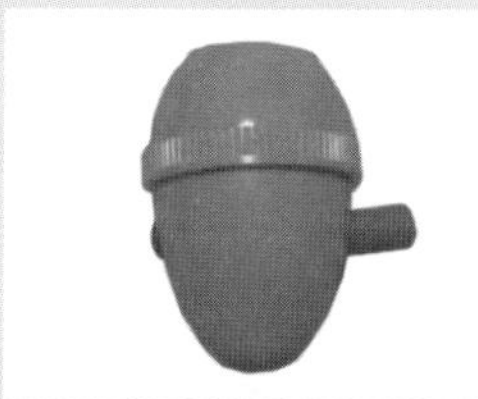

コードの先端に取り付けてぶら下げて用いるスイッチです。かつては納屋や倉庫などで見かけましたが、最近は目にすることも少なくなりました。

●タンブラスイッチ

埋込形
図記号 ●

3路スイッチ
図記号 ●3

露出形
図記号 ●

普段よく見かける壁にあるスイッチです。**埋込**形と**露出**形があり、階段の上と下でそれぞれ電灯をオン・オフできる**3路スイッチ**などもあります。

●コードスイッチ

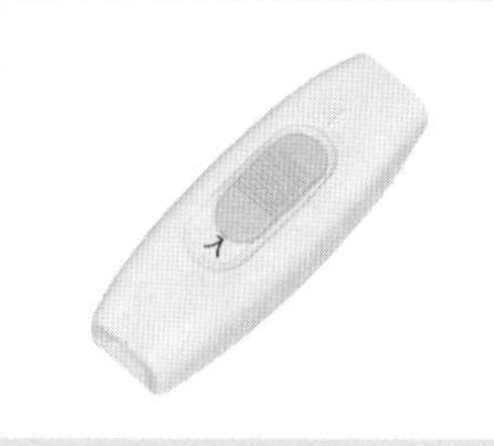

コードの中間に取り付けられているスイッチで、電気コタツなどに用いられています。

●自動点滅器

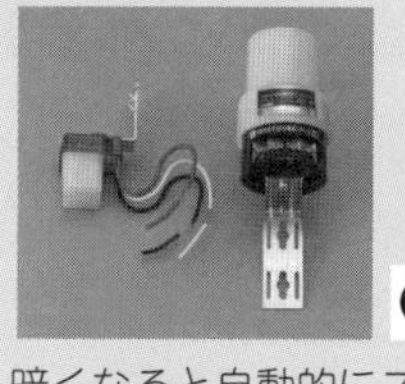

図記号 ●A

暗くなると自動的にスイッチが入り、明るくなると自動的に切れるスイッチで、光を感知するセンサを覆う**半透明**のカバーが特徴です。屋外の街路灯や防犯灯、庭灯などによく使われています。

●タイムスイッチ

図記号 TS

24時間タイマーが内蔵されていて、**指定した時間**に自動的にスイッチを入れたり切ったりできるものです。街路灯などに使われています。

3路スイッチと4路スイッチの使い方

階段や廊下などで、2か所から電灯をオン・オフできる**3路スイッチ**があります。このしくみを配線図に示します。

3路スイッチのしくみ

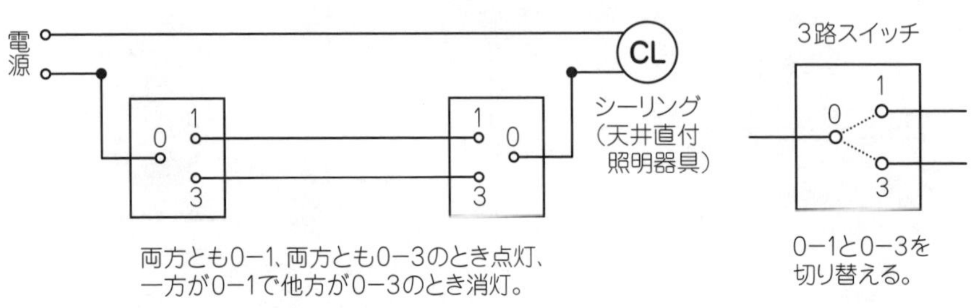
電源
CL
シーリング
(天井直付
照明器具)
0
1
3
両方とも0−1、両方とも0−3のとき点灯、
一方が0−1で他方が0−3のとき消灯。
3路スイッチ
0−1と0−3を
切り替える。

3路スイッチは、スイッチの切り替えによって接続される電極が**交互に入れ替わる**ようになっています。これを利用して、階段の上と下でそれぞれ照明のオン・オフを行うことができます。では、階段の上と下で同時にスイッチを押した場合はどうなるでしょうか。スイッチを押した瞬間は接続が切り替わる途中の状態なので照明は消えますが、すぐにそれぞれのスイッチ内でもう一方の電極に接続され、照明はすぐに点灯することになります。

また、3か所や4か所で切り替えたいという場合には、**4路スイッチ**を間に入れます。

4路スイッチのしくみ

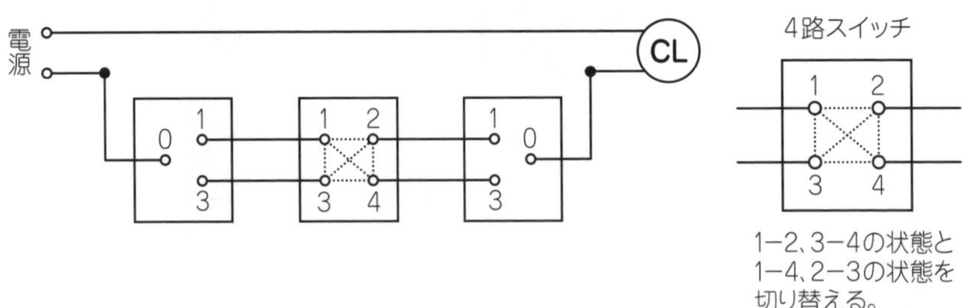
電源
CL
0
1
2
3
4
4路スイッチ
1−2、3−4の状態と
1−4、2−3の状態を
切り替える。

リモコンスイッチ

リモコンスイッチは、**リモコントランス**と**リモコンリレー**とを組み合わせて用いられ、1か所でたくさんの照明を操作するときや、**遠隔操作**するときなどに使用されます。これらがないと、1つのスイッチでたくさんの器具を一斉に操作することで大電流が流れてしまったり、スイッチボックス内の配線が非常に多くなり配線が大変になってしまうという理由があります。

リモコンスイッチを用いれば、配線は24Vの低電圧・小電流なので、配線も細くできて安全性が高く、また、大量の照明器具を並列にして何十アンペアという電流が流れても、安全で確実に切り替えることができます。

●リモコンスイッチ

図記号 ●R

リモコン配線用のスイッチ。

●リモコンセレクタスイッチ

図記号 ⊛4

複数のリモコンスイッチを集合させたスイッチ。傍記記号の数字は回路数。

●リモコンリレー

図記号 ▲

リモコンスイッチに応じて、オン・オフする装置。

●リモコントランス

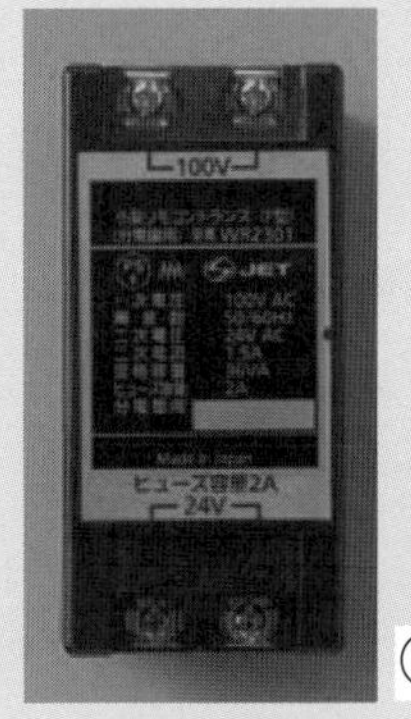

図記号 Ⓣ R

リモコン回路用に電圧を変換する変圧器。

リモコン回路のつなぎ方

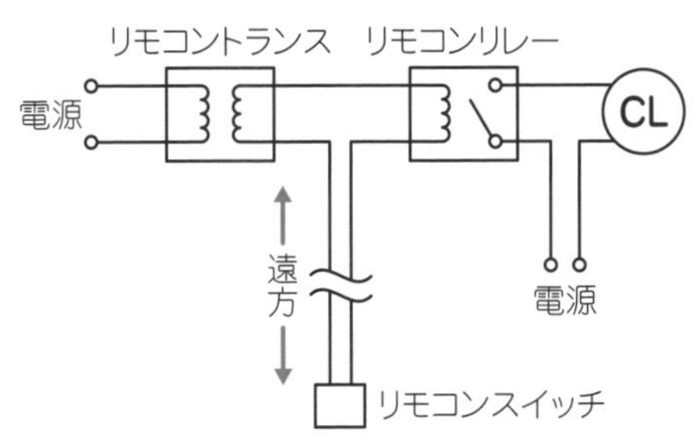

リモコントランスは、リモコン配線の制御回路用に100Vまたは200V電源を低電圧(一般には24V)に変圧するための変圧器です。

リモコンリレーは、24Vの電圧で電磁石を作動させ、大電流の回路を安全に切り替えるためのものです。

パイロットランプ

パイロットランプは、照明器具などの**オン・オフ**の状態を表示するランプです。例えば換気扇が回っているときに点灯するオレンジ色のランプがパイロットランプで、実技試験でもよく出題されています。

パイロットランプの中にはネオン管やLEDが内蔵され、両端に交流100Vの電圧がかかると発光するようになっています。したがって、常時点灯させたい場合は電源をそのまま接続し、換気扇などスイッチが入っているときだけ点灯させたい場合は、その負荷と**並列**に接続することになります。

●パイロットランプ

照明用ソケット

配線に照明を取り付けるためには**ソケット**を用います。技能試験では照明用のソケットは必ず出題されています。可能であれば実物を購入し、分解して内部の配線接続端子がどうなっているかなど、よく観察しておきましょう。

●ランプレセプタクル

いわゆる電球のソケットです。技能試験でも必須項目です。内部の端子には電線を**ねじ止め**します。電球の受け金となる端子は、感電防止のため、外側に必ず**接地線**を接続しなければなりません。

●引掛シーリング

丸形　図記号 ( )

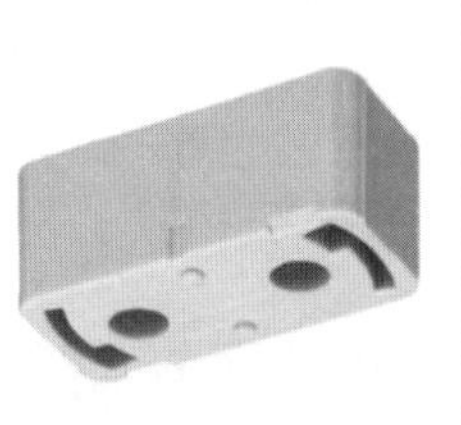

角形　図記号 [( )]

天井に取り付けて**照明器具**をぶら下げるための器具です。これも接地端子と非接地端子があり、実技試験では、必ず接地端子に**白色配線**を接続しないと重大欠陥で不合格となります。

過去問に挑戦!

問題 1 写真に示す器具の名称は。

①
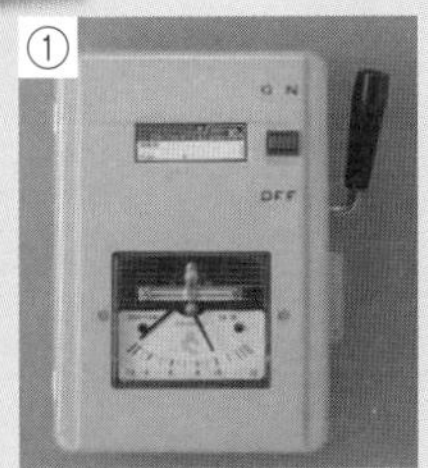

②
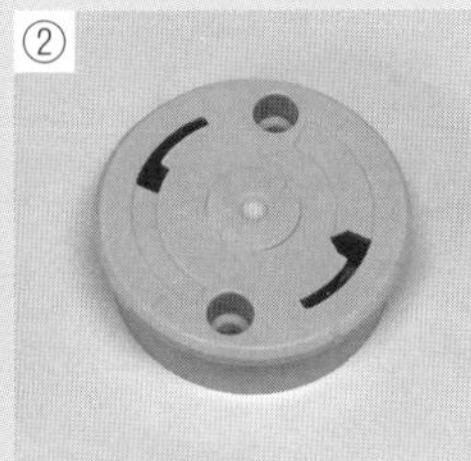

③

解説 ①箱状の容器にナイフスイッチを内蔵した開閉器です。右にあるレバーで回路を開閉します。下にある計器は電流計です。 **答え** 箱開閉器（電流計付）

解説 ②天井に取り付ける照明器具を直接接続するのに用いるソケットです。この写真は丸形で角形のものもあります。 **答え** 引掛シーリング（丸形）

解説 ③内蔵しているタイマーで設定した時間に自動的にスイッチを入れたり切ったりします。街路灯などに用いられます。 **答え** タイムスイッチ

問題 2 写真に示す器具の用途は。

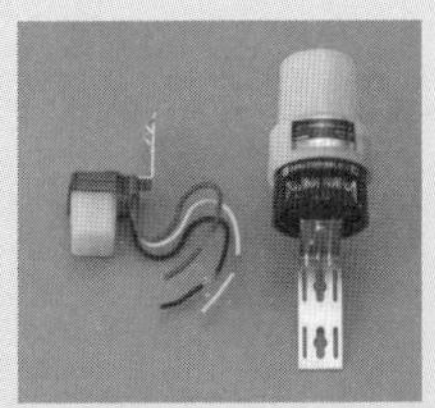

イ 白熱電灯の明るさを調整するのに用いる。
ロ 人の接近による自動点滅に用いる。
ハ 蛍光灯の力率改善に用いる。
ニ 周囲の明るさに応じて屋外灯などを自動点滅させるのに用いる。

解説 写真は、自動点滅器で屋外灯などを周囲の明るさによって自動点滅させるために用います。光を感知するセンサーを覆っている半透明なカバーが特徴です。

答え ニ

問題 3 写真に示す器具の用途は。

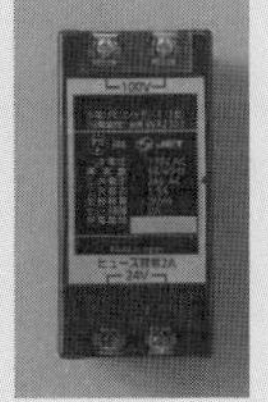

イ リモコンリレー操作用のスイッチとして用いる。
ロ リモコン配線の操作電源変圧器として用いる。
ハ リモコン配線のリレーとして用いる。
ニ リモコン用調光スイッチとして用いる。

解説 写真は、リモコントランス（変圧器）です。リモコンスイッチは１か所でたくさんの照明を操作する場合、また遠隔操作する場合などに用いられるスイッチです。リモコントランスはリモコン回路用に低電圧を作るための変圧器です。

答え ロ

6 コンセント

★ここでは試験によく出るコンセントをその用途別にまとめた。出題されるコンセントは多種多様なので、まずはここで基本を押さえ、第７章配線図、第８章鑑別で取り上げられているものを覚えよう。
★コンセントの形状はよく出題される。刃受けから使用電圧、定格電流が区別できるようにしておく。

コンセントの種類

コンセントは、**屋内線**と**コード**を接続するために用いられる器具です。器具には埋込形・露出形・防雨形のほか、フロアコンセントなどもあります。

洗濯機やエアコンなどを接続するコンセントは、通常の２つの穴のほかにアース（接地）用の穴やアース線用の端子が設けられています。接地用の穴を**接地極**（せっちきょく）といい、アース線を接続するための端子を**接地端子**（せっちたんし）といいます。

●埋込形コンセント

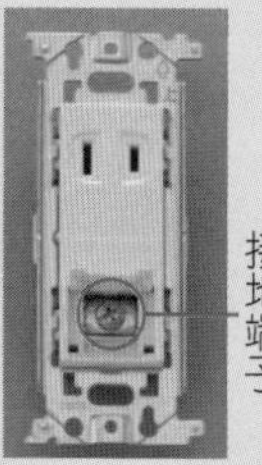

壁に埋め込んで取り付けるタイプのもの。

●露出形コンセント

壁の表面に取り付けるタイプのもの。

●防雨形コンセント

雨水などをよける構造のもの。

●フロアコンセント

床面に取り付けるタイプのもの。

（図記号は右ページ参照）

コンセントの図記号

壁、天井、床など、取り付ける場所によって記号が異なります。

壁に取り付ける場合（壁側を黒で塗る）

天井に取り付ける場合

床に取り付ける場合

コンセントの刃受けの形状

コンセントには100V15A規格のほか、20A用や200V用など、さまざまな規格があります。使用電圧・定格電流の組合せは必ず覚えましょう。

■コンセントの図記号と刃受けの形状　ここが出る！

使用電圧	定格電流	図記号（矢印左）と刃受けの形状（矢印右）
単相100V用	15A	→ ／ E → 接地極付
	20A	20A → ／ 20A E → 接地極付
単相200V用	15A	250V → ／ 250V E → 接地極付
	20A	20A 250V → ／ 20A 250V E → 接地極付
三相200V用	15A	3P 250V → ／ 3P 250V E → 接地極付
	20A	3P 20A 250V → ／ 3P 20A250V E → 接地極付
	20A 引掛形	3P 20A 250V T → ／ 3P 20A 250V E T → 接地極付

●コンセントの刃受けの見分け方

上表の刃受けの形状は次のように整理すれば覚えやすくなります。

- 単相100V用、単相200V用ともにL型のものは20A専用。
- 単相100V用は刃受けが縦、単相200V用は刃受けが横。
- 単相100V用20A：ト型のものは15A用のプラグを兼用できる。
- 単相200V用20A：L型のものには15A用のプラグを兼用できる。

7 電線

★ケーブルの知識は、特に配線図と技能で必要になる。「ここが出る！」マークがついている電線の種類と記号、用途は必ず覚えておくこと。
★絶縁電線の最高許容温度もよく出題される。IV線、HIV線の許容温度を暗記しておく。

電線の種類と用途

電線の種類には、裸電線をはじめとして絶縁電線、コード、ケーブル、キャブタイヤケーブルなどの種類があります。

■電線の種類

種類	特徴
裸電線	銅線がむき出しの状態の電線で、基本的に屋内配線には使用しない。
絶縁電線	銅線が**絶縁物**で覆われている電線。
ケーブル	絶縁電線をさらに**保護被覆**で覆った電線。
コード	**ゴム**や**ビニル**などで覆った電線で、移動しやすいように柔らかく作られている。小型電気器具などにつなぐ電線。

絶縁電線の種類と用途

絶縁電線とは、裸銅線の外側をビニル系絶縁物で覆ったものです。それぞれの名称と記号、用途や性質について知っておく必要があります。右ページの表で確認しましょう。

絶縁電線の中でも、屋内配線用として最もポピュラーなものが **IV 線**です。IV 線というと単線を意味しますので、実際の配線工事においては、IV 線を 2 本ないし 3 本組にした **VVF ケーブル**が最もよく用いられています。また、IV 線と HIV 線はいずれも定格電圧が 600V のビニル絶縁の電線ですが、使用できる**許容温度**が異なります。IV 線の許容温度は **60℃**、対して HIV線は被覆の耐熱性が高い素材なので **75℃**が許容温度となります。

■絶縁電線の種類と用途

種類（名称）	記号	用途	構造
600V ビニル絶縁電線 ここが出る！	IV (Indoor Vinyl)	屋内配線用	軟銅線（単線またはより線） ビニル絶縁物
600V ビニル二種絶縁電線	HIV (Heat resistant IV)	屋内配線用	軟銅線 耐熱性の高いビニル絶縁物
屋外用ビニル絶縁電線 ここが出る！	OW (Outdoor Weatherproof)	屋外配線用	硬銅線 ビニル絶縁物
引込用ビニル絶縁電線 ここが出る！	DV (Drop wire Vinyl)	屋外引込用	【よりあわせ形】 硬銅線 ビニル絶縁物 【平形】

ケーブルの種類と用途

ケーブルは、IV 線などのように導体を絶縁物で覆った電線を、多くの場合は 2 本や 3 本一緒にしてその上から保護被覆で覆ったものを指します。電気は必ず行きと帰りの最低 2 本（三相交流であれば 3 本）必要になるので、通常の電気工事ではケーブルが最も多く使われます。

また、ケーブルの各種類の中でも、VVR と VVF は名称が似ており、混同しやすいので注意しましょう。平形の VVF は住宅などで多く使われているケーブル、丸形の VVR は幹線に太い電線が必要な場合などに用いられるといった違いがあります。名称のシースは**外装（被覆）**のことです。

なお、地中電線路の電線には、必ずケーブルを使用します。**絶縁電線**は使えないことを覚えておきましょう。

■ケーブルの種類と用途

種類（名称）	記号	用途	構造
600V ビニル絶縁シースケーブル平形 ここが出る！	VVF	屋内・屋外配線用	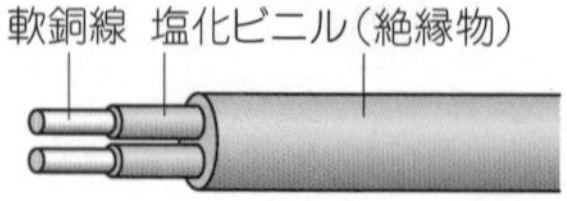 軟銅線 塩化ビニル（絶縁物）
600V ビニル絶縁シースケーブル丸形 ここが出る！	VVR	屋内・屋外配線用	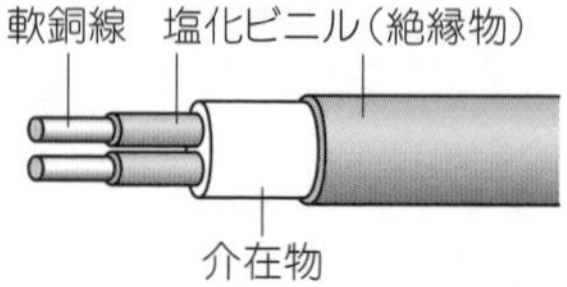 軟銅線 塩化ビニル（絶縁物） 介在物
600V ポリエチレン絶縁耐燃性ポリエチレンシースケーブル（エコケーブル）	EM	屋内・屋外配線用	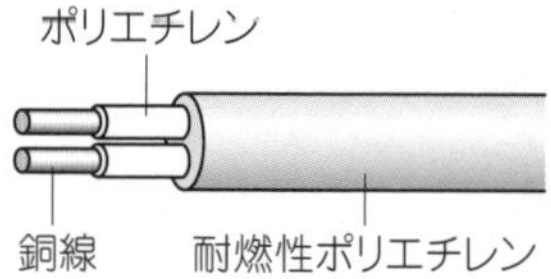 ポリエチレン 銅線 耐燃性ポリエチレン
600V 架橋ポリエチレン絶縁ビニルシースケーブル	CV（CVT：単心3本より線）	屋内・屋外配線用	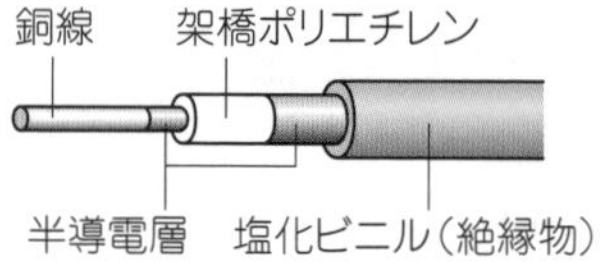 銅線 架橋ポリエチレン 半導電層 塩化ビニル（絶縁物）
M I ケーブル ここが出る！	MI	工場など（**耐熱性**が高い）	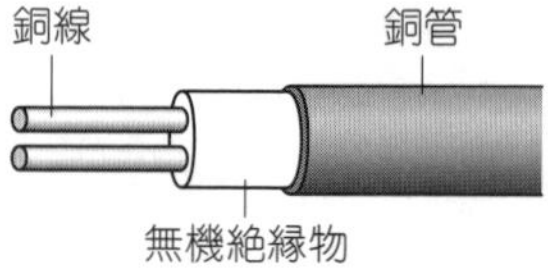 銅線 銅管 無機絶縁物
600V ゴム絶縁ゴムキャブタイヤケーブル	CT	移動用	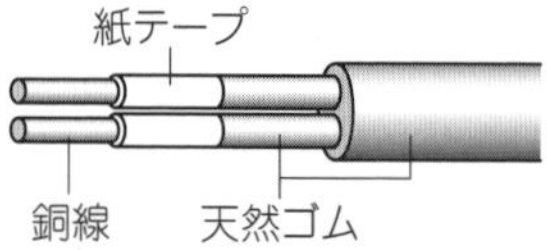 紙テープ 銅線 天然ゴム
600V ビニル絶縁ビニルキャブタイヤケーブル	VCT	移動用（高温場所は不可）	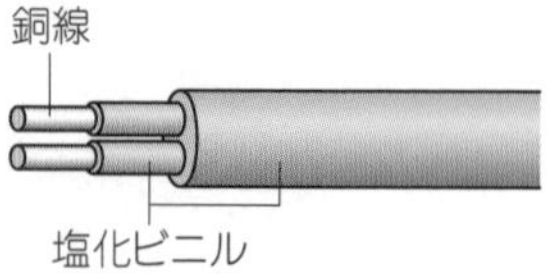 銅線 塩化ビニル

MI ケーブルは、高温になっても燃えることのない無機物（炭素が入っていない物質）で絶縁されているため**耐熱性**が高く、特殊な用途で使用されます。

コード

コードとは、一般的な電気器具の配線用として用いられる電線で、**ビニルコード**と**ゴムコード**があります。**ビニルコード**は、**耐熱性**がないため、熱を利用しない一般的な機器に用いられます。**ゴムコード**は、多少**耐熱性**があるので炊飯器やアイロンなどの配線用として用いられます。

電球線にはビニルコード以外のコード、またはビニルキャブタイヤケーブル以外のキャブタイヤケーブルで、断面積 0.75mm^2 以上のものを使用します。

電線の断面積は 0.75㎟、1.25㎟などがあり、定格電流が 0.75㎟は **7A**、1.25㎟は **12A** であることを必ず覚えておきましょう。

■コードの種類

種類	用途	構造
ゴムコード	電球線や小型電気機器の電源コード	天然ゴム / 銅線 / 編組
ビニルコード	電気を熱として利用しない電気機器の電源コード	VSF / 銅線 / ビニル絶縁物 / VFF

過去問に挑戦!

問題 1 低圧屋内配線として使用する 600V ビニル絶縁電線（IV）の絶縁物の最高許容温度は何度か。

解説 600Vビニル絶縁電線(IV)の最高許容温度は**60度**です。IV 線数本をまとめた VVR ケーブルや VVF ケーブルの最高許容温度も同じく**60度**です。

答え 60 度

問題 2 耐熱性に最も優れているものは。

イ 600V 二種ビニル絶縁電線　**ロ** 600V ビニル絶縁シースケーブル
ハ MI ケーブル

解説 **MIケーブル**は、高温になっても燃えない無機物で絶縁されているため、耐熱性が高く、耐火配線に用いられます。

答え ハ

8 工事用材料・工具

★工事用材料は写真鑑別、配線図の問題でよく出題される。
★電線管はここで解説したものすべて名称と記号を覚えること。
★配線工事用工具は、名称と用途を覚えること。

電線管の種類と用途

電線管とは、電線を通すためのパイプで、電線を保護したり、コンクリートなどの造営材を貫通して配線するために用いられます。**金属製**と**合成樹脂製**（ごうせいじゅし）のものがあります。

■電線管の種類と特徴

	名称	記号	可とう性	特徴
金属管	鋼製電線管	なし	なし	（工具を使ってねじを切る）管端にねじを切って使う。
金属管	ねじなし電線管	**E**	なし	ねじを切らずにそのまま使う。
金属管	二種金属製可とう電線管（プリカチューブ）	**F2**	あり	可とう性（たわみが生じる）があるため、振動のある場所の配線に用いられる。
合成樹脂管	硬質塩化ビニル電線管	**VE**	なし	軽量で腐食しにくいが、機械的衝撃や高温に弱い。
合成樹脂管	PF管（耐燃性のある可とう管）	**PF**	あり	耐熱性、可とう性があるため、多くの配線に用いられる。
合成樹脂管	CD管（耐燃性のない可とう管）	**CD**	あり	（オレンジ色）コンクリートの埋込配管に用いられる（一般的な配線には使用不可）。

●金属管

鉄を亜鉛メッキして錆びないように処理した金属パイプです。管と管や、管とボックスを接続する管の端の部分にねじが切っていない（らせん状の溝がない）ものを**ねじなし電線管**といいます。工事の際、曲げなければいけない場所においては**パイプベンダー**などの工具を用いて曲げ加工を行います。

また、金属製でありながら、じゃ腹状になっていて曲げることのできる**金属可とう管**があります。屈曲に強く、振動が加わる場所に用いることができ、三相誘導電動機の電源端子に接続する配線を保護する部分などに用います。

●合成樹脂管

塩化ビニルなどの合成樹脂で作られた管です。軽量で腐食しにくく、管を経由した漏電がないという利点がある半面、機械的衝撃や**高温**に弱いという欠点もあります。配管工事で曲げる必要がある場合は、**ベンド**を用いるか、トーチランプであぶって柔らかくして曲げるなどの方法を取ります。

合成樹脂製可とう管には、耐燃性のある**PF 管**と、耐燃性がなくコンクリート埋込用の**CD 管**があります。

 電線管の付属部品

電線管どうしを接続したり、電線を引き込んだりする部分に用いる部材です。

●カップリング

金属管同どうしを接続する。内側にねじが切られている。

●ねじなしカップリング

ねじなし電線管どうしを接続する。それぞれの管を締めるねじが特徴。

●コンビネーションカップリング

金属管とねじなし金属管を接続するのに用いる。

●TS カップリング

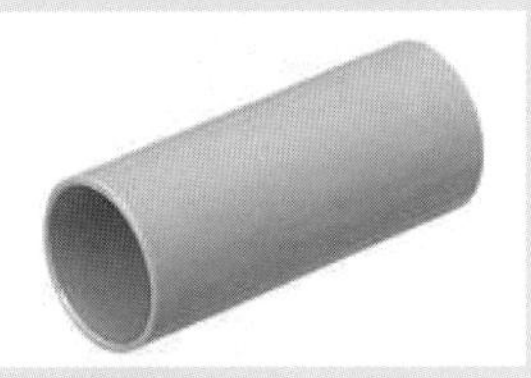

合成樹脂管どうしを接続する。

●ノーマルベンド

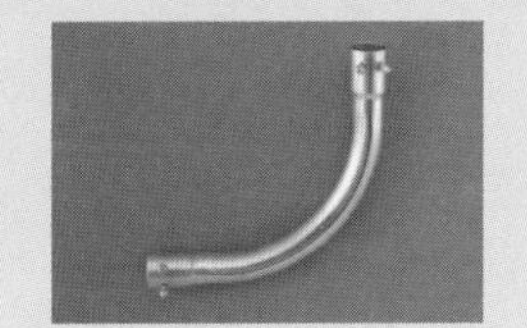

配管で直角方向にゆるやかに曲げる場所に用いる。

●ユニバーサル

金属管どうしを直角に接続する。

●サドル

電線管を造営材(壁や柱など)に固定する。

●パイラック

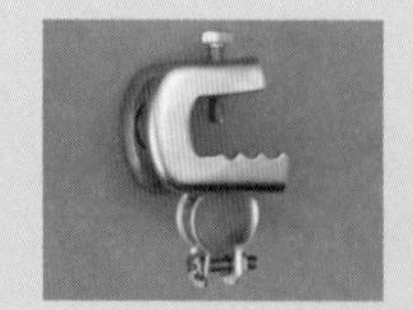

鉄骨などに電線管を固定する、鉄骨などに付ける金具と管をはさむ金具。

●ステープル

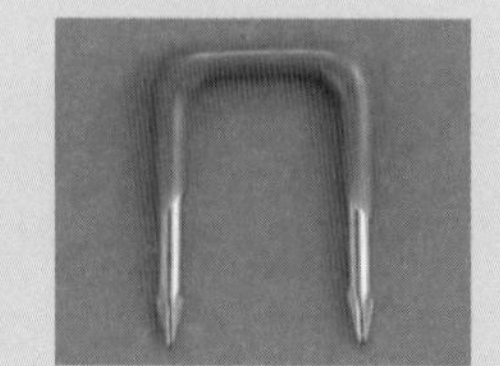

VVFケーブルを木材などの造営材に取り付ける。

●ターミナルキャップ

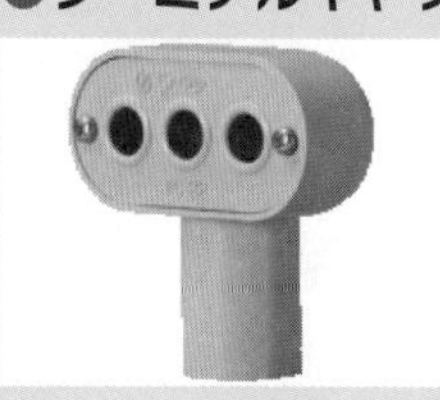

水平に配置された電線管の端から電線を引き出す。

●エントランスキャップ

垂直な金属管の上端部に取り付けて、雨水の浸入を防止する。

ボックス類とそれに付帯する材料

電線管を通ってきた配線にスイッチやコンセントを取り付けたり、電線どうしを接続する場合には**ボックス**を用います(電線管の中で電線どうしを接続することは禁止されています)。また、配管とボックスを接続するためには、ねじなどで強固に接続する必要があります。

●アウトレットボックス

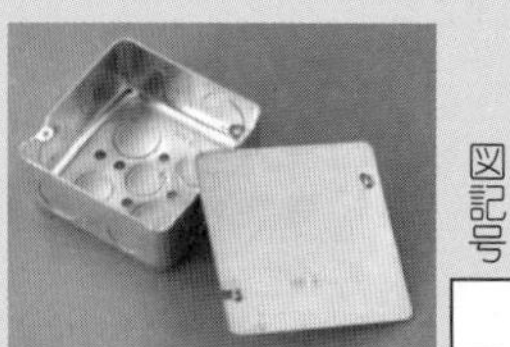

図記号 □

電線管を使用するときに電線の接続場所に取り付けるケース。

●スイッチボックス

埋込形のスイッチやコンセントを取り付けるケース。

●ボックスコネクタ

電線管とボックスを接続するコネクタ。

●ジョイントボックス

図記号 ⊘

VVFケーブルどうしの接続箇所に用いる。

●ブッシング

金属管の出口に取り付ける。電線の被覆を保護する。

●ゴムブッシング

アウトレットボックス等の貫通孔に装着し電線の被覆の損傷を防止する。

電線どうしを接続する材料

電線どうしを接続するためには、**リングスリーブ**や**差込形コネクタ**を用います。これらは実技試験でも必ず出題されます。

●リングスリーブ

電線どうしの端を圧着して接続する。

●差込形コネクタ

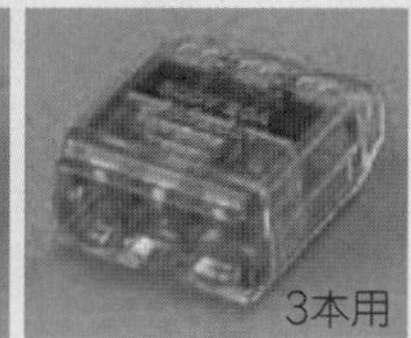

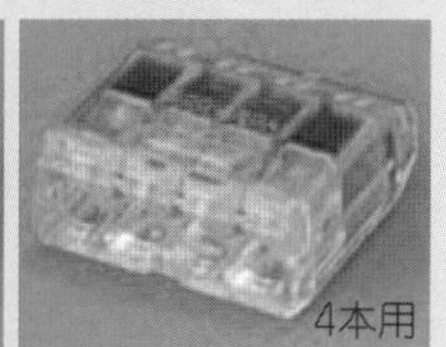

電線同士の端をキャップにねじ込んで接続する。

電線を加工する工具

電線を切る、つかむ、圧着(あっちゃく)する、被覆(ひふく)をはぎ取るなど工具の用途、形状を覚えましょう。

●ペンチ

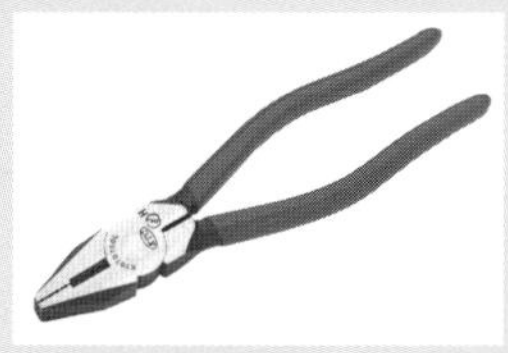

電線を切る、部材をつかむ工具。

●ラジオペンチ

細い電線などをつかんだり切ったりする。

●ニッパー

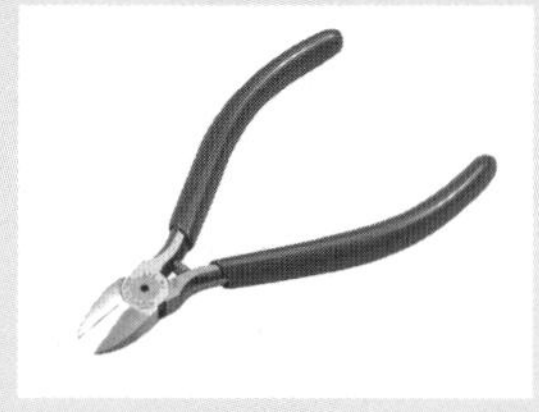

電線を切る工具。

●圧着(電工)ペンチ

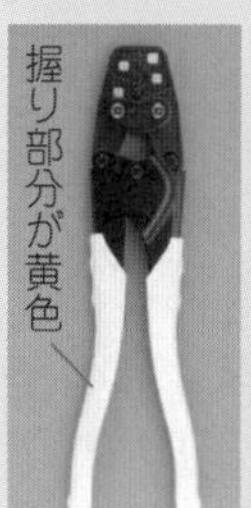

リングスリーブ用

握り部分が赤または青

電線圧着用

電線相互の圧着やリングスリーブの圧着に使用する。

●ケーブルストリッパー

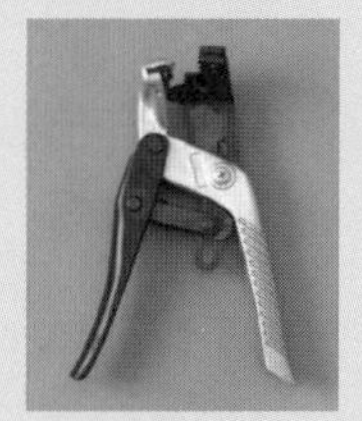

VVFケーブルの絶縁被覆やビニルの被覆をはぎ取る。

●ケーブルカッター

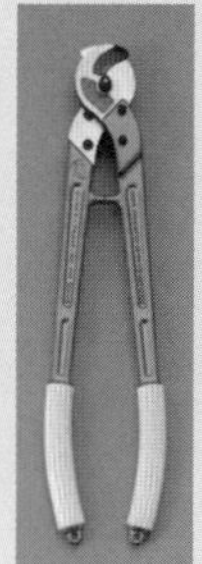

太い電線の切断に使用。それぞれの刃先が電線をくわえるような半円の形をしている。

金属管を加工する工具

金属管をつかんだり、屈曲（くっきょく）、切断などをする工具があります。

●ウォーターポンププライヤー

金属管などをつかむ、ロックナットを締める。

●パイプレンチ

金属管をつかんだり回したりする。のこぎりの歯のような刃先で丸い形のものをつかめるようになっている。

●パイプカッター

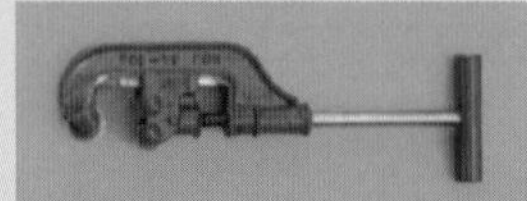

金属管を切断する。

●パイプバイス

金属管の加工時にパイプをはさんで固定する万力。

●ねじ切り器

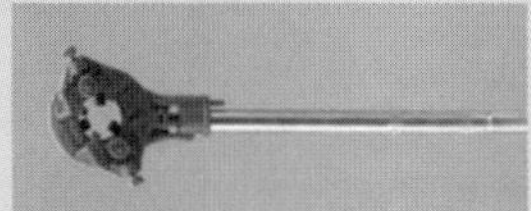

金属管のねじ山を切る。

●クリックボール

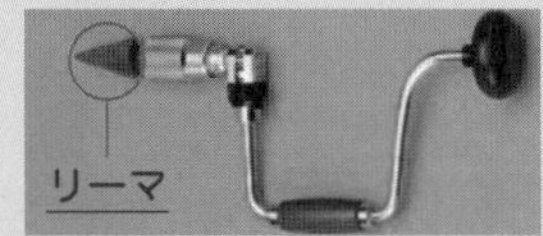

リーマと組み合わせて金属管のバリ（切断時にまくれる部分）を取る。

●パイプベンダ

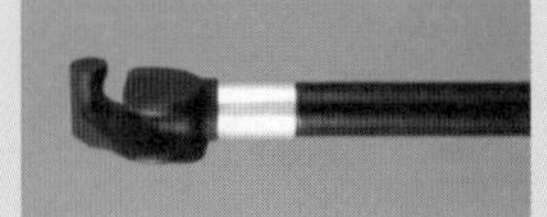

金属管を曲げる。曲げる部分にベンダを当てて加工する。

●金切のこ

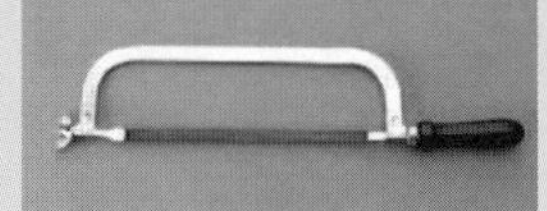

金属管などの金属部材を切断する。

●プリカナイフ

二種金属可とう電線管を切断する。

合成樹脂管を加工する工具

合成樹脂管を加工するときの工具は金属管と異なります。

●塩ビカッター

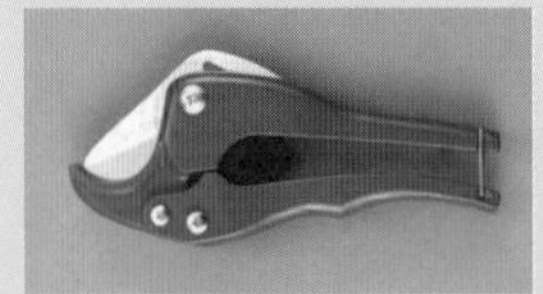

塩ビ管（合成樹脂管）などを切断する。

●トーチランプ

合成樹脂管を曲げるために加熱する。

●面取り器

合成樹脂管を切断した面のバリを取る。

穴あけに使用する工具

工事材料に穴をあける工具です。

●ホルソ

鉄板、各種合金板、アウトレットボックスなどに大きい穴をあける。中心にある軸のような部分が刃。

●ノックアウトパンチャ

油圧を用いて金属板に穴をあける。先端に筒型の刃を装着して金属板をはさむようにして穴をあける。

●振動ドリル

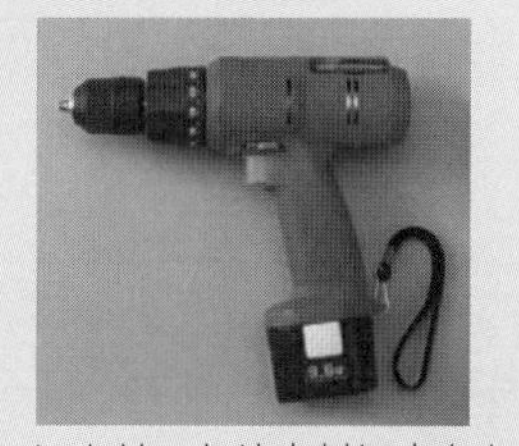

コンクリートや木材に穴をあけるのに用いる。

その他の配線に使用する工具

●呼び線挿入器

管工事で中に配線を通すための呼び線を通す。リング状のケースの中のワイヤを使用する。

●モンキーレンチ（モンキースパナ）

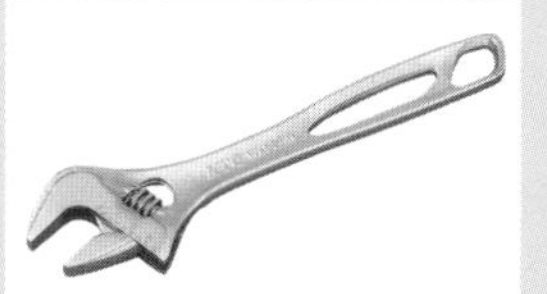

ボルトやナットをつかんで回す。つかむサイズを調整できるレンチ。

●マイナスドライバ

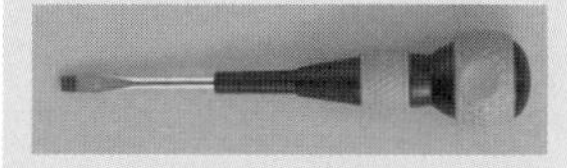

ねじを回すのに用いられるほか、スイッチやコンセントを埋込連用取付枠に取り付けるときに用いる。

過去問に挑戦！ 金属管工事でねじなし電線管の切断及び曲げ作業に使用する工具の組合せとして適切なものは。

イ やすり　パイプレンチ　パイプベンダ
ロ リーマ　金切のこ　リード型ねじ切り器
ハ やすり　金切のこ　パイプベンダ

解説 ねじなし電線管の加工は次の手順で行います。
①金切のこで切断→②やすりで面取り→③パイプベンダで曲げる。　**答え** ハ

次の問いに答えなさい。

Q01 □□□

次の①～④で間違っているものはどれか。

点灯管を用いる蛍光灯と比較して、高周波点灯専用型蛍光灯は、①ちらつきが少なく、②発光効率が高く、③インバータが使用され、④点灯に要する時間が長いという特徴がある。

A01

④

点灯管を用いた従来型の蛍光灯は、ちらつきが発生したり、点灯に要する時間が長くかかったりする欠点をもっていましたが、高周波点灯専用型蛍光灯は、インバータ回路を用いることによりこれらの欠点を解消しました。

Q02 □□□

次の □ 内に入る語句を答えなさい。

水銀灯に用いる安定器は □ を安定させるために用いられる。

A02

放電

安定器は、「放電安定器」とも呼ばれ、その名の通り放電を安定させるために用います。

Q03 □□□

次の文章の正誤を答えなさい。

電気トースター、電気洗濯機、電気冷蔵庫、LED電球のうち、最も力率がよいのはLED電球である。

A03

誤り

装置の中にコイルやコンデンサが組み込まれていると力率が悪くなります。電気トースターは、純粋な抵抗発熱体である電熱線を使用しているため、最も力率がよいといえます。

Q04 □□□

次の①～④で間違っているものはどれか。

LED電球は、従来の白熱電球と比較すると、①消費電力が少なく、②発熱が少なく、③発光効率が高く、④力率がよいという特徴を持っている。

A04

④

LED電球は、内部で電圧変換・電流調整のための電子回路を持っている関係上、白熱電球に比べると力率が悪いという性質があります。

Q05 □□□

次の □ 内に入る語句を答えなさい。

三相誘導電動機にスターデルタ始動器を使用するのは、始動時は イ 、回転数が上がってきたら ロ に切り替えて、運転開始時の大電流による他の機器への悪影響などを軽減するためである。

A05

イ．Y結線

ロ．Δ結線

三相誘導電動機は、運転開始時に定格電流の何倍もの電流が流れます。始動時はY結線、回転数が上がってきたらΔ結線に切り替えて、他機器への影響を軽減します。

Q06 □□□

三相誘導電動機を逆回転させるための方法は。

イ. 三相電源の3本の結線を3本とも入れ替える。

ロ. 三相電源の3本の結線のうち、いずれか2本を入れ替える。

ハ. コンデンサを取り付ける。

A06

ロ

三相交流は、120°ずつ位相がずれた電圧を発生しているので、三相電源の3本の結線のうち、いずれか2本を入れ替えると逆回転します。

次の問いに答えなさい。

Q07 □□□
低圧三相誘導電動機に対して低圧進相コンデンサを並列に接続する目的は何か。

A07 力率を改善するため
電源線に進相コンデンサを接続すると力率が改善され、電動機の出力を保ったまま配線に流れる電流を小さくすることができます。

Q08 □□□
次の文章の正誤を答えなさい。
100V ルームエアコンの室外機を水気のある場所に設置し、その金属製外箱に施した接地抵抗値が 80 Ωである場合、ここに電気を供給する電路に漏電遮断機の設置を省略することができる。

A08 誤り
100V などの低圧であっても、水気のある場所に電気機器を設置する場合、漏電遮断機を省略することはできません（ただし、ゴムなどの絶縁物で被覆した電気機器などは例外）。

Q09 □□□
低圧電路に使用する定格電流 20A の配線用遮断機に 40A の電流が継続して流れたとき、この配線用遮断機は何分以内に自動的に作動しなければいけないか。

A09 2分
「電気設備技術基準の解釈」という法令の規定では、30A 以下の配線用遮断機に 2 倍の電流を流した場合、2 分以内に作動しなければならない、とされています。二種電対策としては 30A 以下 2 分、30A 超 4 分と覚えておきましょう。

Q10 □□□
次の＿＿＿内に入る語句を答えなさい。
漏電遮断機に内蔵されている零相変流器は ＿＿＿ を検出するためのものである。

A10 地絡電流
地絡電流とは、漏電によって地面（アース）に向かって流れる電流のことで、漏電が発生すると漏電電流の分だけ電流値に差異が発生し、これを検出して回路を遮断します（漏電がなければ遮断器の負荷側から見た行きと帰りの電流値はぴったり同じ）。

Q11 □□□
低圧電路に使用する定格電流 20A の配線用遮断機が 60 分以内に自動的に作動しなければいけない電流値はいくらか。

A11 25A
50A 以下の配線用遮断機に 1.25 倍の電流を流した場合、60 分以内に作動しなければなりません。よって、20 × 1.25 = 25A の電流で 60 分以内に作動することになります。

Q12 □□□
次の＿＿＿内に入る数字を答えなさい。
1灯の電灯を 3 か所のいずれの場所からでも点滅できるようにするためには、3 路スイッチが ［ア］ 個と 4 路スイッチが ［イ］ 個必要である。

A12 ア．2　イ．1
下図のように 3 路スイッチが 2 個と 4 路スイッチ 1 個必要です。

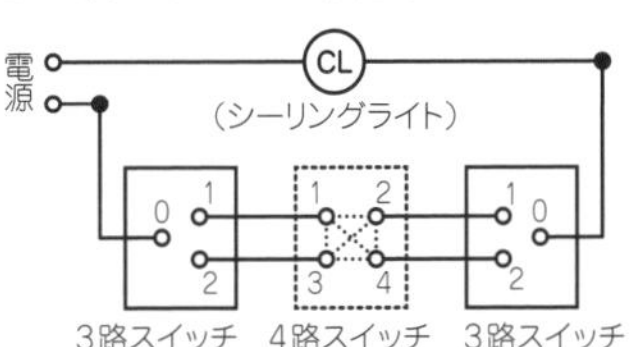

一問一答で総チェック！

次の問いに答えなさい。

Q13 □□□

次の文章の正誤を答えなさい。
定格電流30Aの配線用遮断器で保護される分岐回路に、直径2.0mmの配線で20Aのコンセントを接続した。この工事は正しいか。

A13 誤り
直径2.0mmの電線の許容電流値35Aは単線の場合です。２本を束ねた場合は35×電流減少係数0.7＝24.5Aまでしか流せません。よって、配線には太さ2.6mm以上の電線が必要です。

Q14 □□□

住宅で使用する電気食器洗い機用のコンセントとして、最も適しているのは。
イ．接地端子付コンセント
ロ．接地極付接地端子付コンセント
ハ．引掛形コンセント

A14 ロ
電気食器洗い機は水を使用する電気機器です。接地線もしくは接地極どちらにも対応できる、接地極付接地端子付コンセントが最も適しています。

Q15 数字を暗記 □□□

次の［　　］内に入る数字を答えなさい。
低圧屋内配線として使用する600Vビニル絶縁電線（IV）の絶縁物の最高許容温度は［イ］度、また600V二種ビニル絶縁電線（HIV）は［ロ］度である。

A15 イ．60　ロ．75
IV線の許容温度は60℃、HIV線は75℃と規定されています。さらに高温（105℃）に耐える特殊耐熱ビニル絶縁電線（SHIV電線）もありますが、まず試験で出題されません。

Q16 数字を暗記 □□□

次の文章の正誤を答えなさい。
公称断面積0.75㎟のゴムコード（絶縁物が天然ゴムの混合物）は、使用時に高温になる電源電圧100V、消費電力600Wの電気釜の配線用に用いることができる。

A16 正しい
断面積0.75㎟のゴムコード電線は、単線で10A、２本を一緒にしたコードでは電流低減係数0.7を掛けた7Aまで許容されています。600W ÷ 100V=6Aの配線に使用できます。

Q17 □□□

金属電線管の切断および曲げ加工に使用する工具を３つ答えよ。

A17 金切のこ、やすり、パイプベンダ
金属電線管は、金切ノコギリ（金切のこ）で切断し、やすりで仕上げ、パイプベンダで曲げ加工します。金切のこの他にはパイプカッタなども使用することができます。

Q18 □□□

次の［　　］内に入る語句を答えなさい。
写真に示す工具は［　　］の切断に用いられる。

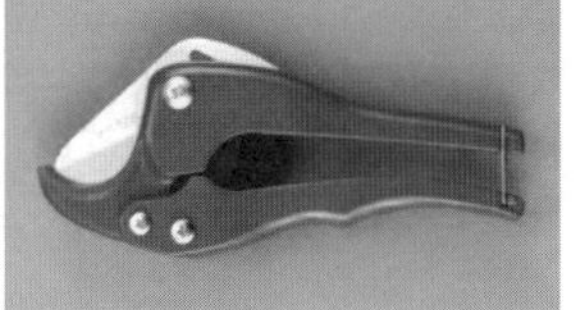

A18 硬質塩化ビニル電線管
硬質塩化電線管の切断に使用されるパイプカッタです。金属管やライティングダクトなど、金属を切断することはできません。

第4章 電気工事の施工方法

1 施設場所と施工の制限

★配線の設置環境による施工場所の制限（P.121 の表）をまるごと覚える（覚え方はP.122 を参考に）。
★危険な施設場所での施工の制限（P.123 の表）と、引込口配線工事の制限（P.123 の表）もまるごと覚える。

屋内配線を施設する場所

屋内配線を施設する場所は、配線の設置環境により次のように区分されています。

屋内配線の施設場所
- ①**展開した**場所：天井面、壁面など、配線を直接確認できる場所
- ②**点検できる隠ぺい**場所：天井裏や押し入れなど、隠ぺいされてはいるが、点検口などから点検できる場所
- ③**点検できない隠ぺい**場所：床下や壁内など、建造物を破壊しない限り点検できない場所

この 3 つはさらに「**乾燥した**場所」と「**それ以外の**場所」に区分されます。それ以外の場所とは、風呂場や床下など湿気や水気のある場所です。これらの区分によって、施工できる工事と施工できない工事が決まっています。

■屋内配線を施設する場所の区分

<table>
<tr><th>設置環境</th><th>施設場所</th><th>説明</th></tr>
<tr><td rowspan="3">乾燥した場所
水気のある場所</td><td>①乾燥した場所</td><td>居室や廊下など、水気や湿気のある場所以外の場所</td></tr>
<tr><td rowspan="2">②湿気や水気のある場所</td><td>水気のある場所とは、水を扱う場所、雨露にさらされる場所、水滴が飛散する場所、常時水が漏出もしくは結露する場所</td></tr>
<tr><td>湿気の多い場所とは、水蒸気が充満する場所、湿度が著しく高い場所</td></tr>
</table>

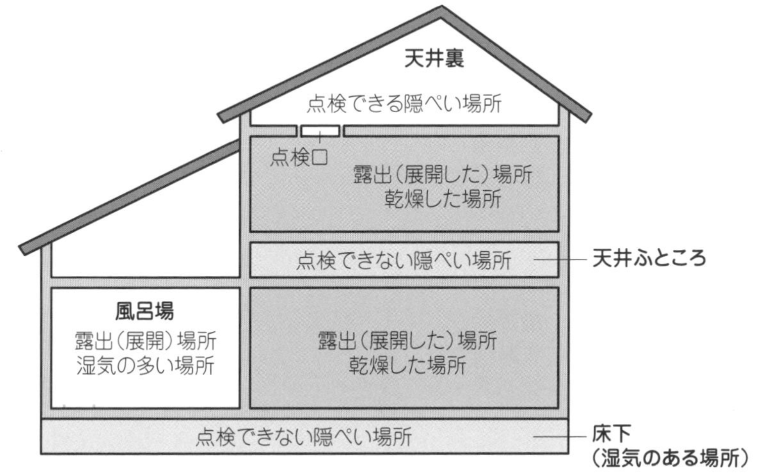

屋内配線と使用できる工事の種類

前項の施設場所ごとに、施工できる工事と施工できない工事が次の表のように定められています。

■**施設場所と施工できる工事の種類**（使用電圧 300V 以下）（○：工事可 ×：工事不可）

ここが出る！	展開した場所		点検できる隠ぺい場所		点検できない隠ぺい場所	
	乾燥場所	湿気場所	乾燥場所	湿気場所	乾燥場所	湿気場所
合成樹脂管工事（CD 管以外）	○	○	○	○	○	○
金属管工事	○	○	○	○	○	○
金属可とう電線管工事（1 種可とう管以外）	○	○	○	○	○	○
ケーブル工事	○	○	○	○	○	○
金属製線ぴ工事	○	×	○	×	×	×
金属ダクト工事	○	×	○	×	×	×
バスダクト工事	○	○	○	×	×	×
ライティングダクト工事	○	×	○	×	×	×
がいし引き工事	○	○	○	○	×	×
フロアダクト工事	×	×	×	×	○	×
セルラダクト工事	×	×	○	×	○	×

次のようにまとめると覚えやすいでしょう。

どこの施設場所でも施工OK	管工事である ①**合成樹脂管**工事（CD管以外） ②**金属管**工事 ③**金属可とう電線管**工事 （1種可とう管以外） ④**ケーブル**工事	電線を管に収める管工事と外装で被覆されているケーブル工事は、損傷の恐れが少ない施工方法なので、いずれの施設場所でも施工が可能。

湿気や水気のある場所と点検できない場所では施工不可	①**金属線ぴ**工事 ②**金属ダクト**工事 ③**ライティングダクト**工事	感電や漏電の恐れがあるため制限がある。

危険な施設場所の屋内配線と使用できる工事の種類

次に示す危険な施設場所の屋内配線には、使用できる工事の種類に制限があります。

■屋内配線を施設する場所の区分

危険な施設場所	説明
粉じん（ふん）の多い場所	マグネシウム、アルミニウムなどの爆燃性粉じんや、小麦粉、デンプンなどの可燃性粉じんの多い場所
可燃性ガス等の存在する場所	プロパンガスの貯蔵所、取扱所など
危険物等の存在する場所	石油などの危険物貯蔵所、取扱所など

これらの爆発の危険があるような施設場所では、電気スパークによる引火・爆発事故を防止するため、次の表のように屋内配線工事の種類が制限されています。**金属管**工事と**ケーブル**工事はどこの場所でも施工することが可能ですが、合成樹脂管工事は一部の場所のみ施工することが可能です。その他の工事については、施工することはできません。強度が大きくない合成樹脂管工事は、危険な施設場所以外ではどこの場所でも施工することができますが、危険な施設場所では制限があるのです。

■危険な施設場所での施工の制限　＊次の３つの工事以外は施工不可。

	粉じんの多い場所		可燃性ガス等の存在する場所	危険物等の存在する場所
	爆燃性粉じん	可燃性粉じん		
金属管工事	○	○	○	○
ケーブル工事	○	○	○	○
合成樹脂管工事	×	○	×	○

引込口配線と使用できる工事の種類

引込口配線には、右図のように電力会社の電路から建物の取付点までの**架空引込線**（かくうひきこみせん）（単に**「引込線」**ともいう）と、取付点から建物の引込口までの**屋側電線路**（おくそくでんせんろ）があります。引込口配線は、次の表の工事により施工することが定められています。

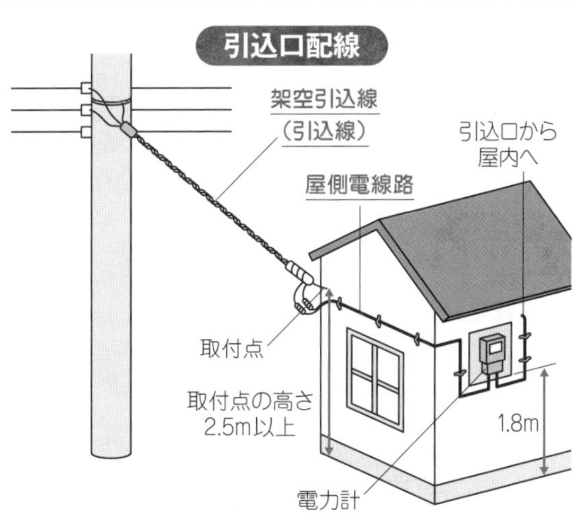

■引込口配線工事の制限

工事の種類	条件
がいし引き工事	**展開**した場所に限って施工可能
合成樹脂管工事	一般に施工可能
金属管工事	**木造**以外の造営物に限って施工可能
バスダクト工事	**木造**以外の造営物で**点検**できる場所に限る
ケーブル工事	**金属製被覆**をもたないものは一般に施工可能 **金属製被覆**をもつものは**木造**以外の造営物に限って施工可能

金属管工事、バスダクトおよび金属性被覆をもつケーブルは、**木造の造営物**の引込線工事や屋側電線路工事を施工することができません。これは、導体である金属は、電線から漏電した場合に木造造営物に火災を引き起こす恐れがあり、使用が制限されているためです。

2 電線の接続

★ P.125 にある「電線接続の条件」のうち、「電気抵抗を増加させない」「引張り強さを 20%以上減少させない」はよく出題される。
★絶縁テープでの絶縁処理のしかたもよく出題される。絶縁テープの種類と巻き方を覚えよう。

電線接続の４つの方法

電線の接続は、電気工事法の電気工事士でなければできない作業の筆頭に挙げられており、電気工事士として最も重要な作業になります。

電線は次の方法により接続します。

■電線接続の方法

リングスリーブによる圧着接続	差込形コネクタ	手巻き接続	コード接続器
		手巻き接続し、ろう付けする	

電線接続の条件―電気的性能を低下させない、機械的強度を保つ

電線は次の条件により接続します。電線の使命は安全に電気を送ることにあるので、電気抵抗、絶縁効力の電気的性能を**低下**させないように接続する必要があります。機械的強度である**引張り強さ**についても条件があります。

また、圧着接続に用いられる**リングスリーブ**には、大きさにより大スリーブ・中スリーブ・小スリーブの 3 種類があります。リングスリーブの大きさにより、接続できる電線の総断面積が定められています（P.216 参照）。

電気接続の条件

- 電線の電気**抵抗**を増加させない。
- 電線の引張り強さを **20%**以上減少させない。
- 接続部分は、**接続器具**を用いるか**ろう付け**する。
- 接続部を絶縁電線の絶縁物と同等以上の**絶縁効力**のあるもので**被覆**する。
- 接続は**ジョイントボックス**などの箱の中で行う。
- コード相互、キャブタイヤケーブル相互、ケーブル相互の接続は、**コード接続器**、**接続箱**を使用する。ただし、断面積 **8**mm²以上のキャブタイヤケーブル相互の接続は除く（直接接続しても可）。

絶縁テープでの絶縁処理のしかた

電線の接続部は、絶縁電線の絶縁物と同等以上の絶縁効力のあるもので被覆する必要があります。**圧着**接続や**手巻き**接続のように、接続部の導体が露出し、そのままでは絶縁効力のない接続の場合は、接続部に**絶縁テープ**を巻いて被覆します。絶縁テープの被覆は次のように行います。

ここが出る!

絶縁テープの被覆

絶縁テープの種類	被覆の方法
ビニルテープ（0.2mm 厚）	**半幅**以上重ねて **2** 回（**4** 層）以上巻く。
黒色粘着性ポリエチレン絶縁テープ	**半幅**以上重ねて **1** 回（**2** 層）以上巻く。
自己融着性絶縁テープ＊	

絶縁テープ（ビニルテープ）
半幅以上重ねる

＊自己融着性絶縁テープは絶縁テープでの被覆後、**保護テープ**を半幅以上重ねて 1 回（2 層）以上巻く。

絶縁電線相互の終端接続部分の絶縁処理として不適切なものは。

イ リングスリーブにより接続し、接続部分を厚さ約0.2mmの絶縁ビニルテープ で半幅以上重ねて1回（2層）巻いた。

ロ リングスリーブにより接続し、接続部分を自己融着性絶縁テープ（厚さ約0.5mm）で半幅以上重ねて1回（2層）巻き、さらに保護テープで半幅以上重ねて1回（2層）巻いた。

ハ 差込形コネクタで接続し、接続部分をビニルテープで巻かなかった。

解説 厚さ約 0.2mm のビニルテープは半幅以上重ねて 2 回（4 層）以上巻かなければなりません。差込形コネクタはテープでの絶縁処理は不要です。 **答え** イ

3 接地工事

★接地工事にはＡ種～Ｄ種の４種類があり、第２種電気工事士試験に問われるのはＣ種とＤ種の工事。それぞれ接地抵抗の大きさと接地線の太さはよく問われる。
★条件によってはＤ種接地工事を省略できる場合がある。P.128の条件は全て覚えておくこと。「乾燥した場所」「木製床など絶縁性の物の上」「二重絶縁」などの絶縁しやすくなっていることが大前提。「コンクリートの床」は水気のある場所に該当するので省略できない。

接地工事―漏電電流を大地に流して感電事故を防止

電気機器の外箱や鉄台を、大地と導線で接続することを**接地**といいます。電気機器の外箱や鉄台は電路と絶縁されていますが、電線の経年劣化や損傷により、電路から外箱などに漏電すると感電や火災が発生します。発生した漏電電流を、接地線を介して大地に流し、外箱や鉄台に流さないようにして、感電や火災を防止しています。接地は大地に埋設する**接地極**と、接地極と外箱などを接続する**接地線**から構成されています。

接地（大型洗濯機の場合）

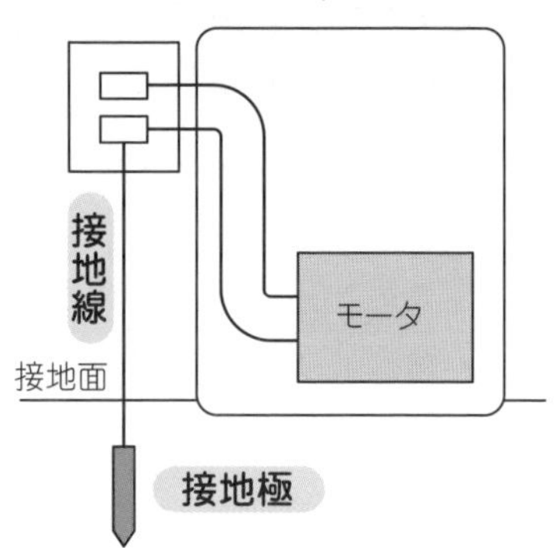

発生した漏電電流を、接地線を介して大地に流し、外箱や鉄台に流さないようにして、感電や火災を防止する。

なぜ、接地をしていないと外箱や鉄台に電流が流れるのか？

漏電した場合、接地をしていないと、外箱や鉄台に電流が流れます。しかし、接地をしていると、外箱や鉄台にも電流は流れるのですが、より大きな電流が抵抗値が小さい接地線のほうに電流が流れます。したがって、感電や火災が発生しにくくなるのです。

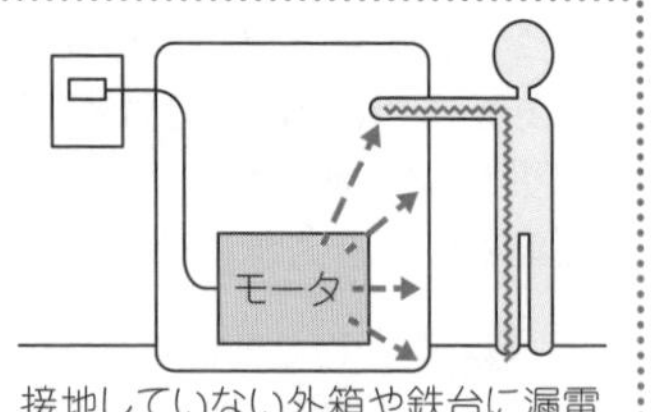

接地していない外箱や鉄台に漏電が発生し、人が触れると感電する。

接地工事の種類―使用電圧によって工事の種類が定められている

接地工事は、A種，B種，C種，D種の４種類の接地工事が定めらており、使用電圧により次の表のように接地工事をする必要があります。４種類のうち、第２種電気工事士の工事範囲に該当するものは、C種およびD種になります。

ちょっと補足　C種とD種の接地線の太さは同じ

第２種電気工事士の工事範囲は一般用電気工作物なので、低圧に該当するC種、D種の接地抵抗値、接地線の太さを覚えましょう。C種とD種では接地抵抗値は異なりますが、接地線の太さは同じです。

■接地工事の種類

接地工事の種類	接地工事の対象	接地抵抗	接地線の太さ
A種	特別高圧および高圧の機器等	10 Ω以下	直径 2.6mm 以上
B種	特別高圧または高圧と低圧の変圧器の低圧側中性点	原則 150 ／ I_g[Ω]以下 (I_g：1 線地絡電流［A])	直径 2.6mm 以上 もしくは 直径 4.0mm 以上
ここが出る！ C種	300V を超える低圧の機器等	10 Ω以下 (500 Ω以下)*	直径 1.6mm 以上
ここが出る！ D種	300V 以下の低圧の機器等	100 Ω以下 (500 Ω以下)*	

＊電路に地絡（ちらく）を生じたときに 0.5 秒以内に自動的に動作する漏電遮断器を施設した場合は接地抵抗が 500 Ω以下でもよいとされている。

接地抵抗とは、接地された導体と大地との間の電気抵抗のことです。接地抵抗値が大きいと、漏電時に外箱や鉄台を介して流れる電流が大きくなり、感電や焼損の危険が高くなるため、接地抵抗値は低いほど望ましいです。したがって、電圧の高いC種のほうが低く、D種のほうが高くなっています。接地線の太さは、太いほうが接地線の抵抗が小さくなり、大きな漏電電流が流れても焼損しにくく、かつ、強度も大きくなるので、太いほうが望ましくなります。

 移動式の電気機器の接地線には特別な条件がある

移動して使用する電気機器の接地線は、可とう性（曲げやすさ）や耐久性を考慮して、可とう性のある断面積**1.25**mm²以上の**軟銅**より線を使用することになっています。ただし、多心コードの場合でそのうちの１本を接地線として使用する場合は、断面積0.75mm²と定められています。

■移動して使用する電気機器の接地線の条件

- 断面積**1.25**mm²以上の可とう性を有する軟銅より線
- 多心コードのうちの断面積**0.75**mm²以上の１心

D種接地工事を省略できる場合

次の各項目に該当する場合、D種接地工事を省略することが可能です。

■D種接地工事を省略できるケース ここが出る!

- D種接地工事を施す金属体と大地の間の電気抵抗値が**100**Ω以下の場合
- 対地電圧**150**V以下の機械器具を**乾燥**した場所に施設する場合
- **低圧**の機械器具を乾燥した**木製の床**（これに類する絶縁性の物）の上で取り扱う場合（**コンクリートの床**は水気のある場所に該当するので省略不可）
- 人が触れる恐れがないように、**木柱**などの上に施設する場合
- 金属製外箱等の周囲に**絶縁台**を設ける場合
- **二重絶縁**構造の機械器具を施設する場合
- **絶縁変圧器**（2次電圧300V以下で容量が3KVA以下）を施設し、**負荷側を接地しない**場合
- 電路に**漏電遮断器**（定格感度電流**15mA以下**、動作時間**0.1秒以下**）を取り付け、**水気のある場所以外**に施設する場合

D 種接地工事の接地抵抗値は 100 Ω以下と定められているので、そもそも金属体と大地の間の抵抗が 100 Ω以下の場合は、D 種接地工事と同等とみなされます。以下のように、複数の条件の組合せで省略の条件が定められています。対地電圧 150V ＆乾燥した場所、低圧＆木製の床の上、絶縁変圧器＆負荷側を接地しない、漏電遮断器＆水気のある場所以外。これらの省略可能な組合せを確実に覚える必要があります。また、絶縁変圧器とは、一次巻線と二次巻線が電気的に絶縁されている変圧器です。

過去問に挑戦！

問題 1 次のうち、D 種接地工事を省略できないものはどれか。ただし、電路には定格感度電流 30mA、動作時間 0.1 秒の漏電遮断器が取り付けられているものとする。

イ 乾燥した場所に施設する三相 200V 動力配線を収めた長さ 4 m の金属管。

ロ 乾燥したコンクリートの床に施設する三相 200V ルームエアコンの金属製外箱部分。

ハ 乾燥した木製の床の上で取り扱うように施設する三相 200V 誘導電動機の鉄台。

解説 D 種接地工事を省略できる条件は P.128 を参照。ロは「低圧の機械器具を乾燥した木製の床（これに類する絶縁性の物）の上で取り扱う場合」に該当するように読めますが、コンクリート床は吸湿性があるため、「これに類する絶縁性の物」には該当しません。イは P.132 参照。

答え ロ

問題 2 三相 3 線 200V の電路に床に固定した三相誘導電動機を接続する。この電動機の接地工事の接地抵抗の最大値と電線（軟銅線）の最小の太さとの組合せで適切なものは。なお、漏電遮断器は定格感度 30mA、動作時間 0.1 秒以内のものを使用している。

イ 100 Ω　1.6 mm

ロ 300 Ω　1.6 mm

ハ 500 Ω　1.6 mm

ニ 600 Ω　2.0 mm

解説 300V 以下の低圧の機器なので、D 種接地工事が必要です。0.5 秒以内に動作する漏電遮断器がついているため、接地抵抗の最大値は 500 Ωになります。接地線の太さは D 種接地工事の場合、1.6mm 以上と定められています。なお、以下の注記を見落とすと、漏電遮断器のない条件でイを選択してしまいます。注記もよく読むようにしましょう。

答え ハ

4 金属管工事

試験攻略のポイント

★金属管工事の施工方法のうち、使用電線は「絶縁電線（OWは除く）」、管の端に「ブッシング」、管の曲げ半径は「内径の6倍以上」は丸暗記する。
★接地工事を省略できるケースはよく出題される。原則、金属管の長さ4m以下、対地電圧150V以下なら8m以下で省略可。
★電磁的不平衡（でんじてきふへいこう）を防止するために「同じ回路ずつ同じ管に収める」のが原則。

金属管工事—金属製の電線管に電線を通線して配線する工事

金属管工事とは、金属製の電線管、主に鋼管に電線を通線して配線する工事方法です。金属管工事には、主に次の2つがあります。

■金属管工事の種類

露出配管	壁や柱などの造営材にサドルという金具で取り付けて配管する工事
埋設配管	コンクリート内に埋設して配管する工事

金属管工事は、通常の施設場所および危険な施設場所のいずれの場所にも施工可能な施工方法ですが、木造造営物の引込口配線工事には施工することができません。

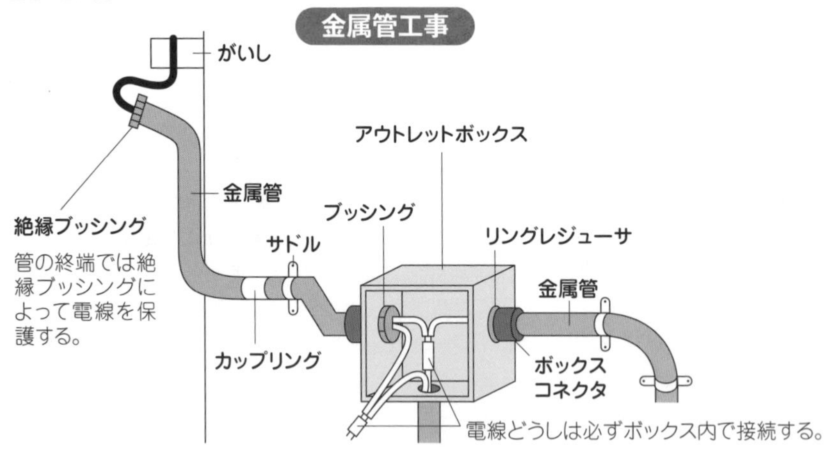

 施工方法 — 絶縁電線を使用し管内に接続点を設けないなどの条件

金属管工事は次の表のように施工します。

■金属管工事の施工方法

項目	内容
ここが出る! 使用電線	絶縁電線 ただし、屋外用ビニル絶縁電線（OW 線）は使用不可。 （屋外用ビニル絶縁電線は、もっぱら屋外の架空電線用に使用される電線で、配管内に配線する用途での使用はできない）
ここが出る! 電線の接続	管内に接続点を設けないこと。ボックス内で行う。 ＊金属管に限らず、後述する樹脂管やダクトについても同様。
ここが出る! 管端	電線の被覆を保護するためにブッシングを取り付ける。 ブッシング：管端部に装着する管の保護材。金属管の端部に切断したときのバリやカエリがあると、通線時などに電線の被覆を損傷する恐れがあるため、ブッシングで保護する。
管の厚さ	コンクリートに埋め込むものは 1.2mm 以上
ここが出る! 管の屈曲	①曲げ半径は内径の 6 倍以上 ②ボックス間の屈曲は 3 か所を超えないこと
支持点間の距離	2m 以下
電線本数と太さ	直径 25mm の薄鋼電線管の場合、次の通り。 電線の断面積 / 電線本数 5.5mm² / 最大 5 本 8mm² / 最大 3 本 14mm² / 最大 2 本

 接地工事—原則施工。省略できる場合あり

金属管およびボックス類には接地工事を施す必要があります。

接地工事の種類は、300V を超える低圧の部分は C 種接地工事、300V

以下の部分は**D 種**接地工事です。これは電気機器の外箱、鉄台等の接地工事と同様です。

■金属管およびボックス類に施工する接地工事の種類

300V を超える低圧の部分 ➡ **C 種**接地工事

300V 以下の部分 ➡ **D 種**接地工事

また、次に該当する金属管工事の接地工事は省略することができます。

■接地工事を省略できるケース

- 使用電圧が **300**V 以下で、金属管の長さが **4**m 以下のものを、**乾燥した**場所に施設する場合
- 対地電圧 **150**V 以下（直流の場合は **300**V 以下）で、金属管の長さが **8**m 以下のものを、**乾燥した場所**に施設する場合
- 対地電圧 **150**V 以下（直流の場合は **300**V 以下）で、金属管の長さが **8**m以下のものを、**人が容易に触れる**おそれがないように施設する場合

電磁的不平衡の防止

電線を金属管に並列に収めて配線する場合は、次のように管内が**電磁的不平衡**にならないように、**同じ回路ずつ**同じ管内に収めるように配線します。これは、同じ回路ずつ同じ管内に収めて配線して、管内に発生する磁束を打ち消して、電磁誘導による金属管の過熱を防止するためです。

したがって、次に示す金属管の施工の適否は、次の図のようになります。

負荷を並列接続させた場合の電磁的平衡と電磁的不平衡

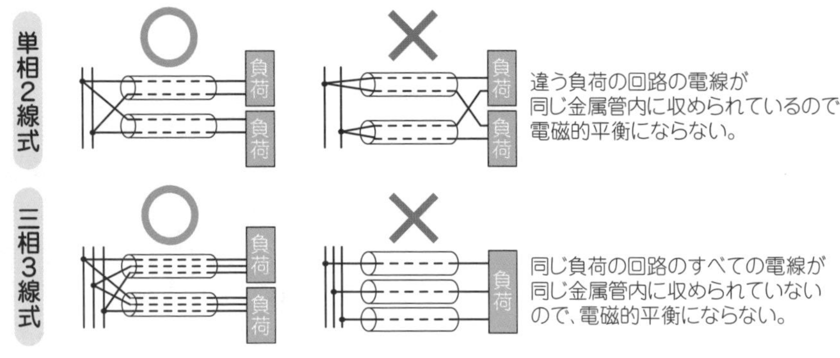

単相2線式
○
×
負荷
負荷
違う負荷の回路の電線が
同じ金属管内に収められているので、
電磁的平衡にならない。
三相3線式
○
×
負荷
負荷
同じ負荷の回路のすべての電線が
同じ金属管内に収められていない
ので、電磁的平衡にならない。

木造メタルラス張りの貫通処理—メタルラスへの漏電の防止

木造モルタル建造物の壁には、メタルラス、ワイヤラスと呼ばれる金属製の網が下地に施されています。モルタルとは、砂とセメントと水を練り混ぜた建築材料です。これをメタルラス、ワイヤラスと呼ばれる金属製の網に塗り付けて施工します。このような壁、または木造住宅の金属板張りの外壁などに金属管を貫通させる場合、メタルラスや金属外壁と金属管が接触していると、電線が漏電した場合、金属管を通じて金属部分に**漏電電流**が流れて、木造壁内から**漏電火災**が発生する恐れがあります。これを防止するために、右の図のようにメタルラスや外壁を十分に切り開いて、かつ、貫通部分の金属管には耐久性のある**絶縁管**または**絶縁テープ**で絶縁して施工するように定められています。

木造メタルラス張りの貫通処理

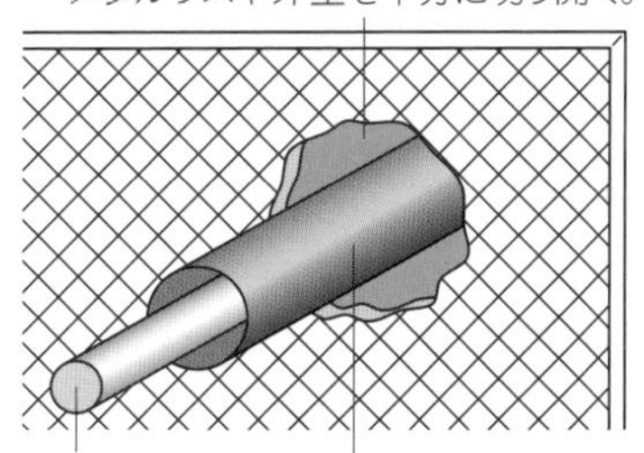
メタルラスや外壁を十分に切り開く。
金属管、金属製可とう電線管、ケーブルなど
貫通部分の金属管には耐久性のある絶縁管または絶縁テープで絶縁する。

これも覚えておこう!

木造メタルラス張りの貫通処理

ここで解説した木造メタルラス張りの貫通処理は、金属管以外の金属可とう電線管工事、金属ダクト工事、バスダクト工事、ケーブル工事においても、同様に定められています。

過去問に挑戦!

木造住宅の金属板張り外壁（金属系サイディング）を貫通する部分の低圧屋内配線工事として適切なものは。使用する電線は600 Vビニル絶縁電線とする。

イ 金属管工事とし、金属板張りの外壁と電気的に完全に接続された金属管にD種接地工事を施し貫通施工した。

ロ ケーブル工事とし、貫通部分の金属板張りの外壁を十分に切り開き、600 Vビニルシースケーブルを合成樹脂管に収めて電気的に絶縁して貫通施工した。

解説 イ 木造住宅の金属板張りの外壁に金属管を貫通させる場合、金属壁部分を十分に切り開き、かつ金属管を絶縁テープなどで絶縁しなければなりません。誤り。ロ 絶縁性のある合成樹脂管ならOK。

答え ロ

4章 電気工事の施工方法—金属管工事

5 金属可とう電線管工事

試験攻略のポイント

★金属可とう電線管といえば、プリカチューブ。この名前は覚えておこう。

★施工方法、接地工事の規定は金属管工事とほぼ同じ。施工方法のうち、使用電線は「絶縁電線（OW は除く）」、管の端に「ブッシング」、管の曲げ半径は「内径の 6 倍以上」は丸暗記する。接地工事は金属管の長さ 4m 以下で省略可能。

金属可とう電線管工事—可とう性のある電線管に電線を通線して配線する工事

金属可とう電線管工事は、可とう性のある電線管に電線を通線して配線する工事方法です。可とう性とは柔軟に曲げて使用できる性質のことで、電動機など振動の発生する機器への電気配管等に用いられます。

金属可とう電線管には、肉厚の厚い螺旋管である**1種**金属可とう電線管と、肉厚の薄いチューブ（**プリカチューブ**）の**2種**金属可とう電線管があり、主に2種金属可とう電線管が使用されています。

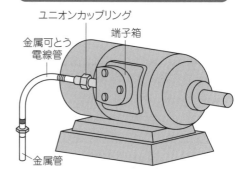

電動機廻りの金属製可とう電線管

ユニオンカップリング
端子箱
金属可とう電線管
金属管

施工方法

金属可とう電線管工事は次ページの表のように施工します。

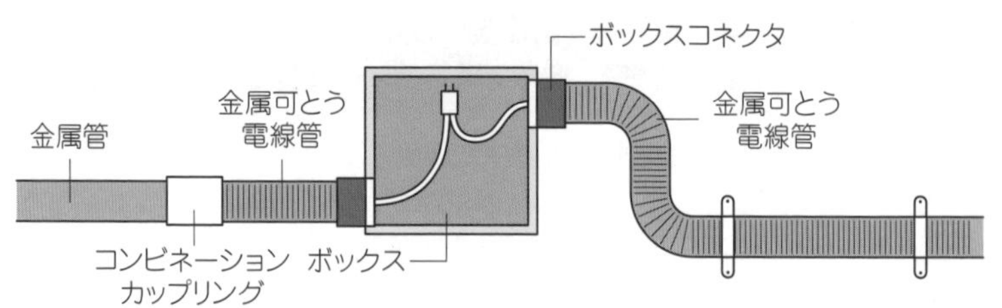

使用電線、電線の接続、管端については、金属管工事の施工方法と同様です。

■金属可とう電線管工事の施工方法

項目	内容
ここが出る! 使用電線	絶縁電線（ただし、OW線は使用不可）
電線の接続	管内に接続点を設けないこと。ボックス内で行う。
管端	電線の被覆を保護するためにブッシングを取り付ける。
管の接続	金属可とう電線管相互はカップリング、金属管との接続はコンビネーションカップリングを使用する。
ここが出る! 管の屈曲	①曲げ半径は内径の6倍以上 ②露出または点検できる隠ぺい場所で、管の取り外しができる場所では、曲げ半径は内径の3倍以上
支持点間の距離	（下表参照）

施設の区分	支持点間の距離
造営材の下面または側面において水平方向に施設するもの	1m 以下
接触防護措置を施してないもの	1m 以下
金属可とう電線管相互及びボックス、器具との接続箇所	接続箇所から0.3m 以内
その他	2m 以内

可とう性があるので、下面や側面に水平方向に施設する場合は管がたわまないように、支持点間の距離は1m 以内に定められています。

接地工事 ここが出る!

金属管工事同様に、金属可とう電線管およびボックス類には接地工事を施す必要があり、接地工事の種類は、300V を超える低圧の部分はC種接地工事、300V 以下の部分はD種接地工事です（金属管工事と同じ）。

また、使用電圧が300V 以下で、金属管の長さが4m 以下の金属可とう電線管工事の接地工事は省略することができます。

6 合成樹脂管工事

★合成樹脂管工事の３つの禁止事項を覚える。
①爆燃性粉じん、可燃性ガスのある施設場所での施工不可。
②CD管の露出配管は不可。
③可とう電線管どうしの直接接続は不可。
★差込接続の差込深さは 接着剤なし→外径の 1.2 倍
接着剤あり→外径の 0.8 倍

合成樹脂管工事—合成樹脂製電線管に電線を通線して配線する工事

合成樹脂管工事は、硬質塩化ビニル電線管や合成樹脂性可とう性の電線管に、電線を通線して配線する工事方法です。サドルにより造営材に取り付けたり、コンクリートに埋設して施工します。

合成樹脂管工事は、湿気のある場所、点検できない場所、隠ぺい場所のすべてに使用することができますが、**爆燃性粉じん**や**可燃性ガス**のある施設場所については使用することができません。

なお、合成樹脂電線管には次のものがあります。

■合成樹脂管の種類と用途

合成樹脂管	通称	用途
硬質塩化ビニル電線管	**VE** 管	造営材への取付、コンクリート埋込
合成樹脂製可とう電線管	**PF** 管	造営材への取付、コンクリート埋込
	CD 管	コンクリート埋込。**※露出配管不可**

※ **CD管**：コンクリート埋設専用合成樹脂製可とう電線管。耐燃性がないため、露出させずにコンクリートに埋設して使用する。

施工方法

合成樹脂管工事は次ページの表のように施工します。使用電線、電線の接続、曲げ半径は、同じ管工事である金属管工事の施工方法と同様です。

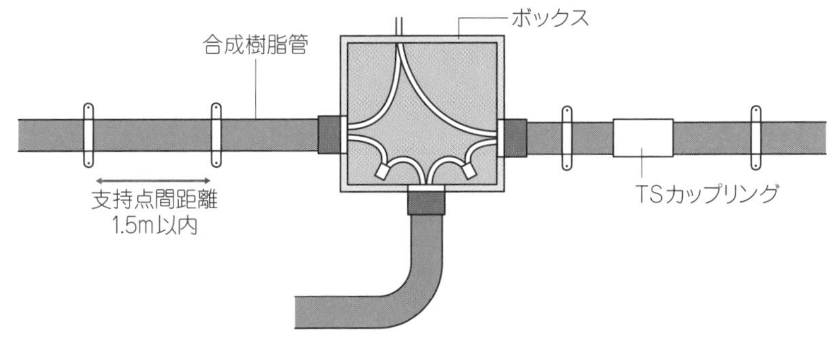

■合成樹脂管工事の施工方法

項目	内容
ここが出る! 使用電線	絶縁電線（ただし、OW 線は使用不可）
電線の接続	管内に接続点を設けないこと。ボックス内で行う。
管の接続	①硬質塩化ビニル管相互は直接接続または TS カップリングによる差し込み接続。 ②合成樹脂製可とう電線管に接続できるのは、ボックス、PF カップリング、コンビネーションカップリングで、相互の直接接続不可。
ここが出る! 硬質塩化ビニル電線管の直接接続（一方を加熱して径を広げて差し込む）	外径の 1.2 倍以上（接着剤使用の場合は 0.8 倍以上） 1.2D以上 VE管 D:外径 VE管 **接着剤なし** 0.8D以上 VE管 D:外径 VE管 **接着剤あり**
ここが出る! 管の屈曲	曲げ半径は内径の 6 倍以上
管の厚さ	硬質塩化ビニル電線管の厚さは 2mm 以上
支持点間の距離	① 1.5m 以内 ②管相互、管とボックスの接続点 0.3m 以内

接地工事

合成樹脂管は絶縁物で、性質上、接地工事は不要です。**金属製ボックス**に接続して使用する場合は、ボックスに接地工事が必要で、使用電圧が **300**V を超える低圧の場合は **C 種**接地工事、**300**V 以下の場合は **D 種**接地工事を施工します。

7 ケーブル工事

★ケーブル工事の２つの禁止事項を覚える。
①造営物に埋め込んでの施工は不可。
②弱電流電線やガス管、給水管と接触しての施工は不可。
★地中埋設工事はケーブルのみ使用可。埋設深さが重量物の有無で異なることに注意。

ケーブル工事―シースで被覆したケーブルにより配線する工事方法

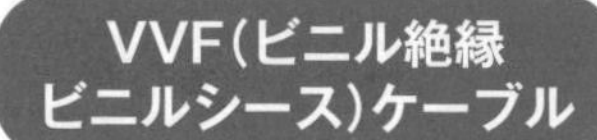

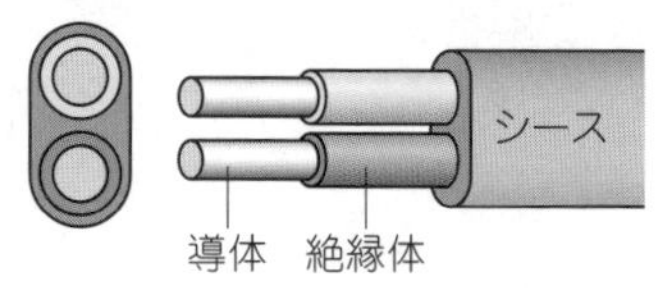

ケーブル工事は、絶縁電線を**シース**と呼ばれる外装材で被覆したケーブルにより配線する工事方法です。サドルやステープルで造営材に取り付けて配線します。配管工事が不要で施工が容易なので、屋内配線や地中配線に広く用いられています。

ケーブル工事は、湿気のある場所、点検できない場所、隠ぺい場所及び爆燃性粉じんや可燃性ガスのある施設場所のすべての施設場所については使用することができます。ただし、床・壁・天井・柱などに**直接埋め込んで**施工することはできません。

施工方法

ケーブル工事は次ページの表のように施工します。

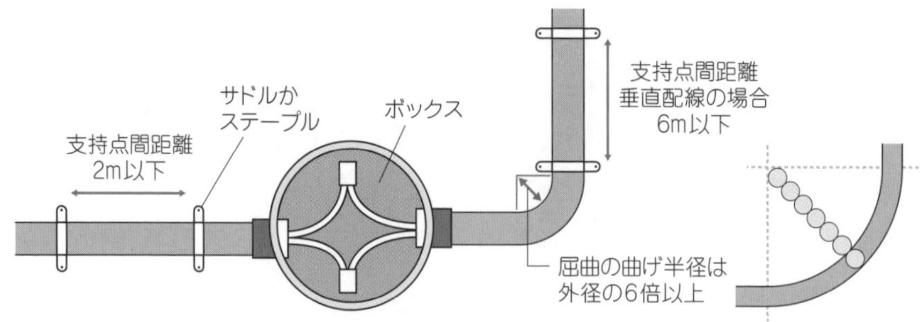

■ケーブル工事の施工方法

項目	内容
ケーブルの接続	ケーブルどうしの接続は**ボックス**内で行う。
ケーブルの屈曲	曲げ半径は外径の 6 倍以上 ＊ケーブルには内径は存在しないので曲げ半径は外径を基準にする。
支持点間の距離	① 2m 以下 ②人が触れる恐れがない垂直部分 6m 以下
弱電線との離隔	通信線などの弱電流電線（電話線など）やガス管、給水管と接触しないように施工する。
防護装置を設ける場合	**重量物の圧力**や著しい**機械的な衝撃**を受ける場所では、金属管内で配線するなど、**防護装置**を設けなければならない。 防護装置の金属管には、金属管工事と同様の**接地工事**が必要になる。

地中埋設工事―ケーブルを地中に埋設する工事

電線を地中に埋めて配線する場合は、ケーブルしか使用できません。この場合、**地中埋設工事**によって配線します。

地中埋設工事は、**コンクリートトラフ**と呼ばれるとい状の線路収容材に収めるか、堅牢なといや板で覆って **0.6**m 以上の埋設深さに埋設します。重量物の圧力を受ける場合は 2 倍の **1.2**m 以上の深さに埋設します。

地中埋設工事の基準

重量物の圧力を受ける場所　　重量物の圧力を受けない場所

トラック
道路
1.2m以上
ふた
ケーブル
コンクリートトラフ
0.6m以上
堅牢なとい
または板など
ケーブル

8 金属線ぴ工事

★施工方法についてはほとんど金属管工事と同じ。ただし、金属線ぴ工事には使用電圧が 300V 以下という制限がある。
★D 種接地工事が必要だが、省略できる場合がある。原則金属線ぴの長さが 4m 以下なら省略可能。

金属線ぴ工事―金属製の線ぴに電線を通線して配線する工事

線ぴの「ぴ」は樋（とい）のことです。電線を収納するとい状のもののうち、幅 5cm 以下のものを**線ぴ**といいます。**金属線ぴ工事**とは、線ぴに電線を通線して配線する工事のことをいいます。

金属線ぴは幅により次の 2 種類に分類されます。

■金属線ぴの種類

1 種金属製線ぴ（メタルモール）	2 種金属製線ぴ（レースウェイ）
幅 4cm 未満	幅 4cm 以上 5cm 以下

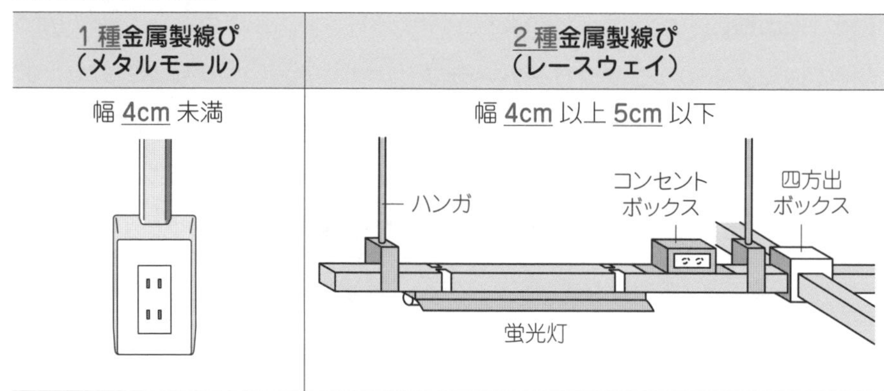

金属線ぴ工事の施工方法

金属線ぴ工事は次の表のように施工します。金属線ぴ工事は、**乾燥**した場所で**露出**するか**点検**できる場所という、比較的安全な環境で使用することができます。

金属線ぴには1種と2種があり、電線の収容本数と分岐接続点の可否に違いがありますから注意しましょう。

■金属線ぴ工事の施工方法

項目	内容
使用電圧の制限	300V以下
施設場所の制限	屋内の乾燥した次の場所で施工可能。 ①露出場所（展開した場所） ②点検できる隠ぺい場所
使用電線	絶縁電線（OW線を除く）
電線の収容本数	①1種金属製線ぴ：10本以下 ②2種金属製線ぴ：電線の被覆絶縁物を含む断面積の総和が線ぴの断面積の20%以下 （断面積は被覆を含んだ総断面積であり、導体の断面積ではない）
電線の接続点	線ぴ内に電線の接続点を設けてはならない。 ただし、2種金属線ぴを使用し、電線を分岐する場合で、接続点を容易に点検でき、D種接地工事を施す場合は除く。

接地工事

金属線ぴ工事ではD種接地工事が必要になります。ただし、次の場合には、接地工事が省略できます。

■接地工事が省略できる場合

①長さ4m以下
②対地電圧150V以下で、線ぴの長さ8m以下のものを、人が容易に触れる恐れがないよう施設するとき、または乾燥した場所に施設するとき。※電圧は「対地電圧」であり、「使用電圧」ではない

過去問に挑戦！ 使用電圧400Vで屋内の乾燥した展開した場所において、施設することができない配線工事は。

イ金属管工事　**ロ**合成樹脂管工事　**ハ**金属線ぴ工事　**ニ**ケーブル工事

解説 使用電圧300V以下の配線に限られている金属線ぴ工事は施設できません。

答え　ハ

9 ダクト工事

★バスダクト以外のダクト工事は湿気が多い場所には施設できない。これを覚えておくと誤りのある選択肢がすぐに見つかる。
★特に出題が多いのは次の内容。
- 金属ダクト工事の電線の収納制限（ダクト内断面積の20% 以下）。
- ライティングダクト工事では、ダクトを下向き。
- フロアダクト工事の接地工事は省略不可。

金属ダクト工事—金属ダクトに電線を通線して配線する工事のこと

ダクトとは、線ぴと同様、電線を収納するとい状の導管のことです。線ぴとの違いは、その大きさです。例えば、金属ダクトは、電線を収納するとい状のもののうち、幅 5cm を超え、かつ、厚さが 1.2mm 以上の鉄板などの金属製のものをいいます。

ダクト工事には、施工する場所や電線の収納方法により、金属ダクト工事のほかに次の工事があります。

■ダクト工事の種類

種類	特徴
金属ダクト工事	金属製ダクトに電線を収納して配線する。多数の電線を収納することが可能。
バスダクト工事	BUS（バス）と呼ばれる帯状の導体を金属ケースに収納したもの。大電流を送電することができ、大規模ビルの低圧幹線に用いられる。
フロアダクト工事	床配線用のダクト。フロアの中央部に床から電源を供給するため等に用いられる。
セルラダクト工事	床コンクリートの波形デッキプレートをダクトとして使用するもの。スペースを有効利用できる。
ライティングダクト工事	照明の配線に使うダクトのことで、ダクト内部にコンセントのような接触導体があり、プラグのある照明器具を任意の位置に付けられる。

金属ダクト工事の施工方法

金属ダクト工事は、金属管工事や合成樹脂管工事などの配管に比較して、密閉性と強度の面で劣るので、湿気のある場所や点検できない場所には施工できません。

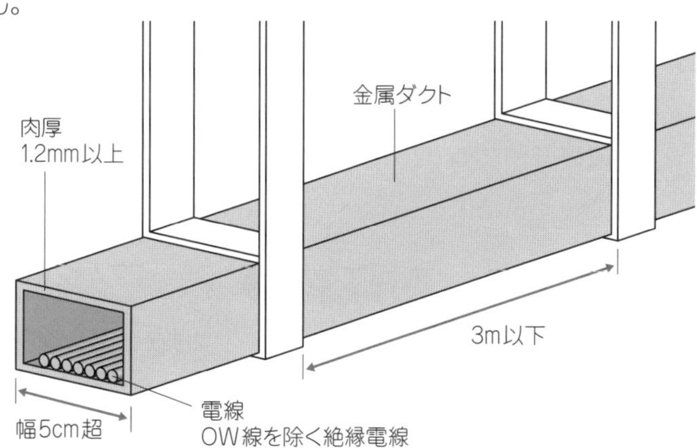

■金属ダクトの施工方法

項目	特徴
施設場所の制限	屋内の乾燥した次の場所で施工可能。 ①露出場所（展開した場所） ②点検できる隠ぺい場所
使用電線	絶縁電線（OW 線を除く）
ここが出る! 電線の収容制限	電線の被覆絶縁物を含む断面積の総和がダクトの内断面積の20% 以下（制御回路は 50% 以下） （被覆を含んだ総断面積であり、導体の断面積ではない）
ここが出る! 電線の接続点	ダクト内に電線の接続点を設けてはならない。ただし、電線を分岐する場合で、接続点を容易に点検できる場合は除く。
接地工事	①使用電圧 300V 以下の場合は、D 種接地工事を要する。省略不可。 ②使用電圧 300V を超える低圧の場合は、C 種接地工事を要する。ただし、人が容易に触れるおそれがない場合は D 種に緩和。
支持点間の距離	① 3m 以下 ②取扱者以外出入りできない場所で垂直に取り付ける場合は 6m 以下
終端部	ダクトの終端部は閉そくする。

バスダクト工事の施工方法

バスダクトとは、BUS（バス）と呼ばれる帯状の導体を金属ケースに収納したもので、幹線の途中に負荷を接続しない**フィーダ**バスダクト、負荷を接続する**プラグイン**バスダクト、移動負荷が使えるようにした**トローリー**バスダクトがあります。

バスダクト工事では、工場で製造されたバスダクト製品を現場で接続して施工します。品質管理がしやすい工場でプレハブされているため信頼性が高く、大規模ビルの重要負荷の幹線などに広く用いられています。

バスダクト

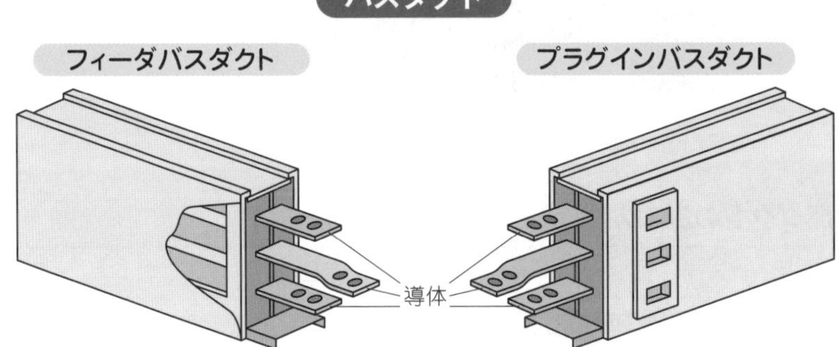

バスダクト工事は、金属ダクト工事と違い、300V以下で**展開した**場所であれば、湿気のある場所にも施工可能です。

■バスダクト工事の施工方法

項目	内容
施設場所の制限	屋内の次の場所で施工可能。 ①**露出**場所（展開した場所） ②**乾燥**した**点検**できる隠ぺい場所
接地工事	①使用電圧**300**V以下の場合は、**D種**接地工事を要する。省略不可。 ②使用電圧**300**Vを超える低圧の場合は、**C種**接地工事を要する。ただし、人が容易に触れるおそれがない場合はD種に緩和。
支持点間の距離	①**3**m以下 ②取扱者以外出入りできない場所で**垂直**に取り付ける場合は**6**m以下
終端部	ダクトの終端部は**閉そく**する。

 フロアダクト工事の施工方法

フロアダクトは、**床配線用**のダクトで、フロアの中央部に床から電源を供給するため等に用いられます。屋内の乾燥した**コンクリート床**に施工するための工事で、その他の部分には施工できません。

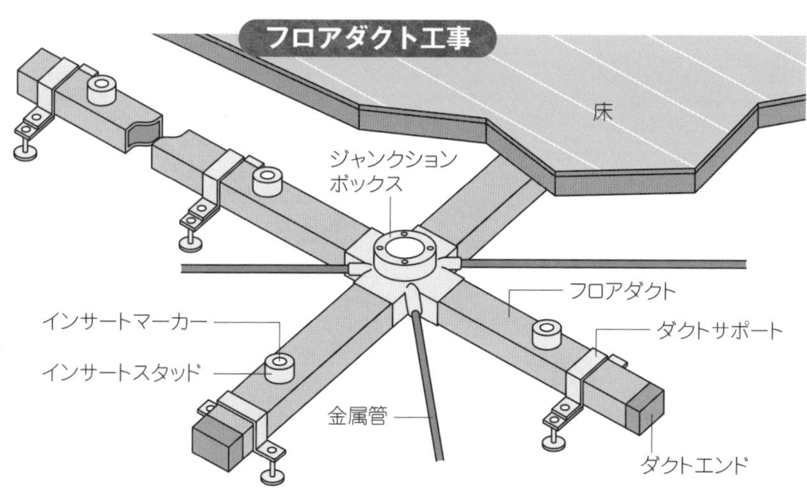

床は、天井、壁、柱に比べて人が触れる機会が多く、また、水気が溜まりやすいという特徴があります。したがって、床に施工するフロアダクト工事は、漏電しても感電しないように**接地工事**を省略することはできず、**乾燥した**場所に限って施工可能です。

■フロアダクト工事の施工方法

項目	内容
使用電圧の制限	**300**V 以下
施設場所の制限	屋内の**乾燥**した**点検できない隠ぺい**場所 （乾燥した場所のコンクリート床埋込）
使用電線	**絶縁電線**（**OW 線**を除く）
電線の接続点	ダクト内に電線の**接続点**を設けてはならない。 電線の接続は**ジャンクションボックス**で行う。
接地工事	**D 種**接地工事を要する。**省略**不可。
終端部	ダクトの終端部は**閉そく**する（**ダクトエンド**でふさぐ）。

セルラダクト工事の施工方法

セルラダクトとは、ビルディングなどの大型建築物の床コンクリートの波形デッキプレートの溝に底面から特殊カバープレートを取り付けてダクトとして使用するものです。

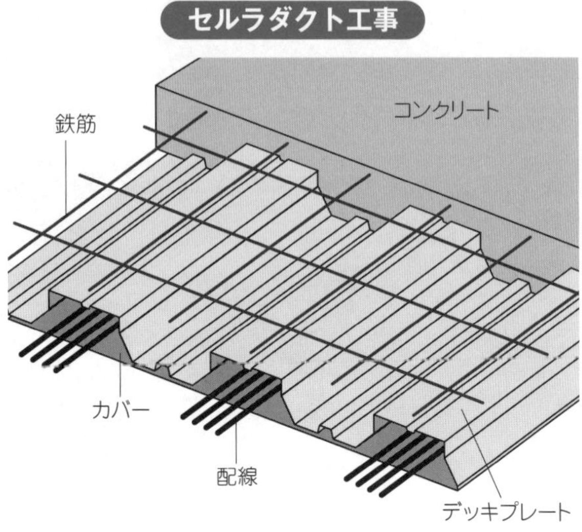

セルラダクト工事の施工方法は、施設場所の制限以外は、フロアダクト工事と同様です。フロアダクト電線工事はコンクリートに埋め込むので点検できない隠ぺい場所になりますが、セルラダクト工事は点検できる場合があるので、施設場所は、点検できる隠ぺい場所と点検できない隠ぺい場所になります。ただし、いずれも**乾燥した場所**であることは、床工事であるセルラダクト工事もフロアダクト工事と同様です。

■セルラダクト工事の施工方法

項目	内容
使用電圧の制限	**300**V 以下
施設場所の制限	屋内の**乾燥**した**隠ぺい**場所 （乾燥した場所のコンクリートのデッキプレート）
使用電線	**絶縁電線**（**OW 線**を除く）
電線の接続点	ダクト内に電線の**接続点**を設けてはならない。 電線の接続は**ジャンクションボックス**で行う。
接地工事	**D 種**接地工事を要する。**省略**不可。
終端部	ダクトの終端部は**閉そく**する。

ライティングダクト工事の施工方法

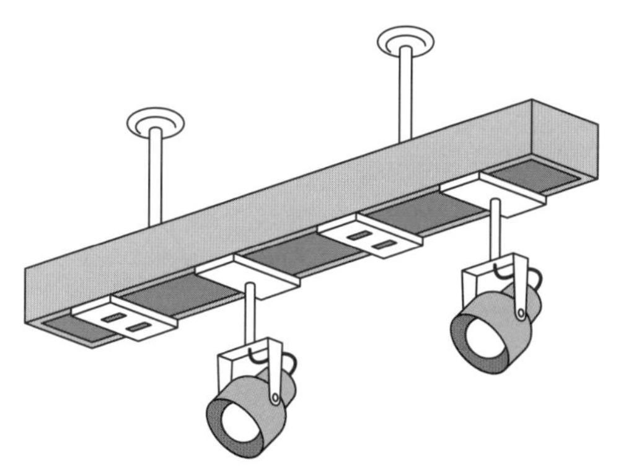

ライティングダクトは、店舗などの照明の配線に使うダクトのことで、内部に導体が組み込まれていて、これに照明器具のプラグを接触させて使用します。

ライティングダクトの開口部からほこりなどが侵入すると、充電部分にほこりが接触して火災などの危険があります。したがって、ライティングダクトはほこりが入らないように下向きに使用します。

■ライティングダクト工事の施工方法

項目	内容
使用電圧の制限	300V 以下
施設場所の制限	屋内の乾燥した次の場所で施工可能。 ①露出場所（展開した場所） ②点検できる隠ぺい場所
施工方法	次のように施工する。 ①造営材を貫通してはならない。 ②開口部は下向きにすること。 （人が触れるおそれがなく、じんあいが侵入しない場合は横向きも可）
支持点間の距離	2m 以下、支持箇所は 1 本ごとに 2 か所以上
接地工事	D 種接地工事を要する。
接地工事の省略	次の場合は接地工事が省略可能。 対地電圧 150V 以下で、ダクトの長さ 4m 以下の場合
終端部	ダクトの終端部は閉そくする（エンドキャップでふさぐ）。

ちょっと補足

ライティングダクトの接地工事の省略の条件

ライティングダクトの接地工事の省略の条件と、金属線ぴ工事の接地工事の省略の条件（P.141 参照）は違うので、混同しないように！

10 がいし引き工事

試験攻略のポイント

★がいし工事では、低圧ノップがいしと引留めがいしの使用目的の違いを覚えておこう。

★ネオン放電灯工事でがいし引きを用いたとき、支持点の間隔を尋ねる問題が時々出題される（隠ぺい工事では 2m 以下、ネオン工事では 1m 以下）。

がいし引き工事とは

がいし引き工事は、造営材に**がいし**という陶器などの絶縁体でできた支持材を取り付けて、電線を固定して配線する工事方法です。

がいし引き工事の施工例

低圧ノップがいし
電線を支持し、支持物と電線との間隔、電線どうしの間隔を一定に保つ。

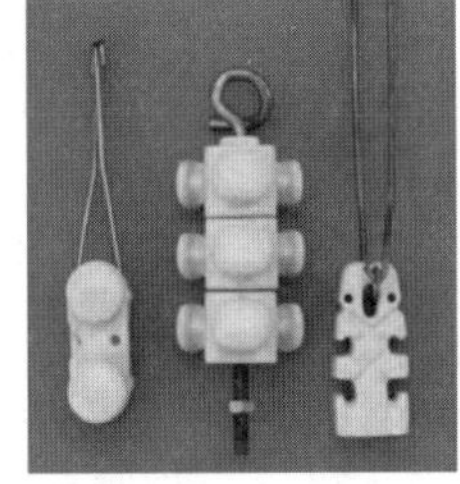

平形がいし（引留がいし）
引込み用ビニル絶縁電線を引き留める。フックを支持物に引っかけて固定する。

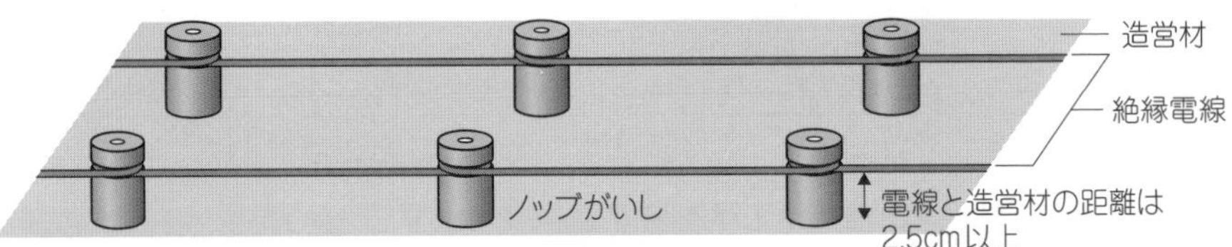

がいし引き工事の施工方法

がいし引き工事は次ページの表のように施工します。がいし引き工事は、絶縁電線が露出しているので、電線が損傷するリスクが高い配線です。したがって、**展開した**場所、**点検できる**場所には施設できますが、**点検できない**場所には施設できません。

■がいし引き工事の施工方法

<table>
<tr><th>項目</th><th>内容</th></tr>
<tr><td>施設場所の制限</td><td>点検できない隠ぺい場所には施設不可。</td></tr>
<tr><td>使用電線</td><td>絶縁電線（OW 線、DV 線を除く）</td></tr>
<tr><td>電線相互、電線と造営材との離隔距離</td><td>
<table>
<tr><th></th><th>使用電圧 300V 以下の離隔距離</th><th>使用電圧 300V 超過の離隔距離</th></tr>
<tr><td>電線相互間</td><td>6cm 以上</td><td>6cm 以上</td></tr>
<tr><td>電線と造営材</td><td>2.5cm 以上</td><td>4.5cm 以上
（乾燥した場所は 2.5cm 以上）</td></tr>
</table>
造営材
2.5cm以上
ノップガイシ
6cm以上
支持点の距離
2m以下
</td></tr>
<tr><td>他の配線との離隔距離</td><td>10cm 以上</td></tr>
<tr><td>支持点間の距離</td><td>2m 以下</td></tr>
<tr><td>造営材の貫通</td><td>貫通部分の電線を別個のがい管または樹脂管で絶縁する。
（使用電圧150V以下で乾燥した場所では絶縁テープでも可）</td></tr>
</table>

過去問に挑戦！

受電点で DV 線を引き留める場合に使用するものは。

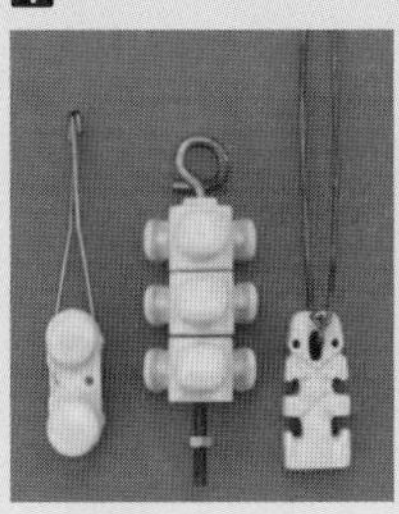

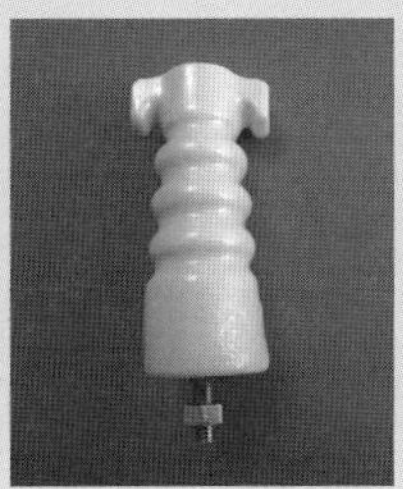
ニ
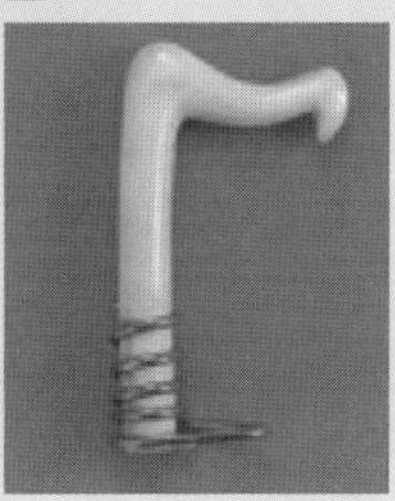

解説 引込用ビニル絶縁電線（DV 線）を引き留めるのに用いるのは平形がいし（引留がいし）です。ロは低圧ノップがいし、ハはネオン電線の支持に用いられるコードサポート、ニはネオン管の支持に用いられるチューブサポートです（P.151 参照）。

答え イ

11 ネオン放電灯工事

★ネオン管を支持するチューブサポート、ネオン変圧器で昇圧した電力をネオン管に送る管灯回路を支持するコードサポートは、写真を混同しがちなので注意。
★管灯回路はがいし引き配線になるが、電線の支持間隔は 1m 以下と一般的ながいし工事の２ｍ以下とは異なる。

ネオン放電灯工事―ネオンサインのネオン管を施設する工事

ネオン放電灯工事は、看板などに用いられるネオンサインのネオン管を施設する工事です。ネオン管は高電圧で点灯させる必要があるので、専用の変圧器（**ネオン変圧器**）で二次側（ネオン管側）の電圧を昇圧しています。

ネオン放電灯工事

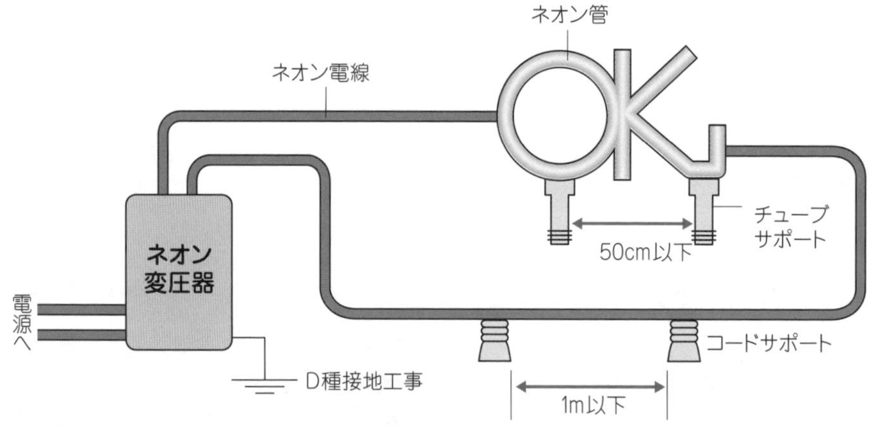

ネオン放電灯工事の施工方法

ネオン放電灯工事は次ページの表のように施工します。ネオン放電灯工事の管灯回路は**がいし引き配線**なので、管灯回路の施工方法は基本的にはがいし引き配線の施工方法と同様です。ただし、支持点間の距離に相違があるので、混同しないようにしましょう。

管灯回路の電線は<u>**コードサポート**</u>、ネオン管は<u>**チューブサポート**</u>で支持します。こちらも混同しないようにしましょう。

■ネオン放電灯工事の施工方法

項目	内容
ここが出る! 電源回路	ネオン変圧器の電源回路は、<u>**15A 分岐回路**</u>または<u>**20A 配線用遮断器分岐回路**</u>を使用する。
ここが出る! 管灯回路	ネオン管への管灯回路は次のように配線する。 ①<u>**がいし引き**</u>配線 ②電線は<u>**ネオン電線**</u>を使用する。 ③電線は<u>**コードサポート**</u>で支持する。 ④電線の支持間隔は <u>**1**</u>m 以下。 ⑤電線相互間の距離は <u>**6**</u>cm 以上。 ⑥<u>**展開した**</u>場所または<u>**点検できる**</u>隠ぺい場所に施設する。 **コードサポート** ネオン電線を支持するがいし。
ネオン変圧器	ネオン変圧器は次のように施設する。 ①<u>**ネオン変圧器**</u>を使用する。 ②人の触れるおそれがないようにする。 ③ <u>**D 種**</u>接地工事を施す。
ネオン管	ネオン管は<u>**チューブサポート**</u>で支持する。 **チューブサポート** ネオン管を支持するがいし。

屋内の管灯回路の使用電圧が 1000V を超えるネオン放電灯の工事として、不適切なものは。ただし、簡易接触防護措置が施してあるもの（人が容易に触れる恐れがないもの）とする。

イ ネオン変圧器への100V電源回路は、専用回路とし、20A配線用遮断器を設置した。
ロ ネオン変圧器の二次側（管灯回路）の配線を、点検できない隠ぺい場所に施設した。
ハ ネオン変圧器の二次側（管灯回路）の配線を、ネオン電線を使用し、がいし引き工事により施設し、電線支持点間の距離を 1 mとした。

解説 イネオン変圧器の電源回路は、<u>15A 分岐回路</u>または<u>20A 配線用遮断器分岐回路</u>を使用することになっているので、正しい。ロ管灯回路は展開した場所あるいは点検できる隠ぺい場所に施設しなければならないので、誤り。ハ 電線の支持間隔は <u>1m 以下</u>となっているので、正しい。

答え ロ

12 その他の工事

★コードは移動用電線だが、条件付きでショーウインドウ、ショーケースの配線に用いることはできる。
★平形保護層配線工事(ひらがたほごそうはいせんこうじ)では、カーペットの下に配線するため、保護装置が必要という点が重要。
★小勢力回路の最大電圧 60V を問われる問題が出題されることがある。

ショーウインドウ／ショーケース内配線の施工方法

屋内配線工事は、前述のように、配管工事やケーブル工事、ダクト工事により施設する必要がありますが、ショーウインドウやショーケースはコンセントから電気機器への配線などに使用される**コード**、または移動電線に使用される**キャブタイヤケーブル**を条件付きで使用することが認められています。これは、外観が目立つ配管、線ぴ、ダクトや取り回しの不自由な硬いケーブルではなく、**可とう性**が高くて内部で配線しやすいコードやキャブタイヤケーブルの使用を条件付きで認め、美観を損なわずに配線できるようにしています。

■ショーウインドウ／ショーケース内配線の施工方法

項目	内容
ショーウインドウまたはショーケースのコードまたはキャブタイヤケーブル使用の条件	①**乾燥した**場所に施設し、かつ、**内部が乾燥**した状態で使用する。 ②使用電圧 **300**V 以下。 ③外部から見えやすい箇所に限る。 ④電線断面積 **0.75**mm²以上。 ⑤電線の取付点の間隔 **1**m 以下。 ⑥電線に電球や機器の重量を支持させない。 ⑦低圧屋内配線との接続は**差込接続器**で行う。 （**差込接続器**：コンセントと差込プラグの組合せによる接続器）

 平形保護層配線工事の施工方法

平形保護層配線工事は、床面のタイルカーペットの下に、平形の電線を配線する工事です。アンダーカーペット配線ともいいます。

平形保護層配線工事は、オフィスのタイルカーペットの下に施設することを前提にした工事で、施設場所は点検できる隠ぺい場所です。そして、住宅、宿泊室、教室、病室などには施設できません。

■平形保護層配線工事の施工方法

項目	内容
対地電圧の制限	対地電圧 150V 以下
施設場所の制限	①点検できる隠ぺい場所の乾燥した場所に施設可。 ②住宅・宿泊室・教室・病室などは施設不可。
使用電線	平形導体合成樹脂絶縁電線
保護装置	①地絡を生じたときに自動的に電路を遮断する装置を施設する。 ② 30A 以下の過電流遮断器で保護される分岐回路で使用する（過電流が発生すると火災のリスクが大きいため）。
接地工事	D 種接地工事を施す。省略不可。
造営材の貫通	造営材を貫通しない。

小勢力回路の施工方法

小勢力回路とは、玄関のインターフォンなど電力をあまり必要としない電気機器に使用される回路のことで、小形変圧器で 60V 以下に低圧された電源を使用します。

電線は直径 0.8mm 以上の軟銅線（架空施設するときは直径 1.2mm 以上の硬銅線）と定められています。

一問一答で総チェック！

次の問いに答えなさい。

次の文章の正誤を答えなさい。
金属ダクト工事は、湿気や水気のある場所に施工できる。

□□□

A 01 誤り
金属線ぴ工事、金属ダクト工事、ライティングダクト工事は、湿気や水気のある場所と点検できない場所では施工できません。

Q 02

次の文章の正誤を答えなさい。
ケーブル工事は、点検できない場所でも施工することができる。

□□□

A 02 正しい
合成樹脂管工事（CD 管以外）、金属管工事、金属可とう電線管工事（1 種金属製以外）とケーブル工事の 4 工事は、湿気や水気のある場所や点検できない場所でも施工することができます。

次の文章の正誤を答えなさい。
金属管工事は、木造の造営物の引込線工事を施工することができる。

□□□

A 03 誤り
金属管工事、バスダクトおよび金属被覆のケーブルは、木造の造営物の引込線工事を施工することができません。

次の文章の正誤を答えなさい。
C 種接地工事の接地抵抗値は 10 Ω以下、D 種接地工事の接地抵抗値は 100 Ω以下である。ただし、電路に地絡を生じたときに 0.5 秒以内に自動的に動作する漏電遮断器はないものとする。

□□□

A 04 正しい
C 種接地工事の接地抵抗値は 10 Ω以下、D 種接地工事の接地抵抗値は 100 Ω以下です。

次の文章の正誤を答えなさい。
C 種接地工事の接地線の太さは直径 2.6mm 以上、D 種接地工事の接地線の太さは 1.6mm 以上である。

□□□

A 05 誤り
C 種接地工事の接地線の太さも D 種接地工事の接地線の太さも 1.6mm 以上です。

次の [ ] 内に入る語句を答えなさい。
対地電圧 [ ] V 以下の機械器具を乾燥した場所に施設する場合は、D 種接地工事を省略することができる。

□□□

A 06 150
対地電圧 150V 以下の機械器具を乾燥した場所に施設する場合は、D 種接地工事を省略することができます。

次の [ ] 内に入る語句を答えなさい。
金属管工事において、金属管の屈曲は曲げ半径を管の内径の [ ] 倍以上とする。

□□□

A 07 6
金属管の屈曲は、曲げ半径を管の内径の 6 倍以上とします。

数字を暗記 Q 08

次の [ ] 内に入る語句を答えなさい。
次に該当する金属管工事の接地工事は省略することができる。
使用電圧が [ ] V 以下で、金属管の長さが [ ] m 以下のものを、乾燥した場所に施設する場合

□□□

A 08 300、4
使用電圧が 300V 以下で、金属管の長さが 4m 以下のものを、乾燥した場所に施設する場合、金属管工事の接地工事を省略することができます。

次の問いに答えなさい。

Q09 □□□ **次の文章の正誤を答えなさい。**
金属可とう電線管相互と金属管との接続はカップリングを使用する。

A09 **誤り**
金属可とう電線管相互はカップリング、金属管との接続はコンビネーションカップリングを使用します。

Q10 数字を暗記 □□□ **次の［　　　］内に入る語句を答えなさい。**
金属可とう電線管を造営材の下面または側面において水平方向に施設する場合、支持点間の距離は［　　］m以内とする。

A10 **1**
金属可とう電線管を水平方向に施設する場合の支持点間の距離は1m以内です。

Q11 □□□ **次の文章の正誤を答えなさい。**
合成樹脂管工事は、爆燃性粉じんや可燃性ガスのある施設場所に施工することができる。

A11 **誤り**
合成樹脂管工事は、爆燃性粉じんや可燃性ガスのある施設場所については施工することができません。

Q12 □□□ **次の文章の正誤を答えなさい。**
合成樹脂製可とう電線管のCD管は、コンクリートに埋設して施工することができる。

A12 **正しい**
CD管は、耐燃性がないため、露出させずにコンクリートに埋設して施工します。

Q13 数字を暗記 □□□ **次の文章の正誤を答えなさい。**
ケーブル工事におけるケーブルの支持点間の距離は2m以下、人が触れる恐れがない垂直部分は4m以下とする。

A13 **誤り**
人が触れる恐れがない垂直部分のケーブルの支持点間の距離は6m以下です。

Q14 数字を暗記 □□□ **次の［　　　］内に入る語句を答えなさい。**
ケーブルの地中埋設工事は、トラフまたは堅牢なといや板で覆い、［　　］m以上（重量物の圧力を受ける場合［　　］m以上）の深さに埋設する。

A14 **0.6、1.2**
ケーブルは、トラフなどで覆って0.6m以上、重量物の圧力を受ける場合は1.2m以上の深さに埋設します。

Q15 □□□ **次の［　　　］内に入る語句を答えなさい。**
［　　］した場所で、内部を［　　］状態で使用するショーウィンドウやショーケースの使用電圧300V以下の配線を外部から見えやすいように施設する場合は、コードを造営材に取り付けて施工することが可能である。

A15 **乾燥**
乾燥状態において、使用電圧300V以下で見やすいように施設する場合は、可能です。

Q16 数字を暗記 □□□ **次の文章の正誤を答えなさい。**
金属ダクト内の電線は、電線の被覆絶縁物を含む断面積の総和がダクトの内断面積の20%以下(制御回路は除く）とする。

A16 **正しい**
金属ダクト内に収容できる電線の総断面積はダクトの断面積の20%以下です。

次の問いに答えなさい。

Q17 □□□
次の ＿＿ 内に入る語句を答えなさい。
ライティングダクトは、＿＿ を貫通してはならない。開口部は ＿＿ 向きに施工すること。

A17 **造営材、下**
ライティングダクトは造営材を貫通させず、じんあいが溜まらないように下向きに施工します。

数字を暗記 **Q18** □□□
次の文章の正誤を答えなさい。
がいし引き工事において、電線相互間の離隔距離は 8cm 以上とする。

A18 **誤り**
がいし引き工事の電線相互間の離隔距離は 6cm 以上です。

数字を暗記 **Q19** □□□
次の ＿＿ 内に入る語句を答えなさい。
がいし引き工事における電線と造営材の離隔距離は、使用電圧が 300V 以下の場合は ＿＿ cm 以上とする。

A19 **2.5**
がいし引き工事の電線と造営材の離隔距離は、使用電圧 300V 以下の場合、2.5cm 以上です。

Q20 □□□
次の ＿＿ 内に入る語句を答えなさい。
がいし引き工事における造営材の貫通部分は、電線を別個のがい管または ＿＿ で絶縁する。

A20 **樹脂管**
がいし引きの工事の造営材の貫通部分は、がい管または樹脂管で絶縁します。

Q21 □□□
次の文章の正誤を答えなさい。
ネオン放電灯工事では、電線をチューブサポートで支持し、ネオン管をコードサポートで支持する。

A21 **誤り**
電線をコードサポートで支持し、ネオン管をチューブポートで支持します。

Q22 □□□
次の文章の正誤を答えなさい。
平形保護層配線工事は、病室に施設できる。

A22 **誤り**
平形保護層配線工事は、住宅・宿泊室・教室・病室などには施設できません。

Q23 □□□
次の文章の正誤を答えなさい。
電線の接続条件は、電線の電気抵抗を増加させない。電線の引張り強さを 20%以上減少させない。

A23 **正しい**
電線の接続は、電線の電気抵抗を増加させず、電線の引張強さを 20%以上減少させないようにします。

Q24 □□□
次の文章の正誤を答えなさい。
太さ 2.0mm の電線 1 本と太さ 1.6mm の電線 2 本の電線を接続するときに使用するリングスリーブは小である。

A24 **正しい**
太さ 2.0mm の電線 1 本と太さ 1.6mm の電線 2 本の電線を接続するときに使用するリングスリーブは小です。

第5章
電気設備の検査と測定

1 一般用電気工作物の検査

★「竣工検査」「定期検査」「臨時検査」の３つの目的と内容を覚える。
★竣工検査では、その手順とその目的を覚える。試験では、「竣工検査で一般に行われないもの」「導通試験の目的として誤っているもの」を選択肢から選ばせる、といった問題が出題される。

一般用電気工作物の検査の目的と内容

電気工作物が新設されたり、変更されたりしたときは、工事が法令に基づいて施工されているかどうかを検査します。一般用電気工作物の検査には、電気工作物が完成したときに実施する**竣工検査**、使用中の電気工作物に対して実施する**定期検査**、災害時や異常時に臨時に実施する**臨時検査**があります。

■検査の種類と内容

検査の種類	内容
竣工検査	電気工作物が完成したときに実施する。コンクリート埋込工事のように完成したときにはできない部分や内容については、工事の中間で行う中間検査を実施する。
定期検査	使用中の電気工作物に対して、今後も安全に使用できるか定期的に実施する。一般送配電事業者等により、4年に1回以上の実施が義務付けられている。
臨時検査	火災、冠水など災害時や漏電などの異常時に、今後使用できるか、改修が必要か判定するときに実施する。

竣工検査の手順

電気工作物の竣工検査は、**目視**点検、**絶縁抵抗**の測定、**接地抵抗**の測定、**導通**試験、**通電**試験などを実施します。

検査は、まず測定器を用いずに外観上の異常がないか目視点検します。外観に異常がない、図面通りに正しく工事が施工されていることを確認した後で、測定器を用いて絶縁抵抗測定と接地抵抗の測定をそれぞれ実施します。

その後、電線がつながっているかどうかを確認するために導通試験を行います。最後に行われる通電試験は、実際に電路に電源を入れて、電圧、電流が正常か確認する試験です。

■竣工検査の手順と概要 ここが出る!

①目視点検 ➡ ②絶縁抵抗の測定 ➡ ③接地抵抗の測定 ➡ ④導通試験 ➡ ⑤通電試験

①目視点検	工事が法令や技術基準に適合して施工されているか、外観上の異常はないか、目視で確認する。
②絶縁抵抗の測定	絶縁抵抗計（メガー）を用いて、配線や電気機器の絶縁抵抗を測定し、技術基準に適合しているか確認する。
③接地抵抗の測定	接地抵抗計（アーステスタ）を用いて、接地線～接地極の接地工事の接地抵抗を測定し、技術基準に適合しているか確認する。
④導通試験	回路計（テスタ）を用いて、電線の断線、誤接続、未接続がないか確認する。
⑤通電試験	電源を入れて通電し、電路の電圧や電流が正常かどうか確認する。

過去問に挑戦!

問題1 一般用電気工作物の竣工検査をする場合、一般に行われていないものは。

イ目視点検　**ロ**絶縁抵抗測定　**ハ**接地抵抗測定　**ニ**屋内配線の導体抵抗測定

解説 本ページにある「竣工検査の手順と概要」を参照。屋内配線の導体抵抗測定は行いません。

答え ニ

問題2 導通試験の目的として、誤っているものは。

イ充電の有無を確認する。
ロ器具への結線の未接続を発見する。
ハ回路の接続の正誤を判断する。
ニ電線の断線を発見する。

解説 導通試験は回路計（テスタ）を用いて、電線の断線、誤接続、未接続がないかを確認する試験です。充電の有無を確認する際に用いるのは検電器です。

答え イ

2 絶縁抵抗の測定

★絶縁抵抗の測定では、電路の使用電圧の区分ごとの絶縁抵抗値を求める問題がかたちを変えてよく出題される。P.162の表を丸暗記しておくこと。
★電線相互間の絶縁抵抗は、分岐開閉器を「切」、機器は取り外しておき、スイッチは「入」にして測定する。
★電路と大地間との絶縁抵抗は、分岐開閉器を「切」、機器は接続したままスイッチを「入」にして測定する。

絶縁抵抗計（メガー）―絶縁抵抗の測定に用いられる

目視点検で問題がなければ、次に**絶縁抵抗**の検査を行います。絶縁抵抗の測定には、**絶縁抵抗計**（**メガー**）が用いられます。絶縁抵抗の測定は、配線や機器の絶縁不良を発見し、漏電や感電を防止するために行います。配線や機器の絶縁抵抗値が低下していると、漏電や感電の危険が高くなります。

絶縁抵抗計（メガー）

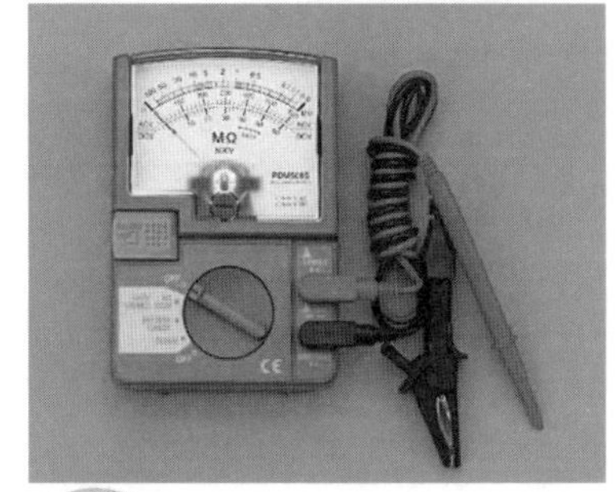

印加とは、電路に電圧などをかけることをいいます。

絶縁抵抗計は、150、250、500Vなどの**直流電圧**を測定したい電路に**印加**し、電流を計測することにより絶縁抵抗値（単位：MΩ）を測定します。絶縁抵抗値は大きいほど絶縁状態が良好とされます。

絶縁抵抗は、分岐開閉器（配線用遮断器）で分岐される電路ごとに、**電線**相互間、**電路**と**大地**間の２つに分けて測定します。絶縁抵抗計には測定用に**E**（**アース**）、**L**（**ライン**）の２個の端子が設けられており、L端子は電線に接続し、E端子は測定したいもう一方の電線、もしくは大地に接続して測定します。使用するときは、絶縁抵抗計のボタンを押して電圧を印加してから、１分以上経過して指針が安定したら測定値を読み取ります。

電線相互間の絶縁抵抗の測定

絶縁抵抗の測定は、**充電**されていない状態で実施します。そのため、まず測定したい範囲ごとに分岐開閉器を「切」にして停電させておきます。次に、測定したい範囲内は**導通**している必要がありますので、スイッチは「入」にします。そして、電線相互間の測定の場合は、**電球**や**機器**を取り外して、電線相互の絶縁抵抗を測定します。

屋内配線の電線相互間の絶縁抵抗の測定は次のように実施します。

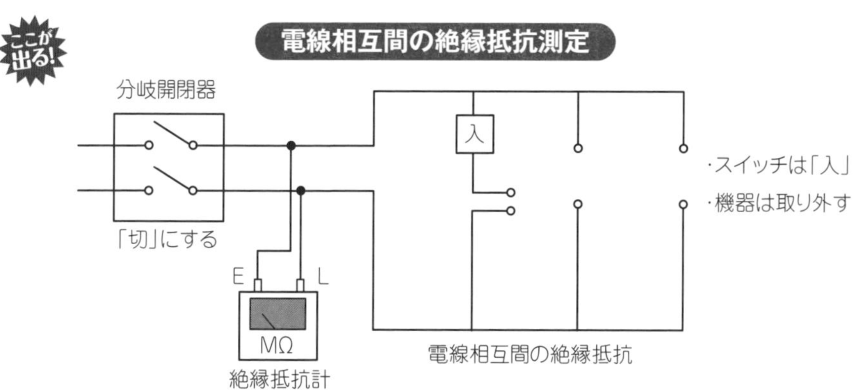

機器・部材	状況・状態
分岐開閉器	切
スイッチ	入
電球	**取り外す**
電気機器	コンセントを**抜く**
絶縁抵抗計	E（アース）端子：**電線**に接続 L（ライン）端子：電線に接続

電路と大地間の絶縁抵抗の測定

絶縁抵抗の測定は、充電されていない状態で実施するので、測定したい範囲ごとに分岐開閉器を「切」にして停電させておきます。次に、測定したい範囲内は導通している必要がありますので、スイッチは「入」にします。そして、電路と大地間の測定の場合は、**電球**や**機器**を接続して、電路と大地間の絶縁抵抗を測定します。

屋内配線の電路と大地間の絶縁抵抗の測定は次のように実施します。

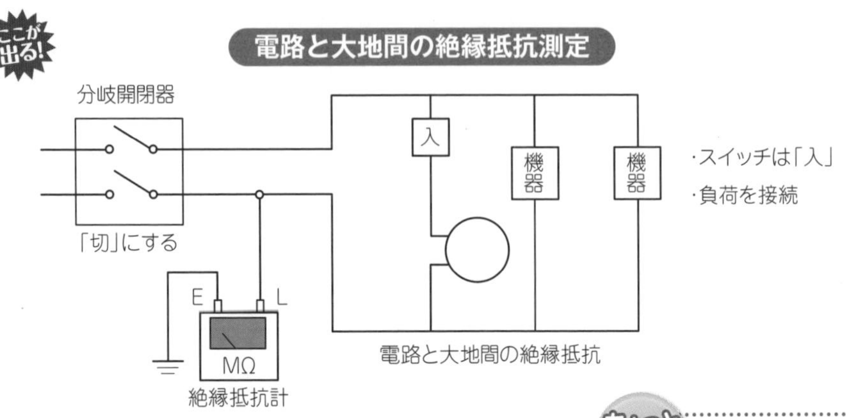

機器・部材	状況・状態
分岐開閉器	切
スイッチ	入
電球	**取り付ける**
電気機器	コンセントに**接続する**
絶縁抵抗計	E（アース）端子：**接地極**に接続 L（ライン）端子：電線に接続

ちょっと補足 停電できないなどの理由によって絶縁抵抗値の測定ができない場合、電路の漏えい電流が**1mA**以下であればよいとされています。漏えい電流は**クランプ形電流計**（→P172）で測定します。

絶縁抵抗値の判定

絶縁抵抗の測定は、電路の区分により、次の値に適合しているか確認します。これは「電気設備技術基準」に定められているものです。

■低圧電路の区分と絶縁抵抗値

低圧電路の区分		絶縁抵抗値
使用電圧 300V 以下	対地電圧 150V 以下	**0.1**MΩ以上
	対地電圧 150V 超	**0.2**MΩ以上
使用電圧 300V 超		**0.4**MΩ以上

使用電圧300V以下の場合は、対地電圧によって定められた絶縁抵抗値が異なります。例えば、使用電圧が同じ200Vであっても、三相3線式200Vの場合は対地電圧も200Vなので0.2MΩ以上、単相3線式200/100Vの場合は対地電圧100Vなので0.1MΩ以上となります。

対地電圧は、電路と大地間の電圧を指しています。

■配電方式と対地電圧

配電方式	配線図記号	非接地側電線の対地電圧
単相2線式100V	1φ2W100V	100V
単相3線式100/200V	1φ3W100/200V	100V
三相3線式200V	3φ3W200V	200V

＊配線図から配電方式を読み取り、電路と大地間の絶縁抵抗の最小値を求める問題が出題されることがある。

過去問に挑戦！

問題1 次表は、電気の使用場所の開閉器又は過電流遮断器で区切られる低圧電路の使用電圧と電線相互間及び電路と大地の間の絶縁抵抗の最小値についての表である。A・B・Cの空欄に当てはまる数値を答えなさい。

電路の使用電圧の区分		絶縁抵抗値
300〔V〕以下	対地電圧150〔V〕以下の場合	A 〔MΩ〕
	その他の場合	B 〔MΩ〕
300〔V〕を超えるもの		C 〔MΩ〕

解説 このように本ページの表がそのまま出題されることがあります。

答え A 0.1　B 0.2　C 0.4

問題2 単相3線式100/200Vの屋内配線において、開閉器又は過電流遮断器で区切ることができる電路ごとの絶縁抵抗の最小値として、「電気設備に関する技術基準を定める省令」に規定されている値［MΩ］の組合せで正しいものは。

	イ	ロ	ハ	ニ
電路と大地間	0.2	0.2	0.1	0.1
電線相互間	0.4	0.2	0.2	0.1

解説 単相3線式200Vの場合、対地電圧は100Vなので、電路と大地間の絶縁抵抗、電線相互間の抵抗はともに0.1［MΩ］以上なくてはなりません。

答え ニ

3 接地抵抗の測定

★接地抵抗を測定する際の、被測定接地極と補助接地極の配置と間隔がよく出題される。Eが被測定接地極で間隔10m と覚えておこう。
★C 種接地工事、D 種接地工事での接地抵抗値の適合値について問われる。「地絡時 0.5 秒で作動する自動遮断装置を設けた場合は 500 Ω」の但し書きが、よく出題される。

接地抵抗計―接地抵抗の測定に用いられる

電気機器等には、感電防止のため必要に応じて接地工事が施されています。接地極と大地との間にある電気的な抵抗を**接地抵抗**といい、漏電電流を逃がすにあたって、接地抵抗はなるべく小さくするように基準が定められています。接地抵抗を測定することで、電気機器等の接地不良を発見し、感電を防止します。接地抵抗の測定には、**接地抵抗計**（**アーステスタ**）が用いられます。

接地抵抗計（アーステスタ）

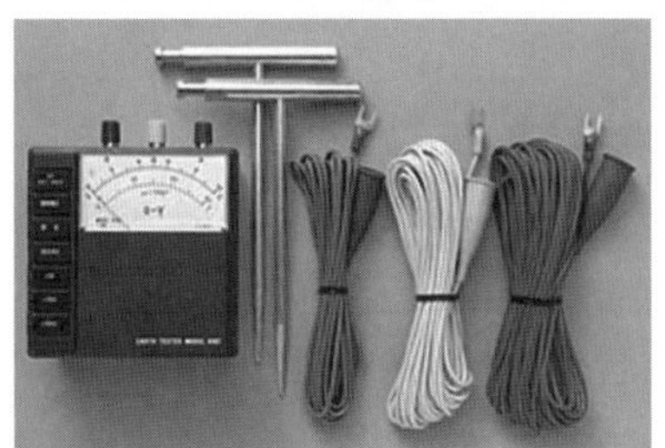

接地抵抗計は、測定したい接地極（被測定接地極）に対して補助接地極を配置し、それぞれ接地抵抗計に接続して**交流電圧**を印加することで接地抵抗を測定します。

接地抵抗の測定方法

接地抵抗の測定は、測定したい接地極の周囲に、一直線上に **10**m 間隔で 2 本の補助接地極を直接地面に打ち込むことができるスペースが必要です。接地抵抗計による接地抵抗の測定は次のように実施します。

①測定したい接地極（被測定接地極）より、ほぼ一直線上に **10**m 間隔で **2** 本の補助接地極を大地に打ち込む。

②接地抵抗計の **E** 端子に**被測定接地極**、**P** 端子に中間の**補助接地極**、**C** 端子に端の**補助接地極**を接続する。

③測定ボタンを押しながら、ダイヤルを回して指針を**ゼロ**に調整し、そのときのダイヤルの表示を読んで接地抵抗値を測定する。

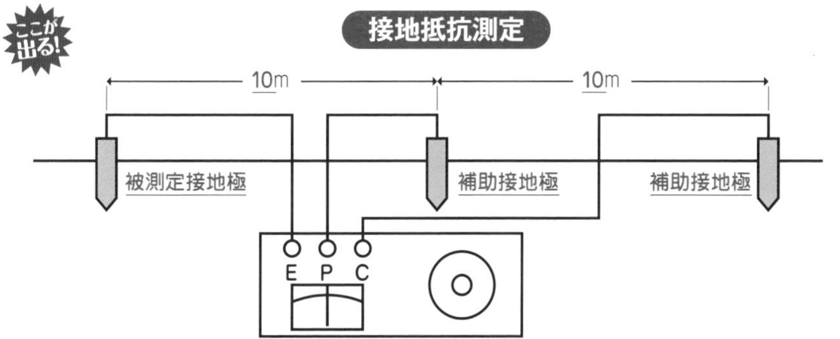

接地抵抗値の測定

接地抵抗の測定は、接地工事の区分により、右の表の値に適合しているか確認します。

本試験では、低圧の電気機器に適用されるC種、D種接地工事から出題されます。

■接地抵抗値の測定

<table>
<tr><th>接地工事</th><th colspan="2">接地抵抗値</th></tr>
<tr><td>A種</td><td colspan="2">10 Ω以下</td></tr>
<tr><td>B種</td><td colspan="2">原則として150／（1線地絡電流値〔A〕）〔Ω〕以下</td></tr>
<tr><td>C種</td><td>10 Ω以下</td><td rowspan="2">地絡を生じた場合0.5秒以内に自動遮断する装置を設けた場合は、500 Ω以下</td></tr>
<tr><td>D種</td><td>100 Ω以下</td></tr>
</table>

C種とD種では、原則で定められた接地抵抗値が異なりますが、地絡時の0.5秒以内の自動遮断装置を設けた場合の接地抵抗値は同じ**500** Ωになります。

過去問に挑戦! 直読式接地抵抗計を用いて接地抵抗を測定する場合、被測定接地極Eに対する、2つの補助接地極P（電圧用）及びC（電流用）の配置として適切なものは。

解説 本ページの図のように、被測定接地極Eと2つの補助接地極PとCが10m以上の間隔になるように配置します。

答え ロ

4 電圧と電流の測定

★倍率器にかかる電圧と倍率の求め方、分流器に流れる電流と倍率の求め方はオームの法則を応用すれば導き出せる。
★交流電力を求めるときの電流計、電圧計、電力計の結線方法が出題される。
★変流器も時々出題される。取扱方法を覚えておこう。

電圧計と電流計

ここでは電流、電圧、電力などの値を測るために使用される電気計器を見ていきましょう。まず、負荷にかかる電圧の測定には**電圧計**（記号：Ⓥ）が、負荷に流れる電流の測定には**電流計**（記号：Ⓐ）が用いられます。

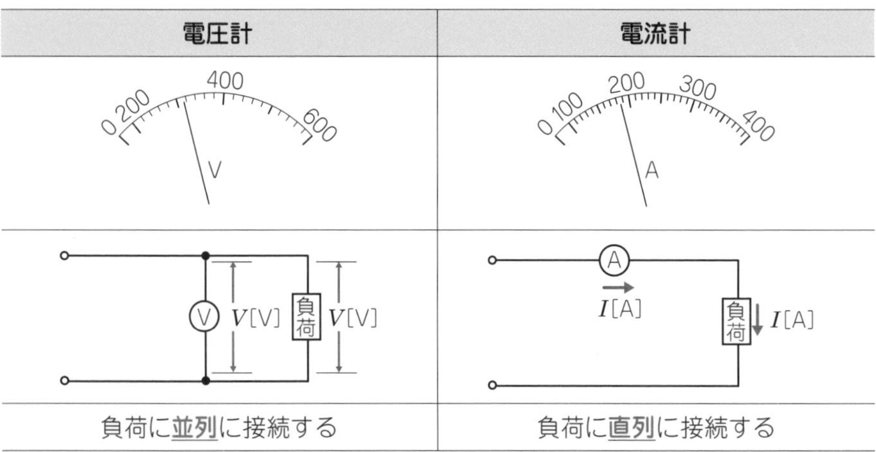

電圧計	電流計
負荷に**並列**に接続する	負荷に**直列**に接続する

電圧計は負荷と**並列**に接続することで、負荷にかかる電圧と電圧計にかかる電圧を等しくして測定します。電流計は負荷と**直列**に接続することで、負荷に流れる電流と電流計に流れる電流を等しくして測定します。

また、普通の電圧計・電流計には測定できる値に限界があるので、測定範囲を大きくするときには、測定器に**抵抗器**（**倍率器**や**分流器**）を接続します。

大きな電圧の測定には倍率器

倍率器とは、分圧することで電圧計にかかる電圧を軽減し、電圧計の測定できる範囲を拡大する抵抗器です。したがって、電圧計は負荷に並列に接続しますが、倍率器は分圧のため電圧計に**直列**に接続します。

直列接続の各抵抗にかかる電圧は、抵抗に比例します。そのため、電圧計にかかる電圧 V_r と全体の電圧（測定したい電圧）V の間には、次の関係が成り立ちます。

倍率器は電圧計に直列につなぐ

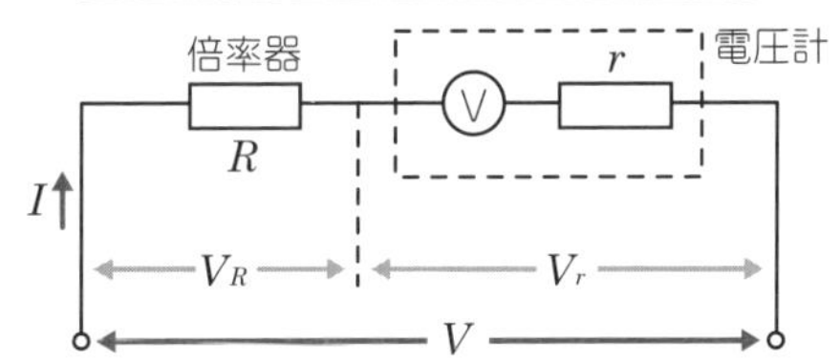

$$\text{電圧計にかかる電圧}\ V_r = \frac{r}{R+r}V \quad \left(\begin{array}{l} V: \text{全体の電圧［V］} \\ R: \text{倍率器の抵抗［Ω］} \\ r: \text{電圧計の内部抵抗［Ω］} \end{array} \right)$$

また、測定したい電圧 V と電圧計にかかる電圧 V_r との比を倍率器の**倍率**といい、倍率 n は次の式で表すことができます。

$$\text{倍率}\ n = \frac{V}{V_r} = \frac{R+r}{r}$$

例えば、内部抵抗 2000 Ω、最大目盛 100V の電圧計で 200V まで計測したいとき、倍率器の抵抗は次のように求めます。

$$\frac{V}{V_r} = \frac{R+r}{r} \qquad \frac{200}{100} = \frac{R+2000}{2000}$$

$R+2000 = 4000 \quad R = 2000[\Omega]$

また、このときの倍率は $n = \dfrac{V}{V_r} = \dfrac{200}{100} = 2$ になります。

大きな電流には分流器

分流器とは、分流することで電流計に流れる電流を軽減し、電流計の測定できる範囲を拡大する抵抗器です。電流計は負荷に直列に接続しますが、分流器は分流のため電流計に**並列**に接続します。

並列接続の各抵抗に流れる電流は抵抗に反比例するので、測定したい電流 I と電流計に流れる電流 I_r との間には、次の関係が成り立ちます。

$$電流計に流れる電流\ I_r = \frac{R}{R+r} I$$

（I：全体の電流［A］
R：分流器の抵抗［Ω］
r：電流計の内部抵抗［Ω］）

分流器は電流計に並列につなぐ

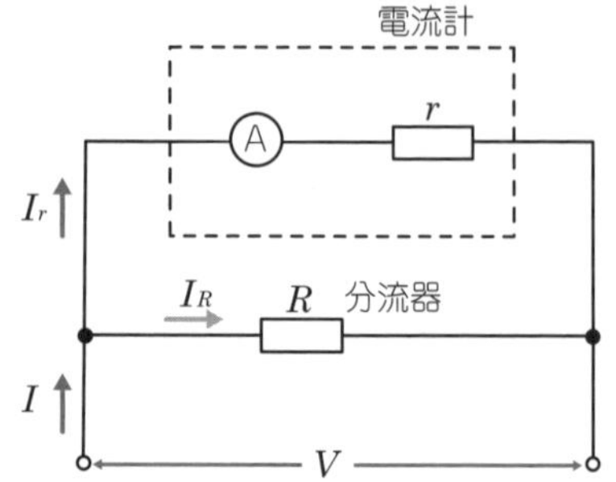

また、測定したい電流 I と電流計に流れる電流 I_r との比を分流器の**倍率**といい、倍率 m は次の式で表されます。

$$倍率\ m = \frac{I}{I_r} = \frac{R+r}{R}$$

例えば、内部抵抗 5 Ω、最大目盛 5A の電流計で 10A まで計測したいときの分流器の抵抗は、次のように求めます。

$$\frac{I}{I_r} = \frac{R+r}{R} \qquad \frac{10}{5} = \frac{R+5}{R}$$

$$2R = R + 5 \qquad R = 5\ \Omega$$

また、このときの倍率は $m = \dfrac{I}{I_r} = \dfrac{10}{5} = 2$ になります。

これも覚えておこう！ アナログ計器とディジタル計器の特徴

アナログ計器：指針で表示するので変化がわかりやすいが、読み取り誤差が大きい。入力抵抗が低いので測定する回路に影響を与えやすい。

ディジタル計器：数字で表示するので読み取り誤差が小さい。入力抵抗が高いので測定する回路に影響を与えにくい。

変流器—交流の大きな電流を測定する

変流器（CT）は、**交流**の大きな電流を測定するときに、電流計に流れる電流を小さくして、測定できるようにするものです。計測器や保護継電器などに用いられ、計器用変流器ともいいます。

変流器は、使用中（一次側に通電中）

変流器の接続

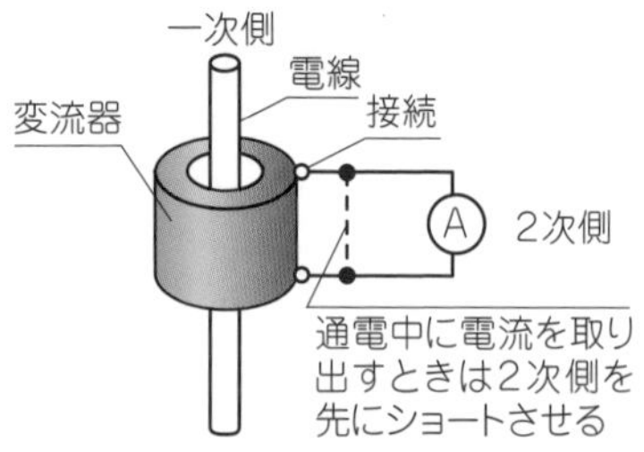

に二次側を開放すると過熱焼損する恐れがあるので、一次側通電中は二次側を**開放**しないようにします。したがって、二次側の電流計を取り外すときは、必ず、二次側を**短絡（ショート）**させてから電流計を取り外します。

電力の測定

電力は、直流では「電圧×電流」で求められるので、直流電力は電圧計と電流計を用いて測定します。一方、**交流電力**は、電圧コイルと電流コイルのある電力計を用いて測定します。電圧コイルは負荷に**並列**に、電流コイルは負荷に**直列**に接続します。

■直流電力と交流電力の測定

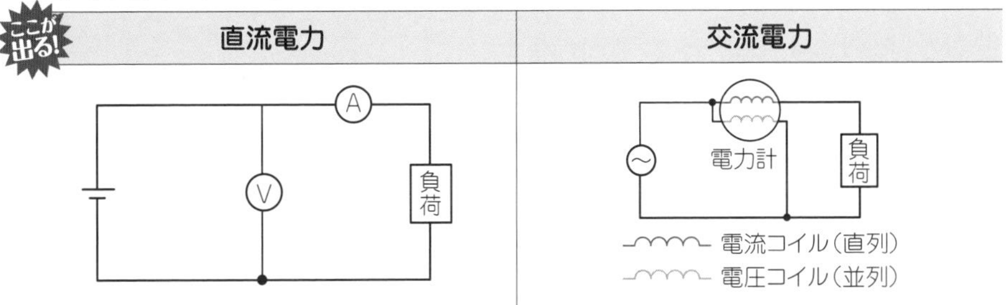

力率の測定

交流電力は、交流電力＝**電圧**×**電流**×**力率**の関係式が成り立ちます。そのため、交流電力・電圧・電流の３つがわかれば、力率を求めることができます。したがって、**電力計**、**電圧計**、**電流計**の３つの計器を用いて、力率を測定することが可能です。

■力率を求めるときの計器の接続

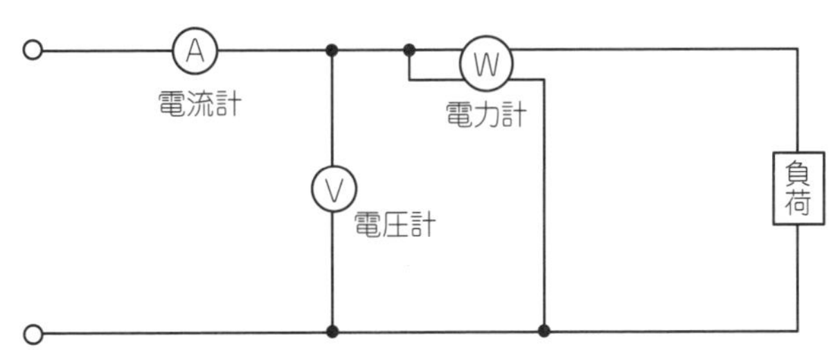

5 その他の測定器

★配線図中の記号を指して「この部分を測定するものは」と問い、写真の中から該当機器を選ばせる問題がよく出題される。前節までに出てきた、絶縁抵抗計（メガー）、接地抵抗計も含めて、画像と名称と使用目的を覚えよう。

★クランプ形電流計の使い方を問う問題がよく出題される。P.172 の配電方式による負荷電流の測定、また漏れ電流の測定法を覚えておくこと。

試験に出題される測定器

電流計や電力計以外にも電気工事に使用され、第2種電気工事士試験に出題される測定器は次の通りです。

●回路計（テスタ）	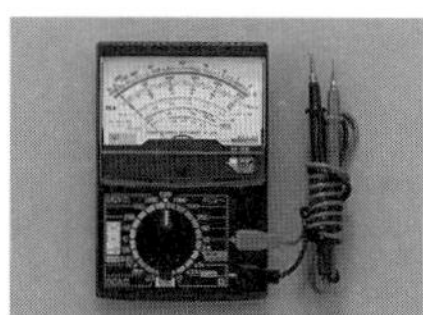	用途 電圧（直流と交流）、電流（直流）、抵抗などを測定する（ダイヤル型のスイッチで切り換える）。また、抵抗がないことを測定することで、導通を確認する。
●低圧検電器（ていあつけんでんき）	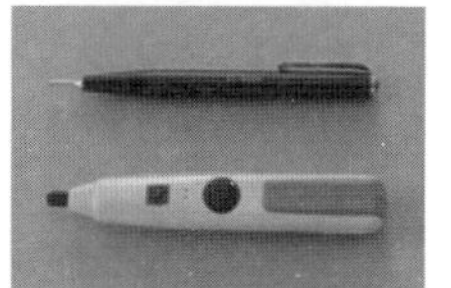	用途 電路の充電状態を調べ、充電が検知されると鳴動・発光する。また、電源コードの断線確認やコンセントの極性確認などにも使われる。
●検相器（けんそうき）	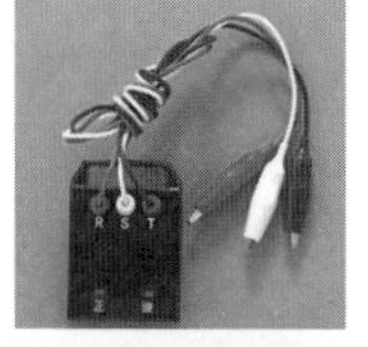	用途 三相交流回路の相順（相回転の順序）を確認する。三相を示すRSTと正相、逆相などの表示がある。
●周波数計		用途 交流の周波数を測定するときに用いられる。 目盛りには「Hz」と単位が表示される。

●回転計		用途 電動機の回転速度を計測する。電動機に接触して計測する接触形と電動機に接触しない非接触形がある。写真は接触形のもの。
●電力量計		用途 電力量を測定する。
●照度計		用途 照度（ルクス）を測定する。目盛りには「lx」と単位が表示される。
●クランプ形電流計 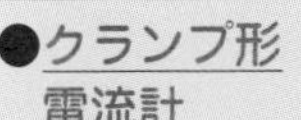	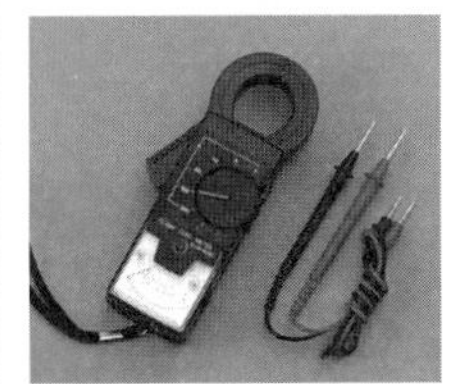	用途 通電使用中の回路の負荷電流や漏れ電流を測定する。漏れ電流測定用と負荷電流測定用がある。漏れ電流測定用は「mA」単位で測定でき、感度は負荷電流測定用よりも高い。

三相3線式200V配線の相順（相回転）を調べるものは。

イ
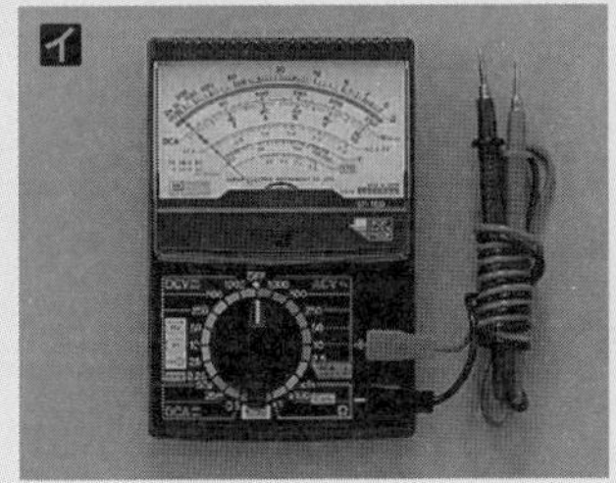

ロ
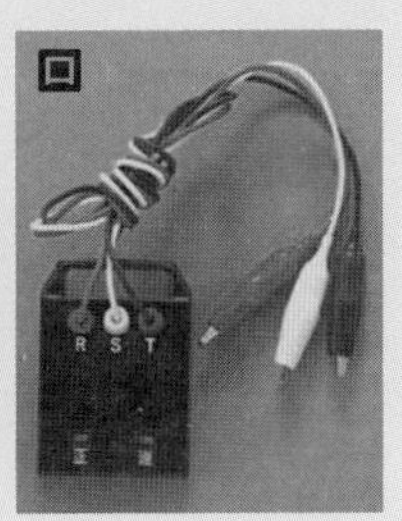

ハ
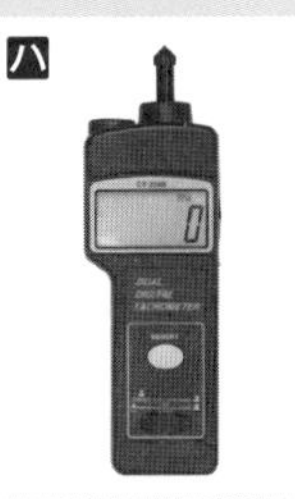

解説 三相電源の相順は検相器（相順器）で調べます。三相回路の充電部をクリップではさんで接触させると「正相」「逆相」などがランプで表示されます。イは回路計（テスタ）で、ハは回転計です。

答え ロ

クランプ形電流計の測定方法

クランプ形電流計には、交流専用のほか、**交流・直流両用**のものもあります。

クランプ形電流計は、電路をはさむようにして使用します。回路に電流計を接続することなく、**通電使用中**のまま測定が可能なので、屋内配線の点検などで広く用いられています。クランプ（電路をはさんで測定する部分）を通る電路に負荷電流が流れることによって生じる**電磁誘導電流**を検知することで、負荷電流を測定します。**負荷電流**を測定する場合は、電線を1線ずつ**クランプ**に通して測定します。

クランプ形電流計は、電線や電気機器の絶縁劣化などによる漏れ電流も測定できます。**漏れ電流**を測定する場合は、同じ系統の電線を一括してクランプに通して測定します。このとき、漏れ電流がない場合は各線の電流は**平衡**して流れます。そのため、各線の電流による誘導電流は打ち消しあい、クランプ形電流計の指針は振れません。漏れ電流がある場合は各線の電流が不平衡になり、クランプ形電流計に**誘導電流**が生じ指針が振れます。

配電方式別のクランプ形電流計を使用した負荷電流と漏れ電流のそれぞれの測定方法は次の通りです。

クランプ形電流計で漏れ電流を測定するしくみ

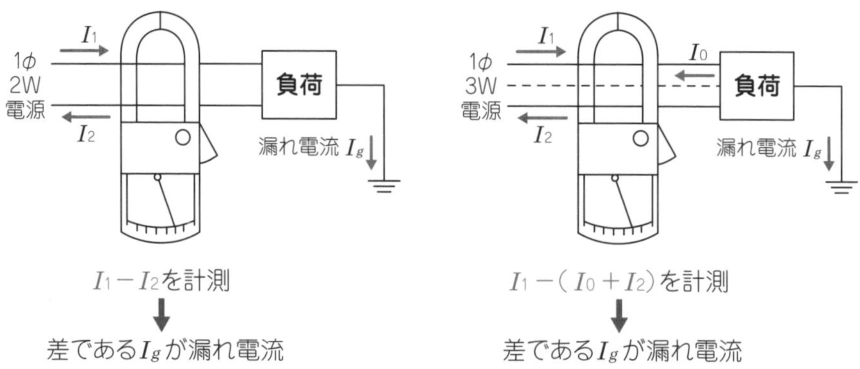

■配電方式別のクランプ形電流計の測定方法（----：中性線）

配電方式	負荷電流を測定する場合	漏れ電流を測定する場合
単相２線式	１本の電線をクランプする	２本の電線をクランプする
単相３線式	中性線 中性線以外の１本の電線をクランプする	中性線 ３本の電線をクランプする
三相３線式	１本の電線をクランプする	３本の電線をクランプする

過去問に挑戦! 単相３線式回路の漏れ電流の有無をクランプ形漏れ電流計を用いて測定する場合の測定方法として正しいものは。ただし、▬は中性線を示す。

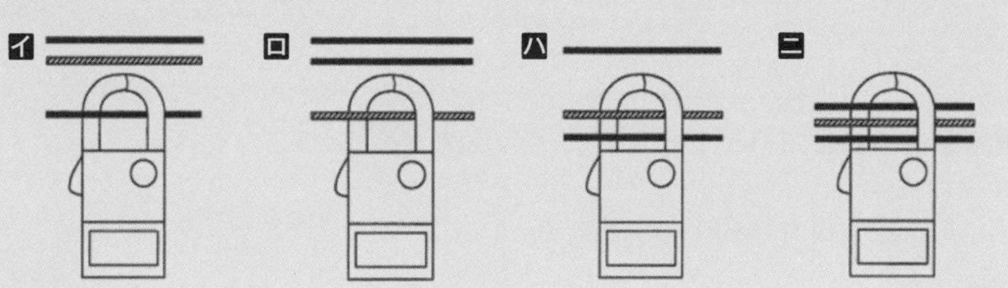

解説 単相３線式回路の漏れ電流を計測するときは３本の電線をクランプします。

答え ニ

6 測定器の動作原理と記号

★電気計器の目盛板に記されている記号の意味が問われる。特に動作原理と配置の方法がよく出題される。
★測定器の動作原理の記号は「使用回路」「用途」とともに覚えておくこと。

測定器の目盛板の表示

測定器の目盛板には用途や使用方法を表す記号が表示されています。

測定器の目盛り盤の表示

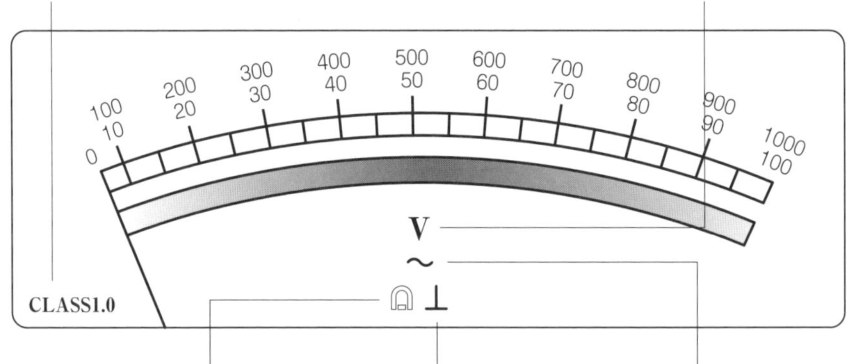

●動作原理：
動作原理を示す。動作原理によって、用途や使用できる回路が決まる。

●測定器の配置方法：
配置の方法、取り付け方を示す記号。

●測定器の種類：
直流用か交流用かなどを示す記号。

■測定器に表示されている記号とその意味 ここが出る!

測定器の種類	直流／交流	記号
	直流	⎓
	交流	∼
	直流および交流	≂

配置方法	記号	配置方法
	⊓	水平に置いて使用する
	⊥	鉛直に立てて使用する
	∠	傾斜配置

 測定器の動作原理ごとの記号

測定器の種類と動作原理は次の通りです。

■測定器の動作原理の記号と用途 ここが出る!

測定器の動作原理	記号	使用回路	用途	動作原理の説明
可動コイル形		直流	電流計・電圧計	永久磁石と可動コイルの電磁力
可動鉄片形（かどうてっぺんがた）		交流	電流計・電圧計	固定コイルと可動鉄片の電磁力
電流力形		交流／直流	電流計・電圧計・電力計	固定コイルと可動コイルの2つのコイルの電磁力
静電形		交流／直流	電圧計（高電圧）	電圧を加えた電極間の静電気力
整流形（せいりゅうかた）		交流	電流計・電圧計・抵抗計	交流をダイオードで整流して可動コイル形で測定
熱電形		交流（高周波）／直流	電流計・電圧計	発熱線に流れる電流により加熱された熱電対の熱起電力
誘導形		交流	電力量計	交流磁界中の円板に発生する電磁力

問題 1 電気計器の目盛板に図のような記号があった。この記号の意味として正しいものは。

イ 誘導形で目盛板を水平に置いて使用する。
ロ 可動鉄片形で目盛板を鉛直に立てて使用する。
ハ 可動鉄片形で目盛板を水平に置いて使用する。

解説 左の記号は「可動鉄片形」を表し、右の記号は目盛板を鉛直に立てて使用することを表します。

答え **ロ**

問題 2 電気計器の目盛板に図のような表示記号があった。この計器の動作原理を示す種類と測定できる回路で正しいものは。

イ 誘導形で交流回路に用いる。 **ロ** 電流力計形で交流回路に用いる。
ハ 整流形で直流回路に用いる。 **ニ** 熱電形で直流回路に用いる。

解説 この記号は「誘導形」を表します。使用回路は「交流」で電力量計に用いられます。

答え **イ**

一問一答で総チェック！

次の問いに答えなさい。

Q01 □□□ **次の文章の正誤を答えなさい。** 一般用電気工作物の検査には、災害時や異常時に実施する定期検査がある。	**A01 誤り** 災害時や異常時に実施する検査は臨時検査です。
Q02 □□□ **次の文章の正誤を答えなさい。** 一般用電気工作物の定期検査は4年に1回以上の実施が義務付けられている。	**A02 正しい** 一般用電気工作物の定期検査は、一般送配電事業者等により、4年に1回以上の実施が義務付けられています。
Q03 □□□ **次の □ 内に入る語句を答えなさい。** 一般用電気工作物の竣工検査は次の手順で実施する。 目視点検⇒ [イ] 抵抗の測定⇒ [ロ] 抵抗の測定⇒ [ハ] 試験⇒ [ニ] 試験	**A03 イ．絶縁　ロ．接地　ハ．導通　ニ．通電** 竣工検査は、目視点検⇒絶縁抵抗の測定⇒接地抵抗の測定⇒導通試験⇒通電試験の手順で実施します。
Q04 □□□ **次の文章の正誤を答えなさい。** 通電試験は、回路計（テスタ）を用いて、電線の断線、誤接続、未接続がないか確認する。	**A04 誤り** 回路計(テスタ)を用いた試験は導通試験です。通電試験は、電源を入れて通電し、電路の電圧や電流が正常かどうか確認します。
数字を暗記 **Q05** □□□ **次の □ 内に入る数字を答えなさい。** 絶縁抵抗測定は、□ 分以上電圧を印加して指針が安定したら測定値を読み取る。	**A05 1** 電圧を印加し、1分以上経過して指針が安定したら、測定値を読み取り測定します。
Q06 □□□ **次の文章の正誤を答えなさい。** 電線相互間の絶縁抵抗測定は、絶縁抵抗計のE端子を電線に接続して測定する。	**A06 正しい** 電線相互間の絶縁抵抗測定は、絶縁抵抗計のL端子、E端子にそれぞれの電線を接続して測定します。
Q07 □□□ **次の文章の正誤を答えなさい。** 電路と大地間の絶縁抵抗測定は、電気機器や電球を取り外して測定する。	**A07 誤り** 電路と大地間の絶縁抵抗測定は、電気機器や電球を接続して測定します。
数字を暗記 **Q08** □□□ **次の □ 内に入る数字を答えなさい。** 単相3線式200/100Vの絶縁抵抗測定の判定値は、□ MΩ以上である。	**A08 0.1** 単相3線式200/100Vの場合は、対地電圧100Vなので0.1MΩ以上となります。

次の問いに答えなさい。

数字を暗記 **Q09** □□□
次の ＿＿＿ 内に入る数字を答えなさい。
接地抵抗計の補助接地極は、被測定接地極より、ほぼ一直線上に ＿＿＿ m 間隔で 2 本の補助接地極を大地に打ち込む。

A09 **10**
測定したい接地極（被測定接地極）より、ほぼ一直線上に 10m 間隔で 2 本の補助接地極を大地に打ち込んで測定します。

Q10 □□□
次の文章の正誤を答えなさい。
接地抵抗計の P 端子に被測定接地極、C 端子に補助接地極を接続する。

A10 **誤り**
接地抵抗計の E 端子に被測定接地極、P 端子に中間の補助接地極、C 端子に端の補助接地極を接続して測定します。

数字を暗記 **Q11** □□□
次の文章の正誤を答えなさい。
C 種接地工事の接地抵抗の判定値は、地絡を生じた場合 0.5 秒以内に自動遮断する装置を設けたときは、500 Ω以下である。

A11 **正しい**
地絡を生じた場合 0.5 秒以内に自動遮断する装置を設けた C 種接地工事の抵抗値は、500 Ω以下です。

数字を暗記 **Q12** □□□
次の文章の正誤を答えなさい。
D 種接地工事の接地抵抗の判定値は、地絡を生じた場合 0.5 秒以内に自動遮断する装置を設けたときは、500 Ω以下である。

A12 **正しい**
C 種と D 種とも、地絡時に 0.5 秒以内に自動遮断する装置を設けた場合の接地抵抗値は同じ 500 Ωになります。

Q13 □□□
次の ＿＿＿ 内に入る語句を答えなさい。
電圧計は負荷と ［イ］ に接続し、電流計は負荷と ［ロ］ に接続して測定する。

A13 **イ．並列　ロ．直列**
電圧計は負荷と並列に接続し、電流計は負荷と直列に接続して測定します。

Q14 □□□
次の ＿＿＿ 内に入る語句を答えなさい。
倍率器は［イ］に直列に接続し、分流器は ［ロ］ に並列に接続して用いられる。

A14 **イ．電圧計　ロ．電流計**
倍率器は電圧計に直列に接続し、分流器は電流計に並列に接続して用いられます。

Q15 □□□
次の文章の正誤を答えなさい。
変流器は、二次側を短絡してはならない。

A15 **誤り**
変流器は、二次側を開放しないようにします。二次側の電流計を取り外すときは、必ず、二次側を短絡してから電流計を取り外します。

Q16 □□□
次の ＿＿＿ 内に入る語句を答えなさい。
力率の測定には、［イ］計、［ロ］計、［ハ］計の３つの計器を用いて測定することができる。

A16 **イ．電力　ロ．電圧　ハ．電流（順不同）**
力率は、電力計、電圧計、電流計の３つの計器を用いて測定することが可能です。

一問一答で総チェック！

次の問いに答えなさい。

Q17 □□□
次の文章の正誤を答えなさい。
回路計（テスタ）は導通の確認に用いられる。

A17 **正しい**
回路計（テスタ）で抵抗がないことを測定することで、導通を確認します。

Q18 □□□
次の文章の正誤を答えなさい。
クランプ形電流計は、通電使用中の回路の負荷電流を測定することはできるが、漏れ電流は測定することができない。

A18 **誤り**
クランプ形電流計は、通電使用中の回路の負荷電流や漏れ電流を測定することができます。

Q19 □□□
次の文章の正誤を答えなさい。
検相器は、電路の充電を検知することにより、充電が検知されると鳴動・発光する。

A19 **誤り**
検相器は、三相交流回路の相順を確認します。充電を検知するのは検電器です。

Q20 □□□
次の［　　］内に入る語句を答えなさい。
電動機の回転速度を計測する回転計には、［　　］形と非［　　］形がある。

A20 **接触**
回転計には、電動機に接触して計測する接触形と接触しない非接触形があります。

Q21 □□□
次の文章の正誤を答えなさい。
可動コイル形測定器は直流の測定に適している。

A21 **正しい**
可動コイル形測定器は直流の電圧計、電流計に用いられています。

Q22 □□□
次の文章の正誤を答えなさい。
可動鉄片形測定器は直流と交流の測定に適している。

A22 **誤り**
可動鉄片形測定器は交流の電圧計、電流計に用いられています。

Q23 □□□
次の文章の正誤を答えなさい。
電流力形測定器は直流と交流の測定に適している。

A23 **正しい**
電流力形測定器は、交流および直流の電圧計、電流計などに用いられています。

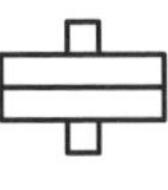

Q24 □□□
次の文章の正誤を答えなさい。
誘導形測定器は、交流の電力量計に用いられている。

A24 **正しい**
誘導形測定器は、交流の電力量計に用いられています。

第6章
電気工事の関係法令

1 電気事業法

★「一般用電気工作物の条件」は毎年出題される最重要内容。すべて丸暗記しておく。
★この条件のうち、「小出力発電設備」の定義もよく出題される（P.182）。太陽電池発電 50kW 未満、風力･水力 20kW 未満、その他 10kW 未満を覚えておこう。

電気事業法の目的

電気事業法は、電気事業の運営を適正かつ合理的にすることで、電気の使用者の**利益の保護**や電気事業の健全な発達を図るとともに、電気工作物の工事、維持および運用を規制することで、**公共の安全**の確保や**環境の保全**を図ることを目的としています。

電気工作物―電気設備や屋内配線のこと

電気工作物とは、発電・変電・送電・配電または電気使用のために設置する機械・器具・ダム・水路・貯水池・電線路その他の工作物です。ただし、船舶・車両または航空機等に設置されるもので、他の電気的設備に電気を供給するためのものでないもの、その他政令で定めるもの（電圧 **30** V 未満の電気的設備であって電圧 **30** V 以上の電気的設備と電気的に接続されていないものなど）は除かれます。

電気工作物の種類

電気工作物は、一般住宅や個人商店などに設置されている**一般用**電気工作物と、それ以外の**事業用**電気工作物に分けられます。事業用電気工作物は、ビルや工場などにおいて自分で電気を使用するために設置する**自家用**電気工作物と、電力会社など他人に電気を供給するために設置する**電気事業用**の電気工作物に分けられます。

電気工作物の分類

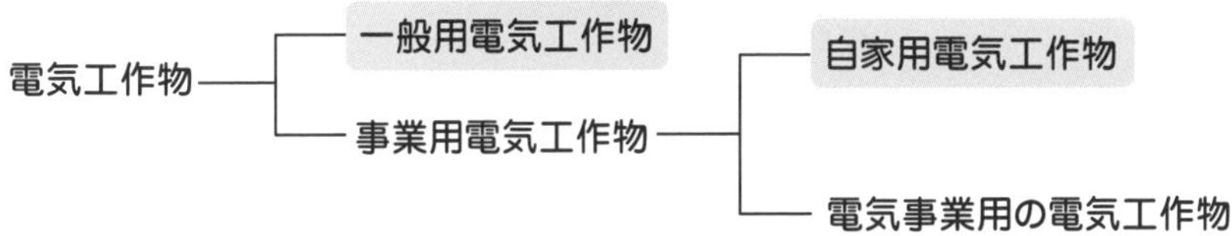

一般用電気工作物の条件

一般用電気工作物は、次に示す条件をすべて満たす電気工作物です。ひとつでも条件を満たさない電気工作物は、**事業用**電気工作物になります。

■一般用電気工作物の条件

①**600**V以下の低圧で受電している（下記参照）。
②構外にわたって電線路を有していない（構内のみ）。
③発電設備を有している場合は、**小出力**発電設備である。
④**火薬類**を製造する事業所ではないこと。

●電圧の区分

	交流	直流
低　圧	**600V** 以下	**750V** 以下
高　圧	低圧を超え 7000V 以下	
特別高圧	7000V 超	

電気工作物判定フロー

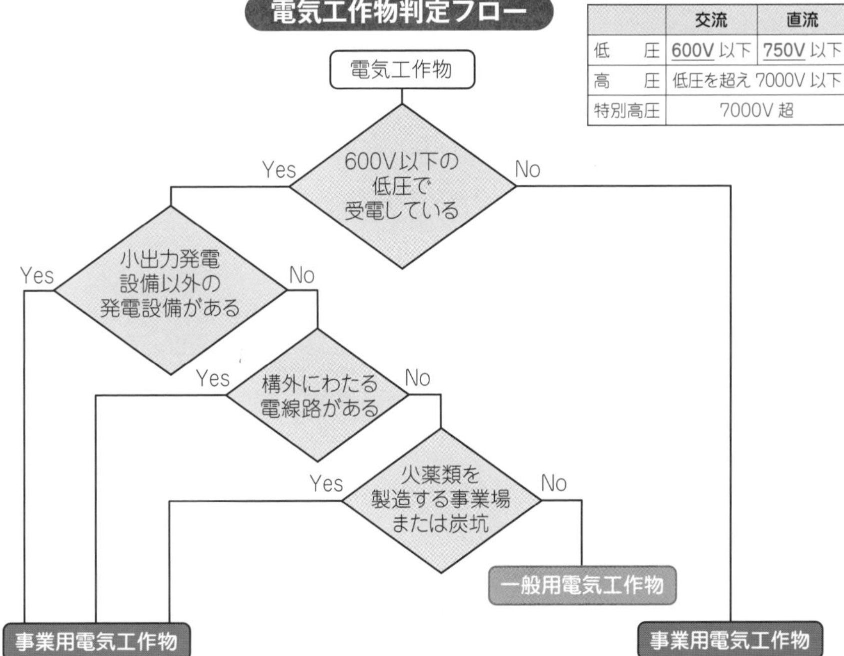

高圧以上で受電している、電線路が構外にわたっている、小出力発電設備より大きな発電機がある、危険な火薬類を取り扱っている場合は、一般用電気工作物ではなく、事業用電気工作物となります。さらに電気事業用でない場合は、自家用電気工作物に分類されます。

小出力発電設備—600V以下の発電用電気工作物

小出力発電設備とは、600V以下の電気の発電用の電気工作物で、次に示す通りです。

■小出力発電設備の条件

①太陽電池発電設備であって出力50kW未満
②風力発電設備であって出力20kW未満
③水力発電設備であって出力20kW未満及び最大使用水量1㎥/s未満（ダムを伴うものを除く）
④内燃力を原動力とする火力発電設備であって出力10kW未満
⑤燃料電池発電設備（固体高分子型のものであって、最高使用圧力が0.1MPa未満のものに限る）であって出力10kW未満
⑥これらを組み合わせて設置したときの出力の合計が50kW未満

これらの数字以上の出力の発電設備が設置されている場合は、低圧で受電していても事業用電気工作物になります。太陽50、風水20、燃10、合計50と覚えましょう。

一般用電気工作物の調査義務

電気供給者は、一般用電気工作物が技術基準に適合しているかどうかを調査しなければならないと規定されています。ただし、その設置場所への立ち入りは、その所有者または占有者の承諾を得ることができない場合は、この限りではありません。

一般用電気工作物の調査義務は、電気工作物の設置者や施工者ではなく、一般送配電事業者などの電気供給者に課せられ、4年に1回以上の頻度で実施します。設置者は、電気工作物を調査する十分な知識を有していないため、専門家である**電気供給者側**に調査する義務が課せられています。

 自家用電気工作物の設置者の義務

事業用電気工作物である自家用電気工作物の設置者には、次の義務が課せられています。

■自家用電気工作物の設置者の義務

①電気工作物の**技術基準**適合維持
②**保安規程**の制定、届出、遵守
③**電気主任技術者**の選任、届出
④**電気事故**の報告

自家用電気工作物の設置者は、自家用電気工作物に次の事故が発生したとき、電気事故の**報告**をしなければなりません。

■自家用電気工作物の設置者が報告しなければならない事故

①感電、破損事故、死傷事故	②電気火災事故
③公共や社会に影響を及ぼした事故	④主要電気工作物の破損事故
⑤供給支障事故	⑥他者への波及事故

報告は、まず事故の発生を知ったときから**24**時間以内に、可能な限り速やかに電話等（FAX含む）の方法により、報告しなければなりません。次に、事故の発生を知った日から起算して**30**日以内に報告書を提出しなければなりません。

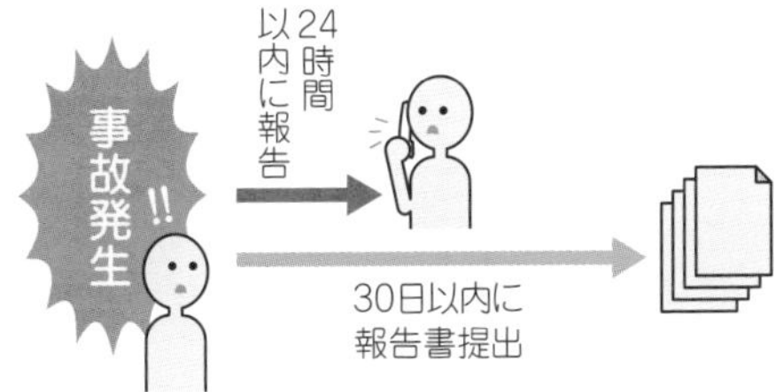

事業用電気工作物である自家用電気工作物は、事業をするために設置しているので、自家用電気工作物の設置者は、社会に対して自己責任による自主的な保安が求められています。したがって、技術基準の適合維持などの義務は設置者に課せられています。

2 電気工事士法

★電気工事士の資格が必要な工事と、そうでない軽微な工事を覚える。「電気工事士でなければできない作業は？」といった設問が出題される。
★電気工事士の義務と、電気工事士免状に関する各種手続きについてもよく出題される。
★免状は「携帯の義務」「氏名変更の書換え」「汚し、紛失した場合の再交付」について覚えておく。

電気工事士法の目的

電気工事士法は、電気工事の作業に従事する者の資格および義務を定め、電気工事の欠陥による**災害の発生**の防止に寄与することを目的としています。

電気工事士の資格と工事

電気工事の資格には、第１種電気工事士、第２種電気工事士、特種電気工事資格者、認定電気工事従事者があり、それぞれ従事できる電気工事は次の表の通りです。

■電気工事士の資格と従事できる工事　○：従事できる　×：従事できない

資格	自家用電気工作物（500kW 未満の需要設備）の工事			一般用電気工作物の工事
		特殊電気工事（ネオン・非常用予備発電装置）	簡易電気工事（低圧部分）	
第１種電気工事士	○	×	○	○
ここが出る！ 第２種電気工事士	×	×	×	○
特種電気工事資格者	×	○	×	×
認定電気工事従事者	×	×	○	×

第２種電気工事士は**一般用**電気工作物のみ、第１種電気工事士は**一般用**および**自家用**電気工作物の電気工事に従事することが可能です。ただし、第１種電気工事士でなければ従事してはならないと定められているのは、自家用電気工作物のうち**500**kW未満の需要設備のみです。

また、ネオンおよび非常用予備発電装置の工事は**特殊**電気工事とされ、それぞれ、ネオン工事はネオン工事の特種電気工事資格者、非常用予備発電装置工事は非常用予備発電装置工事の特種電気工事資格者でなければ従事することができません。自家用電気工作物のうち低圧部分の工事は**簡易**電気工事に区分され、第１種電気工事士でなくても、**認定電気工事**従事者でも従事することが可能です。

 電気工事士の義務

電気工事士の義務、また電気工事士でなければできない作業は次のとおりです。

■電気工事士の義務

①電気工作物の電気工事に従事する際の**電気設備技術基準**に適合するように作業を行う義務
②電気工作物を構成するもののうち電気用品安全法に定める器具などは**電気用品安全法**の基準を満たすものを使用する義務
③電気工事の作業に従事する際の電気工事士**免状**の携帯義務
④都道府県知事より業務に関して報告を求められた際の**報告義務**
⑤定期講習の**受講**義務（**第１種**電気工事士のみ）

■電気工事士でなければできない作業

①**電線相互**を接続する作業
②**がいし**に電線を取り付け、または取り外す作業
③電線を**直接造営材**その他の物件に取り付け、または取り外す作業
④電線管、線ぴ、ダクトその他これらに類する物に**電線を収める**作業
⑤**配線器具**を造営材その他の物件に取り付け、もしくは取り外し、またはこれに電線を接続する作業（露出形点滅器または露出形コンセントを取り換える作業を除く）
⑥**電線管**を曲げ、もしくはねじ切りし、または電線管相互もしくは電線管とボッ

クスその他の附属品とを**接続**する作業

⑦金属製の**ボックス**を造営材その他の物件に取り付け、または取り外す作業

⑧電線、電線管、線ぴ、ダクトその他これらに類する物が造営材を貫通する部分に金属製の**防護装置**を取り付け、または取り外す作業

⑨金属製の電線管、線ぴ、ダクトその他これらに類する物またはこれらの附属品を建造物の**メタルラス**張り、**ワイヤラス**張りまたは**金属板**張りの部分に取り付け、または取り外す作業

⑩**配電盤**を造営材に取り付け、または取り外す作業

⑪ **600**V を超えて使用する電気機器に電線を接続する作業

⑫**接地線**を一般用電気工作物（**600**V 以下で使用する電気機器を除く）に取り付け、もしくは取り外し、接地線相互もしくは接地線と接地極とを接続し、または接地極を地面に埋設する作業

電気工事士でなくてもできる作業

電気工事士でなくてもできる軽微な作業は次の通りです。

■電気工事士免許がなくてもできる軽微な作業

① **600**V 以下で使用する差込み接続器、ねじ込み接続器、ソケット、ローゼットその他の接続器または 600V 以下で使用するナイフスイッチ、カットアウトスイッチ、スナップスイッチその他の開閉器に**コード**または**キャブタイヤケーブル**を接続する工事

② **600**V 以下で使用する電気機器（配線器具を除く。以下同じ）または 600V 以下で使用する蓄電池の端子に電線（コード、キャブタイヤケーブルおよびケーブルを含む。以下同じ）を**ねじ止め**する工事

③ **600**V 以下で使用する**電力量計**もしくは**電流制限器**または**ヒューズ**を取り付け、または取り外す工事

④電鈴、インターホン、火災感知器、豆電球その他これらに類する施設に使用する**小型変圧器**（二次電圧が**36**V以下のものに限る）の二次側の配線工事

⑤電線を支持する柱、腕木その他これらに類する工作物を設置し、または変更する工事

⑥**地中**電線用の**暗渠（あんきょ）または管**を設置し、または変更する工事

電気工事士免状

■電気工事士免状の交付等

①電気工事士免状は、**都道府県知事**が交付する。

②**都道府県知事**は、電気工事士が電気工事士法または電気用品安全法の規定に違反したときは、免状の**返納**を命ずることができる。

③**都道府県知事**は、次に該当する者に対しては、電気工事士免状の交付を行わないことができる。

一　免状の**返納**を命ぜられ、その日から1年を経過しない者

二　電気工事士法に**違反**し、罰金以上の刑に処せられ、その執行を終わり、または執行を受けることがなくなった日から2年を経過しない者

④免状には、次に掲げる事項を**記載**するものとする。

一　免状の種類

二　免状の交付番号及び交付年月日

三　氏名及び生年月日

免状の記載事項

⑤免状をよごし、損じ、または失つたときは、当該免状を交付した**都道府県知事**にその**再交付**を申請することができる。

⑥免状の**記載事項**に変更を生じたときは、当該免状にこれを証明する書類を添えて、当該免状を交付した都道府県知事にその**書換え**を申請しなければならない。

過去問に挑戦！

問題1 第2種電気工事士免状の交付を受けている者であってもできない工事は。

イ 一般用電気工作物のネオン工事

ロ 一般用電気工作物の接地工事

ハ 自家用電気工作物（500kW未満の需要設備）の非常用予備発電装置の工事

解説 500kW未満の需要設備の自家用電気工作物の非常用予備発電装置の工事は特殊電気工事とされ、特種電気工事資格者でなければ従事できません。

答え ハ

問題2 電気工事士法の主な目的は。

イ 電気工事の欠陥による災害発生の防止に寄与する。

ロ 電気工事に従事する主任電気工事士の資格を定める。

ハ 電気工作物の保安調査の義務を明らかにする。

解説 電気工事士法は、「電気工事の作業に従事する者の資格および義務を定め、電気工事の欠陥による災害の発生と防止に寄与する」ことを目的としています。

答え イ

3 電気用品安全法

★一般の人から電気用品による危険および障害の発生を防止することが目的の法律。危険のおそれが高い主な特定電気用品を覚える。ランプや電線管は特定電気用品に含まれない。
★電気工事士は適合表示マークのない電気用品を使用できない。表示マークはよく出題される。

電気用品安全法の目的は危険と障害発生の防止

電気用品安全法は、電気用品の**製造**、**販売陳列等**を規制するとともに、電気用品の安全性の確保につき民間事業者の自主的な活動を促進することにより、電気用品による**危険**および**障害**の発生を防止することを目的としています。

電気用品とは、一般用電気工作物の部分となり、またはこれに接続して用いられる機械、器具または材料であって、政令で定めるもの、と規定されています。

特定電気用品は危険のおそれが高い

構造や使用の方法・状況から**危険**・**障害**の発生するおそれが高い電気用品を**特定電気用品**として指定しています。特定電気用品には、タンブラスイッチ、開閉器、電線など**電圧**が低く**容量**は小さいものが指定されています。つまり、広く一般の人が使用したり触れたりする機会の多いものです。

●特定電気用品

電線	定格電圧が100V以上600V以下の次の用品 ●ゴム絶縁電線（公称断面積100㎟以下） ●合成樹脂絶縁電線（公称断面積100㎟以下） ●ケーブル(公称断面積22㎟、線心7本以下、外装がゴムか合成樹脂) ●コード ●キャブタイヤケーブル（公称断面積100㎟以下、線心7本以下）
ヒューズ	定格電圧が100V以上300V以下の次の用品 ●温度ヒューズ ●その他のヒューズ（定格電流1A以上200A以下）

配線器具	●タンブラスイッチ、中間スイッチなどのスイッチ類(定格電流30 A以下) ●箱開閉器、フロートスイッチ、配線用遮断器、漏電遮断器などの開閉器(定格電流100A以下) ●カットアウト ●差込接続器、ねじ込み接続器、ソケット、ローゼット、ジョイントボックスなどの接続器とその附属品(定格電流50A以下、極数5以下)
小形単相変圧器・放電灯用安定器	定格電圧が100V以上300V以下の、小形単相変圧器(定格容量500VA以下)、蛍光灯用安定器(定格消費電力500W以下)など
電熱器具	定格電圧が100V以上300V以下の、定格消費電力10kW以下の電気便座、電気温水器、観賞魚用ヒーターなど

電気用品の適合表示マーク

電気用品安全法では、適合表示や検査について次のように定めています。

●基準適合義務

届出事業者は、届出に係る型式の電気用品を製造し、または輸入する場合においては、**技術基準**に適合するようにしなければなりません。

●特定電気用品の適合性検査

届出事業者は、電気用品が**特定電気用品**である場合には、販売するときまでに**適合性検査**を受け、同項の証明書の交付を受けて保存する必要があります。

●表示

特定電気用品のマーク

<PS>E

特定電気用品以外の電気用品マーク

(PS)E

届出事業者は、電気用品の技術基準に対する適合性について、規定による検査に合格した電気用品に**経済産業省令**で定める方式による表示を付することができます。

また、電気用品の**製造・輸入業者**は、適合表示マークのついていない電気用品を販売および販売の目的で**陳列**してはなりません。**電気工事士**は、適合表示マークのついていない電気用品を電気工事に使用してはなりません。

次のうち、特定電気用品の適用を受けるものは。

イ消費電力40Wの蛍光ランプ　ロ定格電流20Aの配線用遮断器　ハ消費電力30Wの換気扇

解説 蛍光ランプ、換気扇は特定電気用品ではありません。定格電流100A以下の配線用遮断器は特定電気用品です。

答え ロ

4 電気工事業法

★電気工事業法からの出題は多くない。ただ、電気工事業者としての義務、登録などについて定められている基本的な法律。最低限、ここに出てくる内容は目を通しておこう。
★電気工事者の登録の有効期間、主任電気工事士の職務、営業所に備え付ける器具について問われることが多い。

電気工事業法の目的

電気工事業法は、正式には電気工事業の業務の**適正化**に関する法律といいます。電気工事業を営む者の登録等や、業務の規制を行うことにより、その業務の**適正な実施**の確保と、一般用電気工作物および自家用電気工作物の**保安**の確保を目的としています。

電気工事業者の登録

電気工事業を営もうとする者は、経済産業大臣または都道府県知事の登録を受けなければなりません。電気工事業者の登録については、電気工事業法により次のように規定されています。

●電気工事者の登録の申請先と有効期間 ここが出る!

登録の申請先		登録の有効期間
2以上の都道府県に営業所を設置	**経済産業大臣**	**5**年 （満了後は**更新**の登録を受ける必要がある）
1つの都道府県に営業所を設置	**都道府県知事**	

電気工事業者の義務

電気工事業者の義務について、次のように規定されています。

●主任電気工事士の設置

一般用電気工作物の工事の業務を行う営業所ごとに、作業を管理させるため、**第1種**電気工事士、または**第2種**電気工事士免状の交付を受け**3**年以上の実務の経験を有するものを、**主任電気工事士**として、置かなければなりません。

●主任電気工事士の職務等

主任電気工事士は、一般用電気工作物の工事による危険および障害が発生しないように作業の管理の職務を誠実に行わなければなりません。一般用電気工作物の工事の作業に従事する者は、主任電気工事士がその職務を行うため必要があると認めてする指示に従わなければなりません。

●営業所ごとに備え付ける器具

その営業所ごとに、**絶縁抵抗計**その他の器具を備えなければなりません。また、備えなければならない器具は、営業所の種別により次のように定められています。

営業所	器具
自家用電気工作物の工事の業務を行う営業所	絶縁抵抗計（メガー）、接地抵抗計（アーステスタ）、回路計（テスタ）、低圧検電器、高圧検電器、継電器試験装置、絶縁耐力試験装置
一般用電気工作物の工事のみの業務を行う営業所	**絶縁抵抗計**、**接地抵抗計**、**回路計**

一般用電気工作物のみの場合、備えなければならない器具は、**メガー**、**テスタ**、**アーステスタ**です。

●標識の掲示

営業所および電気工事の施工場所ごとに、氏名または名称、登録番号その他の定める事項を記載した**標識**を掲げなければなりません。

標識の例

登録電気工事者登録票

登録番号	知事登録 第　　号
登録の年月日	平成　年　月　日
氏名又は氏名	
代表者の氏名	
営業所の名称	
電気工事の種類	
主任電気工事士等の氏名	

●帳簿の備付け等

電気工事業者は、営業所ごとに帳簿を備え、電気工事ごとに次に掲げる事項を記載しなければなりません。また、帳簿は、記載の日から**5**年間**保存**しなければなりません。

①注文者の氏名または名称および住所　②電気工事の種類および施工場所
③施工年月日　④主任電気工事士等および作業者の氏名
⑤配線図　⑥検査結果

一問一答で総チェック！

次の問いに答えなさい。

Q01 □□□

次の［　　］内に入る数字を答えなさい。
電気事業法において、電圧［　　］V未満の電気的設備で、電圧［　　］V以上の電気的設備と電気的に接続されていないものは、電気工作物から除かれる。

A01 **30、30**
電圧30 V未満の電気的設備であって電圧30 V以上の電気的設備と電気的に接続されていないものは、電気工作物から除かれます。

Q02 □□□

次の文章の正誤を答えなさい。
電気事業法において、600Vを超える電圧で受電している電気工作物は、一般用電気工作物である。

A02 **誤り**
一般用電気工作物は、600V以下の低圧で受電していることが条件です。600Vを超える電圧で受電している電気工作物は、事業用電気工作物です。

Q03 □□□

次の文章の正誤を答えなさい。
電気事業法において、600V以下の低圧で受電し、構外にわたる電線路がある電気工作物は、一般用電気工作物ではない。

A03 **正しい**
600V以下で受電していても、構外にわたる電線路がある場合は事業用電気工作物になります。

Q04 □□□

次の文章の正誤を答えなさい。
電気事業法において、600V以下の電気の発電用の風力発電設備であって、出力20kWのものは、小出力発電設備である。

A04 **誤り**
風力発電設備の小出力発電設備の条件は、600V以下の電気の発電用の電気工作物で出力20kW未満です。

Q05 □□□

次の［　　］内に入る数字を答えなさい。
電気事業法において、自家用電気工作物の設置者は、自家用電気工作物に事故が発生したときは、事故の発生を知った時から［　　］時間以内に、電話等により報告しなければならない。

A05 **24**
設置者は、電気工作物に事故が発生したときは、事故の発生を知った時から24時間以内に、電話等により報告しなければなりません。

Q06 □□□

次の文章の正誤を答えなさい。
電気工事士法において、第2種電気工事士は定期講習を受講する義務がある。

A06 **誤り**
定期講習の受講義務があるのは第1種電気工事士で、第2種電気工事士に定期講習の受講義務はありません。

Q07 □□□

次の文章の正誤を答えなさい。
電気工事士法において、露出形点滅器又は露出形コンセントを取り換える作業は、電気工事士でなくても行うことができる。

A07 **正しい**
露出形点滅器又は露出形コンセントを取り換える作業は、電気工事士でなければできない作業から除かれています。

Q08 □□□

次の文章の正誤を答えなさい。
電気工事士法において、600V以下で使用する電力量計若しくは電流制限器又はヒューズを取り付け、又は取り外す工事は、電気工事士でなくても行うことができる。

A08 **正しい**
600V以下で使用する電力量計若しくは電流制限器又はヒューズを取り付け、又は取り外す工事は、電気工事士でなくてもできる軽微な作業に該当します。

次の問いに答えなさい。

Q 09 □□□

次の　　　内に入る数字を答えなさい。
電気工事士法において、電鈴、インターホン、火災感知器、豆電球その他これらに類する施設に使用する小型変圧器（二次電圧が　　　V以下のものに限る。）の二次側の配線工事は、電気工事士でなくてもできる軽微な作業である。

A 09
36
小型変圧器で二次電圧が36V以下のものの二次側の配線工事は、電気工事士でなくてもできる軽微な作業に該当します。

Q 10 □□□

次の文章の正誤を答えなさい。
電気工事士法において、住所に変更を生じたときは、都道府県知事に電気工事士免状の書換えを申請しなければならない。

A 10
誤り
電気工事士免状の記載事項に変更を生じたときは、書換えを申請しなければなりませんが、住所は免状の記載事項に該当しません。

Q 11 □□□

次の　　　内に入る語句を答えなさい。
電気工事士法において、電気工事士は、　　　に規定する表示のない電気用品を、電気工作物の設置または変更の工事に使用してはならない。

A 11
電気用品安全法
電気工事士は、電気用品安全法に規定する表示のない電気用品を、工事に使用してはなりません。

Q 12 □□□

次の文章の正誤を答えなさい。
電気用品安全法において、電気用品の製造の事業を行う者は、一定の要件を満たせば、製造した特定電気用品に〈PS E〉の表示を付すことができる。

A 12
正しい
特定電気用品のマークと特定電気用品以外の電気用品のマークは次のとおりです。

特定電気用品のマーク

特定電気用品以外の電気用品マーク

Q 13 □□□

次の　　　内に入る語句を答えなさい。
電気用品安全法において、電気用品の製造、輸入または販売の事業を行う者は、法令に定める表示のない電気用品を販売し、または販売の目的で　　　してはならない。

A 13
陳列
製造、輸入または販売業者は、表示のない電気用品を販売または販売の目的で陳列してはなりません。

Q 14 □□□

次の文章の正誤を答えなさい。
電気用品安全法において、蛍光ランプは特定電気用品である。

A 14
誤り
蛍光ランプは特定電気用品以外の電気用品に該当します。特定電気用品に該当するのは蛍光灯用安定器です。

Q 15 □□□

次の　　　内に入る語句を答えなさい。
電気事業法において、電気工事業を営もうとする者は、二以上の都道府県の区域内に営業所を設置してその事業を営もうとするときは、　　　の登録を受けなければならない。

A 15
経済産業大臣
二以上の都道府県の区域内に営業所を設置して事業を営もうとするときは、経済産業大臣の登録を受けなければなりません。

Q 16 □□□

次の　　　内に入る語句を答えなさい。
電気事業法において、電気工事業を営もうとする者は、一の都道府県の区域内にのみ営業所を設置してその事業を営もうとするときは、当該営業所の所在地を管轄する　　　の登録を受けなければならない。

A 16
都道府県知事
一の都道府県の区域内にのみ営業所を設置して事業を営もうとするときは、管轄する都道府県知事の登録を受けなければなりません。

一問一答で総チェック!

次の問いに答えなさい。

Q17 □□□

次の文章の正誤を答えなさい。
電気工事業法において、電気工事業者の登録の有効期間は5年である。

A17 **正しい**
電気工事業者の登録の有効期限は5年です。

Q18 □□□

次の文章の正誤を答えなさい。
電気事業法において、第2種電気工事士免状の交付を受けた後、電気工事に関し1年以上の実務の経験を有するものを、主任電気工事士として置くことができる。

A18 **誤り**
一般用電気工作物の工事の業務を行う営業所ごとに、作業を管理させるため置く主任電気工事士の条件は、第1種又は第2種電気工事士免状の交付を受けた後、電気工事に関し3年以上の実務の経験を有するものです。

Q19 □□□

次の文章の正誤を答えなさい。
電気事業法において、電気工事業者が一般用電気工作物の工事のみの業務を行う営業所に備え付けなければならない器具は、絶縁抵抗計、接地抵抗計、検電器である。

A19 **誤り**
一般用電気工作物のみの場合、備えなければならない器具は、絶縁抵抗計、接地抵抗計、回路計です。

Q20 □□□

次の [　　　] 内に入る語句を答えなさい。
電気設備技術基準の用語の定義において、「電線」とは、[　　　] 電流電気の伝送に使用する電気導体、絶縁物で被覆した電気導体又は絶縁物で被覆した上を保護被覆で保護した電気導体をいう。

A20 **強**
「電線」とは、強電流電気の伝送に使用する電気導体と定義されています。

Q21 □□□

次の文章の正誤を答えなさい。
電気設備技術基準の用語の定義において、「調相設備」とは、無効電力を調整する電気機械器具をいう。

A21 **正しい**
「調相設備」とは、無効電力を調整する電気機械器具と定義されています。

Q22 □□□

次の文章の正誤を答えなさい。
電気設備技術基準の用語の定義において、「連接引込線」とは、一需要場所の引込線及び需要場所の造営物から分岐して、支持物を経て他の需要場所の引込口に至る部分の電線をいう。

A22 **誤り**
「連接引込線」とは、一需要場所の引込線及び造営物から分岐して、支持物を経ないで、他の需要場所の引込口に至る部分の電線と定義されています。

Q23 □□□

次の [　　　] 内に入る語句を答えなさい。
発電・変電・送電・配電または電気の使用のために設置する機械、器具、ダム、水路、貯水池、電線路その他の工作物を [　　　] という。

A23 **電気工作物**
電気の使用等のために設置される工作物を電気工作物といいます。

Q24 □□□

次の [　　　] 内に入る語句を答えなさい。
電気設備技術基準において、配線の使用電線には、感電又は火災のおそれがないよう、施設場所の状況及び電圧に応じ、使用上十分な [イ] 及び [ロ] 性能を有するものでなければならない。

A24 **イ．強度　ロ．絶縁**
配線の使用電線は、感電又は火災のおそれがないよう、十分な強度及び絶縁性能を有するものでなければなりません。

第7章
配線図

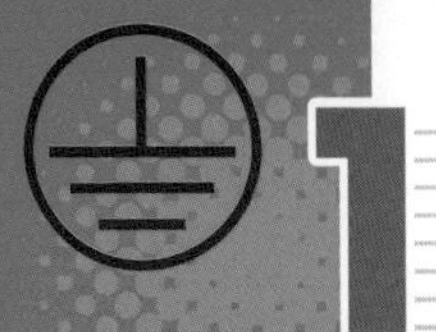

1 配線図の基本－電線の表し方

試験攻略のポイント

★配線図問題は「図記号の見方」と「単線図から複線図を起こす」の２つを覚えて、過去問題を解いて慣れるのが王道。何度も「覚える→問題を解く」を繰り返して攻略しよう。
★電線の種類と数、太さは基本中の基本。ここで解説する内容はすべて丸暗記すること。

配線図ー電気機器やコンセントに電源をどうつなぐかを記した設計図

配線図とは、家屋の引込口から屋内の電気機器やコンセントに電源をつなぐための設計図のことです。配線図は、配線図記号を使って描かれます。第7章では、配線図によく出てくる基本的な配線図記号を覚えます。

まず、屋内配線の次の４つの施工場所によって、線の種類を分けることになっていることを覚えましょう。

屋内配線の配線図記号

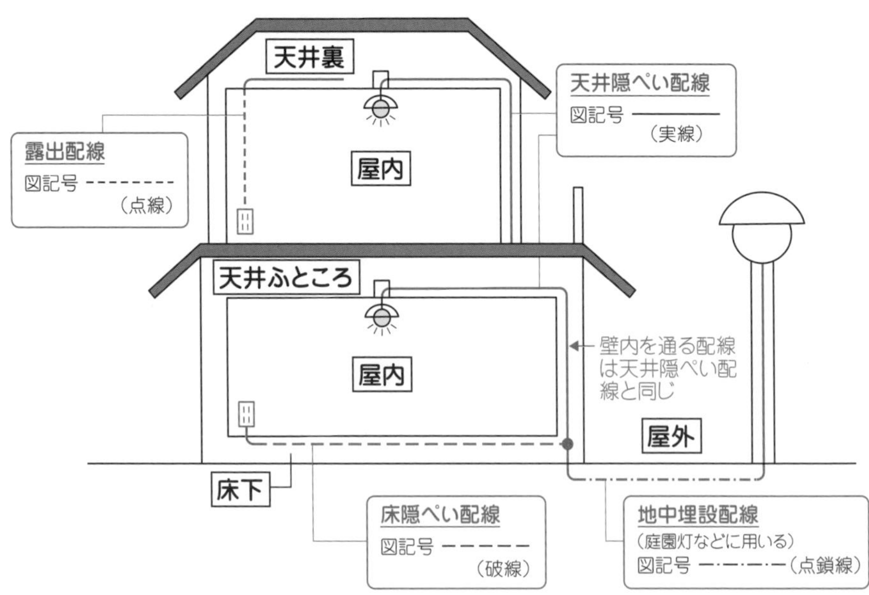

電線の種類・数・太さを図記号で表す

電線の図記号には、電線（あるいはケーブル）の種類、電線の数（条数）、太さ（直径あるいは断面積）を書き加えます。次の2つの例で説明します。

■電線の種類・太さ・本数の表し方

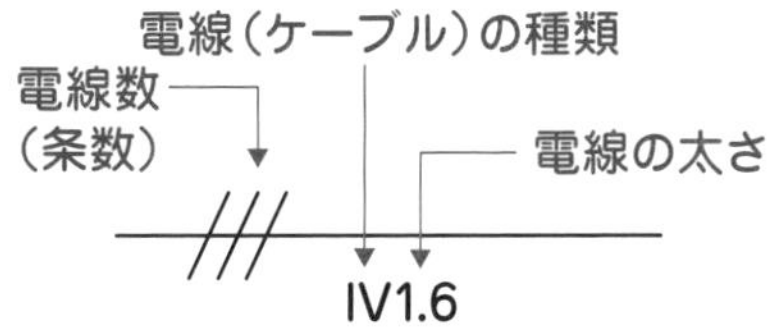

- 電線（ケーブル）の種類
  IV 線
- 電線の太さ
  直径 1.6mm
- 電線数（条数）
  3 本

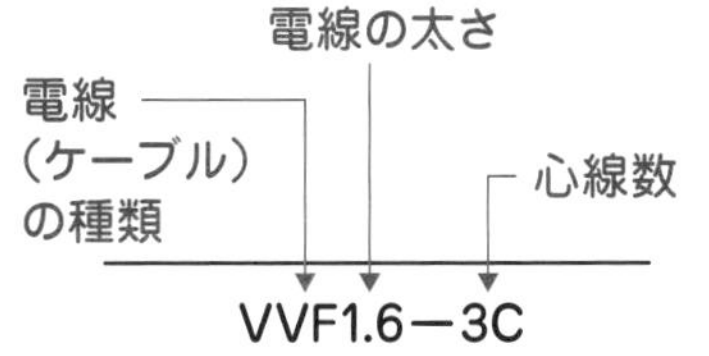

- 電線（ケーブル）の種類
  VVF 線
- 電線の太さ
  直径 1.6mm
- 電線数（条数）
  1 本（心線数で表記した場合は不要）
- 心線数
  3 心

■電線管を通す場合の表し方

- 電線管
  外径 19mm のねじなし電線管
- 電線（ケーブルの種類） IV 線
- 電線の太さ　直径 1.6mm
- 電線数（条数） 2 本

■電線管の種類と記号

種類	名称	記号
金属管	薄鋼・厚鋼電線管	なし
	ねじなし電線管	E
	2 種金属製可とう電線管	F2
合成樹脂管	硬質塩化ビニル電線管	VE
	可とう電線管（PF 管）	PF
	可とう電線管（CD 管）	CD
	波付硬質合成樹脂管	FEP
	耐衝撃性硬質ポリ塩化ビニル電線管	HIVE

電線管の太さ

電線管の太さは偶数なら内径［mm］、奇数なら外径［mm］を表します。

2 一般的な配線図記号

★配線図問題では住宅の屋内配線が提示され、その読み取りが求められる。つまり、照明器具やコンセント、遮断器、配電盤、住宅にある電気機器の記号を覚えておくこと。
★似た図記号（例えば、Ⓢ と Ⓢ）がいくつもある。それらは「何が異なるのか」を理解することがポイント。

配線に関する図記号

試験問題では、配線図の中の図記号を指して、記号が表すものの名称を答えたり、写真の中から記号が表すものを選ぶ問題がよく出題されます。まず、基本的な配線に関する図記号を覚えましょう。

■配線に関する図記号

図記号	名称	内容
○↗	立上がり	立ち上がり配線・配管 （上階への配線・配管）
↙○	引下げ	立ち下げ配線・配管 （下階への配線・配管）
↙○↗	素通し	上階と下階を結ぶ素通しの配管・配線 （例えば、1階から2階を通過して3階に配線する場合、2階の図面に描く）
□	ジョイントボックス アウトレットボックス	電線管やケーブルを集合させて、電線の接続や分岐をするボックス
⊠	プルボックス	電線管の接続分に設けて電線を分岐・屈曲させるボックス ジョイントボックスでは収まらないサイズにも対応可能
⊘	VVF用 ジョイントボックス	VVFケーブル用のジョイントボックス
⏚	接地極	接地線を地面に接地させる極 C種接地工事は ⏚E_C D種接地工事は ⏚E_D で表す
⏚（丸囲み）	接地端子	電気器具の接地線を接続するための端子
⚡	受電点	電源を引き込んで受電する点

照明・コンセント・スイッチなどの図記号

■照明の図記号

図記号	名称
○	一般用照明 （白熱灯または HID 灯）
◐	壁付一般用照明 （壁側を塗る）
Ⓒⓛ (CL)	シーリングライト （天井直付照明器具）
(DL)	ダウンライト （埋込照明器具）
(CH)	シャンデリヤ
(( ))	引掛シーリング（丸形）
[( )]	引掛シーリング（角形）
⊖	ペンダント （吊り下げ形の照明）
(CP)	チェーンペンダント （鎖で吊り下げる形の照明）
◎	屋外灯
▭○▭	蛍光灯
▭◒▭	壁付蛍光灯（壁側を塗る）
⊗	誘導灯（白熱灯）
▭⊗▭	誘導灯（蛍光灯）
(R)	ランプレセプタクル

HID 灯の種類を表す場合

HID 灯の種類を表す場合は、容量と次の記号をつけます。

H　水銀灯
M　メタルハライド灯
N　ナトリウム灯

例えば、200W のナトリウム灯だったら、○N200 となります。

引掛シーリング
丸形と角形の違い

シーリングライトは天井に直に取り付ける照明器具のこと。

引掛シーリングはシーリングライトをはめ込む器具のこと。

▲丸形の引掛シーリング

▲角形の引掛シーリング

ランプレセプタクル

白熱電球を取り付けるソケットのこと。

■コンセントの図記号

図記号	名称
	一般用コンセント（壁側を塗る）
	天井に取り付ける場合
	床に取り付ける場合
WP	防雨形コンセント
2	2口の場合
3	3口の場合
LK	抜け止め形コンセント
T	引掛形コンセント
E	接地極付コンセント
ET	接地端子（アースターミナル）付コンセント
EET	接地極付接地端子付コンセント
EL	漏電遮断器付コンセント

図記号	名称
H	医用コンセント
	二重床用コンセント
	非常コンセント

ちょっと補足

定格電流と定格電圧の付記

定格電流15A、定格電圧125V以外の場合は記号の横にその数字を付記します。「定格電流15A　定格電圧125V」の場合は付記しません。

例　定格20A250V接地極付

コンセントの横についているアルファベットの意味

- ●防雨形
  WP = water-proof
- ●抜け止め形
  LK = lock
- ●引掛形
  T = twist
- ●接地極付
  E = earth plate
- ●接地端子付
  ET = earth terminal
- ●接地極付接地端子付
  EET = earth plate, earth terminal
- ●漏電遮断器付
  EL = earth leakage breaker

▼接地極付接地端子付コンセント

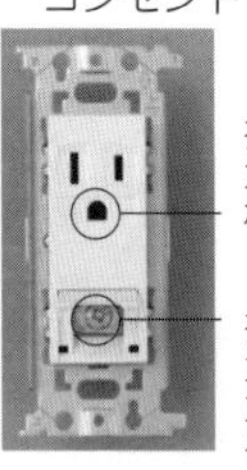

■コンセント図記号と刃受けの形状の対応図

使用電圧	定格電流	記号➡刃受け
単相 100 V	15A	E 接地極
	20A	20A / 20A E 接地極
単相 200 V	15A	250V / 250V E 接地極
	20A	20A 250V / 20A 250V E 接地極
三相 200 V	15A・20A・30A (引掛形でないもの:形状は共通)	3P 250V / 3P 250V E 接地極
	20A 引掛形	3P 20A 250V T / 3P 20A 250V E T 接地極

■スイッチ(点滅器)の図記号

図記号	名称(図は接点の構成)
●	単極スイッチ
(●●)	2連スイッチ
●3	3路スイッチ (0, 1, 3)
●4	4路スイッチ (1, 2, 3, 4)
●L	確認表示灯内蔵スイッチ(ONのときに表示灯が点灯) (0, 1, 3)
●H	位置表示灯内蔵スイッチ(OFFのときに表示灯が点灯)
●P	プルスイッチ

図記号	名称
●A(3A)	自動点滅器(カッコ内は容量)
◆	ワイドハンドル形点滅器
●R	リモコンスイッチ
▲	リモコンリレー
⊗6	リモコンセレクタスイッチ(数字は点滅回路数)
●○	スイッチとパイロットランプの組合せ
↗●	調光器

ちょっと補足 **リモコンリレー**

リモコンリレーはリモコン配線用のリレーで、複数回路の場合は ▲▲▲12 と回路数を傍記します(→ P101)。

7章 配線図――一般的な配線図記号

■開閉器・計器の図記号

図記号	名称
S（□）	開閉器
Ⓢ Ⓢf	電流計付き開閉器 ＊右の記号の傍記の f はヒューズの意味で「過電流保護ヒューズ付箱開閉器」を示す。
B（□）	配線用遮断器
B または B M	モータブレーカ
E（□）	漏電遮断器
BE（□）	過負荷保護付き漏電遮断器
Wh（□）	電力量計
TS（□）	タイムスイッチ

遮断器の種類

配線図問題には次の 3 つが出題されることが多いので、記号と使用目的をあわせて覚えましょう。

▼配線用遮断器

回路ごとに取り付け、過電流を検出したときに回路を遮断します。

▼漏電遮断器

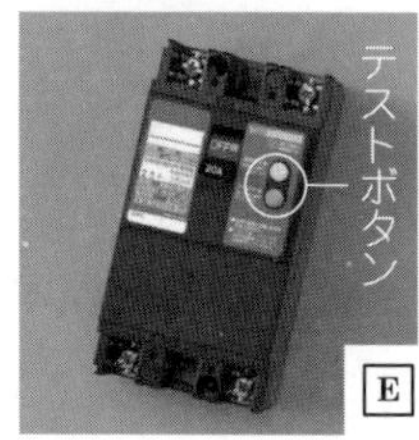

漏れ電流を検出すると回路を遮断する装置。テストボタンがあります。

▼過負荷保護付漏電遮断器

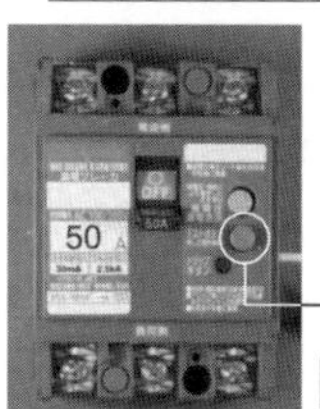

配線用遮断器と漏電用遮断器の両方の機能をもった漏電遮断器です。

■配電盤・分電盤の図記号

図記号	名称
⊠（長方形に×）	配電盤
◪（長方形の対角半分塗り）	分電盤

ちょっと補足

分電盤

配線図問題では、分電盤結線図より該当する分電盤の写真を選ぶ問題が出題されます。分岐回路がいくつあるかがポイントになります。写真は分岐回路が 12 回路の分電盤。

■電気機器の図記号

図記号	名称
Ⓜ	電動機
Ⓗ	電熱器
RC_I（室内ユニット） RC_O（屋外ユニット）	ルームエアコン
（壁付） （天井付）	換気扇
Ⓣ	小型変圧器
	コンデンサ
Ⓖ	発電機

■押しボタンやチャイムの図記号

図記号	名称
◉	押しボタン
	押しボタン（壁付）
$◉_B$	電磁開閉器用押しボタン
$◉_P$	圧力スイッチ
	ベル
	ブザー
	チャイム

ちょっと補足

小型変圧器

ベルやチャイムなどの低電圧で動作する機器のための変圧器。次のように用途に応じて記号を傍記します。

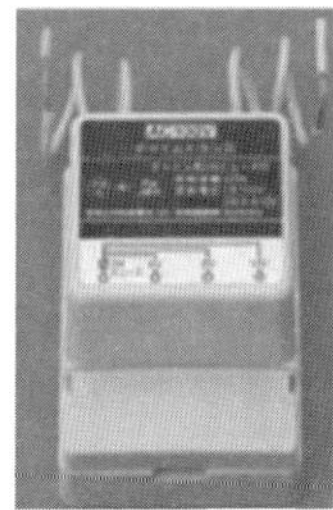

▲ベル用変圧器 $Ⓣ_B$

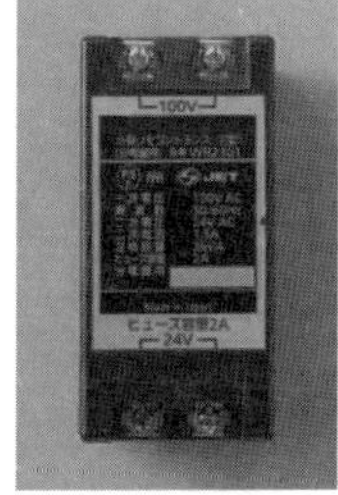

▲リモコントランス（変圧器） $Ⓣ_R$

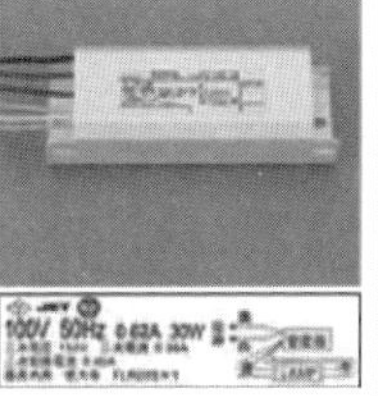

▲蛍光灯用安定器（変圧器） $Ⓣ_F$

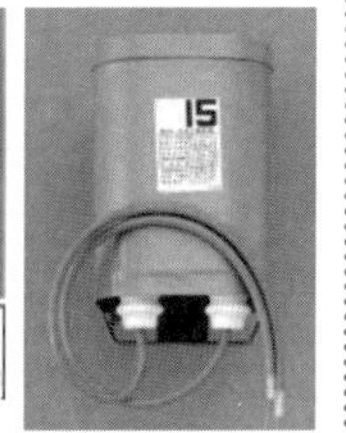

▲ネオン変圧器 $Ⓣ_N$

ちょっと補足

電磁開閉器用押しボタン

電磁開閉器（写真左）は、電磁石の動作で回路の開閉を行うものです。電磁開閉器を手動で動作させるために用いられるものが電磁開閉器用押しボタン（写真右）です。

$◉_B$

3 単線図と複線図

試験攻略のポイント

★「単線図から複線図を描く」のは筆記試験、技能試験、両方に必要な技能。ここでは単線図、複線図の意味を覚えよう。
★単線図と複線図は次のような意味を持っている。
単線図……電気回路の系統や配置を把握するため。いわば配線の設計図。
複線図……実際の配線を図示して配線工事をするため。いわば配線の施工図。

電源と電気機器の間には行きと帰り２本の配線が必要

右の図のように、乾電池で豆電球を点灯させるためには、２本の電線を接続します。電灯を点灯させたり、電動機を稼働させたりするためには、電圧をかけて電流を流しますが、そのためには、回路を形成している必要があります。したがって、電源と電気機器の間には、行きと帰りの２本の配線が必要です。

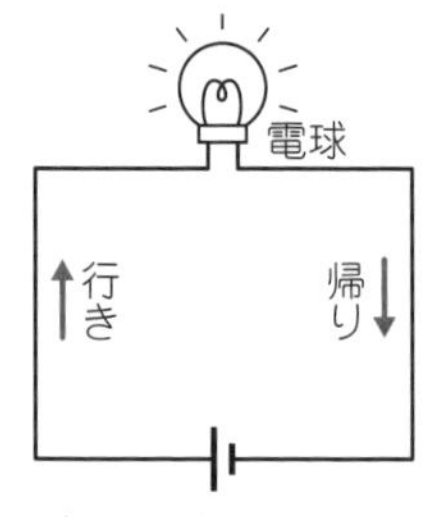

電気の配線は２本必要。

単線図ー行きと帰り２本の電線を１本の線で表した配線図

本来、電気の配線は往還２本の配線で構成されていますが、各機器の配置や系統を示す場合には、２本の配線で描かれていると見にくくなり、かえってわかりにくくなってしまいます。器具の配置や系統をわかりやすく表記するために、２本の線を１本の線で示したものを**単線図**といいます。単線図は平面図や系統図に用いられています。

鉄道の路線図は２本のレールを１本にまとめて図示されている。

これは、鉄道の路線図の考え方に似ています。鉄道のレールも２本ありますが、各駅の配置や系統を１本の線でまとめて表されています。

複線図ー行きと帰り２本の電線をそのまま２本の線で表した配線図

複線図とは、行きと帰り２本の電線を図示した配線図です。系統や配置を把握するためには単線図で十分ですが、実際に配線工事をするときには、実際の電線の配線が図示された複線図が必要です。単線図で描かれた設計図を元に、複線図で施工図を描いて実際に配線工事をすることは、電気工事士の主要な業務になりますので、単線図から複線図が描けることは電気工事士として必須の技能です。

■単線図から複線図を描く

単線図

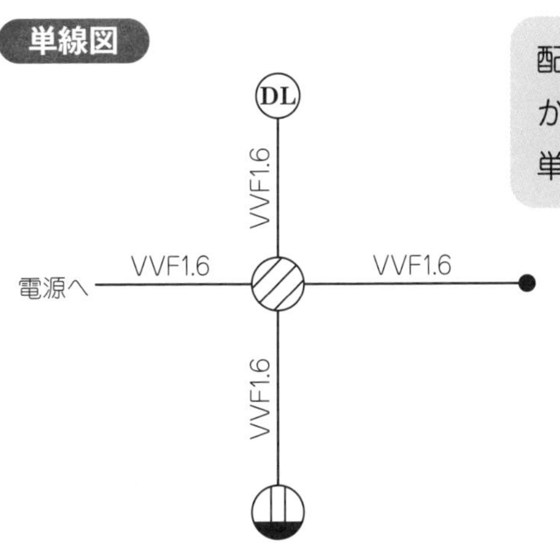

配線図は電気機器等の系統や配置がわかればいいので、このような単線図で描かれている。

複線図

DL
1.6
1.6
1.6
1.6
1.6
1.6

配線工事をするときには、実際の電線の配線が図示された複線図が必要。

ちょっと補足　複線図は技能試験でも必要

技能試験では使用する電線の色の指定があるなど、配線の細かな指示がある。複線図を起こしたほうがミスなく作業できるので、７章で基本をきちんと押さえておこう。

4 単線図から複線図を起こす 基本

★試験では、「複線図を正確に描く」ことが求められます。まずは基本をしっかり身につけよう。このページにある「基本ルール」はどんな複線図でも必要な決まり事。
★練習では規模の小さな単線図を複線図に直すところからはじめるとよい。章末にある一問一答問題（P.218～）を手始めに何度も解いてみよう。

電気配線の基本ルール

単線図から複線図を描くことを、**単線図から複線図を起こす**といいます。電気配線は次の基本ルールで配線する必要があるため、複線図もこの基本ルールに沿って起こす必要があります。逆に、基本ルールさえ理解していれば、規模が大きく、複雑な複線図になっても正確に描くことができるようになります。

■電気配線の基本ルール

① 器具には２本（**非接地側電線**と**接地側電線**）の配線を接続する。
② スイッチは**非接地側電線**につける。
③ 電線の接続は**ボックス**で行う。

次の図は、単極スイッチで蛍光灯１灯を点滅させる回路です。左の図が単線図です。この単線図を複線図にしたものが右の図になります。

単線図

電源
ボックス
蛍光灯
スイッチ

複線図

接地側
接続点
電源
非接地側

複線図を確認すると、基本ルールに沿って接続されています。

① 蛍光灯に２本(非接地側電線と接地側電線)の配線が接続されている。
② スイッチは非接地側電線につけられている。
③ 電線の接続はボックス内で行われている。

蛍光灯に非接地側、接地側の２本の電線を接続すれば、点灯します。ただし、これでは点灯しっぱなしで消すことができません。したがって、途中にスイッチを入れて、消灯できるようにします。スイッチをつける箇所は非接地側の電線です。こうすることにより、消灯時のスイッチが開放しているときには、蛍光灯に接続されている電源線は接地側電線のみになり、万一、蛍光灯の器具通電部に触れても感電の恐れがありません。このように、蛍光灯の非接地側電線は、スイッチを経由して、電源に接続します。また、スイッチから器具への配線は、スイッチ－蛍光灯へ直接配線するのではなく、必ず**ボックス**を経由して配線します。

スイッチの記号

複線図でのスイッチの図記号が単線図とは異なっていますが、複線図ではこの図記号を使ったほうが配線ミスが防げます。

コンセントは直接配線に接続

電灯には点滅用にスイッチが必要でしたが、点滅させる必要のないコンセントにはスイッチは不要です。したがって、コンセントへの配線は、接地側、非接地側ともに、スイッチを経由せずに、直接、配線に接続されます。

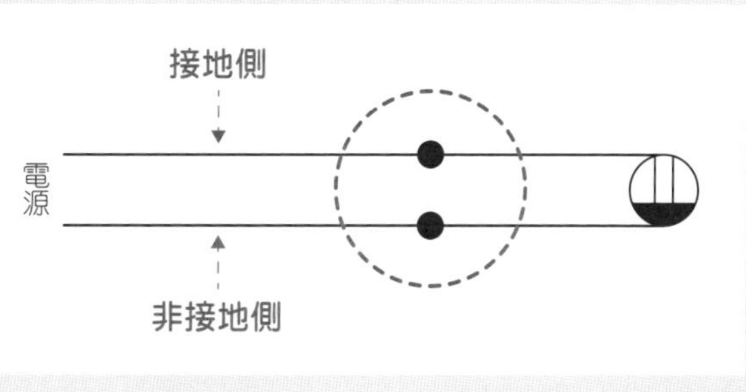

単線図から複線図を起こす手順

複線図を描くには、前述した基本ルールにしたがって描けばよいのですが、実際には、次の手順で描いていきます。

■単線図から複線図を起こす手順

ここが出る!

① 器具、ボックスを配置する。
② 接地側電線を器具に接続する。
③ 非接地側電線をスイッチとコンセントに接続する。
④ スイッチと器具を接続する。

では、次の例で複線図を描いてみましょう。

単線図の例

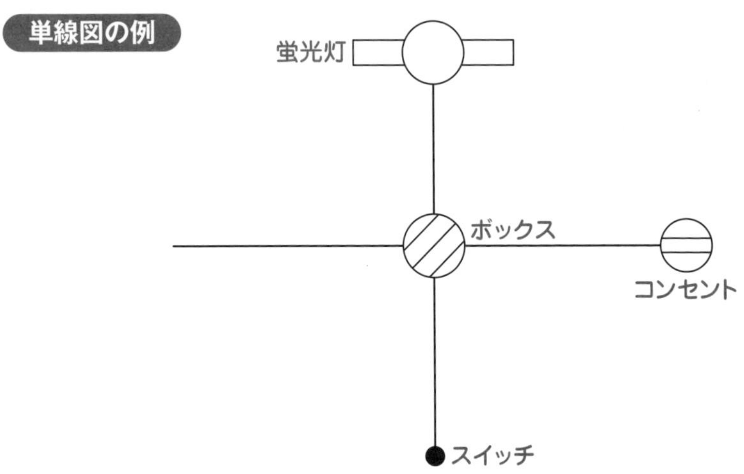
蛍光灯
ボックス
コンセント
スイッチ

手順1 器具、ボックスを配置する

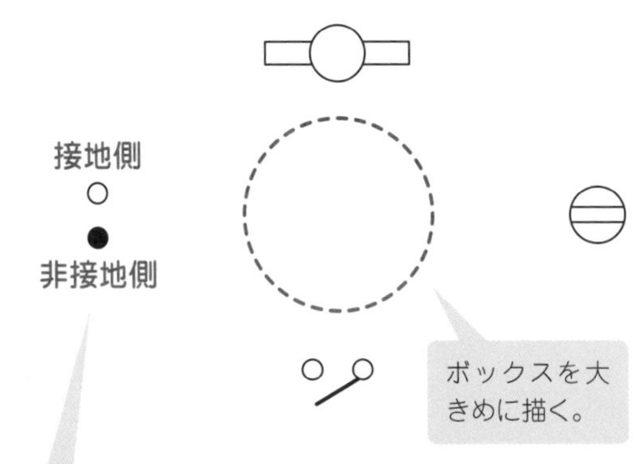
接地側
非接地側
ボックスを大きめに描く。
接地側を○、非接地側を●にして、スイッチのほうに非接地側をおくようにする。

まずは、単線図と同じように器具やボックスを配置します。このとき、複雑な図の場合、ボックス内は電線や接続点で混み合うので、ボックスを大きめに描くのがコツです。

手順2 接地側電線を器具に接続する

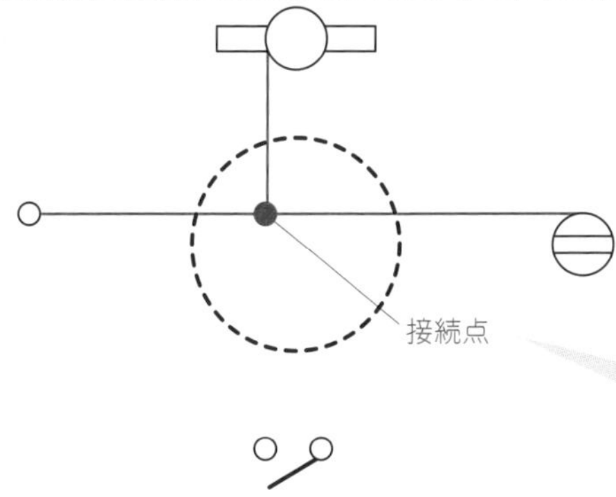

次に、スイッチを経由する必要のない接地側電線を、ボックスを経由して各器具に接続します。

ジョイントボックスを通る電線には必ず接続点を設けるようにしましょう。

手順3 非接地側電線をスイッチとコンセントに接続する

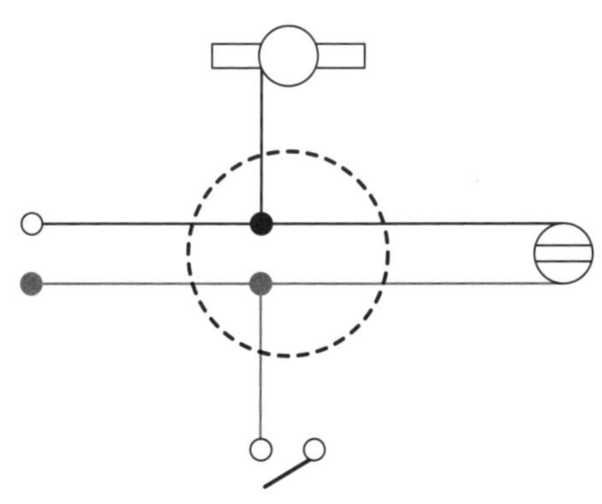

さらに、非接地側電線を、スイッチとコンセントに、ボックスを経由して接続します。

手順4 スイッチと器具を接続する

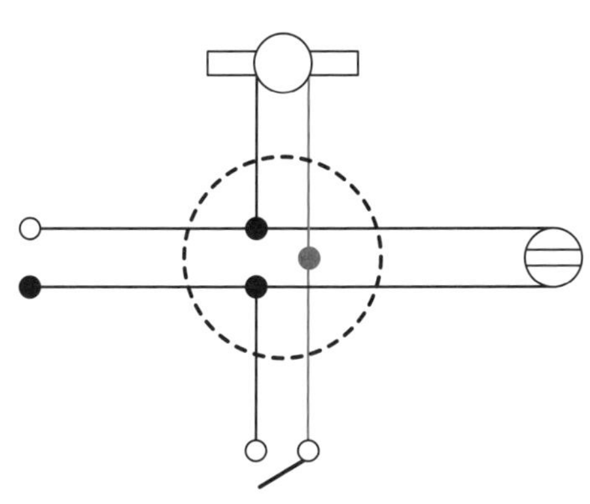

最後に、スイッチと器具を、ボックスを経由して接続します。

5 単線図から複線図を起こす 3路スイッチの例

試験攻略のポイント

★3路スイッチとは、階段下と階段上の2か所など離れた場所で電灯のオンオフをする、というスイッチのことで、屋内配線の分野ではよく出題される。
★3路スイッチのある単線図では、「3路スイッチが2つで大きな1つのスイッチ」と考えて、前ページの基本ルールで複線図を起こす。

3路スイッチ ー1個以上の照明を2か所から点灯消灯できるスイッチ

3路スイッチは、1個以上の照明に対して、2か所から点灯、消灯することができるスイッチです。階段や長い廊下、広い部屋など、離れた2つの場所から照明を消灯・点灯させたいところに用いられます。例えば、階段の下のスイッチで階段の照明を点灯して、階段の上に着いたら、上にあるスイッチで消灯するような場合です。3路スイッチのしくみは次の通りです。

3路スイッチのしくみ

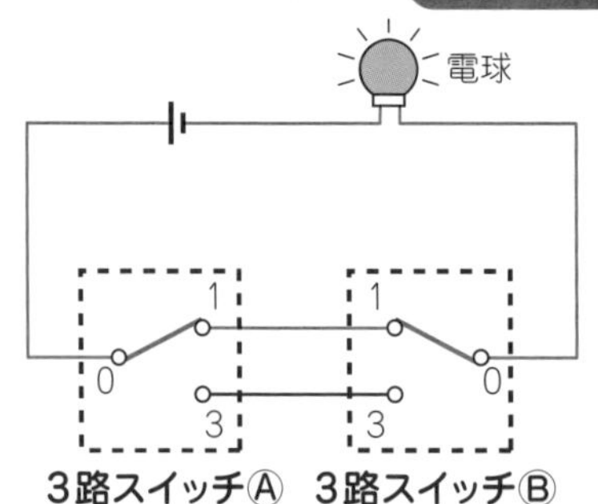

スイッチⒶ、Ⓑともに同じ番号どうしの1が選択されているので、回路を形成し、電球が点灯する。

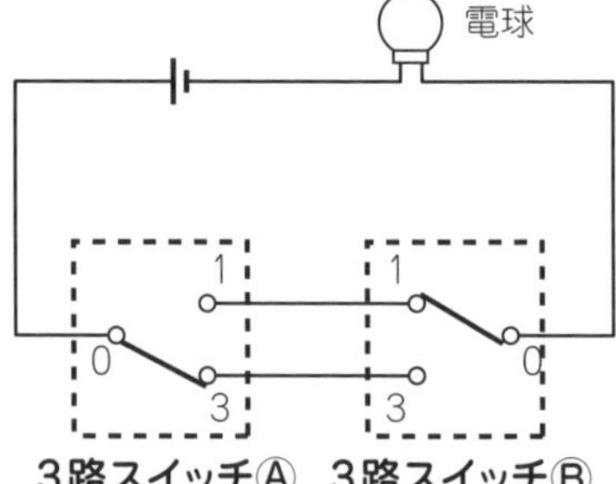

スイッチⒶは3、スイッチⒷは1と、違う番号が選択されているので、回路が形成されず、電球が消灯する。

このように、3路スイッチとは、互いに相手の接続状態に合わせて、点灯・消灯を選択することができるスイッチです。3路スイッチは、箸や靴のように2つ1組で用いられ、2つで1つの大きなスイッチを形成しています。

3路スイッチの複線図

3路スイッチの複線図を描くときのポイントは、3路スイッチが2つで1つの大きなスイッチを形成していると考えることです。まず、3路スイッチどうしを接続して、1つの大きなスイッチにしてしまってから、基本ルールを適用して配線を考えると理解しやすいです（スイッチは器具の非接地側につけるなどの基本ルールは、普通の単極スイッチの考え方と同じです）。

3路スイッチの単線図の例

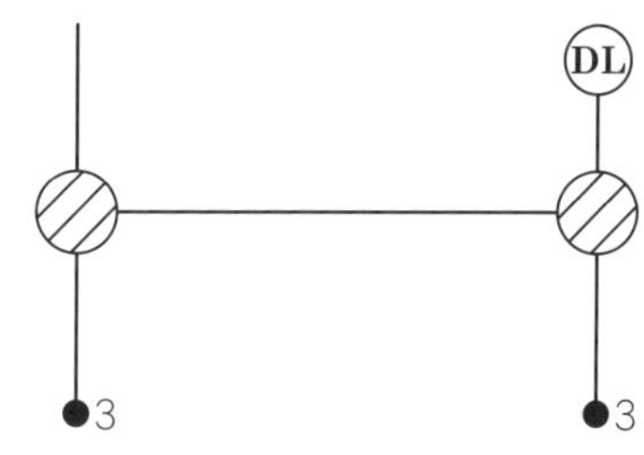

手順1 器具、ボックスを配置する

手順2 3路スイッチどうしをボックス経由で接続する

手順3 接地側電線を器具（ダウンライト）にボックス経由で接続する

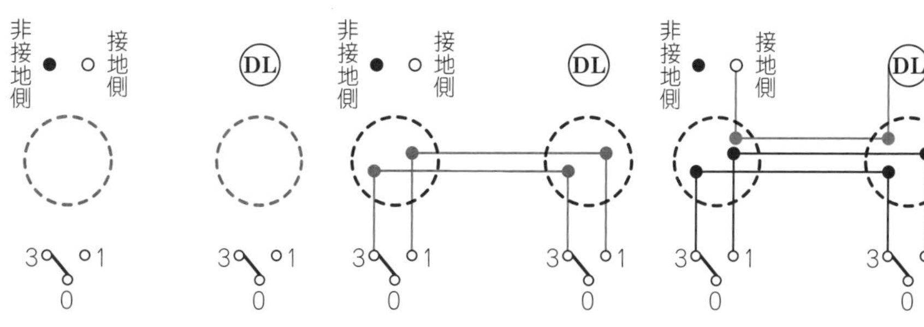

手順4 非接地側電線を電源に近い3路スイッチにボックス経由で接続する

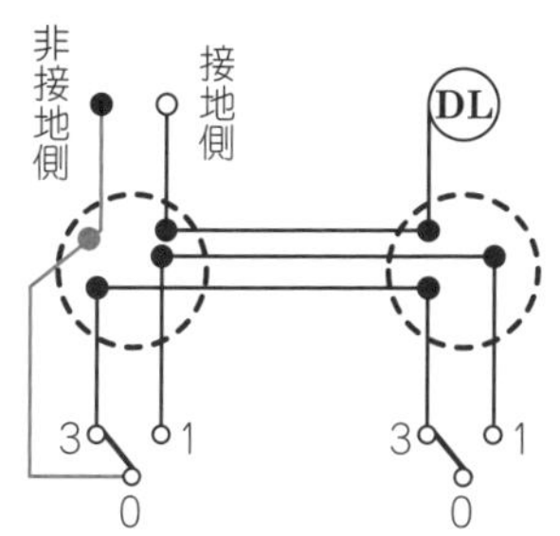

手順5 器具に近い3路スイッチと器具（ダウンライト）をボックス経由で接続する

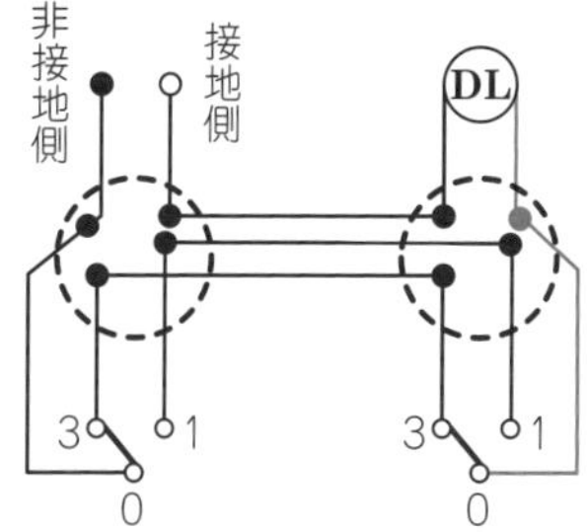

6 単線図から複線図を起こす 3路／4路スイッチの例

★３路／４路スイッチは、広い会場の照明のように、１個以上の照明について、３か所以上の場所からオンオフをする、というスイッチでこれも屋内配線の分野でよく出題される。
★３路スイッチと同じように、「3路／４路スイッチが1つの大きなスイッチ」と考えて、基本ルールをもとに複線図を起こすのがコツ。

3路／4路スイッチ ー1個以上の照明を3か所以上の場所から点灯、消灯させるスイッチ

３路／４路スイッチとは、１個以上の照明に対して、３か所以上の場所から点灯、消灯させたいときに、３路スイッチと４路スイッチを組み合わせて用いられるスイッチです。

3路／4路スイッチのしくみ

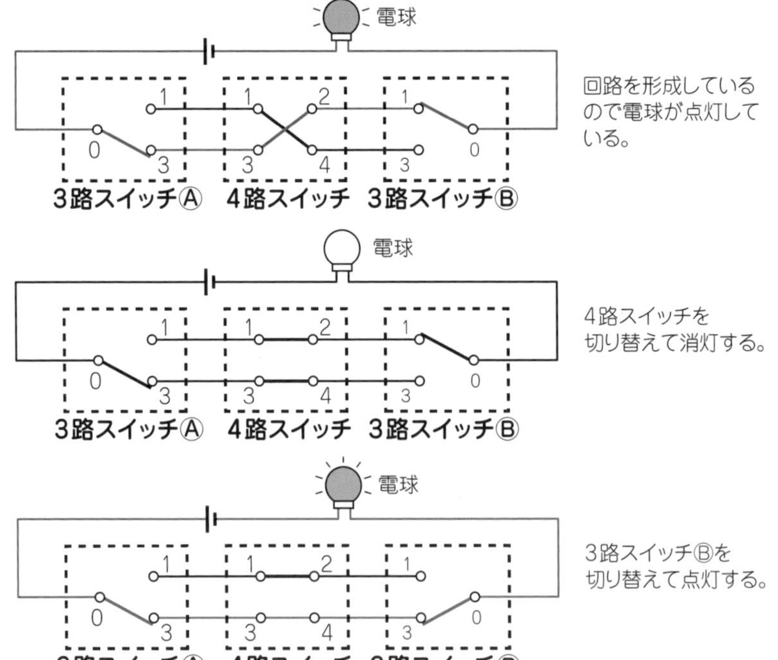

3路／4路スイッチの複線図

3路／4路スイッチの複線図を描くときのポイントも、1つの大きなスイッチを形成していると考えることです。その他の基本ルールは、普通の単極スイッチの考え方と同じです。

3路／4路スイッチの単線図の例

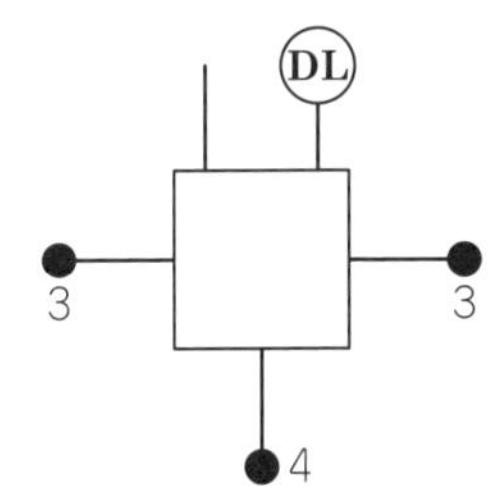

手順1 器具、ボックスを配置する

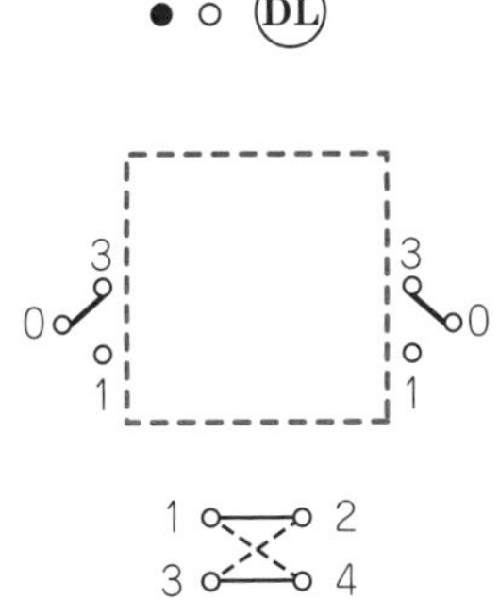

手順2 3路スイッチと4路スイッチをボックス経由で接続する

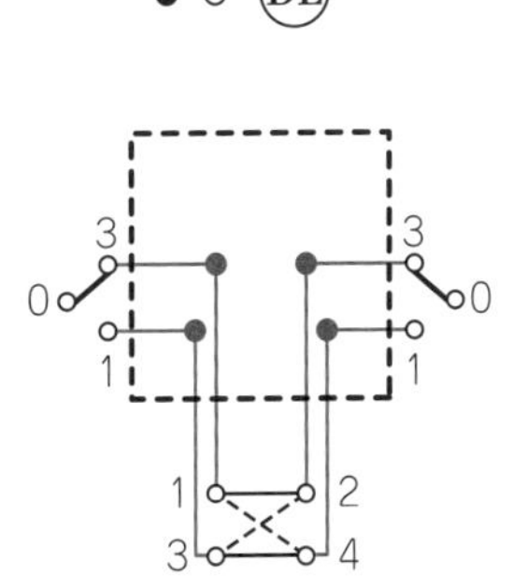

手順3 接地側電線を器具(ダウンライト)にボックス経由で接続する

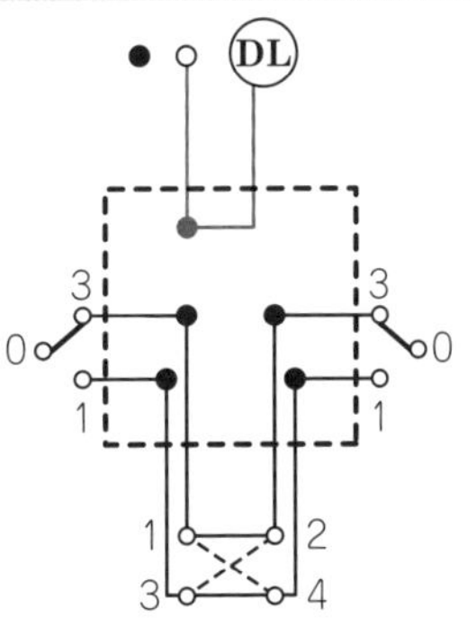

手順4 非接地側電線を電源に近い3路スイッチにボックス経由で接続する

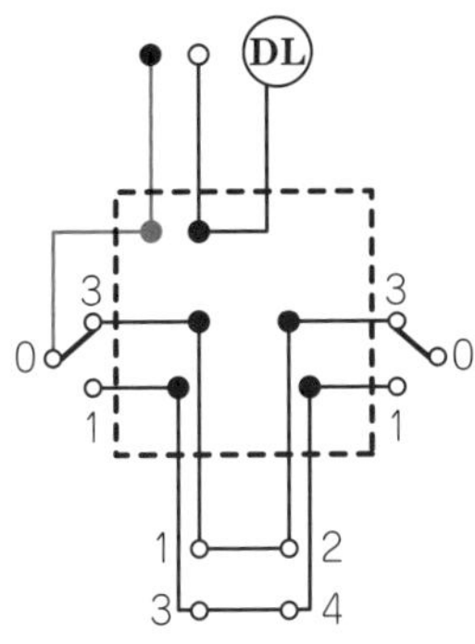

手順5 器具に近い3路スイッチと器具(ダウンライト)をボックス経由で接続する

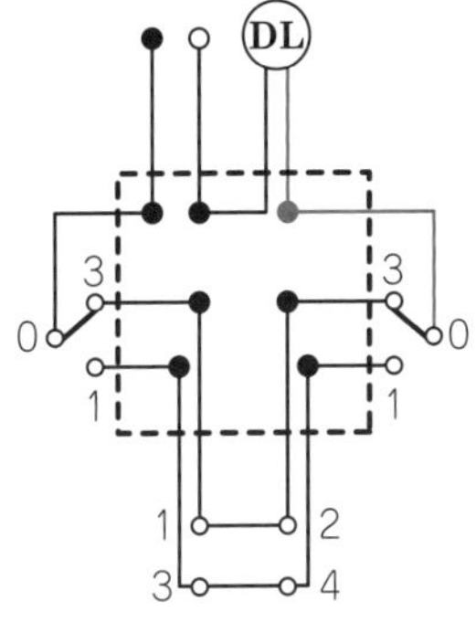

これも覚えておこう!

3路スイッチ、4路スイッチは相手の状態に合わせて、入り切りが変わるので、スイッチの番号どうしを接続する必要はありません。

7 単線図から複線図を起こす 2連スイッチの例

★2連スイッチは、同じ取付枠に単極スイッチが2個連装されていて、それぞれのスイッチで別々の電灯をオンオフできるスイッチ。これも試験ではよく出題される。
★2連スイッチがある回路を複線図にするときは、わたり線を使う。これはスイッチだけではなく、コンセントが連装している場合にも用いられるのでよく覚えておこう。

2連スイッチ－2個以上の照明を1か所から点灯、消灯させるスイッチ

2連スイッチとは、2個以上の照明に対して、1か所から点灯、消灯させたいときに、同じスイッチボックスに単極スイッチを2連で配置するものです。2連スイッチの複線図を描く手順は次のとおりです。

2連スイッチの単線図の例

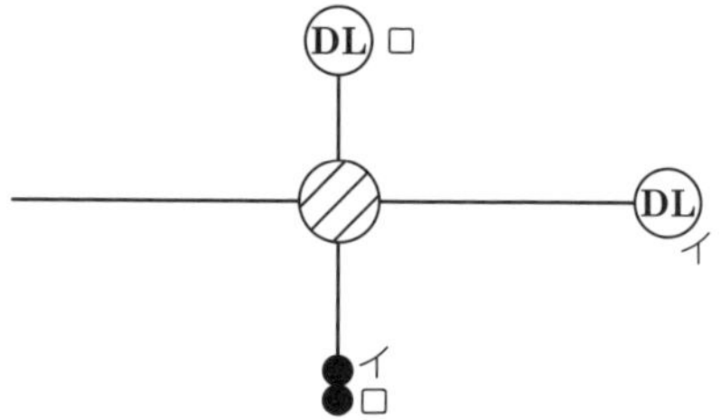

手順1

器具、ボックスを配置する

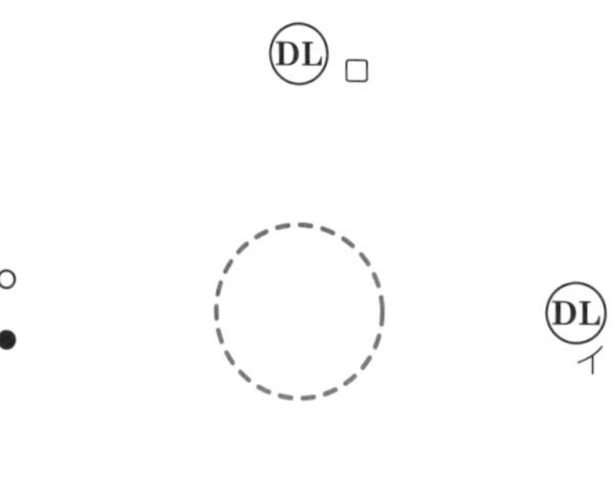

手順2

接地側電線を器具（ダウンライト）にボックス経由で接続する

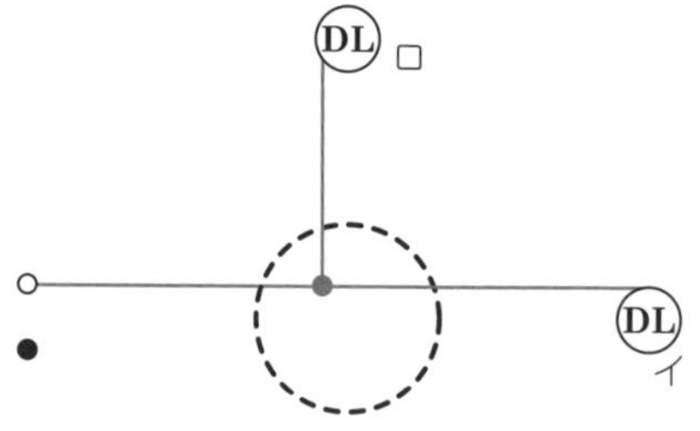

手順3

非接地側電線をスイッチイにボックス経由で接続する

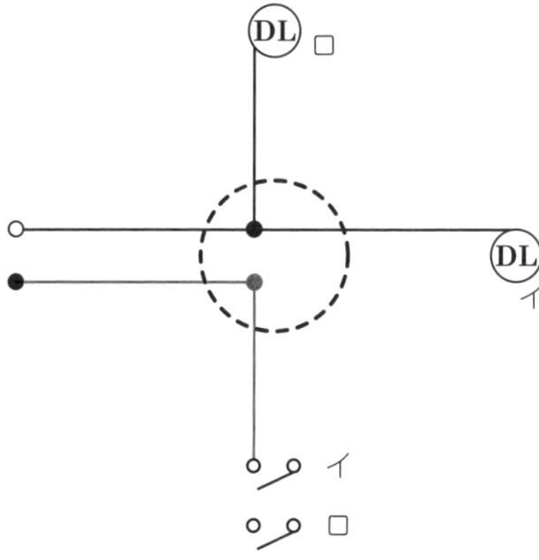

手順4

スイッチイとスイッチロにわたり線を接続する

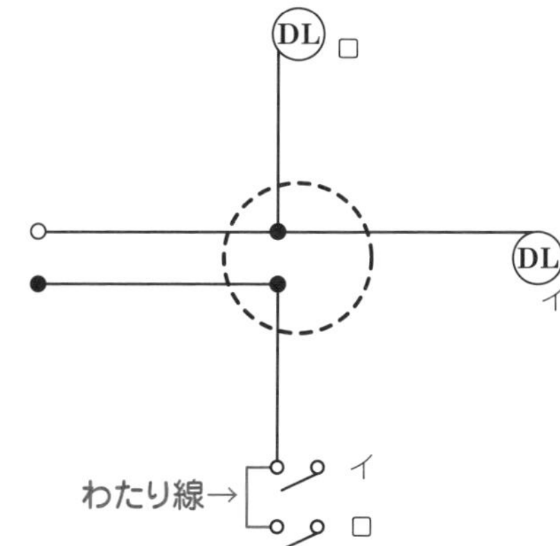

手順5

同記号どうしのスイッチと器具（蛍光灯）をボックス経由で接続する

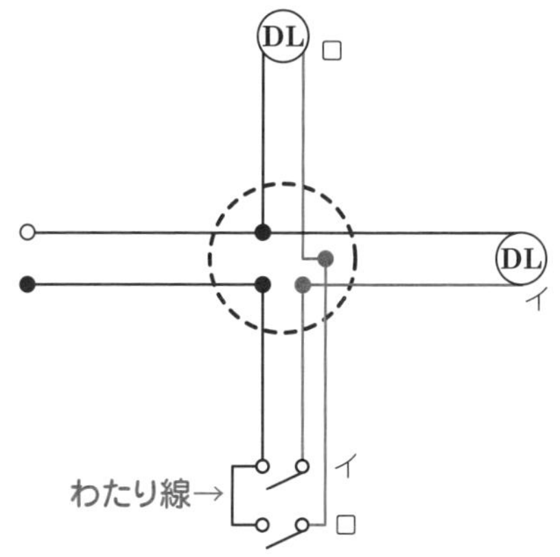

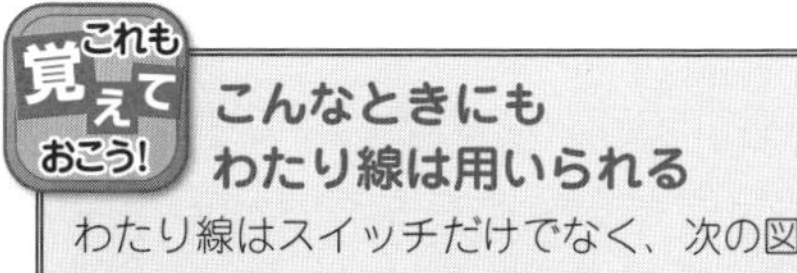

こんなときにもわたり線は用いられる

わたり線はスイッチだけでなく、次の図のように、コンセントが連装している場合にも用いられます。

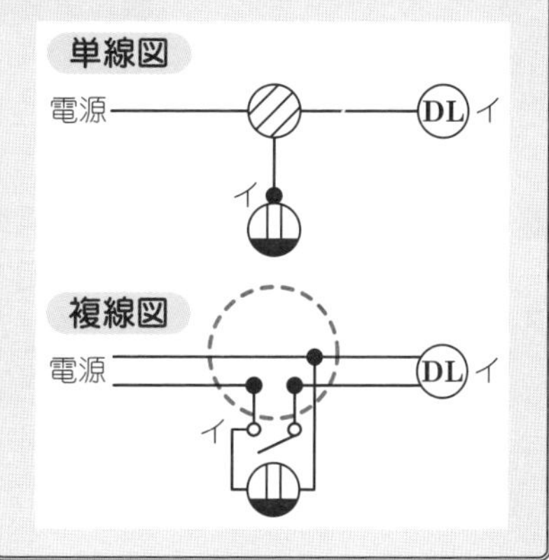

２連スイッチの複線図を描くポイントは、**わたり線**です。**わたり線**とは、連装器具どうしを結ぶ配線のことです。スイッチロへの非接地側電線の接続は、わざわざボックスから配線してこなくても、連装しているスイッチイから分岐して接続することが可能です。

8 リングスリーブの選択

★ボックス内で電線どうしを接続するには、ろう付け（ハンダ付け）、リングスリーブを使った圧着付け、差込形コネクタなどが使われるが、配線図の問題でよく出題されるのがリングスリーブを使用する場合である。
★ほとんどがリングスリーブの大きさと数を問う問題である。ここでの例題を参考にして、過去問を数多くこなそう。

リングスリーブに接続できる電線の太さと本数

リングスリーブには大·中·小の３つのサイズがありますが、電線の太さ（直径もしくは断面積）や接続する本数によって、この３つを使い分ける必要があります。次の表はその使い分けの目安です。同じ太さの電線を使用する場合と、異なる太さの電線を使用する場合とでは規定が異なります。

■リングスリーブとの大きさと電線断面積の合計

ここが出る!

リングスリーブ	最大使用電流	電線断面積の合計
小	20A	8mm² 以下
中	30A	8mm² を超えて 14mm² 未満
大	30A	14mm² 以上 16.5mm² 以下

■リングスリーブと接続できる電線の太さ・本数

ここが出る!

リングスリーブ	刻印	同じ太さの電線を使用する場合			異なる太さの電線を使用する場合
		1.6mm	2.0mm	2.6mm	
小	○	2本	—	—	—
	小	3～4本	2本	—	2.0mm ×1本と1.6mm ×1～2本
中	中	5～6本	3～4本	2本	2.0mm ×1本と1.6mm ×3～5本
					2.0mm ×2本と1.6mm ×1～3本
					2.0mm ×3本と1.6mm ×1本
					2.6mm ×1本と1.6mm ×1～3本
					2.6mm ×1本と2.0mm ×1～2本
					2.6mm ×2本と1.6mm ×1本
大	大	7本	5本	3本	2.0mm ×1本と1.6mm ×6本
					2.0mm ×2本と1.6mm ×4本

リングスリーブの大きさと数を問う問題

配線図でのリングスリーブの大きさと数を問う問題は次のようなパターンがほとんどです。過去問題で解き方を解説しましょう。

過去問に挑戦!

右の配線図のジョイントボックス内において、接続をすべて圧着接続とする場合、使用するリングスリーブの種類と最少個数の組合せで適切なものはどれか。

イ 小1個 中2個
ロ 小2個 中1個
ハ 小3個 中0個

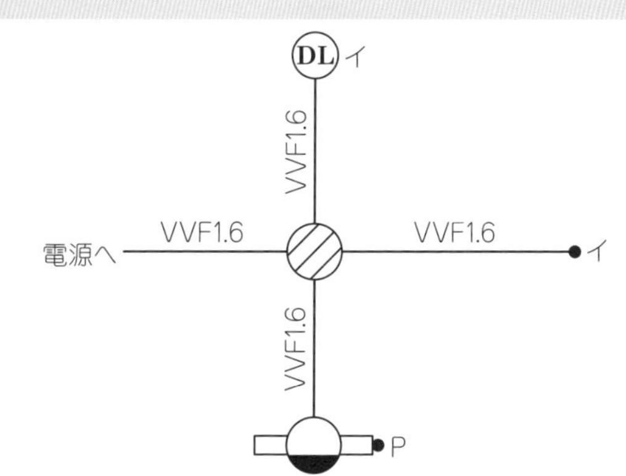

解説 まず、配線図を複線図にします。次のように手順を踏んで接続箇所を記入します。

①ダウンライトと単極スイッチを配線 ➡ ②蛍光灯を配線

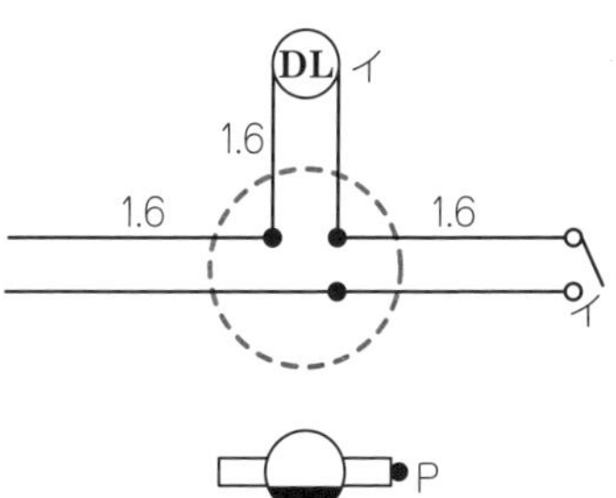

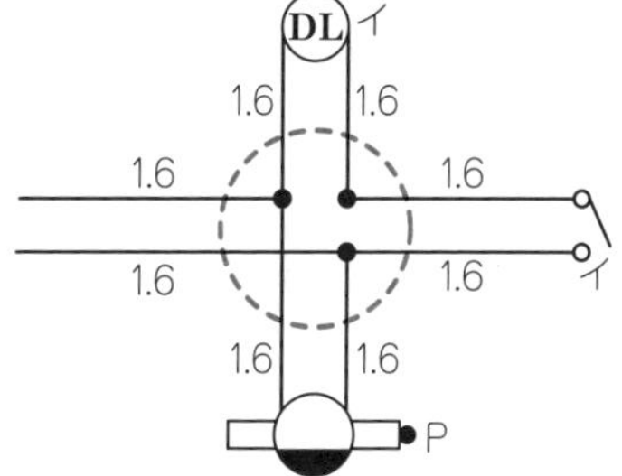

次に接続箇所ごとに利用するリングスリーブのサイズを決めます。

Ⓐ 1.6mm × 3 本 ➡ リングスリーブ　小
Ⓑ 1.6mm × 2 本 ➡ リングスリーブ　小
Ⓒ 1.6mm × 3 本 ➡ リングスリーブ　小

したがって、使用するリングスリーブは小が 3 個になります。プルスイッチ付蛍光灯はスイッチが内蔵されているので、2 本配線するだけでよい。

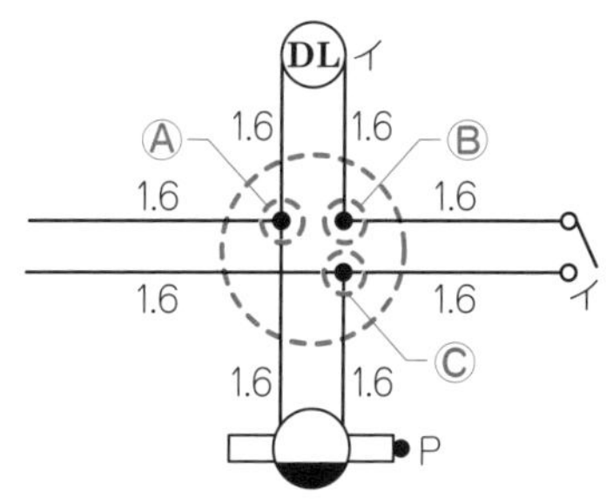

答え ハ

一問一答で総チェック！

次の問いに答えなさい。

Q01 □□□

次の配線図の記号の名称は。

- - - - - - - - -

イ．天井隠ぺい配線　ロ．床隠ぺい配線
ハ．露出配線　ニ．地中埋設配線

A01 **ハ**

露出配線は、壁面など目にみえる場所に敷設する電線です。

天井隠ぺい配線 ────
床隠ぺい配線 ─ ─ ─ ─
地中埋設配線 ─・─・─

Q02 □□□

次の配線図の灰色部分の記号の名称は。

VVF

イ．ビニル絶縁ビニルシースケーブル（丸形）
ロ．ビニル絶縁ビニルシースケーブル（平形）
ハ．架線ポリエチレン絶縁ビニルシースケーブル
ニ．ビニル絶縁電線

A02 **ロ**

低圧屋内配線用でよく使われる平形のケーブル（F はFLAT の意）。

ビニル絶縁ビニルシースケーブル（丸形）VVR（R は ROUND の意）
架線ポリエチレン絶縁ビニルシースケーブル CV
ビニル絶縁電線 IV

Q03 □□□

次の配線図の灰色部分の記号の名称は。

VVF（VE 22）

イ．金属可とう電線管　ロ．ねじなし電線管
ハ．硬質ビニル電線管
ニ．耐衝撃性硬質塩化ビニル電線管

A03 **ハ**

金属可とう電線管 F
ねじなし電線管 E
耐衝撃性硬質塩化ビニル電線管 HIVE

Q04 □□□

次に示す図記号のものは。 IV1.6（PF28）

イ．　ロ．

ハ．

A04 **イ**

管径 28mm の合成樹脂可とう電線管（PF 管）です。ロは 2 種金属製可とう電線管（プリカチューブ）、ハは硬質塩化ビニル電線管（合成樹脂管）。

Q05 □□□

次に示す図記号のものは。 

イ．

ロ．

ハ．

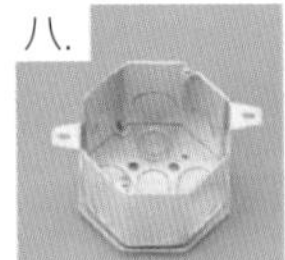

A05 **イ**

プルボックスの記号です。ロはアウトレットボックス、ハはコンクリートボックス。

Q06 □□□

次の器具の名称と図記号は。写真横の図は器具の裏面図である。

A06 **【名称】4 路スイッチ**
【図記号】● 4

スイッチの種類は裏面から判断します。ちなみに 3 路スイッチの場合は同じような写真で次の裏面図になります。

次の問いに答えなさい。

Q07 次の器具の名称と図記号は。

「切」で点灯する

□□□

A07 **【名称】位置表示灯内蔵スイッチ**
【図記号】●$_H$

スイッチが「入」になったときパイロットランプが点灯するのは、確認表示灯内蔵スイッチ（記号：●$_L$）です。

Q08 次に示す図記号のものは。 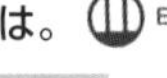  EET

イ.　ロ.　ハ.

□□□

A08 ロ

EETのE＝接地極、ET＝接地端子という意味です。したがって、接地極付接地端子付コンセントになります。イは接地極がありませんからET、ハは2口ですから2E。

Q09 次に示す部分に使用するコンセントの極配置（刃受）は。

250V
3P30A
E

イ. 　ロ. 　ハ. 　ニ. 

□□□

A09 ロ

3P＝3相、E＝接地極ですから、3相接地極付コンセントです。イは3相200V接地極なし、ハは3相200V引掛型接地極なし、ニは3相200V引掛型接地極付。

Q10 次に示す図記号のものは。

イ. 　ロ. 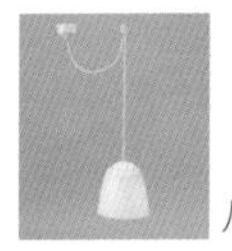　ハ. 

□□□

A10 ハ

壁付蛍光灯の記号です（壁側を黒で塗る）。天井に取り付ける蛍光灯の記号は ▭○▭。イはダウンライト(DL)ロはペンダント⊖。

Q11 次に示す図記号のものは。 

イ. 　ロ. 　ハ. 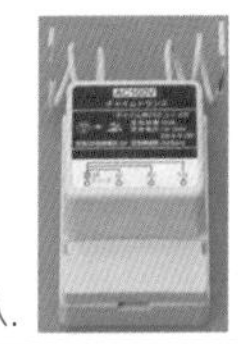

□□□

A11 ハ

小形変圧器の記号です。チャイム等に変圧する器具です。イはタイムスイッチ TS 、ロは漏電火災警報機 。

Q12 次に示す図記号のものは。 ●$_A$ (3A)

イ. 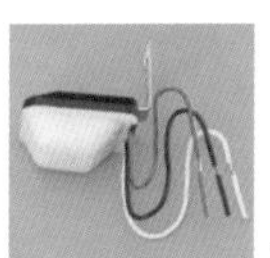　ロ. 

ハ. 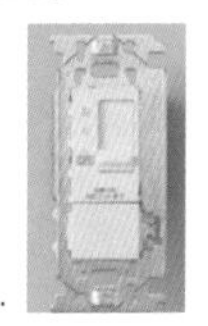

□□□

A12 イ

自動点滅器の記号です。かっこ内は容量を表します。ロは電磁開閉器用押しボタン●$_B$、ハは調光器。

一問一答で総チェック!

次の問いに答えなさい。

Q 13 □□□

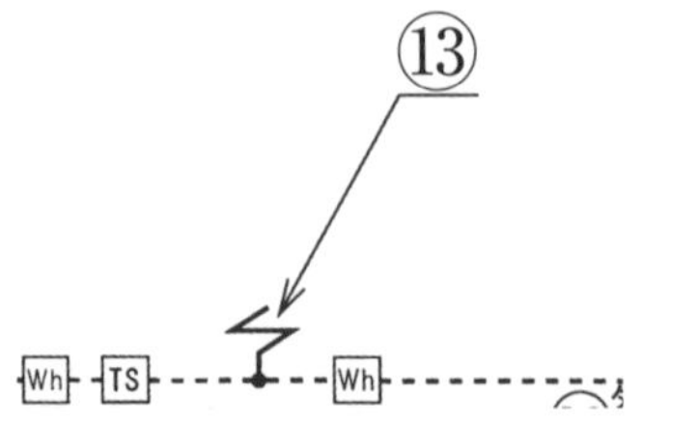

⑬で示す部分でDV線を引き留める場合に使用するものは。

イ.

ロ.
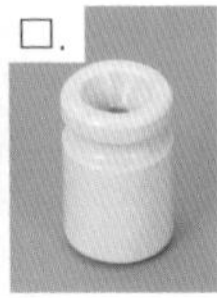
ハ.
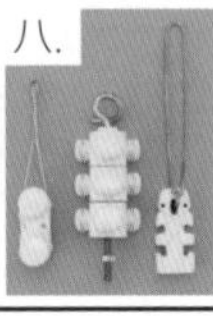
ニ.
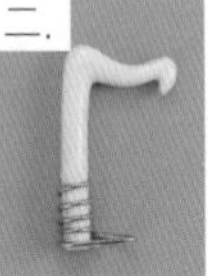

A 13 ハ

ハの平形がいしはDV線引き留めに用います。イはエントランスキャップで、金属管への電線の引き込み時、管内に水が入り込まないようにするものです。ロはノップがいしで、がいし引き配線に用いる絶縁材料、ニはチューブサポートで、ネオン管の支持に用いる絶縁材料です。

Q 14 □□□

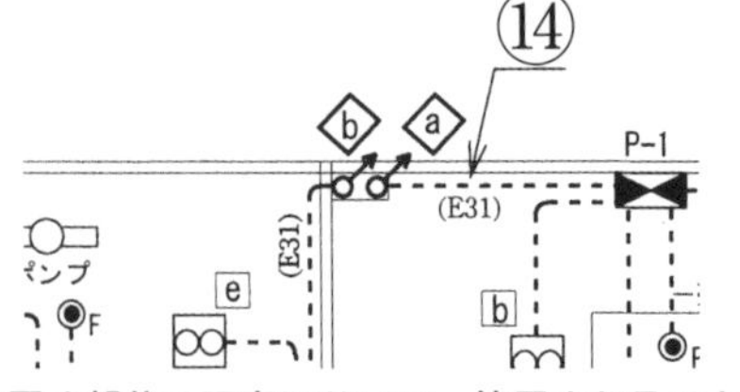

⑭で示す部分の工事において、使用されることのないものは。

イ.

ロ.

ハ.
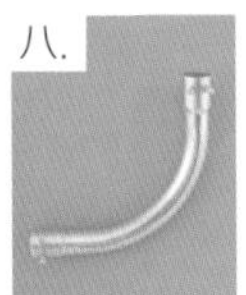
ニ.
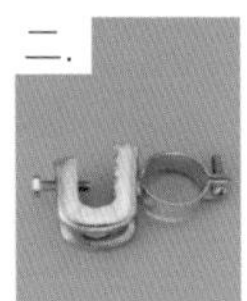

A 14 イ

イはPF管用ボックスコネクタで、塩ビ電線管をボックス等に取り付けるときに用います。ロはねじなし電線管用ボックスコネクタ、ハはノーマルベンド、ニはパイラックです。

Q 15 □□□

この3階平面図の施工で、一般的に使用されることのないものは。ただし、屋内配線の工事は600Vビニル絶縁ビニルシースケーブル平形(VVF)を用いる。

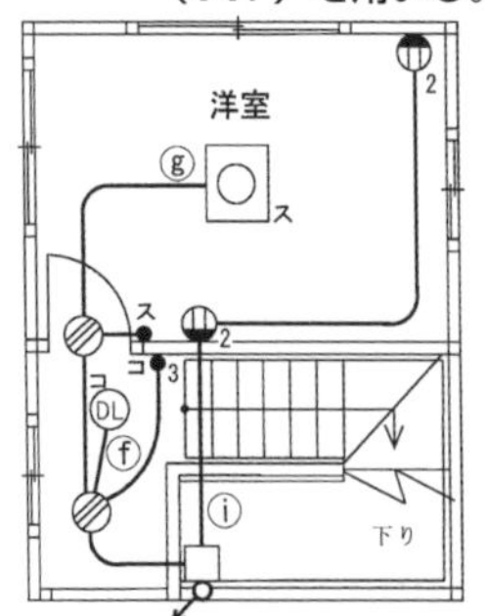

イ.
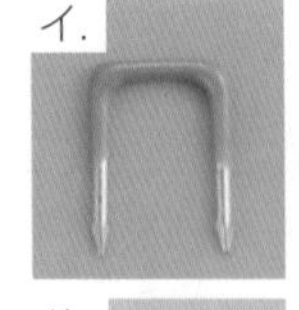
ロ.
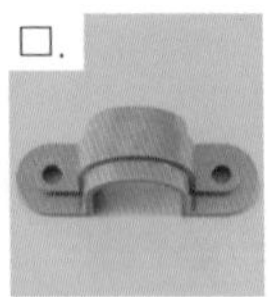
ハ.

ニ.

A 15 ロ

VVFケーブル工事ですから、電線管を固定するための部材であるロのサドルは、この工事では用いません。イはステープル、ハはVVFケーブル用ジョイントボックス、ニはアウトレットボックスです。

次の問いに答えなさい。

Q 16 □□□

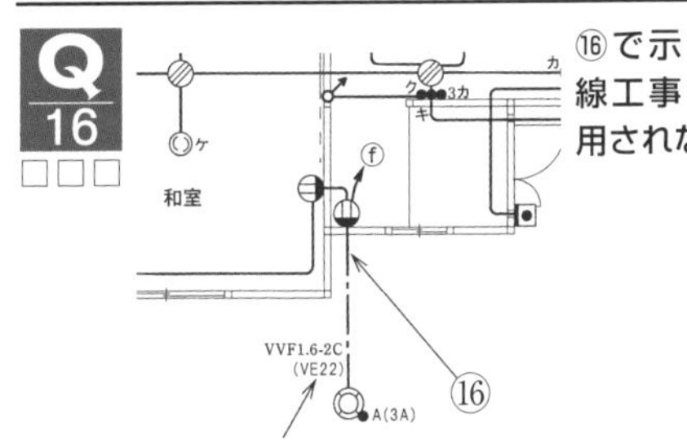

⑯で示す部分の配線工事で一般に使用されない工具は。

イ.
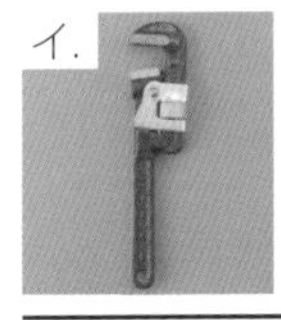
ロ.
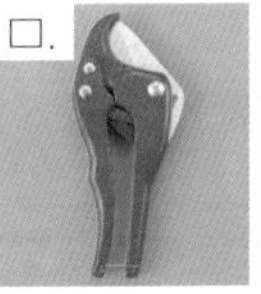
ハ.

ニ.

A 16 イ

該当箇所は、塩ビ電線管を用いた合成樹脂管工事です。イのパイプレンチは、金属管をつかむためのものなので用いません。ロは塩ビ管カッタ、ハは面取器、ニはトーチランプです。

Q 17 □□□

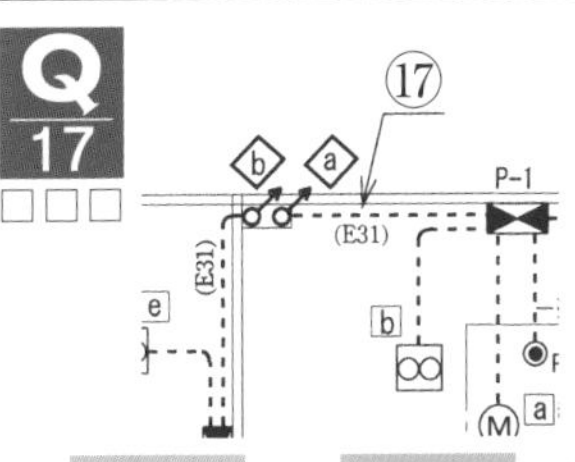

⑰で示す部分の工事において、使用されることのないものは。

イ. ロ. ハ. ニ.

A 17 イ

該当箇所は、ねじなし電線管工事です。イはねじ切り器で、ねじなし電線管にねじを切って使うという工事はしないので用いません。ロはリーマとクリックボール、ハは電動カッタ、ニはパイプバイスです。

Q 18 □□□

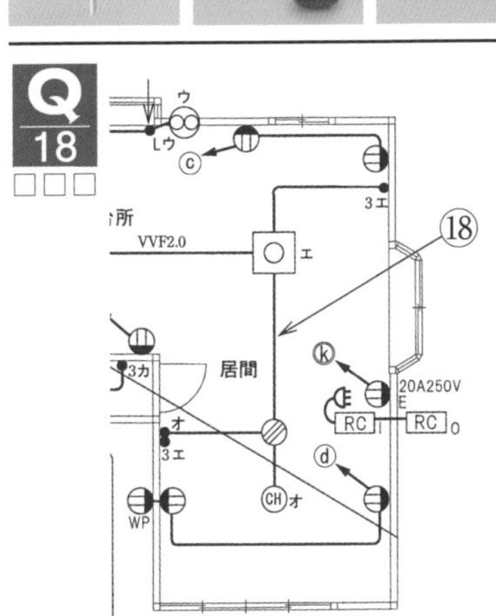

⑱で示す部分の最少電線本数（心線数）は何本か。

ただし、電源からの接地側電線は、スイッチを経由しないで照明器具に配線するものとする。

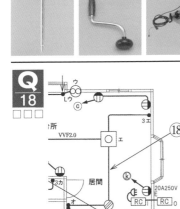

A 18 4本

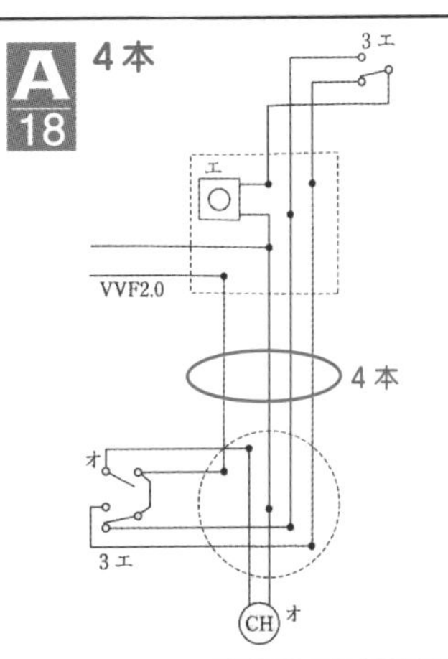

次の問いに答えなさい。

⑲で示す部分の最少電線本数（心線数）は何本か。
ただし、電源からの接地側電線は、スイッチを経由しないで照明器具に配線する。

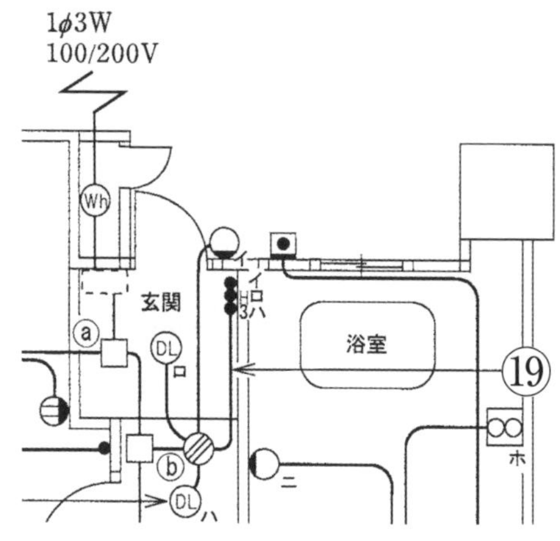

5本

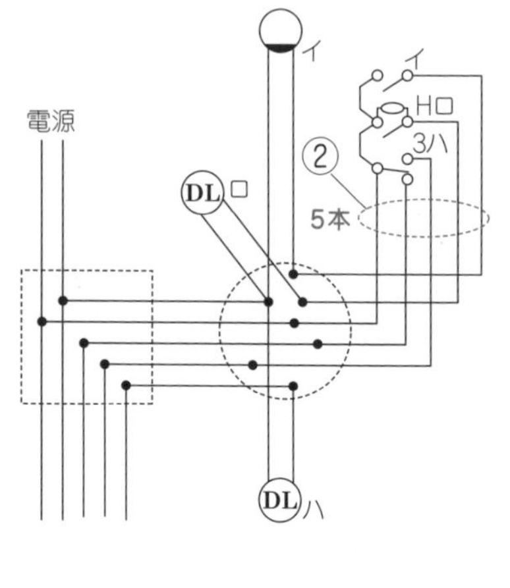

⑳で示す部分の天井内のジョイントボックス内において、接続をすべて圧着接続とする場合、使用するリングスリーブの種類と最少個数の組合せで適切なものは。ただし、照明器具「イ」への配線は、VVF1.6-2Cとする。

イ．小3個、中1個　ロ．小1個、中2個
ハ．小2個、中2個　ニ．小2個、中1個

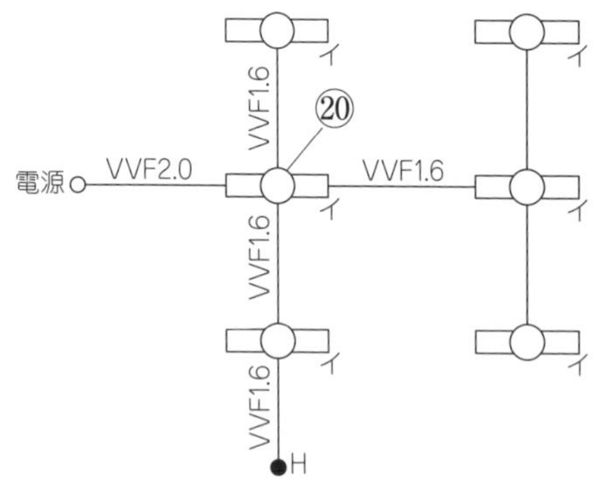

ニ
該当箇所の結線は、以下のようになります。

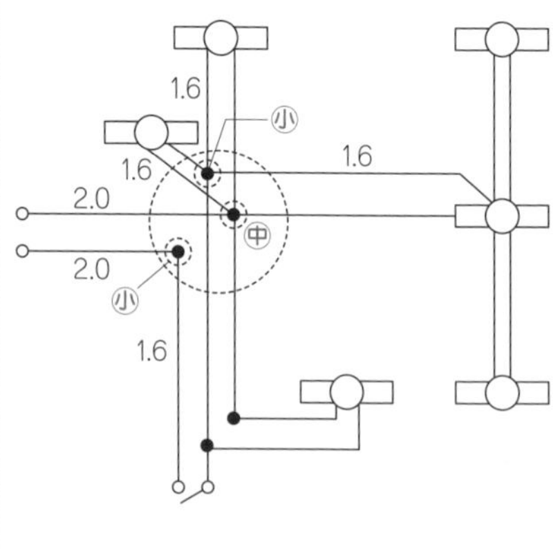

第8章
鑑別

赤シートで覚える! 鑑別

過去問題によく出てくる機器・器具・工具を集めました。赤シートを使って、写真と文字記号からその器具・工具の名称を答えられるように繰り返し練習してください。

引込口配線の機器・遮断器

分電盤（配線数4）

過電流遮断器、漏電遮断器、配線用遮断器を1つにまとめた箱(盤)。配線用遮断器が4配線分あるタイプ。

分電盤（配線数 12）

配線用遮断器が12配線分ある分電盤。

制御盤

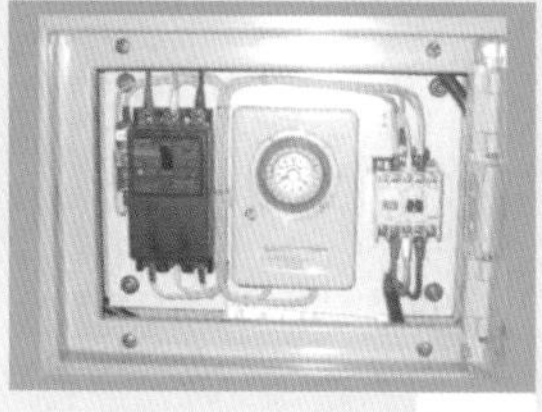

機械や設備を遠隔で操作するために計器類やスイッチ等を1箇所にまとめた箱（盤）のこと。

電力量計

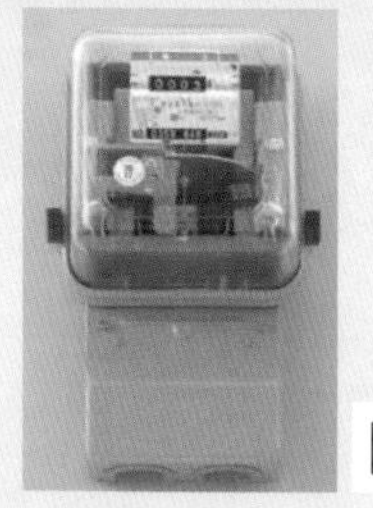

消費電力を積算して計量する（電力量を計量する）ための機器。記号には電力量の単位である「Wh」が用いられる。

配線用遮断器（単相2線式）

回路ごとに取り付け、過電流を検出したときに回路を遮断する。写真は単相2線式100 Vのもの。

配線用遮断器（単相3線式）

回路ごとに取り付け、過電流を検出したときに回路を遮断する。写真は単相3線式100 V /200 Vのもの。

配線用遮断器（欠相保護付き）

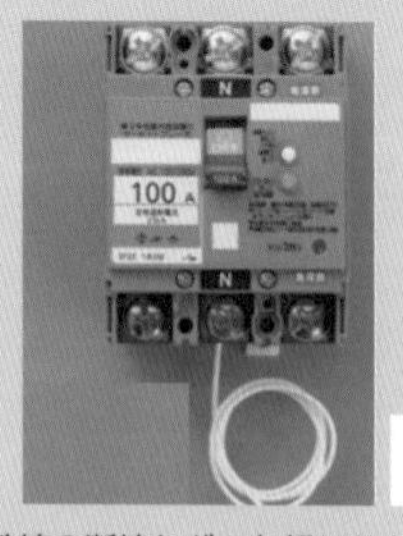

中性線の断線などで欠相したときに自動で電路を遮断する機能を有した配線用遮断器。欠相時に過電圧を検出するリード線を有している。

漏電遮断器

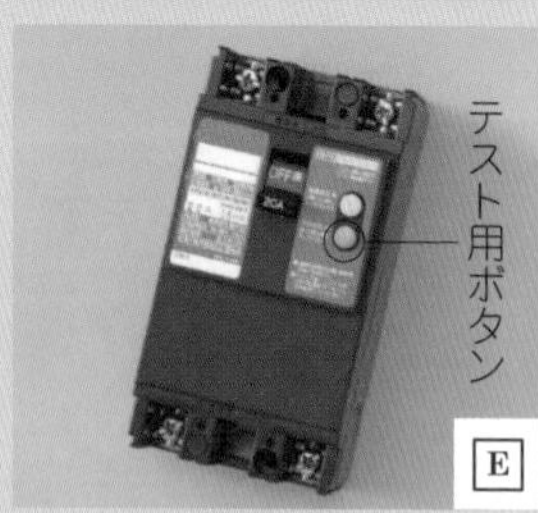

漏れ電流を検出すると回路を遮断する装置。漏電遮断機能のテスト用ボタンがついている。

過負荷保護付漏電遮断器

BE

電動機に過負荷がかかったときに自動的に配線を遮断する配線用遮断器と漏電遮断器の機能を併せ持つ。

過負荷保護付漏電遮断器（欠相保護付き）

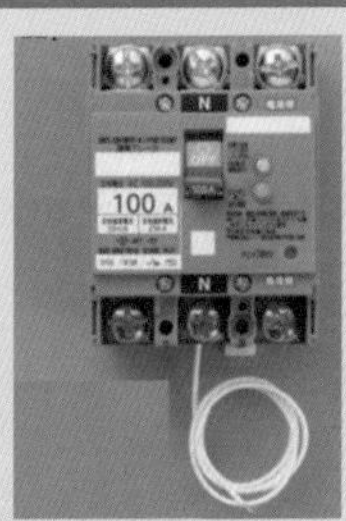

BE

中性線の断線などで欠相したときに自動で電路を遮断する機能を有した過負荷保護付漏電遮断器。欠相時に過電圧を検出するリード線を有している。

照明器具

8章 鑑別

一般用照明

一般 ○　壁付 ◐

HID灯の種類を表す場合は、容量と次の記号をつける。H：水銀灯　M：メタルハライド灯　N：ナトリウム灯

シーリングライト

CL

天井（＝英語でCeiling）に取り付けて用いられる照明器具。

コードペンダント

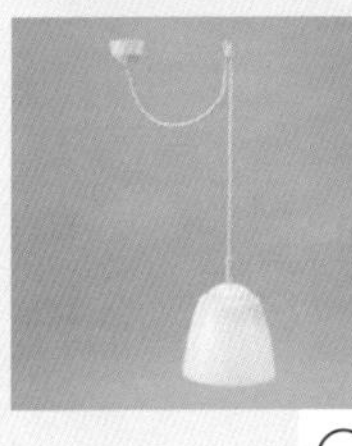

⊖

天井から吊り下げて使う照明器具。

チェーンペンダント

CP

天井からチェーンで吊り下げて使う照明器具。

シャンデリア

CH

複数の電球を天井に取り付けて点灯させる照明器具。

引掛シーリング

( )

天井に取り付けて照明器具を直接接続するのに用いる。

引掛シーリング（角形）

[( )]

天井に取り付けて照明器具を直接接続するのに用いる。

水銀灯

$\bigcirc_{H}$

ガラス管内の水銀蒸気中のアーク放電によって生じる発光を利用する照明器具。

赤シートで覚える! 鑑別

過去問題によく出てくる機器・器具・工具を集めました。赤シートを使って、写真と文字記号からその器具・工具の名称を答えられるように繰り返し練習してください。

防爆形白熱灯器具

引火を防ぐための保護が施された白熱灯器具。可燃性ガス等が生じる場所で使用する。

ダウンライト(埋込照明器具)

天井に埋め込んで使う照明器具。補助的な照明として使われることが多い。

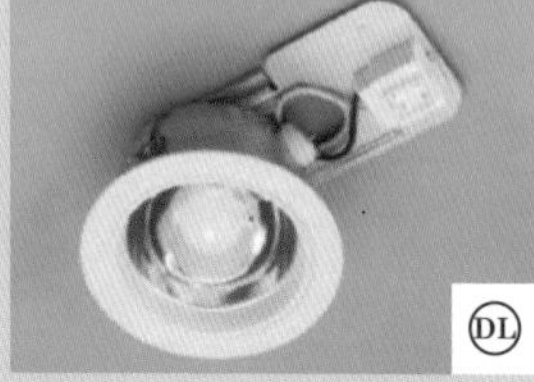

蛍光灯（天井付）

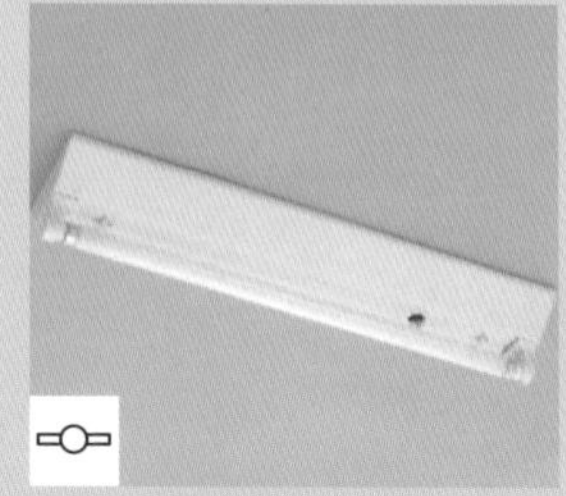

紫外線を蛍光管のガラス表面に塗った蛍光物質によって照明に使える光に変換する照明器具。天井に取り付けて使用する。

蛍光灯（壁付）

壁に取り付ける蛍光灯（記号では壁側を黒で塗る）。

プルスイッチ付蛍光灯

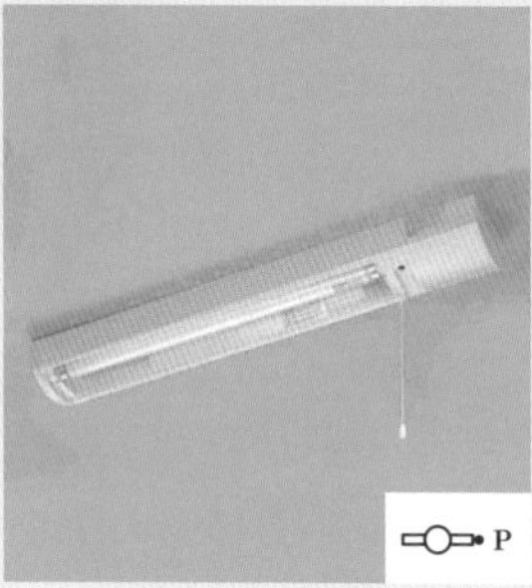

ひもを引くとスイッチが入るプルスイッチ付の蛍光灯。

蛍光灯安定器

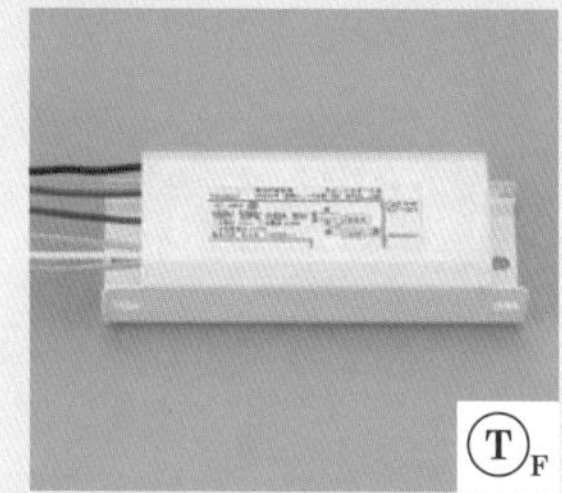

蛍光灯点灯の際に高電圧を発生して蛍光管を放電させる、また放電を安定化させる役割を持ったコイル。

ランプレセプタクル

電球をねじ込んで取り付ける、いわゆる電球のソケット。技能試験では頻繁に出題される。

線付防水ソケット

屋外で使用する電球をねじ込んで取り付けるソケット。

屋外灯

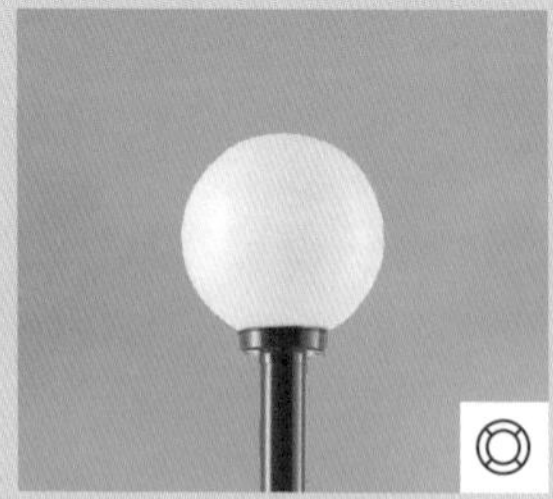

庭園や玄関など屋外で使用する照明器具。

誘導電動機 その他 電気機器

誘導灯

白熱灯

蛍光灯

非常の際に公共の場などで避難誘導に用いる照明器具。

誘導電動機

ビルや工場などでファンやポンプなどの動力源に用いる。

進相コンデンサ

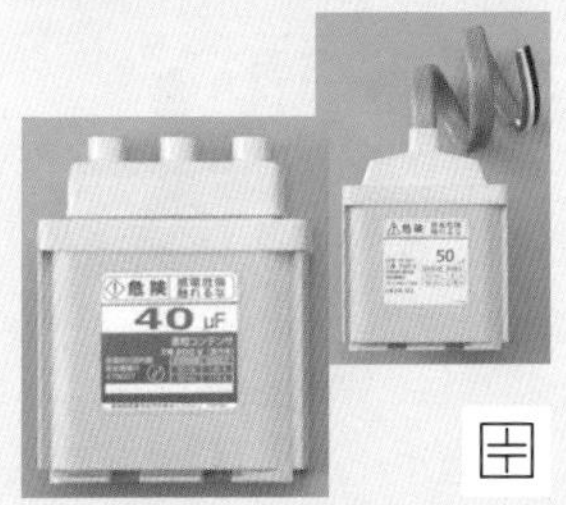

誘導電動機などの力率を改善するために使用する。○○μF はコンデンサの静電容量を示す。

換気扇（壁付）

壁に取り付ける換気扇。天井付と記号が違う。

換気扇（天井付）

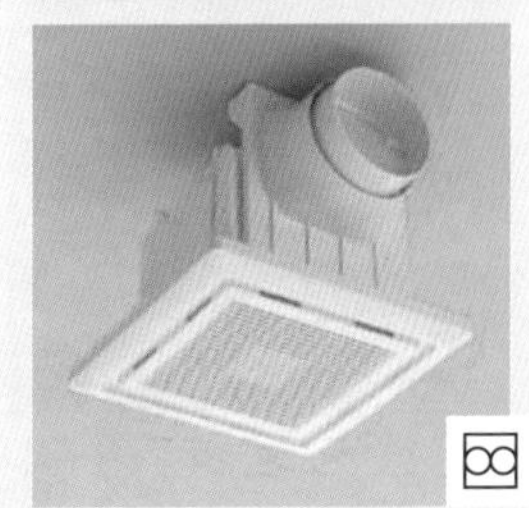

天井に取り付ける換気扇。壁付と記号が違う。

住宅用火災報知器

住宅の天井などに取り付ける火災報知器。

漏電火災警報器

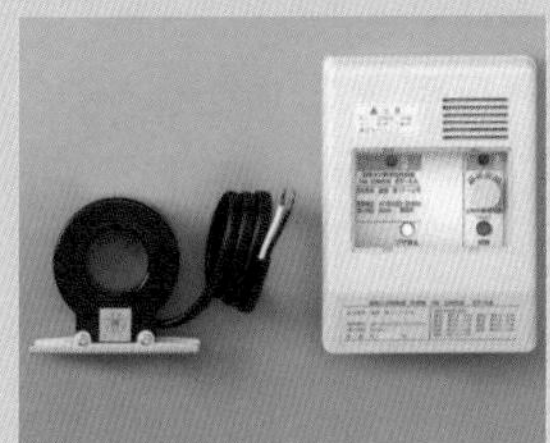

電路に火災に至るような漏電が発生すると警報を発し、火災を未然に防ぐ装置。変流器（写真左）で漏電を検出し、本体（写真右）の音響装置が警報を発する。

小型変圧器

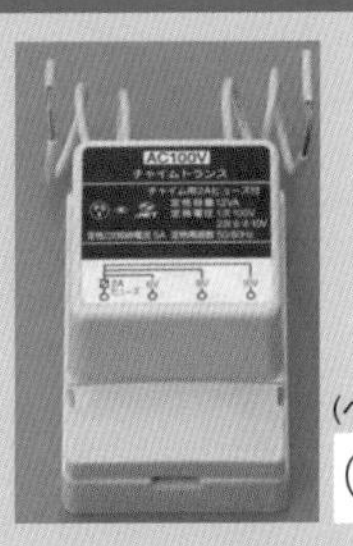

（ベル用）

T_B

低電圧で作動する玄関のインターフォンやチャイムなどの小勢力回路で使われる変圧器。60 V以下の低電圧に変圧するために使用される。

赤シートで覚える! 鑑別

過去問題によく出てくる機器・器具・工具を集めました。赤シートを使って、写真と文字記号からその器具・工具の名称を答えられるように繰り返し練習してください。

ネオン変圧器

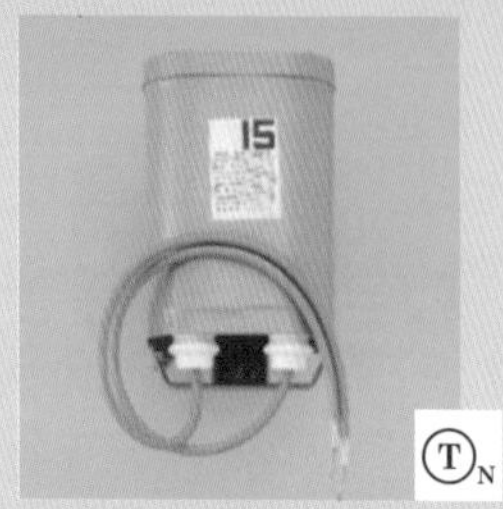

ネオン管回路で使用される変圧器。ネオン管を点灯させるための高電圧を発生する。

開閉器・スイッチ

カバー付ナイフスイッチ

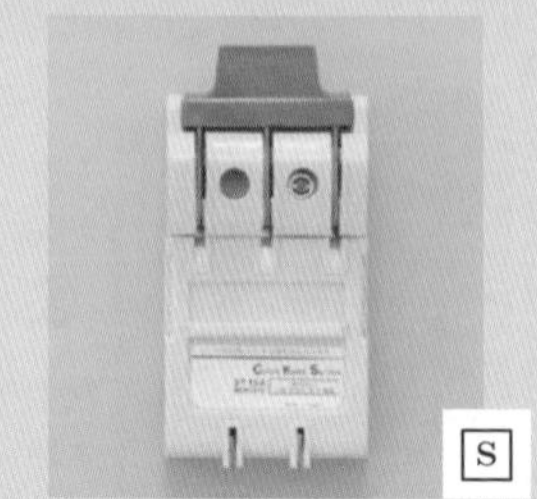

ナイフのような形をした電極を刃受けに差し込み、電路を開閉するスイッチ。

箱開閉器（電流計付）

箱状の容器にナイフスイッチを内蔵した開閉器。箱についているレバーで電路を開閉する。

タイムスイッチ

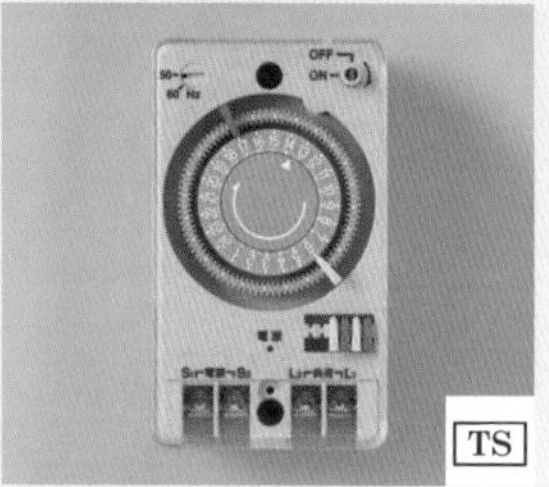

内蔵タイマーにより、設定した時間で自動的に点滅するのに用いる。

限時継電器

一定時間経過後に接点が開閉して信号を送出する継電器。

自動点滅器

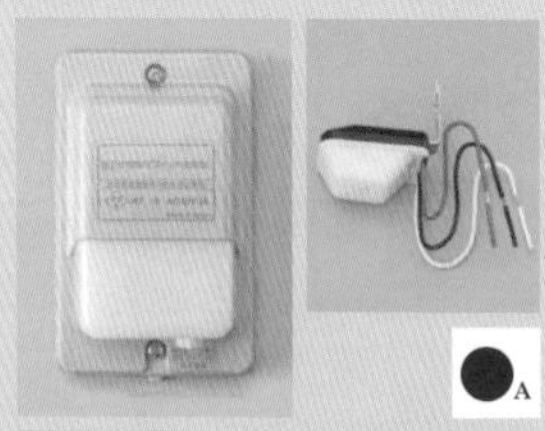

外灯などを周囲の明るさによって自動点滅させるために用いる。明るさを検知するセンサ受光部に白いカバーが付いている。

リモコンスイッチ

1か所でたくさんの照明を操作するときや遠隔操作するときに使用されるスイッチ。リモコンリレーを操作するのに用いる。動作確認用の赤と緑のランプが特徴。

リモコントランス

リモコン配線用の電圧に変圧するために用いる変圧器。100 V（または 200 V）電源を低電圧（一般には 24 V）に変圧する。

リモコンリレー

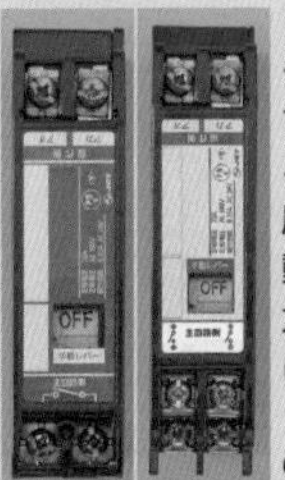

一極　二極

リモコンスイッチの信号を受けて回路を開閉する。24 V の電圧で電磁石を作動させて、大電力の回路を安全に切り換える（一極には片切の記号、二極には両切の記号が書かれている）。

▲　▲▲▲6

複数回路の場合

電磁開閉器

S

電磁石の電磁力で回路を開閉するスイッチ。大電力の動力配線など、比較的危険性が高い回路の開閉を遠隔から安全に行うことができる。

電磁接触器

電磁開閉器の円で囲まれた部分。電磁石の電磁力で接点を動作させる。（電磁開閉器の下部はサーマルリレーという）。

単極スイッチ

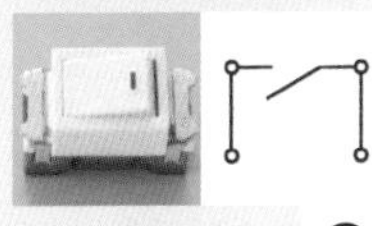

●

1つの極（同時に制御可能な回路数）の回路を開閉するスイッチ。照明などの点滅用スイッチとして用いる。埋込配線用（屋内でよく見かける壁につけられたスイッチのことをタンブラスイッチという）。

単極スイッチ（防雨型）

●WP

屋外で使われるスイッチ。スイッチ部分に雨水が浸水しないようにカバーが取り付けられている。

2極スイッチ

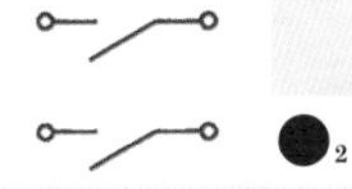

●2

2つの極を同時に開閉するスイッチ。

3路スイッチ

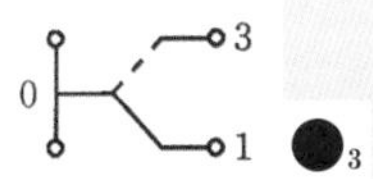

●3

照明などを2か所から点滅させるスイッチとして用いる。

4路スイッチ

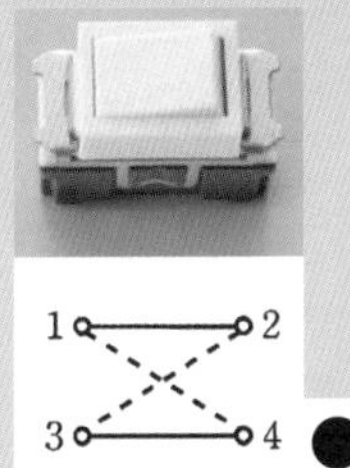

●4

照明などを3か所以上の場所から点滅させるスイッチとして用いる。

位置表示灯内蔵スイッチ

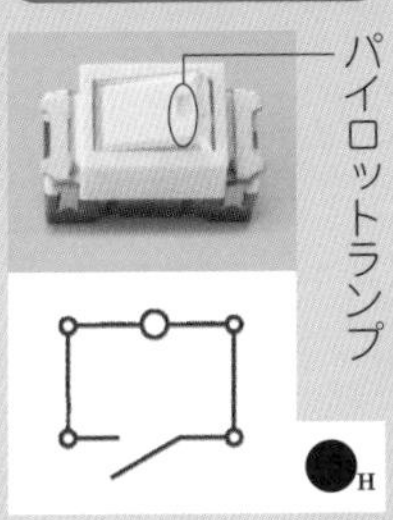

●H

スイッチを切ると、操作部の表示灯（パイロットランプ）が点灯するスイッチ。

位置表示灯内蔵３路スイッチ

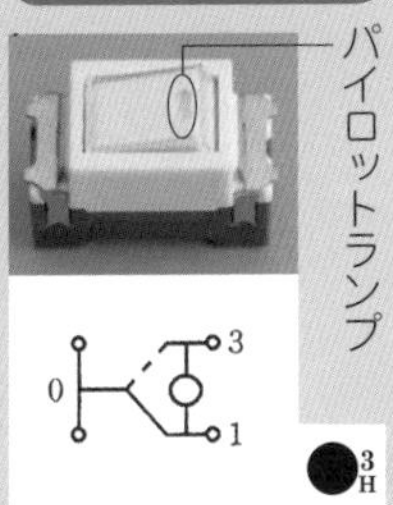

●3H

スイッチが切りになると、操作部の表示灯（パイロットランプ）が点灯する３路スイッチ

確認表示灯内蔵スイッチ

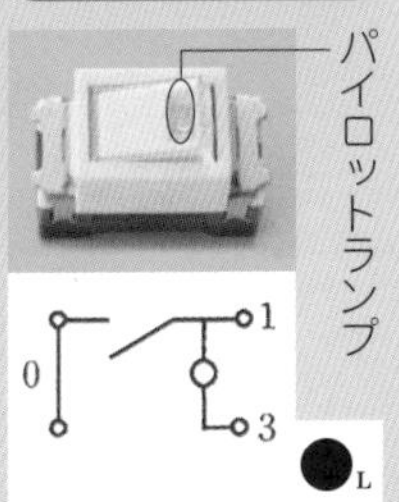

●L

スイッチを入れると、操作部の表示灯（パイロットランプ）が点灯するスイッチ。

赤シートで覚える! 鑑別

過去問題によく出てくる機器・器具・工具を集めました。赤シートを使って、写真と文字記号からその器具・工具の名称を答えられるように繰り返し練習してください。

遅延（遅れ）スイッチ

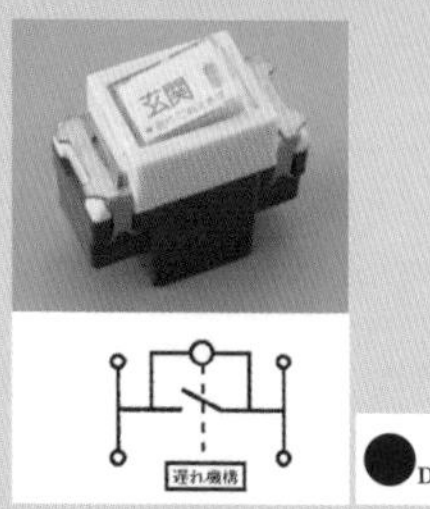

切り操作後、一定時間を経過した後に照明を自動的に消灯させるスイッチ。

押しボタンスイッチ

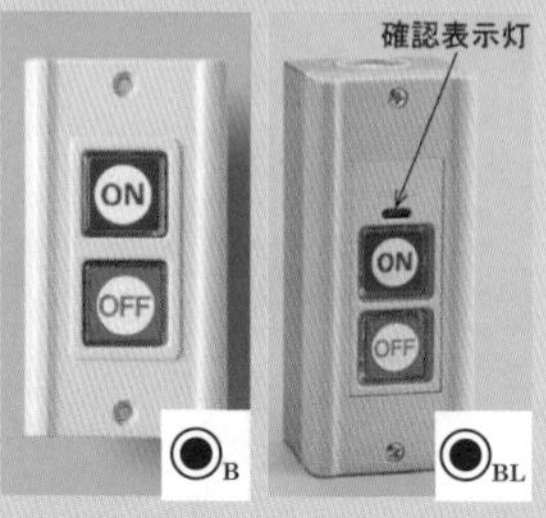

電磁開閉器の電磁コイルのオンオフ操作に使うスイッチ。写真右は確認表示灯があるタイプ。

プルスイッチ

ひもを引いて、照明器具を点滅させる。

フロートスイッチ

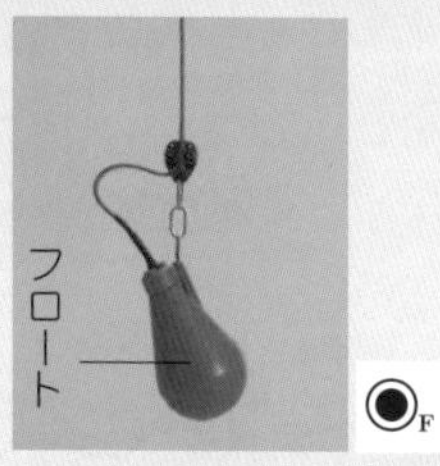

液体に浮かべた浮き（フロート）が液面の上昇によって上下することで回路の開閉をする。液体タンクに設置されるポンプなどの運転操作に使われる。

フロートレススイッチの電極棒

＊フロートレススイッチの傍記記号の末尾に「LF3」のように数字がついている場合、この数字は電極棒の本数を示す。

電極棒を液面に浸し、電極間に流れる電流を検知して回路の開閉をする。液体タンクに設置されるポンプなどの運転操作に使われる。

調光器

調整レバーまたは調整つまみで照明器具の明るさを変えることができるスイッチ。

熱線式自動スイッチ

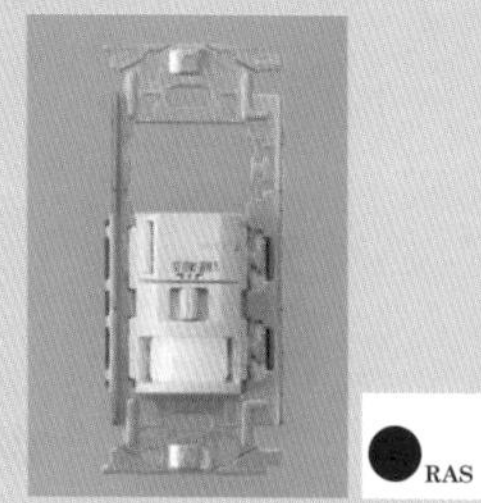

人体から放射される熱線を検出して自動的にオンオフするスイッチ。

埋込形コンセント（2口）

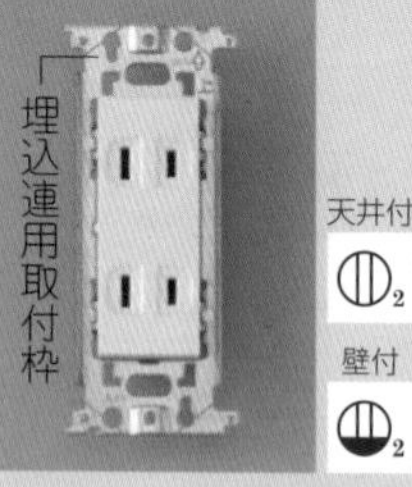

天井付

壁付

埋込配線用の２口（差込口の数が２つ）のコンセント。埋込形には埋込連用取付枠がついている。

接地端子付コンセント

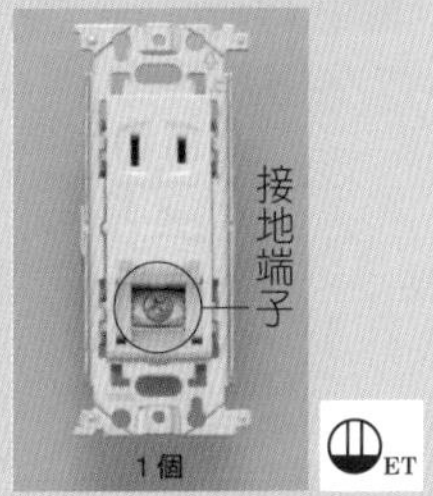

接地端子付きの埋込配線用のコンセント。

接地端子付コンセント(2口)

接地端子付きの埋込配線用の２口コンセント。

接地極付コンセント

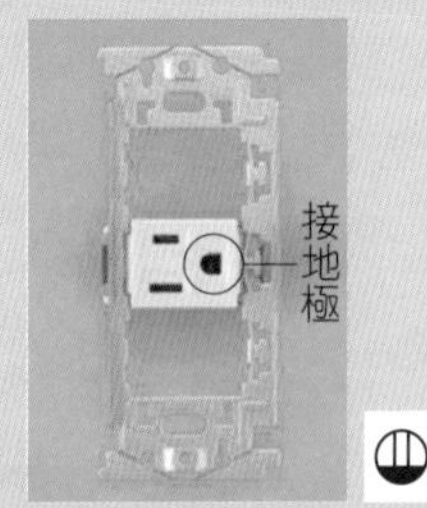

接地極付プラグを接続するための差込口があるコンセント。

接地極付コンセント(2口)

接地極のついた２口のコンセント。

接地極付接地端子付コンセント

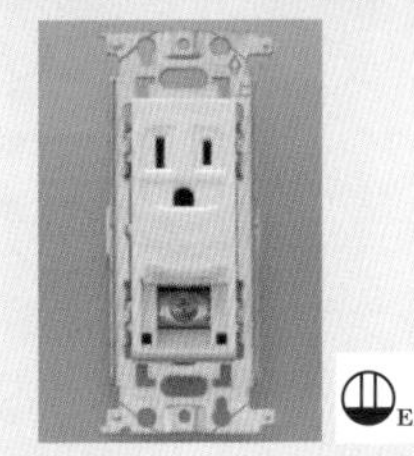

接地極と接地端子が付いた埋込配線用のコンセント。

抜止形コンセント

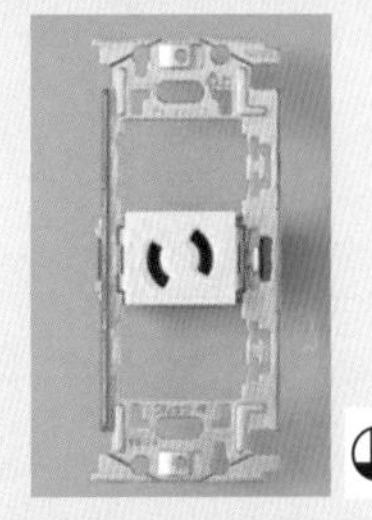

プラグを回転させて接続し、抜けにくくした抜止形の埋込配線用のコンセント。

20A 専用コンセント

単相 100 V 20 Aのコンセント。

接地極付 15A・20A 兼用コンセント

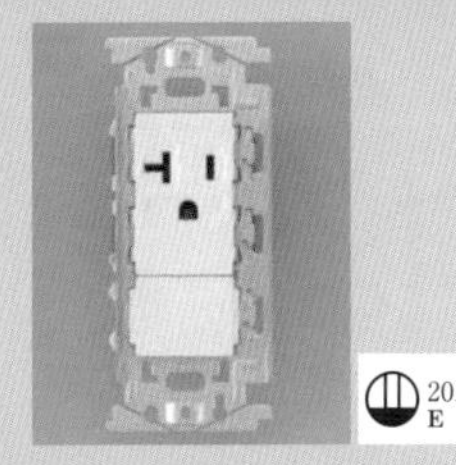

接地極のついた単相 100 V 20 Aのコンセント。

接地極付接地端子付 15A・20A 兼用コンセント

接地極と接地端子のついた単相 100 V 20 Aのコンセント。

赤シートで覚える! 鑑別

過去問題によく出てくる機器・器具・工具を集めました。赤シートを使って、写真と文字記号からその器具・工具の名称を答えられるように繰り返し練習してください。

250V 接地極付コンセント

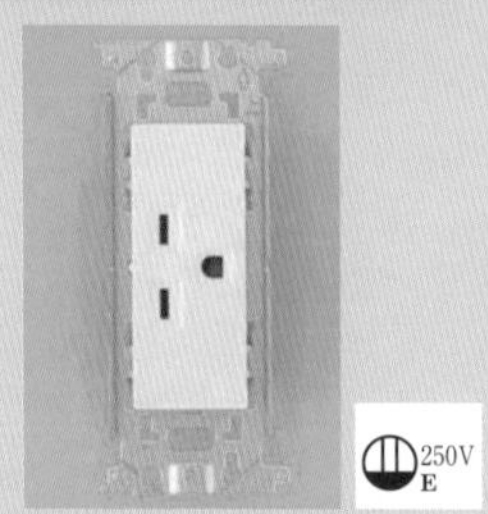

単相 250 V用で接地極のついたコンセント。

20A250V 接地極付コンセント

単相 250 V 20 A用で接地極のついたコンセント。

20A250V 接地端子付 接地極付コンセント

単相 250 V 20 A用で接地極と接地端子のついたコンセント。

接地極付三相 200V コンセント

三相 200V用で接地極のついたコンセント。主に動力用として用いられる。

漏電遮断器付コンセント

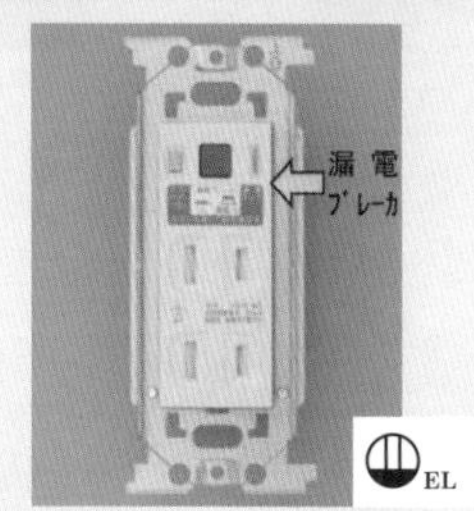

漏電遮断器（漏電ブレーカ）が内蔵されたコンセント。

フロアコンセント

建物の床面に施設するコンセント。使用しないときは床下に収納できる。

防雨形コンセント

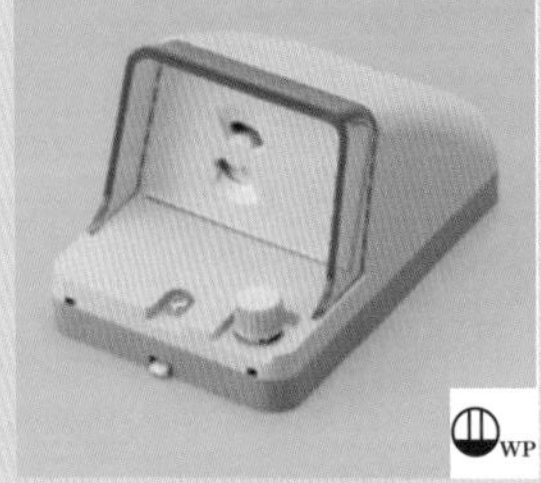

屋外で使用するコンセント。雨水が浸入しないようにフードがついている。差込口を下に向けて施設する。

プレート

スイッチやコンセントの外装に用いる。上左から、1口用、2口用、3口用。

電線管・付属部品

金属製ねじなし電線管

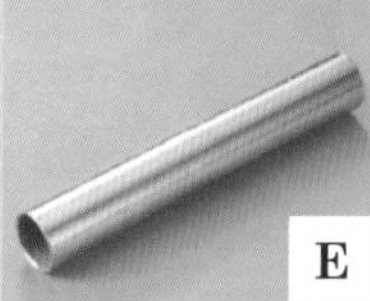

鉄を亜鉛メッキして錆びないように処理した金属管で、端にねじが切っていないタイプ。

2種金属製可とう電線管（プリカチューブ）

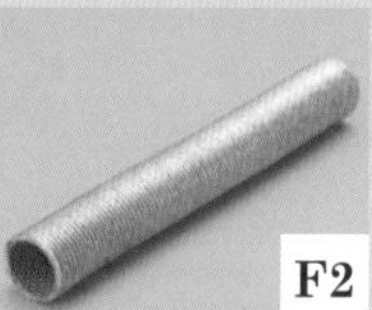

金属製でありながらじゃ腹状になっていて曲げることができるタイプ。屈曲に強く、振動が加わる場所に用いることができる。

2種金属製可とう電線管（防水プリカ）

F2

標準のプリカチューブの外側に塩化ビニルなどを被覆して防水処理をしたタイプ。

硬質塩化ビニル電線管（VE管）

合成樹脂である塩化ビニルで作られた管。軽量で腐食しにくく、管を経由した漏電がないが、機械的衝撃や高温に弱いという欠点もある。

合成樹脂可とう電線管（PF管）

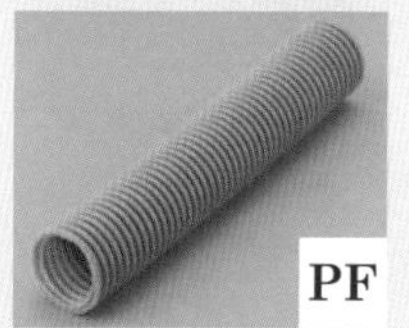

合成樹脂製でありながらじゃ腹状になっていて曲げることができるタイプ。耐燃性があり、多くの配線に用いられる。

波付硬質合成樹脂管（FEP管）

可とう性のある硬質の合成樹脂管で、地中埋設配管で主に使われる。

カップリング

金属管どうしを接続するのに用いる。内側にねじが切られている。

ねじなしカップリング

ねじなし電線管どうしを接続するのに用いる。それぞれの管を締めるねじが特徴。

ねじなしカップリング（防水）

ねじなし電線管どうしを接続するのに用いる防水タイプの接続具。

コンビネーションカップリング（金属製）

金属管とねじなし金属管を接続するのに用いる。

TSカップリング

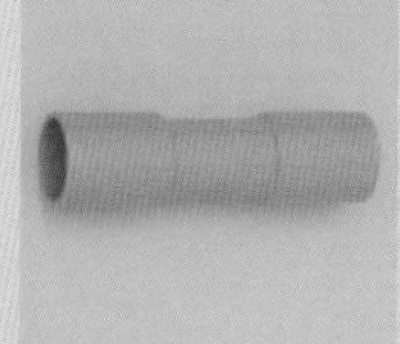

合成樹脂管どうしを接続するのに用いる。

PF管用カップリング

合成樹脂可とう電線管どうしを接続するのに用いる。

赤シートで覚える! 鑑別

過去問題によく出てくる機器・器具・工具を集めました。赤シートを使って、写真と文字記号からその器具・工具の名称を答えられるように繰り返し練習してください。

コンビネーションカップリング（合成樹脂製）

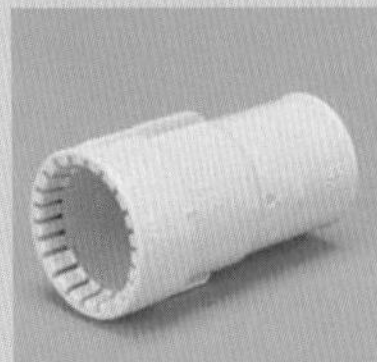

PF 管と VE 管を接続するのに用いる。

ユニバーサル

露出した金属管を、柱や梁などの直角部分に配管するのに用いる。

ノーマルベンド

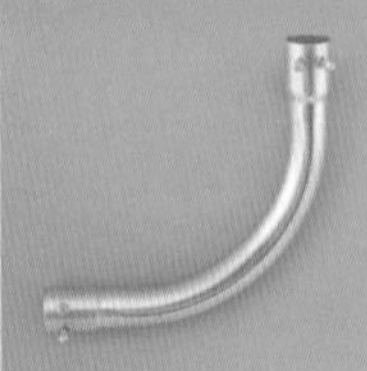

配管の直角屈曲場所で使用する。

金属管サドル

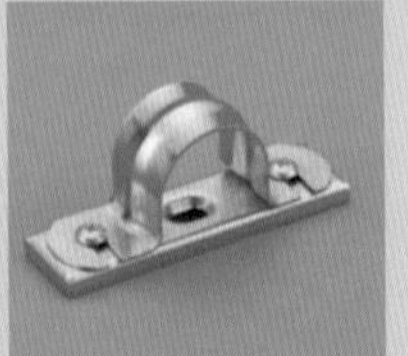

金属管を造営材（柱や壁など）に固定するのに用いられる。

PF 管サドル

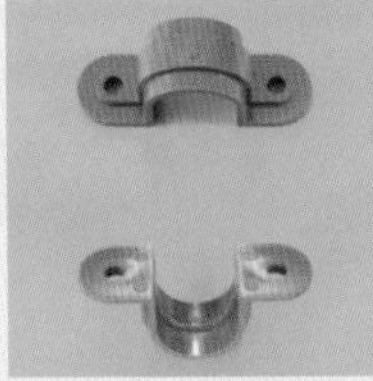

PF 管を造営材（柱や壁など）に固定するのに用いる。

パイラック

金属管を鉄骨などに固定するのに用いる。

エントランスキャップ

垂直な電線管の管端に取り付け、雨水の浸入を防ぐのに用いる。

トラフ

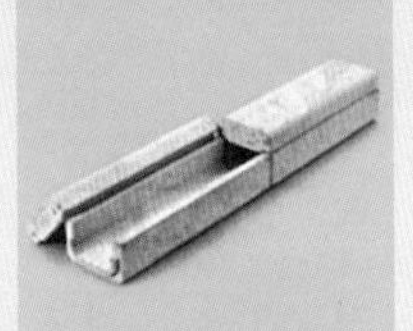

地中埋設工事のうち、ケーブルを直接埋設式によって工事する場合にケーブルを保護するコンクリート製の溝のこと。

ボックス類・関連材料

アウトレットボックス（金属製）

□

電線管やケーブルの取り付けや電線を接続するのに用いる金属製の箱。

アウトレットボックス（合成樹脂製）

□

電線管やケーブルの取り付けや電線を接続するのに用いる合成樹脂製の箱。

VVF用 ジョイントボックス

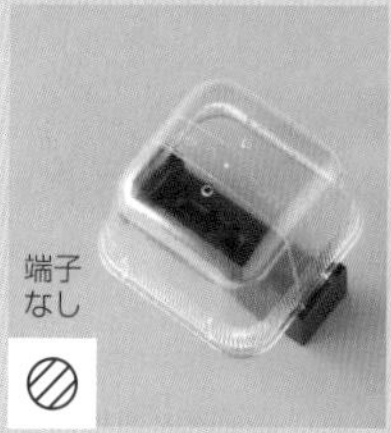

VVFケーブルどうしの接続箇所に用いる箱。

VVF用 ジョイントボックス

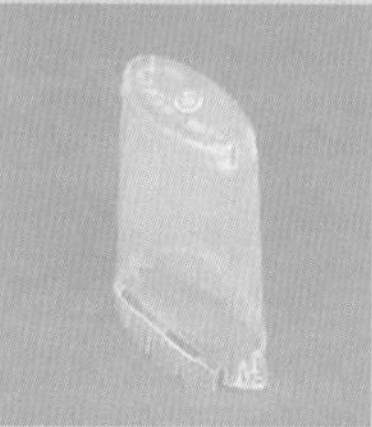

VVFケーブルどうしの接続箇所にかぶせて使用する箱。

ジョイントボックス

電線管をつなぐためのコネクタがつけられたボックス。ねじなし丸形露出ボックスともいう。

コンクリートボックス

コンクリート埋込用で、電線の接続や器具の取り付けに用いる。

プルボックス

多くの電線管が集まる箇所で、電線の引き込みや接続を容易にするために用いる。

埋込スイッチボックス（合成樹脂製）

（合成樹脂製）

スイッチやコンセントを取り付けるために用いる合成樹脂製の箱。

塗りしろカバー

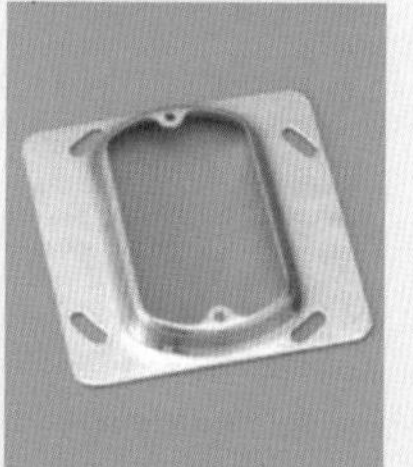

コンクリートなどの壁に打ち込むアウトレットボックスやスイッチボックスのカバー。

露出スイッチボックス（ねじなし電線管用）

露出配線で使われるねじなし電線管用のスイッチボックス。電線管を接続するコネクタ（出っ張り部分）にねじがついているのが特徴。

露出スイッチボックス（金属管用）

露出配線で使われる金属管用のスイッチボックス。

露出スイッチボックス（合成樹脂可とう電線管用）

露出配線で使われる合成樹脂可とう電線管用のスイッチボックス。

露出スイッチボックス（合成樹脂管用）

露出配線で使われる合成樹脂管用のスイッチボックス。電線管を接続するコネクタ（出っ張り部分）が特徴。

ボックスコネクタ

金属管とボックスを接続するのに使用するコネクタ。

赤シートで覚える! 鑑別

過去問題によく出てくる機器・器具・工具を集めました。赤シートを使って、写真と文字記号からその器具・工具の名称を答えられるように繰り返し練習してください。

ストレートボックスコネクタ

2種金属製可とう電線管をボックスに接続するのに使用される。

ねじなしボックスコネクタ

ねじなし電線管とボックスを接続するのに使用するコネクタ。

PF管用ボックスコネクタ

ＰＦ管をボックスに接続するのに使用するコネクタ。

FEP管用ボックスコネクタ

FEP管（波付硬質合成樹脂管）をボックスに接続するのに用いられる。

VE管用ボックスコネクタ

VE管（硬質ポリ塩化ビニル管）をボックスに接続するのに用いられる。

ねじなしブッシング

ねじなし電線管の管端部に取り付けて電線を保護する。

絶縁ブッシング

金属管の管端部やボックスコネクタの端に取り付けて電線を保護する。

ゴムブッシング

ジョイントボックスやアウトレットボックスの貫通孔に取り付けて電線を保護する。

電線を接続・固定する材料

リングスリーブ

電線どうしを差し込んで圧着し、接続する。サイズは大中小がある。

差込形コネクタ

電線どうしを差し込んで接続する（写真左上から２本用、３本用、４本用）。

銅線用裸圧着端子

電線の端を圧着し、電気機器の端子との接続に使用する。

絶縁用ビニルテープ

圧着接続や手巻き接続による接続で、接続部の導体が露出している箇所を被覆するために用いられるテープ。

低圧ノップがいし

がいし引き工事において、電線を支持するのに用いる。

引き留めがいし

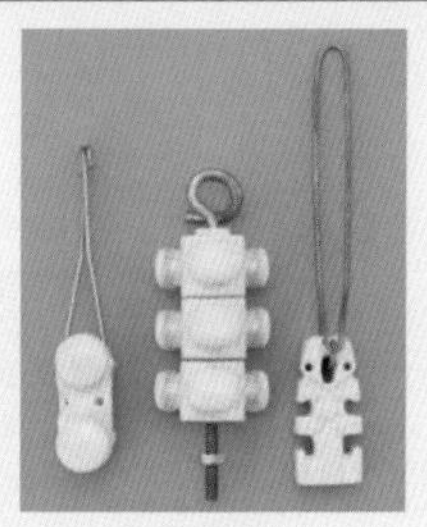

引込用ビニル絶縁電線（ＤＶ線）を引き留めるのに用いる。

玉がいし

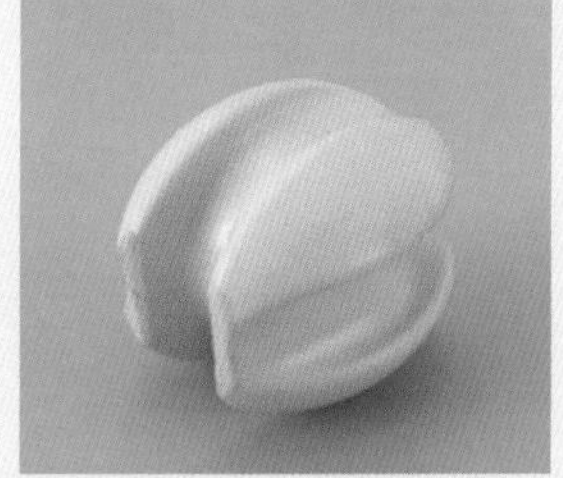

架空電線路の支線（電柱などを支えるために張る線）を絶縁するために用いる。

チューブサポート

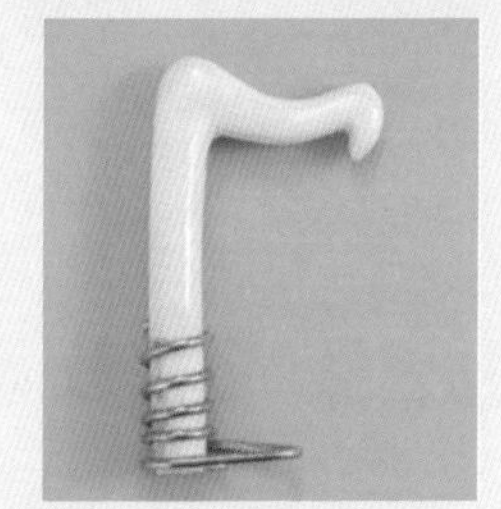

ネオン管の支持に用いる。

ステープル

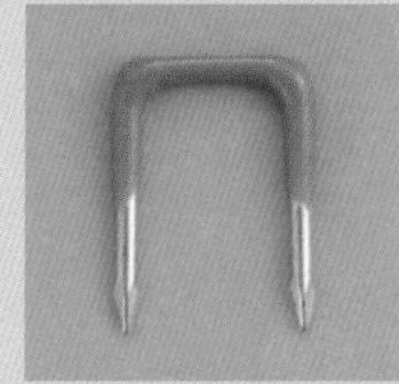

ＶＶＦケーブルを木材などの造営材に取り付けるのに用いる。

1種金属製線ぴ（メタルモール）

金属製の線ぴ（電線を収納するとい状のもののうち、幅 5 cm 以下のもの）で幅が 4 cm 未満のもの。露出配線などに用いられる。

2種金属製線ぴ（レースウェイ）

幅 4 cm 以上 5 cm 以下の金属製線ぴ。天井のない倉庫などで照明器具を固定し、電線やケーブルを収容して電源を供給することができる。

合成樹脂製線ぴ

合成樹脂製の線ぴ。屋内の露出配線などに用いられる。

赤シートで覚える! 鑑別

過去問題によく出てくる機器・器具・工具を集めました。赤シートを使って、写真と文字記号からその器具・工具の名称を答えられるように繰り返し練習してください。

ケーブルラック

ケーブルを収めて固定や支持に用いる部材。「ラック」とは棚のこと。

ライティングダクト

店舗などの照明の配線に使われるダクトのこと。内部に導体が組み込まれており、照明器具のプラグを接触させて使用する。

ライティングダクト用ジョインター

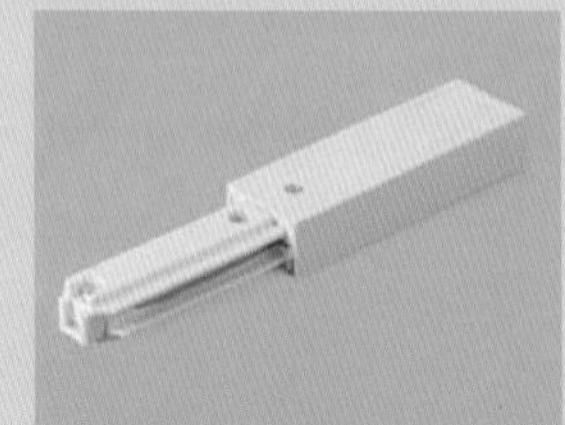

ライティングダクト同士の接続に用いられる。

電線を加工する工具

ペンチ

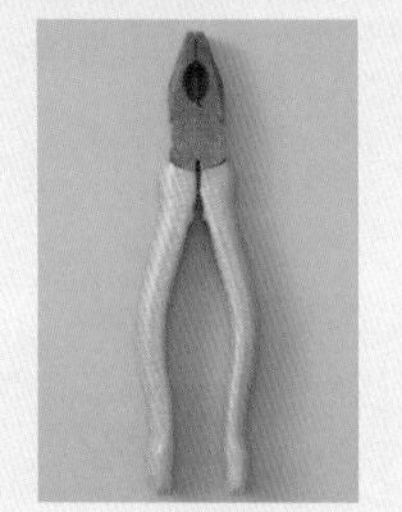

電線や心線を切断するときに用いられる。

ケーブルカッター

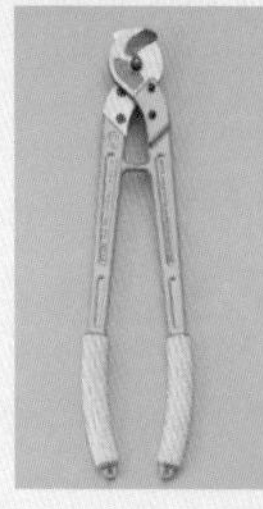

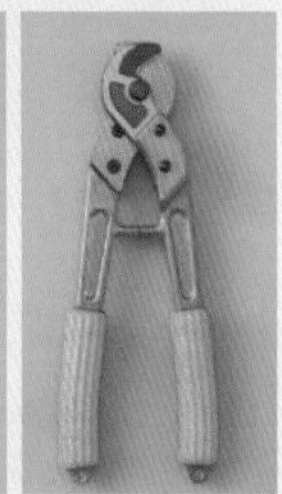

ケーブルや太い電線を切断するときに使用する。刃先がケーブルをくわえるような半円状をしているのが特徴。

電工ナイフ

電線の絶縁被覆やケーブルの外装をはぎ取るのに用いられる。

ケーブルストリッパ

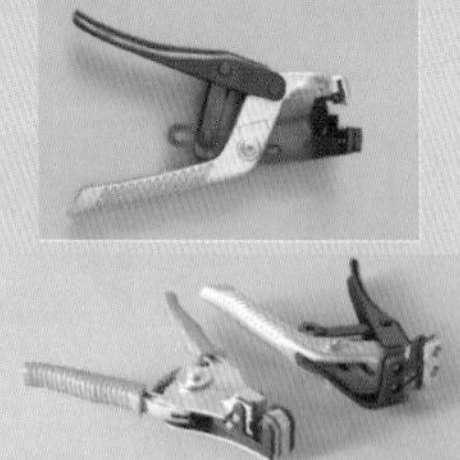

ＶＶＦケーブルの外装や絶縁被覆をはぎ取るときに用いる。

リングスリーブ用圧着工具

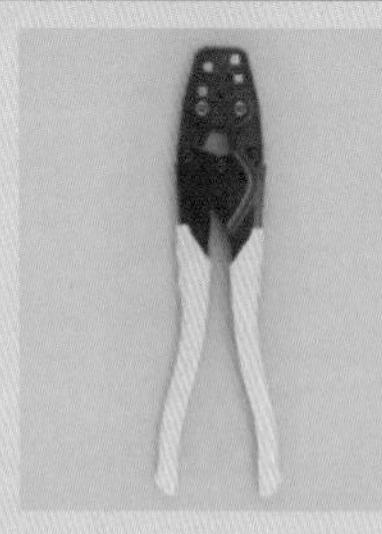

リングスリーブ（Ｅ形）を圧着するときに用いる。黄色の柄が特徴。

端子用圧着工具

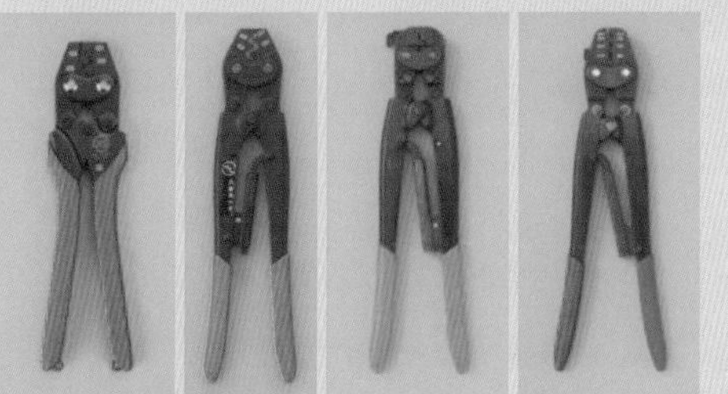

圧着端子を圧着するときに用いる（E形リングスリーブを圧着するのには用いられない）。

手動油圧式圧着器

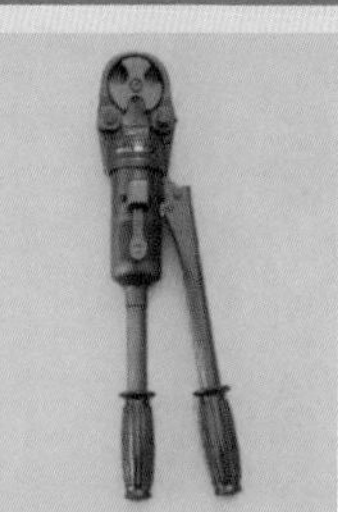

断面積 14mm^2 以上の太い電線の圧着接続に用いる。

金属管を加工する工具

パイプカッタ

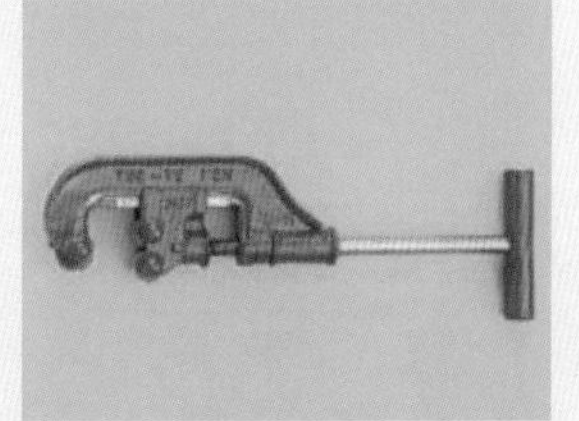

金属管を切断するときに用いる。管をはさみ、回転させながら切断する。

パイプレンチ

カップリングを取り付けるとき、金属管を回してねじ込むのに用いる。金属管の径にあわせてくわえ部の間隔を変えることができる。

パイプバイス

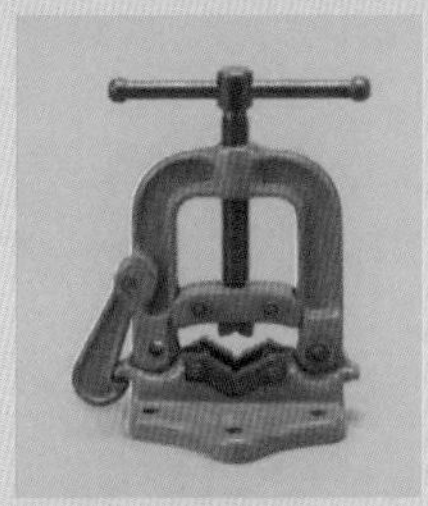

金属管や電線管を切断するときや、ねじ切りをする際に、管を固定するのに用いる。

金切のこ

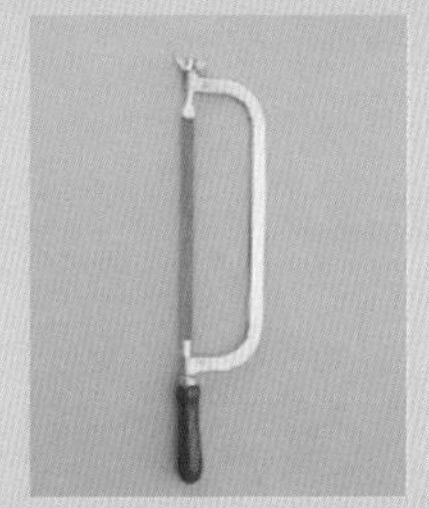

金属管や太い電線、波付硬質合成樹脂管（FEP管）などを切断するのに用いる。

高速切断機

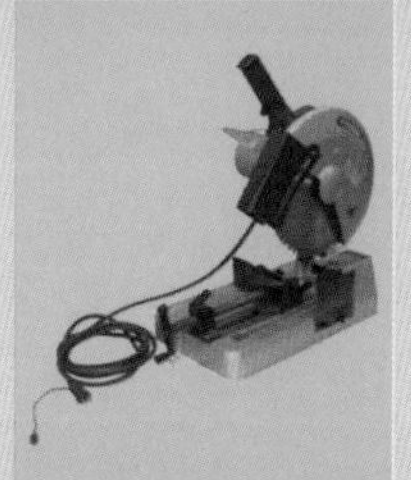

金属管や鋼材などを高速で切断するのに用いる電動工具。

赤シートで覚える! 鑑別

過去問題によく出てくる機器・器具・工具を集めました。赤シートを使って、写真と文字記号からその器具・工具の名称を答えられるように繰り返し練習してください。

パイプベンダ

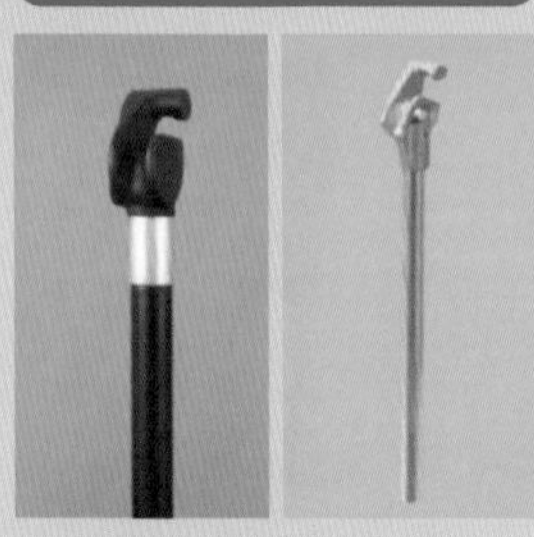

太い金属管を曲げる作業に用いる。曲げる部分にベンダの先を当てて加工する。

リード型ねじ切り器

金属管にねじを切る（ねじ山を作る）際に用いる。

平やすり

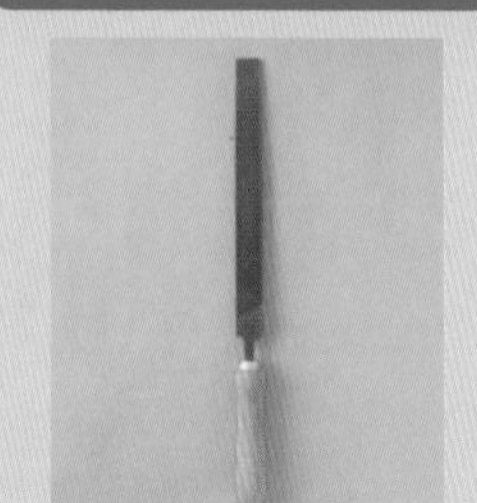

金属管の切断面のバリ取りや仕上げに用いる。

クリックボール

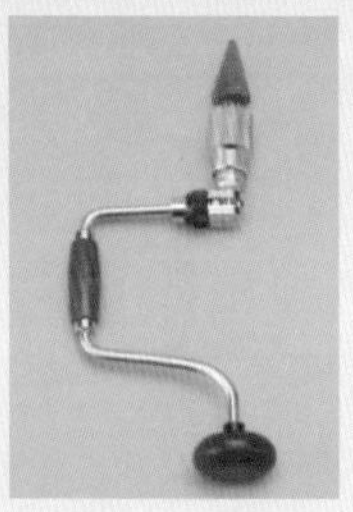

先端にリーマや羽根きりを取り付けて、金属管端のバリを取ったり、木材に穴を空けたりするのに用いる。

リーマ

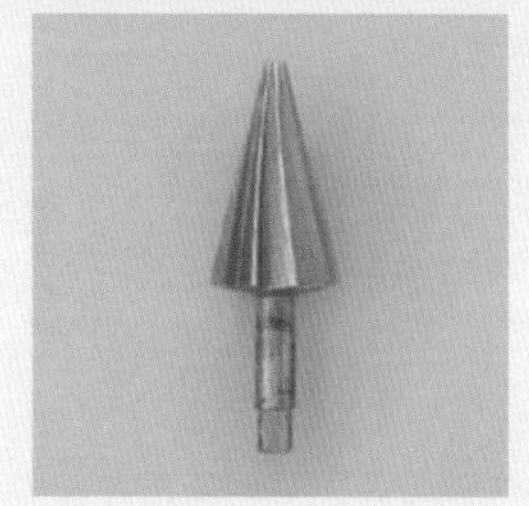

クリックボールの先端に取り付け、金属管端の内面のバリを取るのに用いる。

ウォータポンププライヤ

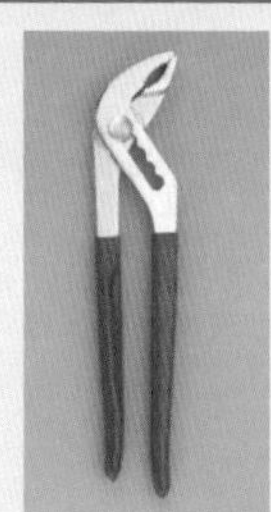

金属管などをつかんだり、ロックナットを締めたりするのに用いる。

合成樹脂管（塩ビ管）を加工する工具

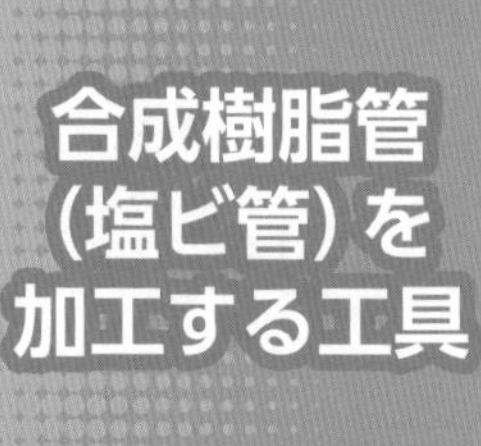

樹脂フレキシブル管カッタ

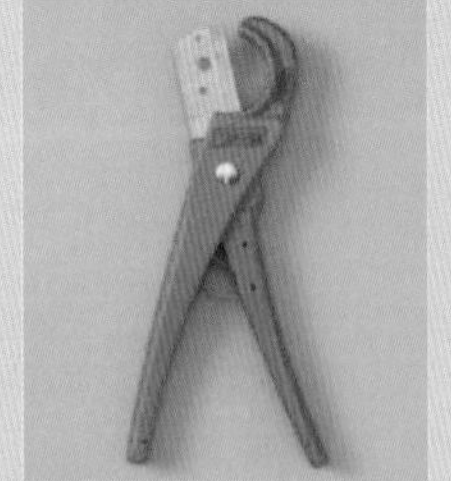

合成樹脂製のフレキシブル管の切断に用いる。

合成樹脂管用カッタ

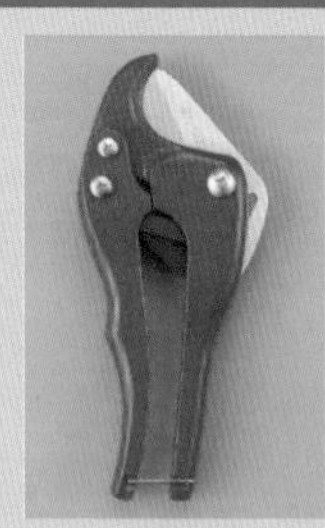

合成樹脂管を切断するのに用いる。

面取り器

合成樹脂管の切断面のバリを取るのに用いる。

ガストーチランプ

合成樹脂管（硬質塩化ビニル電線管）を熱して、曲げ加工をする際に用いる。

金属板や木材板に穴をあける工具

電動ドリル

先端にドリルビットやホルソ等を取り付けて、コンクリート、木材、金属等に穴をあけるのに用いる。

木工用ドリルビット

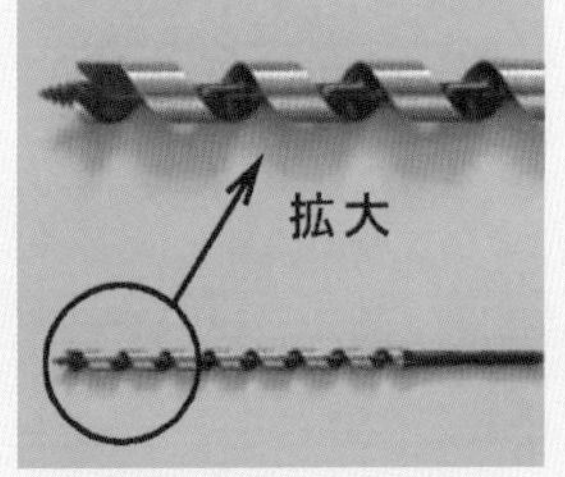

木材に穴をあけるときに用いる。

コンクリート用ドリルビット

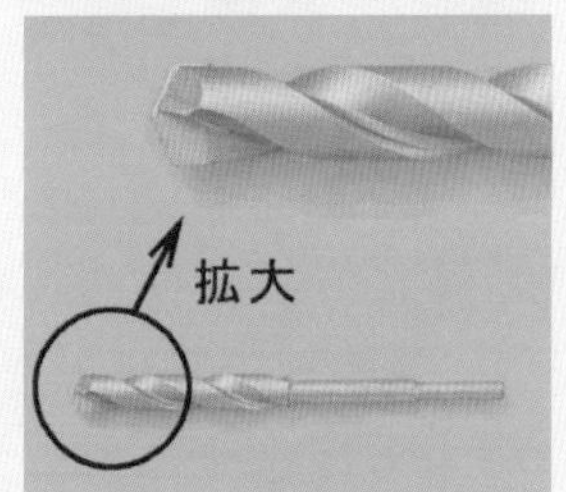

コンクリートに穴をあけるときに用いる。

ホルソ

金属板や各種合金板に穴をあけるとき、電気ドリルに取り付けて用いる。

タップとタップハンドル

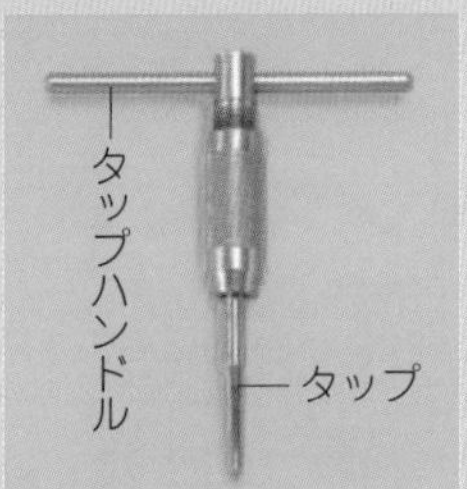

鋼板などにねじを切る（ねじ山を作る）際に用いる。タップハンドルにタップを装着して使用する。

羽根きり

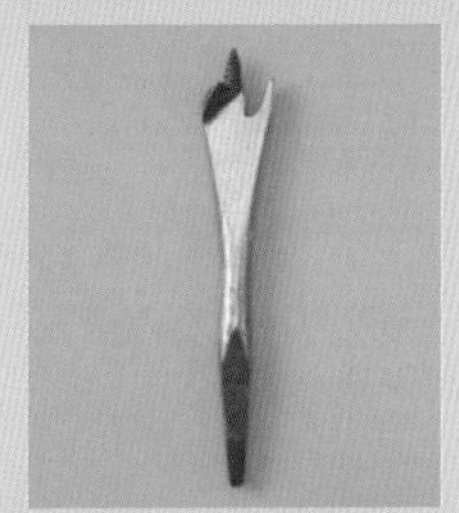

クリックボールの先端に装着し、木材に穴をあけるのに用いる。

赤シートで覚える! 鑑別

過去問題によく出てくる機器・器具・工具を集めました。赤シートを使って、写真と文字記号からその器具・工具の名称を答えられるように繰り返し練習してください。

ノックアウトパンチャ

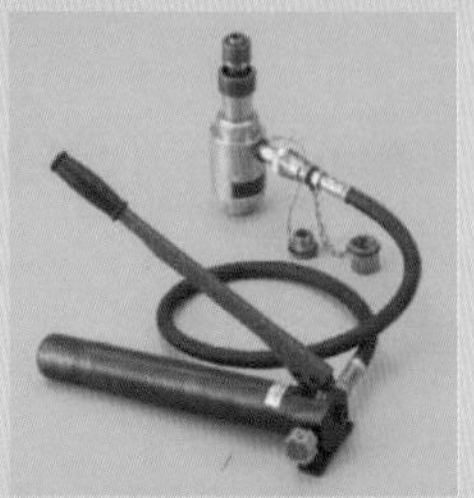

金属板や各種合金板に穴をあけるのに用いる。

レーザー水準器

器具等を取り付ける際に垂直や水平を出すために用いる。

呼び線挿入器（通線器）

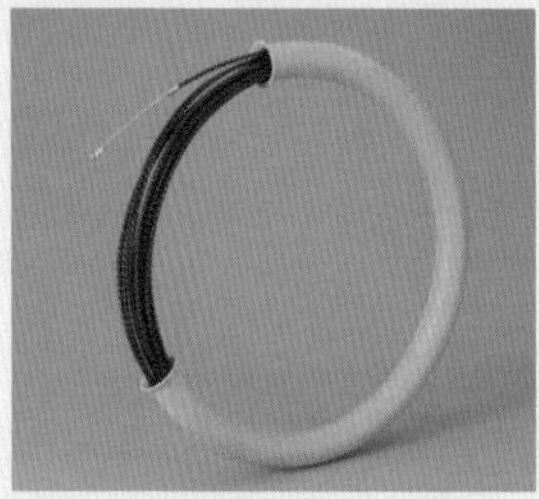

電線管内に電線を通すのに用いる。リング状のケースの中のワイヤを使用する。

張線器

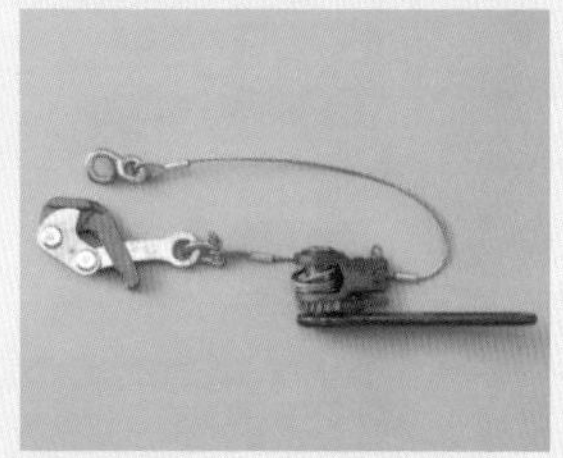

架空線の工事で、電線のたるみを調整するのに用いる。

接地棒と金づち

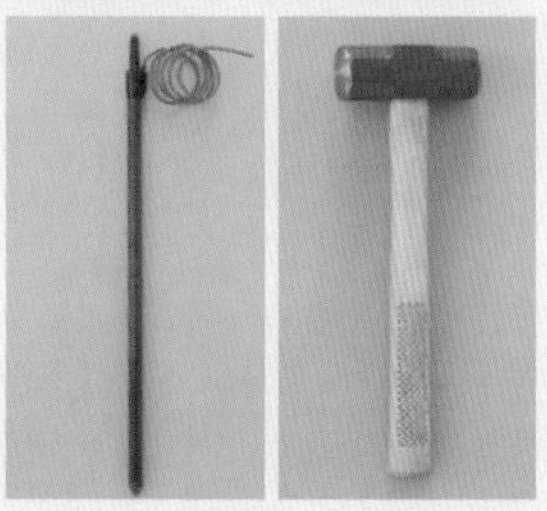

地中に埋めて接地極（アース）として用いられる金属棒。ハンマーで地中に打ち込む。

電気機器の検査と測定

電流計

Ⓐ

負荷に流れる電流を測定する計測器。目盛りに電流の単位の［A］が印されているのが特徴。

電力計

Ⓦ

負荷が消費する電力を測定する計測器。目盛りに電力の単位［W］が印されているのが特徴。

周波数計

交流の周波数を測定する計測器。目盛りに周波数の単位[Hｚ](ヘルツ)が印されているのが特徴。

絶縁抵抗計

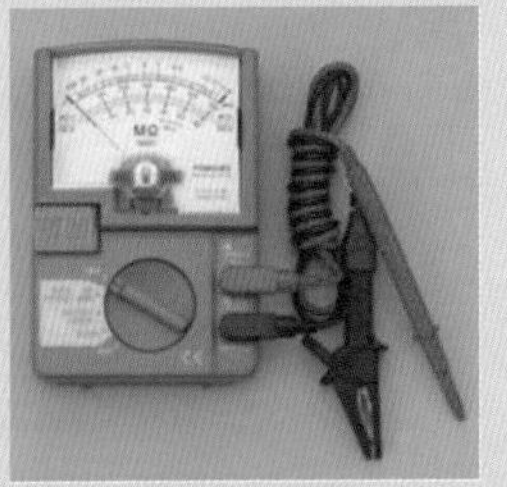

絶縁抵抗を測定するのに使用する。目盛りに絶縁抵抗値の単位［MΩ］（メガオーム）が記されているのが特徴。

接地抵抗計

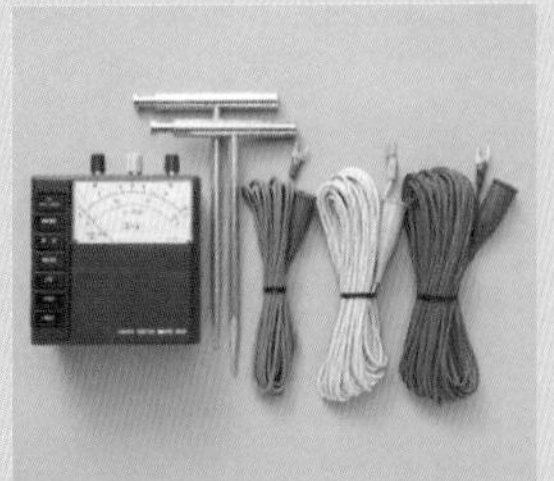

接地抵抗を測定するときに使用する。接地極と本体をつなぐ緑、黄、赤の線が特徴。

回路計（テスタ）

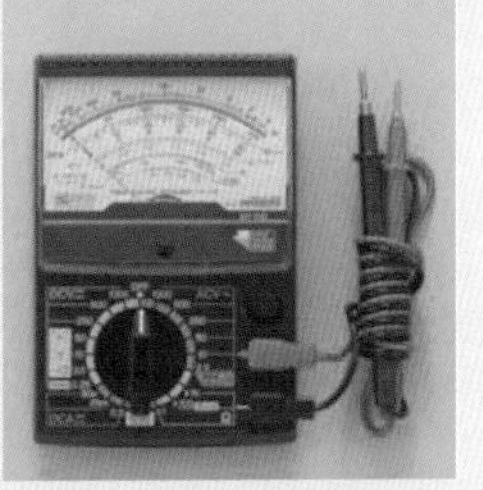

電圧や電流、抵抗を測定するのに用いる。ダイヤル型のスイッチで測定するものを切り換える。

低圧検電器

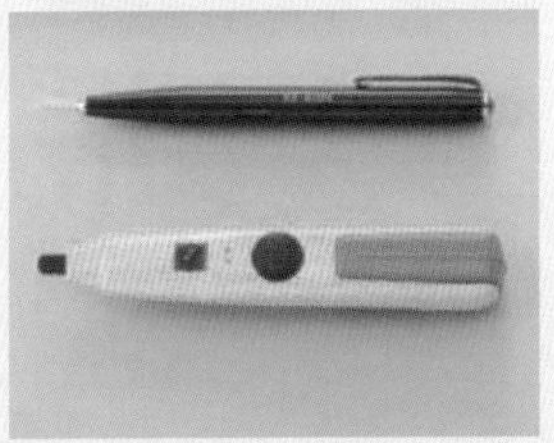

先端を電線や電極に当てて、低圧電気回路の充電状態を調べるのに使用する。コンセントの極性確認にも使用される。

クランプメータ

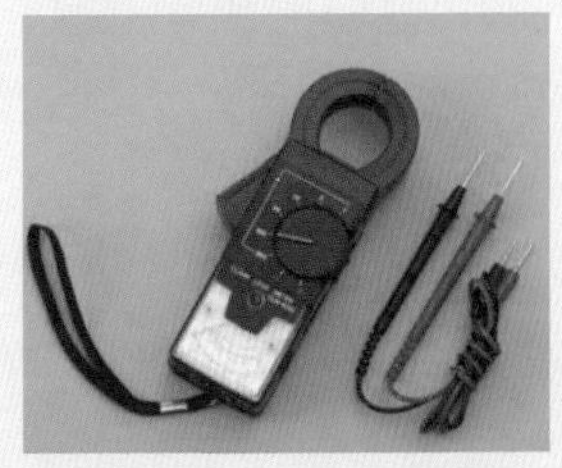

通電中の電線の電流や漏れ電流を測定するのに用いる。クランプ（電路をはさんで測定する部分）に電線を通すだけで測定できる。

検相器

回転型

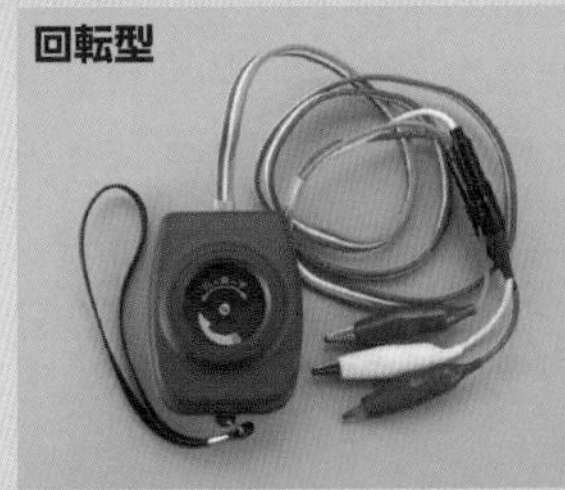

表示型

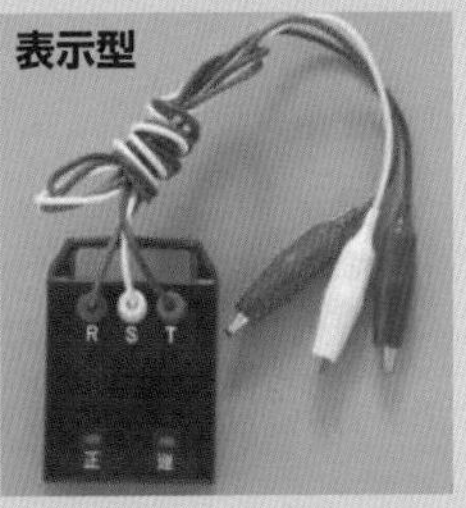

三相回路の相順を調べるのに使用する。三相を示す RST と正相、逆相などの表示がある。

照度計

照度を測定するのに用いる。単位は[lx]（ルクス）。

さくいん

英数

あ行

か行

さ行

た行

な行

は行

ま行

や行

ら・わ行

●著者紹介

石原　鉄郎（いしはら　てつろう）

ドライブシャフト合同会社　代表社員。電験、電工、施工管理技士、給水装置工事などの技術系国家資格の受験対策講習会などに年間100回以上登壇している。電気主任技術者、エネルギー管理士、ビル管理技術者の法定選任経験あり。第1種電気工事士の法定講習の認定講師。主な保有資格：第1種電気工事士、1級電気工事施工管理技士、第２種電気主任技術者ほか。

毛馬内　洋典（けまない　ひろのり）

1974 年東京都中野区出身。電気通信大学大学院電子工学専攻博士前期課程修了。同大学院電子工学専攻博士後期課程単位取得退学。有限会社 KHz-NET 代表取締役社長。電験２種・エネルギー管理士・電気通信主任技術者・第一級陸上無線技術士など、電気・通信系資格を中心に多数取得。現在、私立高校講師・東京都立職業能力開発センター講師のほか、電気・通信系書籍執筆、電験３種受験対策講座の講師などで高い評価を得ている。

２人の共著に『第２種電気工事士 技能試験 完全図解テキスト』『丸覚え電験三種』（小社刊）がある。

本書に関するお問い合わせは、書名・発行日・該当ページを明記の上、下記のいずれかの方法にてお送りください。電話でのお問い合わせはお受けしておりません。
- **ナツメ社 web サイトの問い合わせフォーム**　https://www.natsume.co.jp/contact
- **FAX**（03-3291-1305）
- **郵送**（下記、ナツメ出版企画株式会社宛て）

なお、回答までに日にちをいただく場合があります。正誤のお問い合わせ以外の書籍内容に関する解説・受験指導 は、一切行っておりません。あらかじめご了承ください。

2024 年版（ねんばん）
第２種電気工事士（だいにしゅでんきこうじし）　学科試験（がっかしけん）　完全合格（かんぜんごうかく）テキスト＆問題集（もんだいしゅう）

2024 年 1 月 5 日　初版発行

著　者　石原鉄郎（いしはらてつろう）　©Ishihara Tetsuro，2024
　　　　毛馬内洋典（けまないひろのり）　©Kemanai Hironori，2024
発行者　田村正隆

発行所　株式会社ナツメ社
　　　　東京都千代田区神田神保町 1-52 ナツメ社ビル 1F（〒 101-0051）
　　　　電話　03（3291）1257（代表）　FAX　03（3291）5761
　　　　振替　00130-1-58661
制　作　ナツメ出版企画株式会社
　　　　東京都千代田区神田神保町 1-52 ナツメ社ビル 3F（〒 101-0051）
　　　　電話　03（3295）3921（代表）
印刷所　ラン印刷社

ISBN978-4-8163-7471-5　Printed in Japan
〈定価はカバーに表示してあります〉〈落丁・乱丁本はお取り替えいたします〉

第2種 電気工事士 学科試験 完全合格 テキスト&問題集

2024年版
最新試験に対応!

原鉄郎／毛馬内洋典 著

2023年度	上期	午前 / 午後	学科試験問題と解答・解説
2023年度	下期	午前 / 午後	

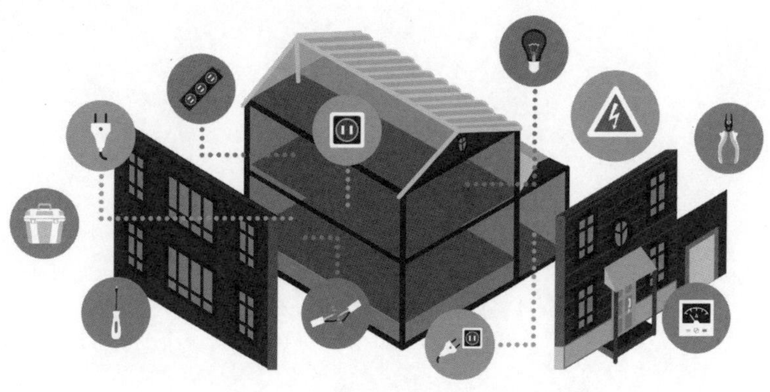

ナツメ社

2023年度 上期

第2種電気工事士
学科試験問題

2023年度上期 午前 学科試験問題

問題1 一般問題 (問題数30、配点は1問当たり2点)

(注意) 本問題の計算で、$\sqrt{2}$、$\sqrt{3}$及び円周率πを使用する場合の数値は次によること。$\sqrt{2}=1.41$、$\sqrt{3}=1.73$、$\pi=3.14$

次の各問いには4通りの答え(イ、ロ、ハ、ニ)が書いてある。それぞれの問いに対して答えを1つ選びなさい。

なお、選択肢が数値の場合は最も近い値を選びなさい。

問1 図のような回路で、スイッチSを閉じたとき、a-b端子間の電圧[V]は。

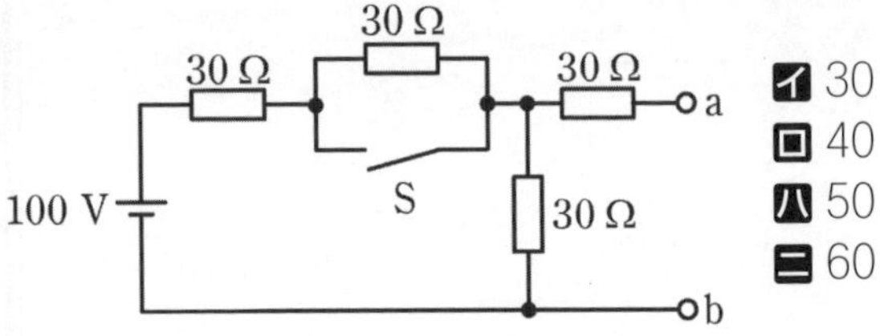

イ 30
ロ 40
ハ 50
ニ 60

問2 抵抗率ρ [Ω·m]、直径D [mm]、長さL [m]の導線の電気抵抗[Ω]を表す式は。

イ $\dfrac{4\rho L}{\pi D^2}\times 10^6$　ロ $\dfrac{\rho L^2}{\pi D^2}\times 10^6$　ハ $\dfrac{4\rho L}{\pi D}\times 10^6$　ニ $\dfrac{4\rho L^2}{\pi D}\times 10^6$

問3 抵抗に100 Vの電圧を2時間30分加えたとき、電力量が4 kW·hであった。抵抗に流れる電流[A]は。

イ 16　ロ 24　ハ 32　ニ 40

問 4　図のような回路で、抵抗 R に流れる電流が 4 A、リアクタンス X に流れる電流が 3 A であるとき、この回路の消費電力［W］は。

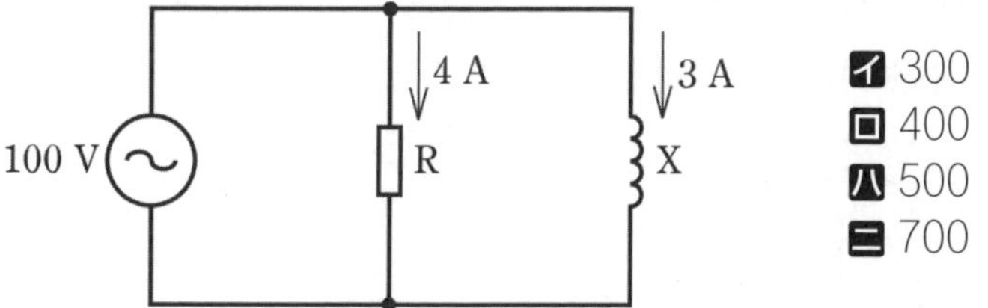

イ 300
ロ 400
ハ 500
ニ 700

問 5　図のような三相 3 線式回路の全消費電力［kW］は。

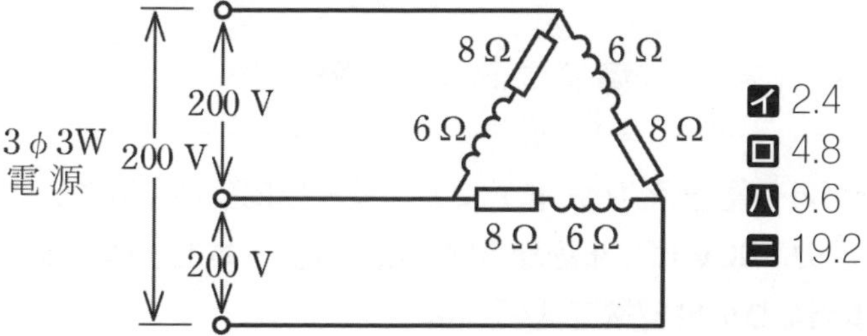

イ 2.4
ロ 4.8
ハ 9.6
ニ 19.2

問 6　図のような三相 3 線式回路で、電線 1 線当たりの抵抗が 0.15 Ω、線電流が 10 A のとき、この配線の電力損失［W］は。

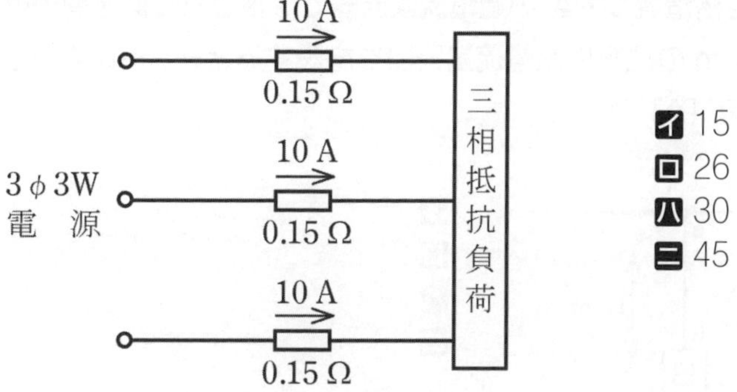

イ 15
ロ 26
ハ 30
ニ 45

問 7　図 1 のような単相 2 線式回路を、図 2 のような単相 3 線式回路に変更した場合、配線の電力損失はどうなるか。

ただし、負荷電圧は 100 V 一定で、負荷 A、負荷 B はともに消費電力 1 kW の抵抗負荷で、電線の抵抗は 1 線当たり 0.2 Ωとする。

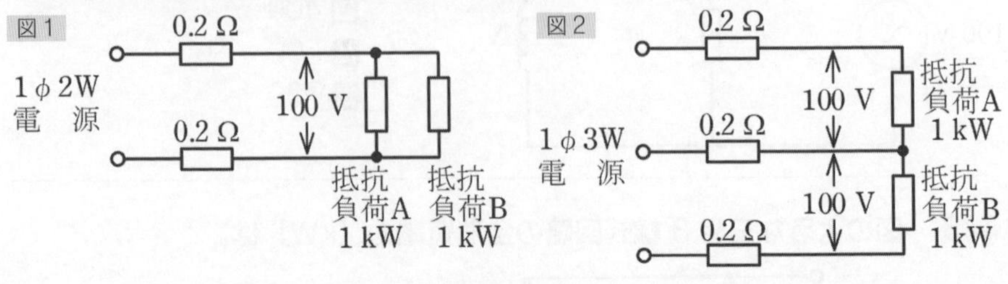

イ 0 になる。　ロ 小さくなる。　ハ 変わらない。　ニ 大きくなる。

問 8　合成樹脂製可とう電線管（PF 管）による低圧屋内配線工事で、管内に断面積 5.5 mm^2 の 600V ビニル絶縁電線（軟銅線）7 本を収めて施設した場合、電線 1 本当たりの許容電流［A］は。

ただし、周囲温度は 30 ℃以下、電流減少係数は 0.49 とする。

イ 13　ロ 17　ハ 24　ニ 29

問 9　図のように定格電流 60 A の過電流遮断器で保護された低圧屋内幹線から分岐して、10 m の位置に過電流遮断器を施設するとき、a-b 間の電線の許容電流の最小値［A］は。

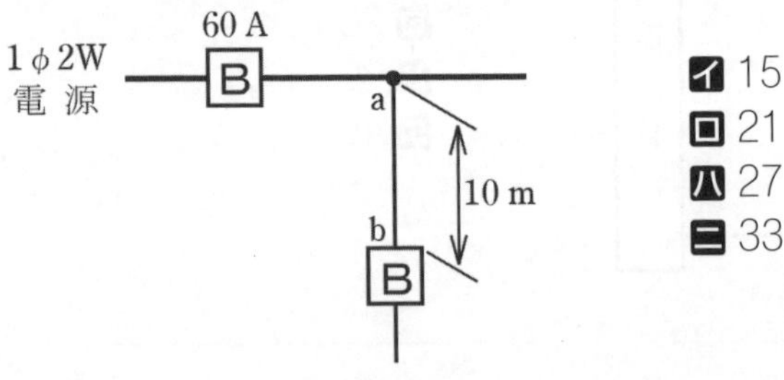

イ 15
ロ 21
ハ 27
ニ 33

問 10 低圧屋内配線の分岐回路の設計で、配線用遮断器、分岐回路の電線の太さ及びコンセントの組合せとして、適切なものは。

ただし、分岐点から配線用遮断器までは 3 m、配線用遮断器からコンセントまでは 8 m とし、電線の数値は分岐回路の電線（軟銅線）の太さを示す。

また、コンセントは兼用コンセントではないものとする。

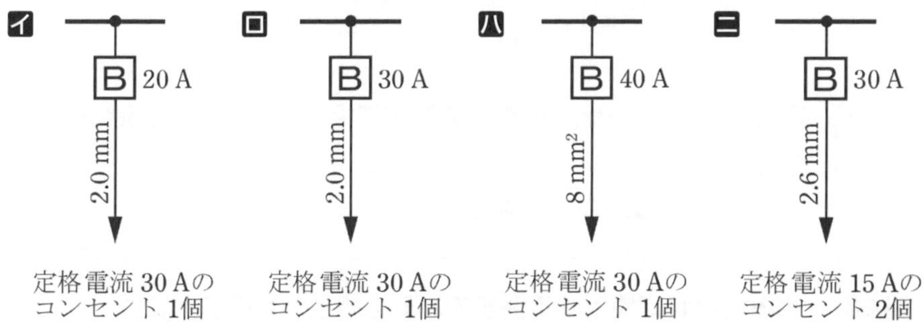

イ 定格電流 30 Aのコンセント 1個

ロ 定格電流 30 Aのコンセント 1個

ハ 定格電流 30 Aのコンセント 1個

ニ 定格電流 15 Aのコンセント 2個

問 11 多数の金属管が集合する場所等で、通線を容易にするために用いられるものは。

イ 分電盤

ロ プルボックス

ハ フィクスチュアスタッド

ニ スイッチボックス

問 12 絶縁物の最高許容温度が最も高いものは。

イ 600V 架橋ポリエチレン絶縁ビニルシースケーブル（CV）

ロ 600V 二種ビニル絶縁電線（HIV）

ハ 600V ビニル絶縁ビニルシースケーブル丸形（VVR）

ニ 600V ビニル絶縁電線（IV）

問 13　コンクリート壁に金属管を取り付けるときに用いる材料及び工具の組合せとして、適切なものは。

イ	ロ	ハ	ニ
カールプラグ	サドル	たがね	ボルト
ステープル	振動ドリル	コンクリート釘	ホルソ
ホルソ	カールプラグ	ハンマ	振動ドリル
ハンマ	木ねじ	ステープル	サドル

問 14　定格周波数 60 Hz、極数 4 の低圧三相かご形誘導電動機の同期速度［min^{-1}］は。

イ 1200　ロ 1500　ハ 1800　ニ 3000

問 15　組み合わせて使用する機器で、その組合せが明らかに誤っているものは。

イ ネオン変圧器と高圧水銀灯

ロ 光電式自動点滅器と庭園灯

ハ 零相変流器と漏電警報器

ニ スターデルタ始動装置と一般用低圧三相かご形誘導電動機

問 16　写真に示す材料の特徴として、誤っているものは。

なお、材料の表面には「タイシガイセン EM600V EEF/F1.6mm　JIS JET ＜ PS ＞ E ○○社タイネン 2014」が記されている。

イ 分別が容易でリサイクル性がよい。

ロ 焼却時に有害なハロゲン系ガスが発生する。

ハ ビニル絶縁ビニルシースケーブルと比べ絶縁物の最高許容温度が高い。

ニ 難燃性がある。

問17 **写真に示す器具の用途は。**

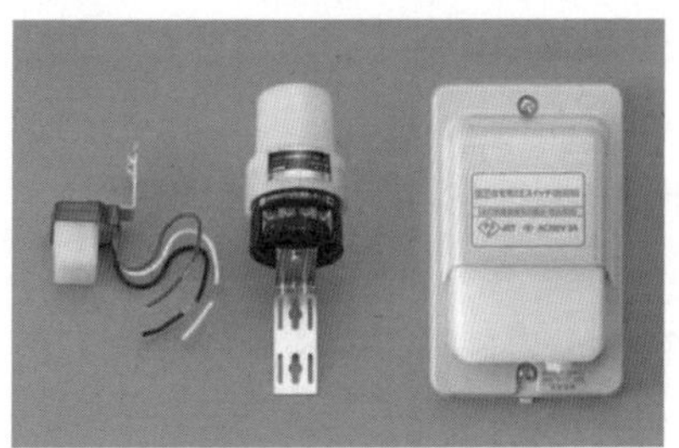

イ LED 電球の明るさを調節するのに用いる。
ロ 人の接近による自動点滅に用いる。
ハ 蛍光灯の力率改善に用いる。
ニ 周囲の明るさに応じて屋外灯などを自動点滅させるのに用いる。

問18 **写真に示す工具の用途は。**

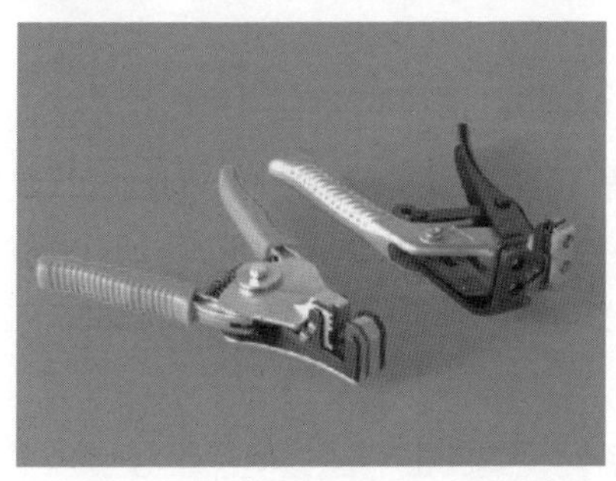

イ VVF ケーブルの外装や絶縁被覆をはぎ取るのに用いる。
ロ CV ケーブル（低圧用）の外装や絶縁被覆をはぎ取るのに用いる。
ハ VVR ケーブルの外装や絶縁被覆をはぎ取るのに用いる。
ニ VFF コード（ビニル平形コード）の絶縁被覆をはぎ取るのに用いる。

問19 **単相 100 V の屋内配線工事における絶縁電線相互の接続で、不適切なものは。**

イ 絶縁電線の絶縁物と同等以上の絶縁効力のあるもので十分被覆した。
ロ 電線の引張強さが 15 %減少した。
ハ 差込形コネクタによる終端接続で、ビニルテープによる絶縁は行わなかった。
ニ 電線の電気抵抗が 5 %増加した。

問 20　**低圧屋内配線工事（臨時配線工事の場合を除く）で、600V ビニル絶縁ビニルシースケーブルを用いたケーブル工事の施工方法として、適切なものは。**

イ 接触防護措置を施した場所で、造営材の側面に沿って垂直に取り付け、その支持点間の距離を 8 m とした。

ロ 金属製遮へい層のない電話用弱電流電線と共に同一の合成樹脂管に収めた。

ハ 建物のコンクリート壁の中に直接埋設した。

ニ 丸形ケーブルを、屈曲部の内側の半径をケーブル外径の 8 倍にして曲げた。

問 21　**住宅（一般用電気工作物）に系統連系型の発電設備（出力 5.5 kW）を、図のように、太陽電池、パワーコンディショナ、漏電遮断器（分電盤内）、商用電源側の順に接続する場合、取り付ける漏電遮断器の種類として、最も適切なものは。**

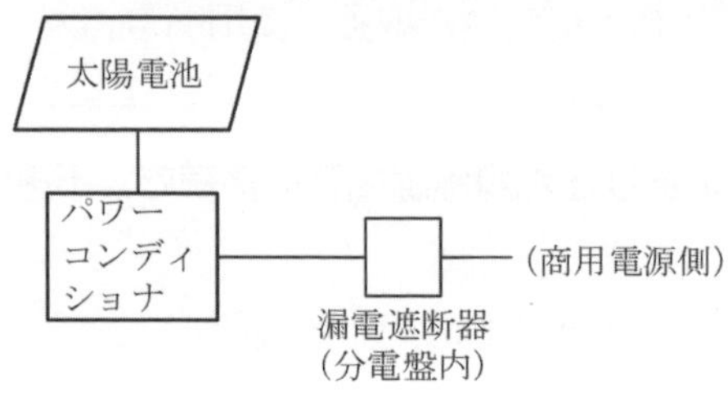

イ 漏電遮断器（過負荷保護なし）

ロ 漏電遮断器（過負荷保護付）

ハ 漏電遮断器（過負荷保護付 高感度形）

ニ 漏電遮断器（過負荷保護付 逆接続可能型）

問 22　**床に固定した定格電圧 200V、定格出力 1.5kW の三相誘導電動機の鉄台に接地工事をする場合、接地線（軟銅線）の太さと接地抵抗値の組合せで、不適切なものは。**

ただし、漏電遮断器を設置しないものとする。

イ 直径 1.6 mm、10 Ω

ロ 直径 2.0 mm、50 Ω

ハ 公称断面積 0.75 mm^2、5 Ω

ニ 直径 2.6 mm、75 Ω

問 23　**低圧屋内配線の金属可とう電線管（使用する電線管は 2 種金属製可とう電線管とする）工事で、不適切なものは。**

イ 管の内側の曲げ半径を管の内径の 6 倍以上とした。

ロ 管内に 600V ビニル絶縁電線を収めた。

ハ 管とボックスとの接続にストレートボックスコネクタを使用した。

ニ 管と金属管（鋼製電線管）との接続に TS カップリングを使用した。

問 24　**回路計（テスタ）に関する記述として、正しいものは。**

イ ディジタル式は電池を内蔵しているが、アナログ式は電池を必要としない。

ロ 電路と大地間の抵抗測定を行った。その測定値は電路の絶縁抵抗値として使用してよい。

ハ 交流又は直流電圧を測定する場合は、あらかじめ想定される値の直近上位のレンジを選定して使用する。

ニ 抵抗を測定する場合の回路計の端子における出力電圧は、交流電圧である。

問 25　**低圧屋内配線の電路と大地間の絶縁抵抗を測定した。「電気設備に関する技術基準を定める省令」に適合していないものは。**

イ 単相 3 線式 100/200 V の使用電圧 200 V 空調回路の絶縁抵抗を測定したところ 0.16 MΩであった。

ロ 三相 3 線式の使用電圧 200 V（対地電圧 200 V）電動機回路の絶縁抵抗を測定したところ 0.18 MΩであった。

ハ 単相 2 線式の使用電圧 100 V 屋外庭園灯回路の絶縁抵抗を測定したところ 0.12 MΩであった。

ニ 単相 2 線式の使用電圧 100 V 屋内配線の絶縁抵抗を、分電盤で各回路を一括して測定したところ、1.5 MΩであったので個別分岐回路の測定を省略した。

問 26　使用電圧 100 V の低圧電路に、地絡が生じた場合 0.1 秒で自動的に電路を遮断する装置が施してある。この電路の屋外に D 種接地工事が必要な自動販売機がある。その接地抵抗値 a [Ω] と電路の絶縁抵抗値 b [MΩ] の組合せとして、「電気設備に関する技術基準を定める省令」及び「電気設備の技術基準の解釈」に適合していないものは。

イ	ロ	ハ	ニ
a　600	a　500	a　100	a　10
b　2.0	b　1.0	b　0.2	b　0.1

問 27　単相交流電源から負荷に至る回路において、電圧計、電流計、電力計の結線方法として、正しいものは。

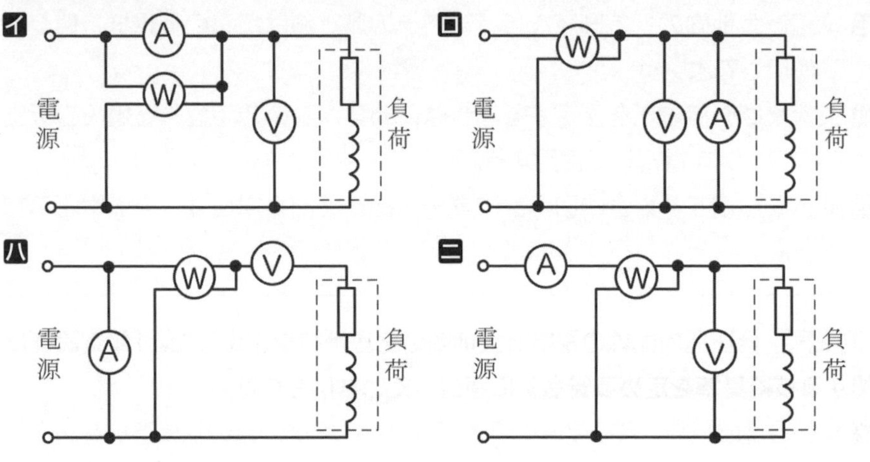

問 28　「電気工事士法」において、第二種電気工事士であっても従事できない作業は。

イ　一般用電気工作物の配線器具に電線を接続する作業

ロ　一般用電気工作物に接地線を取り付ける作業

ハ　自家用電気工作物（最大電力 500 kW 未満の需要設備）の地中電線用の管を設置する作業

ニ　自家用電気工作物（最大電力 500 kW 未満の需要設備）の低圧部分の電線相互を接続する作業

問 29　「電気用品安全法」の適用を受ける電気用品に関する記述として、誤っているものは。

イ (PS)E の記号は、電気用品のうち「特定電気用品以外の電気用品」を示す。

ロ <PS>E の記号は、電気用品のうち「特定電気用品」を示す。

ハ ＜ PS ＞ E の記号は、電気用品のうち輸入した「特定電気用品以外の電気用品」を示す。

ニ 電気工事士は、「電気用品安全法」に定められた所定の表示が付されているものでなければ、電気用品を電気工作物の設置又は変更の工事に使用してはならない。

問 30　「電気設備に関する技術基準を定める省令」における電路の保護対策について記述したものである。次の空欄（A）及び（B）の組合せとして、正しいものは。

電路の［(A)］には、過電流による過熱焼損から電線及び電気機械器具を保護し、かつ、火災の発生を防止できるよう、過電流遮断器を施設しなければならない。

また、電路には、［(B)］が生じた場合に、電線若しくは電気機械器具の損傷、感電又は火災のおそれがないよう、［(B)］遮断器の施設その他の適切な措置を講じなければならない。ただし、電気機械器具を乾燥した場所に施設する等［(B)］による危険のおそれがない場合は、この限りでない。

イ（A）必要な箇所　（B）地絡

ロ（A）すべての分岐回路　（B）過電流

ハ（A）必要な箇所　（B）過電流

ニ（A）すべての分岐回路　（B）地絡

問題 2　配線図 (問題数 20、配点は 1 問当たり 2 点)

図は、木造 1 階住宅の配線図である。この図に関する次の各問いには 4 通りの答え (イ、ロ、ハ、ニ) が書いてある。それぞれの問いに対して、答えを 1 つ選びなさい。

【注意】1. 屋内配線の工事は、特記のある場合を除き 600V ビニル絶縁ビニルシースケーブル平形 (VVF) を用いたケーブル工事である。

2. 屋内配線等の電線の本数、電線の太さ、その他、問いに直接関係のない部分等は省略又は簡略化してある。

3. 漏電遮断器は、定格感度電流 30 mA、動作時間 0.1 秒以内のものを使用している。

4. 選択肢 (答え) の写真にあるコンセント及び点滅器は、「JIS C 0303 : 2000 構内電気設備の配線用図記号」で示す「一般形」である。

5. 分電盤の外箱は合成樹脂製である。

6. ジョイントボックスを経由する電線は、すべて接続箇所を設けている。

7. 3 路スイッチの記号「0」の端子には、電源側又は負荷側の電線を結線する。

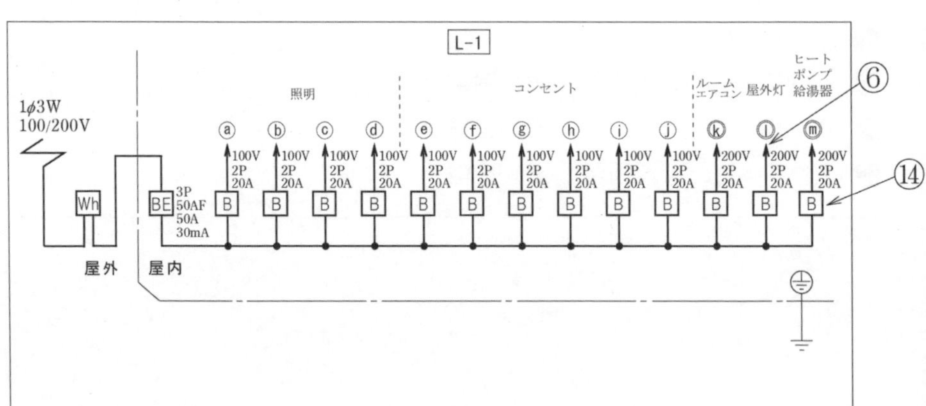

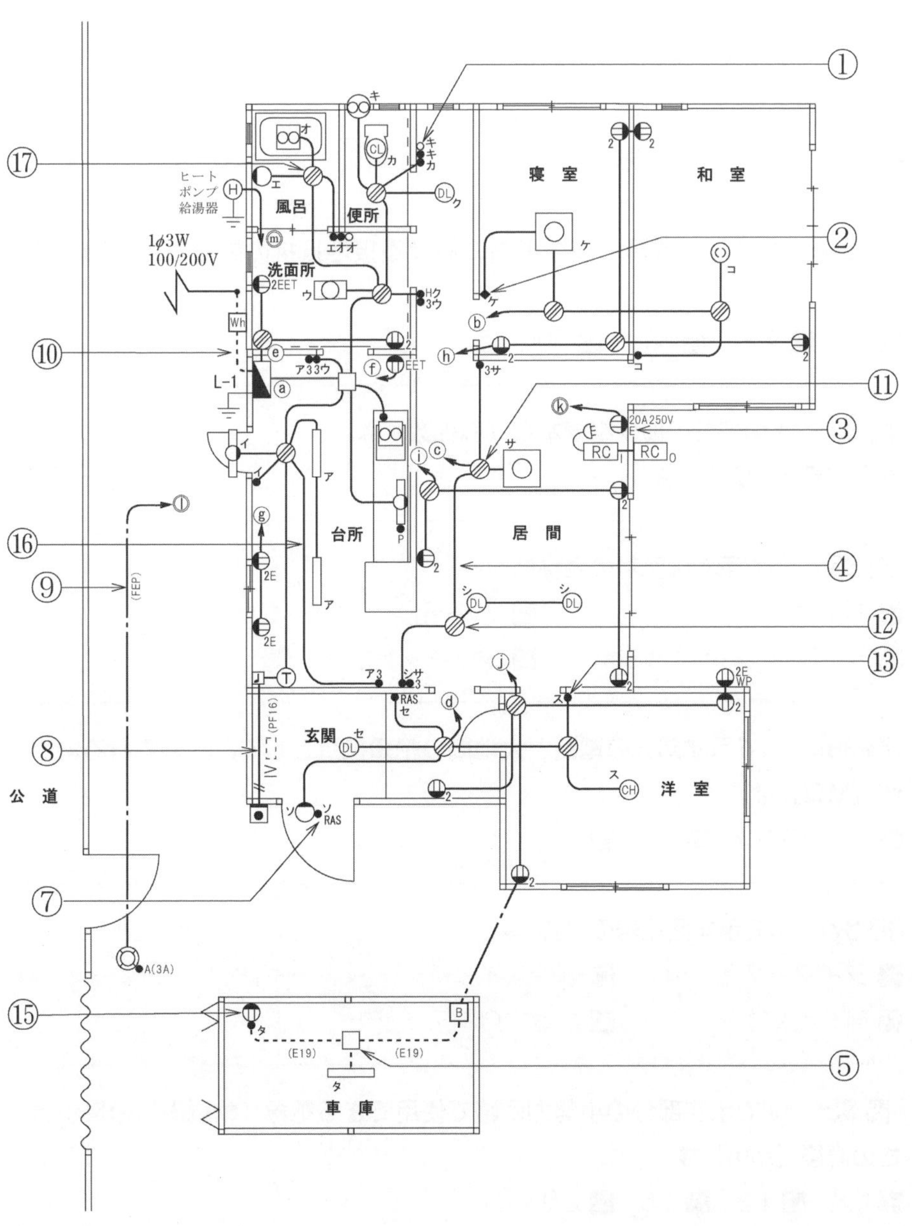
①
②
③
④
⑤
⑦
⑧
⑨
⑩
⑪
⑫
⑬
⑮
⑯
⑰
寝 室
和 室
風呂
便所
洗面所
台所
居 間
玄関
洋 室
車 庫
公 道
ヒート
ポンプ
給湯器
1φ3W
100/200V
L-1
20A250V
E
RC
(FEP)
(PF16)
(E19)
(E19)
A(3A)
Wh
2EET
2E
2E
EET
2E
WP
RAS
RAS

問 31　①で示す図記号の名称は。

イ 白熱灯　ロ 通路誘導灯　ハ 確認表示灯　ニ 位置表示灯

問 32　②で示す図記号の名称は。

イ 一般形点滅器　ロ 一般形調光器

ハ ワイド形調光器　ニ ワイドハンドル形点滅器

問 33　③で示す器具の接地工事における接地抵抗の許容される最大値[Ω]は。

イ 10　ロ 100　ハ 300　ニ 500

問 34　④の部分の最少電線本数（心線数）は。

イ 2　ロ 3　ハ 4　ニ 5

問 35　⑤で示す図記号の名称は。

イ プルボックス　ロ VVF 用ジョイントボックス

ハ ジャンクションボックス　ニ ジョイントボックス

問 36　⑥で示す部分の電路と大地間の絶縁抵抗として、許容される最小値［MΩ］は。

イ 0.1　ロ 0.2　ハ 0.3　ニ 0.4

問 37　⑦で示す図記号の名称は。

イ タイマ付スイッチ　ロ 遅延スイッチ

ハ 自動点滅器　ニ 熱線式自動スイッチ

問 38　⑧で示す部分の小勢力回路で使用できる電線（軟銅線）の最小太さの直径［mm］は。

イ 0.8　ロ 1.2　ハ 1.6　ニ 2.0

問 39　⑨で示す部分の配線工事で用いる管の種類は。

イ 硬質ポリ塩化ビニル電線管

ロ 波付硬質合成樹脂管

ハ 耐衝撃性硬質ポリ塩化ビニル電線管

ニ 耐衝撃性硬質ポリ塩化ビニル管

問 40　⑩で示す部分の工事方法で施工できない工事方法は。

イ 金属管工事　ロ 合成樹脂管工事　ハ がいし引き工事　ニ ケーブル工事

問 41　⑪で示すボックス内の接続をすべて差込形コネクタとする場合、使用する差込形コネクタの種類と最少個数の組合せで、正しいものは。

ただし、使用する電線はすべて VVF1.6 とする。

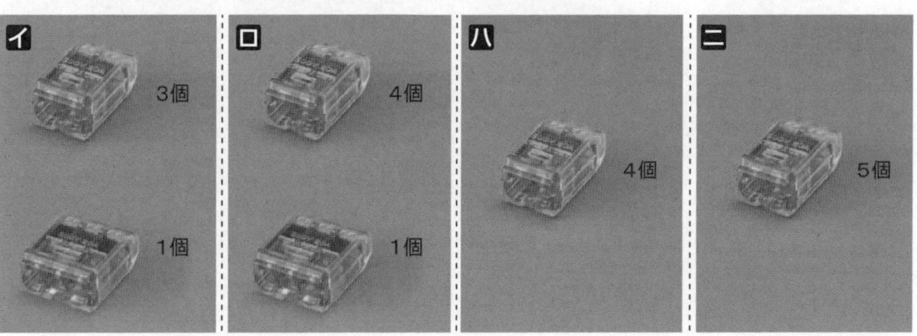

問 42　⑫で示すボックス内の接続をすべて圧着接続とする場合、使用するリングスリーブの種類と最少個数の組合せで、正しいものは。

ただし、使用する電線はすべて VVF1.6 とする。

2023上期 午前 午後 学科試験問題

問 43　⑬で示す点滅器の取付け工事に使用する材料として、適切なものは。

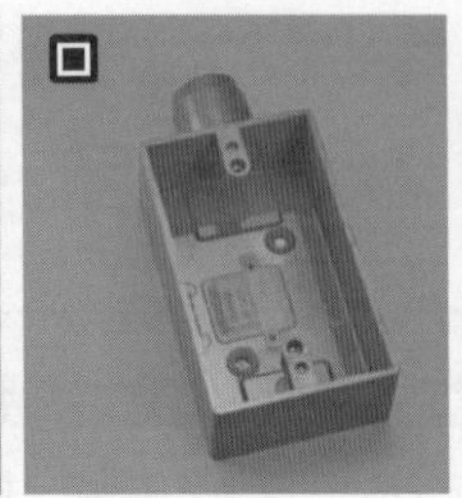

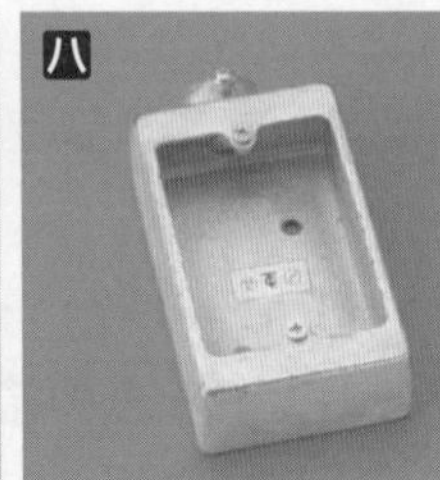

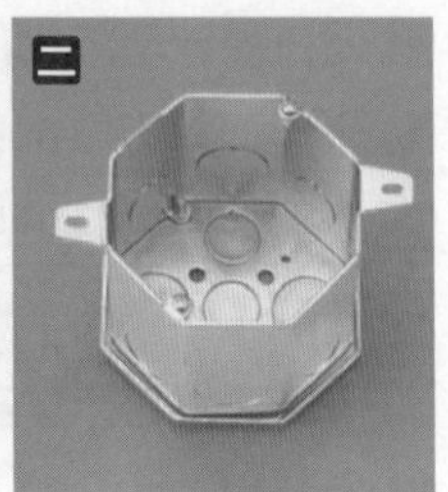

問 44　⑭で示す図記号の機器は。

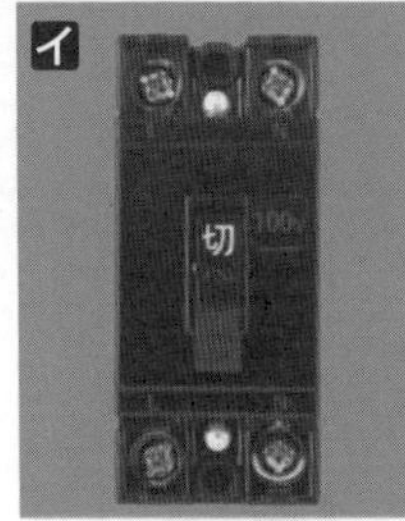

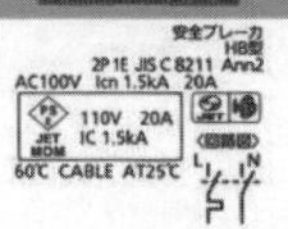

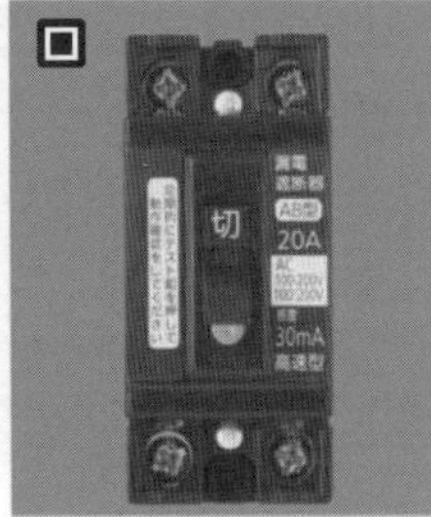

小形漏電ブレーカAB型

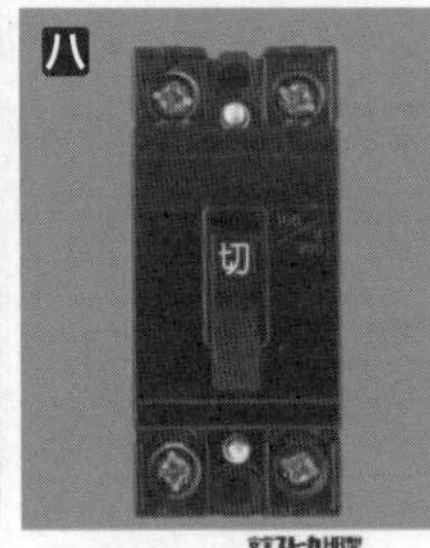

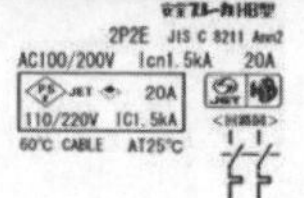

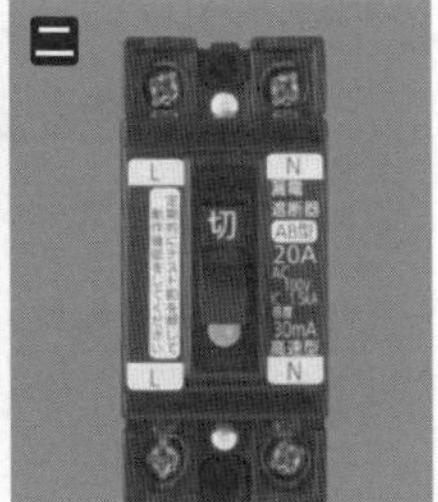

問 45　⑮で示す部分の配線を器具の裏面から見たものである。正しいものは。

ただし、電線の色別は、白色は電源からの接地側電線、黒色は電源からの非接地側電線、赤色は負荷に結線する電線とする。

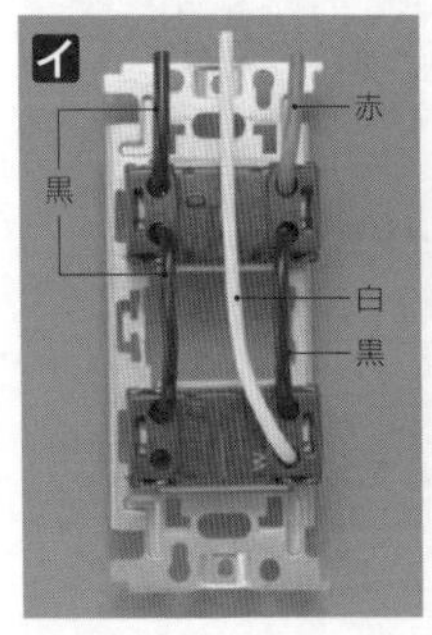

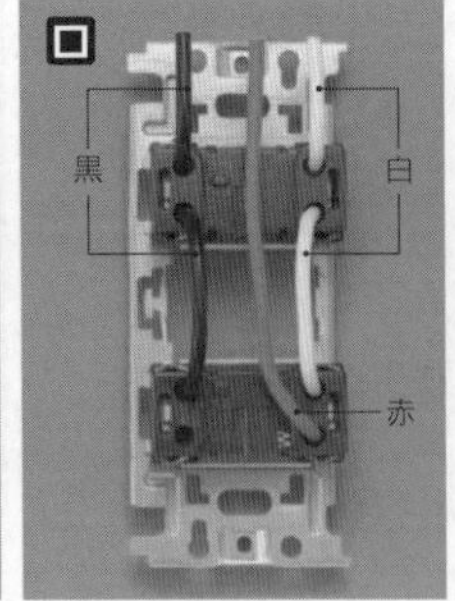

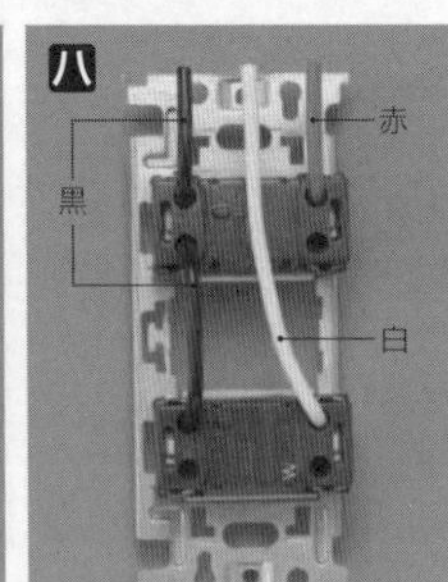

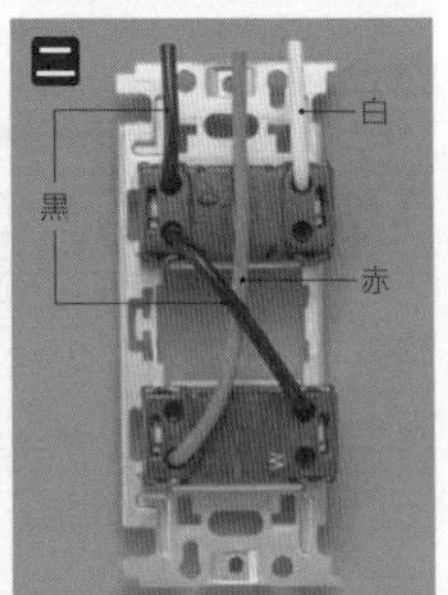

問 46　⑯で示す部分に使用するケーブルで、適切なものは。

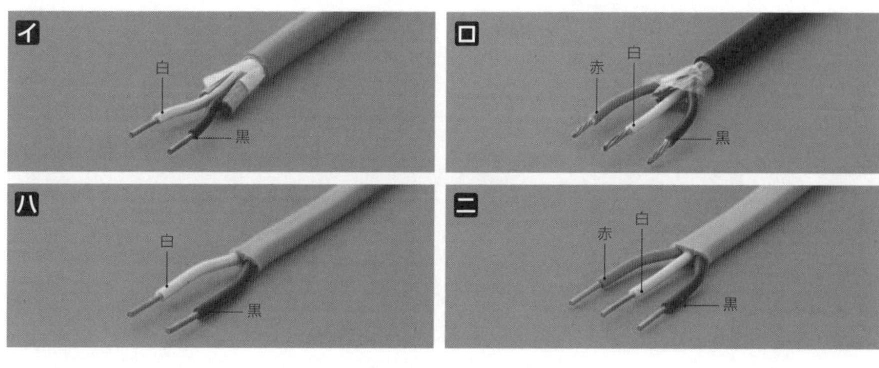

問 47　⑰で示すボックス内の接続をリングスリーブで圧着接続した場合のリングスリーブの種類、個数及び圧着接続後の刻印との組合せで、正しいものは。

ただし、使用する電線はすべて VVF1.6 とする。

また、写真に示すリングスリーブ中央の○、小、中は刻印を表す。

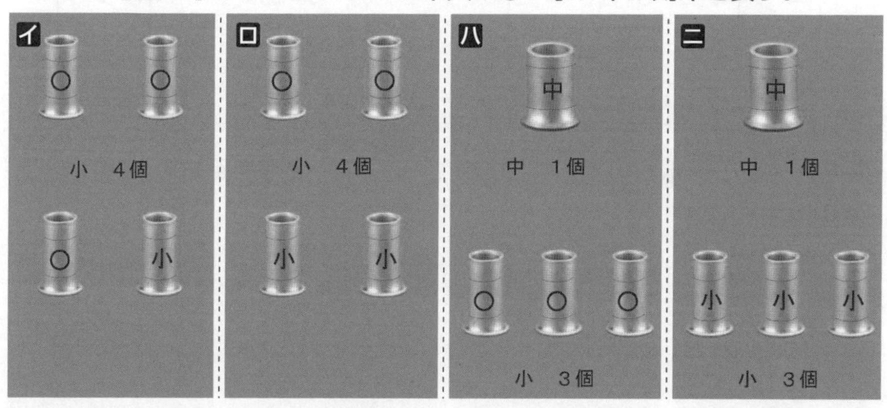

問 48　この配線図で、使用しているコンセントは。

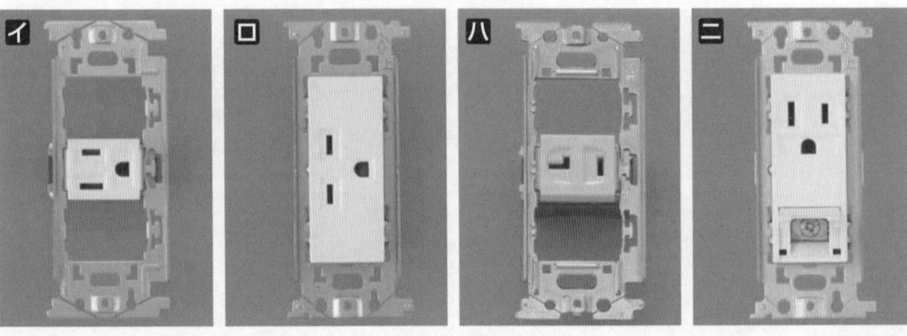

問 49　この配線図で使用していないスイッチは。
ただし、写真下の図は、接点の構成を示す。

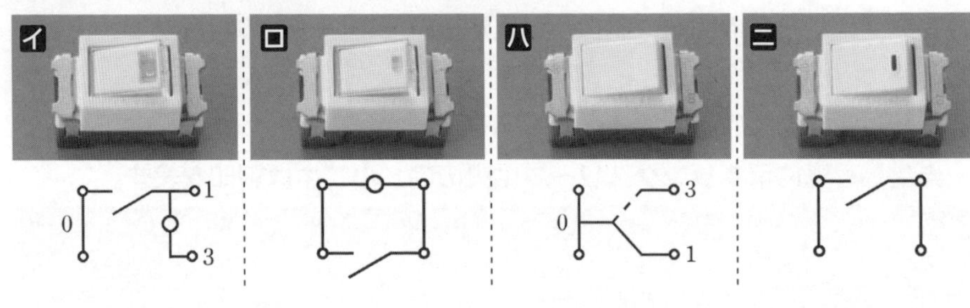

問 50　この配線図の施工に関して、一般的に使用するものの組合せで、不適切なものは。

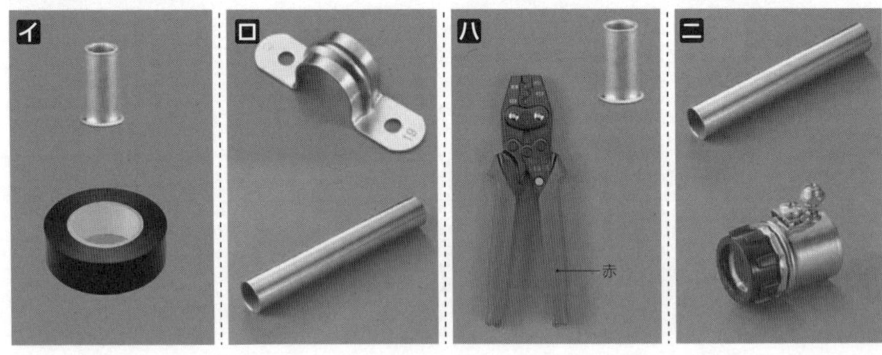

問1 ハ	**解説** スイッチSを閉じると、その直上の30 Ωが短絡されるため、回路全体としては100 Vの電池の＋端子から最も左の30 Ω、次に右から2番目の30 Ωを経由して電池の－端子に戻る回路になります。つまり、100 Vの電池に30 Ωが2本直列に接続された回路なので、右から2番目の30 Ωの両端の電圧は50 Vと求まります。この電圧を、最も右の30 Ωを経由して端子a-b間に取り出していますが、a端子の右に電流が流れる回路が存在しないため、最も右の30 Ωには電流が流れず、この抵抗による電圧降下はゼロですから、答えは右から2番目の抵抗の両端の電圧である50 Vとなります。
問2 イ	**解説** 導線の電気抵抗は、「長さに比例し、断面積に反比例」する性質を持ちます。したがって、長さ L が2乗になっている選択肢ロとニは誤りです。次に、電線の断面積は「半径×半径×3.14」で計算できますが、半径は直径の半分ですから、これを用いると「(直径÷2)×（直径÷2）×3.14」＝「直径×直径×3.14÷4」とも変形できます。つまり直径 D が2乗になっている必要があるため、選択肢ハとニは誤りです。以上より、正答としてイが残ります。
問3 イ	**解説** 抵抗で消費される電力量は、「電力×時間」で求められます。電力は電圧×電流で計算できますから、この式は「電圧×電流×時間」と変形できます。ここで、電圧は100 V、時間は2.5時間ですから、「100 ×電流× 2.5 ＝ 4000」を計算すれば答えが求まります。「250 ×電流＝ 4000」の両辺を250で割ると、「電流＝ 4000 ÷ 250 ＝ 16」となり、答えはイと求まります。
問4 ロ	**解説** 消費電力は、コイルやコンデンサでは発生せず、抵抗のみで発生します。この回路においては、「抵抗にかかる電圧が100 V、流れる電流が4 A」とわかっていますから、「電力＝電圧×電流」の式より、100 × 4 ＝ 400［W］となります。

問5 **ハ**

解説 前問と同様、消費電力は抵抗のみで発生します。この回路では、8 Ωの抵抗と6 Ωのコイルが直列になっているので、この合成インピーダンスは$\sqrt{8^2+6^2}$ = 10 Ωと求まります。この負荷は三相Δ結線ですから、1相分の直列インピーダンス（RとLの直列部分）に掛かる電圧は200 Vとなり、流れる電流は200 ÷ 10 = 20［A］です。ここで電力を求める式「$P = I^2R$」から、求める電力は20 × 20 × 8 = 3200［W］なのですが、これは1相分ですから、3相全体では3200 × 3 = 9600［W］= 9.6［kW］が正解です。

問6 **ニ**

解説 抵抗に発生する電力は、直流·単相交流·三相交流に関係なく、$P = I^2R$で求めることができます。したがって、抵抗1本当たり10 A× 10 A× 0.15 Ω= 15［W］、それが3本分ですから合計45 Wです。

問7 **ロ**

解説 前問と同じ知識で解答できます。図1の回路では、100 Vの電源電圧から合計2 kWの負荷に電力を供給するので、20 Aの電流が配線に流れます。つまり、「0.2 Ωに20 A流れている電力損失が2本分」ということです。図2の回路では、200 Vの電源電圧から合計2 kWの負荷に電力を供給するのと同じなので、中性線に電流は流れず、「0.2 Ωに10 A流れている電力損失が2本分」となります。電力損失は「$P = I^2R$」なので、図2のほうが電力損失は小さくなります。

問8 **ハ**

解説 断面積5.5 mm^2の600 Vビニル絶縁電線の許容電流は49 Aです。これに電流減少係数0.49を掛けると24.01となり、最も近い24 Aが答えとなります。

問9 **ニ**

解説 「3 mを超え8 m以下、35 %以上55 %未満」の基準に照らすと、10 mなので55%以上の許容電流の電線を用いる必要があります。したがって、60 × 0.55 = 33［A］が正解です。

問10 ハ	**解説** 20 Aの遮断器に30 Aのコンセントは不可、30 Aの遮断器に15 Aのコンセントは不可です。また、2.0mmの電線を2本束ねた場合の許容電流は35 × 0.7 = 24.5［A］ですから、30 Aの回路に用いることはできません。したがって正解はハと求まります。
問11 ロ	**解説** 多数の金属管の集合点に設けて、通線を容易にするために用いるのはプルボックスです。電線を引っ張る（= PULL）ための箱（= BOX）と覚えておきましょう。
問12 イ	**解説** VVRとIVは60 ℃、HIVは75 ℃、CVは90 ℃と規定されています。
問13 ロ	**解説** 振動ドリルでコンクリート壁に穴をあけ、カールプラグを挿入し、木ねじを使ってサドルを固定します。
問14 ハ	**解説** 120 f / pの式を利用し、120 × 60 ÷ 4 = 1800と求まります。
問15 イ	**解説** ネオン変圧器はネオン管専用の変圧器です。高圧水銀灯には、高圧水銀灯用の安定器を使用します。
問16 ロ	**解説** EM-EEFはエコケーブルと呼ばれ、従来のビニルケーブルに比べさまざまな改善が行われている配線部材です。その特徴の1つに「焼却時に有害なハロゲン系ガスが発生しない」というものがあります。
問17 ニ	**解説** この器具は自動点滅器で、周囲の明るさに応じて屋外灯などを自動点滅させる用途で利用されています。電柱に設けられている、少し古い形の蛍光灯式屋外灯などで実物を目にすることができます。

問 18 イ	解説　この工具は、VVF ケーブル用ケーブルストリッパーです。早合点して選択肢ハやニを選んでしまわないよう注意してください。
問 19 ニ	解説　電線の電気抵抗は、わずかでも増加することは認められていません。引っ張り強さは 20 %減少まで認められています。
問 20 ニ	解説　イ接触防護処置を施した垂直での支持点間距離は 6 mまでです。ロ金属製遮へい層のない弱電流電線と同一の管に収めてはいけません。ハ直接埋設は認められません。
問 21 ニ	解説　パワーコンディショナ内部での地絡や短絡事故、そして商用電源側での地絡や短絡事故の両方に対して保護を行うためには、過負荷保護と漏電保護に加えて逆接続時でも（電流がどちらの方向に流れている場合でも）保護が行われる選択肢ニが最適です。
問 22 ハ	解説　条件より、D 種接地の「直径 1.6 mm 以上、接地抵抗 100 Ω以下」が適用されます。これに照らして考えると、公称断面積 0.75 mm^2 は条件を満たしていません。
問 23 ニ	解説　TS カップリングは、硬質ビニル電線管に使用するための部材です。
問 24 ハ	解説　イアナログ式でも、抵抗測定用に電池を内蔵しています。ロ絶縁抵抗は 500 Vなどの高電圧で測定する必要があるため、数ボルト程度の電圧で測定するテスタでは代用できません。ニ抵抗測定時の出力電圧は直流です。
問 25 ロ	解説　対地電圧 200 Vの場合、絶縁抵抗値の下限は 0.2 MΩですから、これが基準を満たしません。
問 26 イ	解説　地絡が生じたときに 0.5 秒以内に遮断する装置が施してある D 種接地工事の接地抵抗値は 500 Ω以下である必要があります。使

用電圧 300 V以下で対地電圧が 150 V以下の電路の絶縁抵抗は 0.1 MΩ以上である必要があります。したがって、イはaが適合していません。

問27
ニ

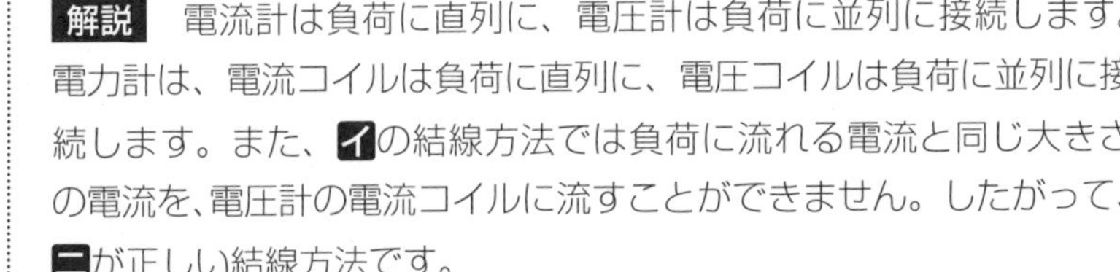

解説 電流計は負荷に直列に、電圧計は負荷に並列に接続します。電力計は、電流コイルは負荷に直列に、電圧コイルは負荷に並列に接続します。また、イの結線方法では負荷に流れる電流と同じ大きさの電流を、電圧計の電流コイルに流すことができません。したがって、ニが正しい結線方法です。

問28
ニ

解説 「電気工事士法」において、ニの自家用電気工作物（最大電力 500kW 未満の需要設備）の低圧部分の電線相互を接続する作業は第2種電気工事士であっても従事できない作業です。

問29
ハ

解説 ＜PS＞Eは特定電気用品の電気用品を示す記号です。特定電気用品以外の電気用品を示す記号は（PS）Eです。

問30
イ

解説 電気設備に関する技術基準を定める省令に次のように規定されています。

（過電流からの電線及び電気機械器具の保護対策）

第14条 電路の**必要な箇所**には、過電流による過熱焼損から電線及び電気機械器具を保護し、かつ、火災の発生を防止できるよう、過電流遮断器を施設しなければならない。

（地絡に対する保護対策）

第15条 電路には、**地絡**が生じた場合に、電線若しくは電気機械器具の損傷、感電又は火災のおそれがないよう、**地絡**遮断器の施設その他の適切な措置を講じなければならない。ただし、電気機械器具を乾燥した場所に施設する等**地絡**による危険のおそれがない場合は、この限りでない。

問31
ハ

解説 ①で示す図記号○キは便所の換気扇の確認表示灯です。

問 32 ニ	解説　②で示す図記号◆はニのワイドハンドル形点滅器です。
問 33 ニ	解説　③で示す記号は 20A250V 接地極付きコンセントを示し、使用電圧 300 V 以下に該当するので D 種接地工事が必要です。また、【注意】3より、漏電遮断器の動作時間は 0.1 秒以内であり、規定の 0.5 秒以内のものに該当するので接地抵抗の許容される最大値はニの 500 Ωです。
問 34 ハ	解説　④の部分の最少電線本数は、シの非接地側電線 1 本、シの接地側電線 1 本、サの 3 路スイッチ間の電線 2 本の計 4 本です。
問 35 ニ	解説　⑤で示す図記号□は、ニのジョイントボックスです。
問 36 イ	解説　⑥で示す部分は単相 3 線 100/200V の 200 V の回路で、使用電圧 300 V 以下で対地電圧 150 V 以下の電路に該当するので、絶縁抵抗の許容最小値はイの 0.1 MΩです。
問 37 ニ	解説　⑦で示す部分の図記号の傍記記号 RAS は、ニの熱線式自動スイッチを示します。
問 38 イ	解説　⑧で示す部分の小勢力回路で使用できる電線（軟銅線）最小太さの直径はイの 0.8 mm です。
問 39 ロ	解説　問⑨で示す部分の記号（FEP）は、ロの波付硬質合成樹脂管です。
問 40 イ	解説　イの金属管工事は、⑩で示す木造造営物の屋側電線路工事に施工することはできません。

問 41 ロ

解説 下図のとおり⑪で示す部分の電線の接続は 1.6 mm:2 本が 4 箇所、1.6 mm:3 本が 1 箇所であり、使用する差込形コネクタはロの 2 本用 4 個、3 本用 1 個です。

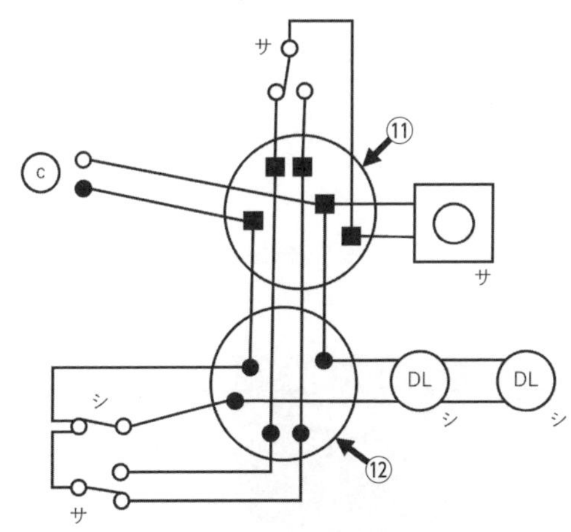

問 42 ロ

解説 問 41 の解説の図のとおり、⑫で示す部分の電線の接続は 1.6 mm:2 本が 5 箇所であり、使用するリングスリーブはロの小 5 個です。

問 43 イ

解説 ⑬で示す部分の配線は、VVF ケーブルによる隠ぺい配線なので、点滅器の取付け工事に使用する材料として適切なものは、イの埋込スイッチボックス（合成樹脂製）です。

問 44 ハ

解説 ⑭で示す図記号の機器は、単相 3 線 100/200V 回路に接続する 200V2P20A の配線用遮断器であり、該当するものはハです。イは 100 V 用の配線用遮断器、ロとニは漏電遮断器です。

問45
ハ

解説 ⑮で示す部分の配線を器具の裏面から見たもので正しい配線はハです。

電源からの接地側電線である白線はコンセントのW表記のある側の差込口に接続します。

電源からの非接地側電線である黒線はスイッチに接続し、わたり線を介してコンセントのW表記のない側の差込口に接続します（電源からの黒線をコンセントに差してから、わたり線でスイッチに接続しても可です）。

負荷に結線する赤線はスイッチの黒線が接続されている側の反対側の差込口に接続します。

電源からの非接地側電線の黒線はスイッチまたはコンセントに接続する。

わたり線でスイッチ（黒線側）とコンセント（W表記のない方）を接続する。

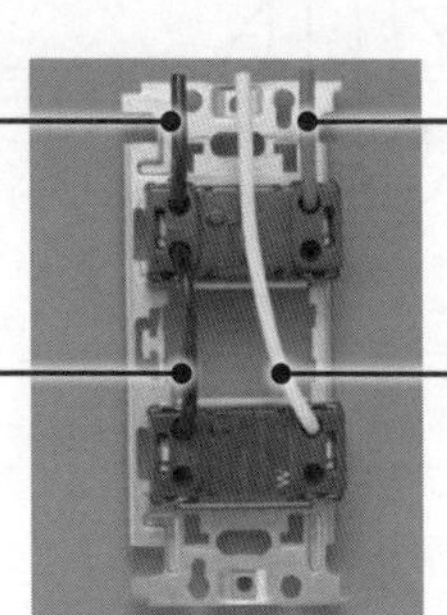

負荷に結線する赤線はスイッチの黒線と反対側に接続する。

電源からの接地側電線の白線はコンセントのW表記側に接続する。

問46

解説 ⑯で示す部分の心線数は、台所入口の●$_{\text{3ア}}$の3路スイッチに送る電線の心線数となり、非接地側電線または接地側電線1本と3路スイッチ間の電線2本の計3本です。配線はVVFで行われるので、適切なものはニの3心のVVFケーブルです。

問47 イ	解説 ⑰で示す部分の電線の接続は1.6 mm:2本が3箇所、1.6 mm:4本が1箇所なので、使用するリングスリーブと刻印の組み合わせは、イの小スリーブ（刻印○）3個、小スリーブ（刻印小）1個です。 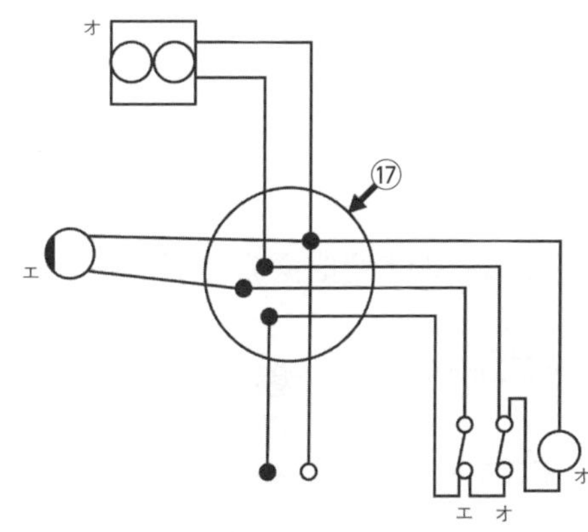
問48 ニ	解説 ニの15A125V接地極接地端子付きコンセント1口⊕EETは、台所に使用されています。
問49 イ	解説 イの確認表示灯内蔵スイッチ●Lは、使用されていません。ロの位置表示灯内蔵スイッチ●Hは、クのダウンライトのスイッチに使用されています。ハの3路スイッチ●3は、アの台所の照明などに使用されています。 ニの単極スイッチ●は、イの台所の照明などに使用されています。
問50 ハ	解説 ハの左側の端子用圧着工具は圧着端子を圧着するときに用いる工具で、ハの右上のリングスリーブの圧着には用いることはできません。

2023年度上期 午後 学科試験問題

問題1 一般問題 (問題数30、配点は1問当たり2点)

(注意) 本問題の計算で、$\sqrt{2}$、$\sqrt{3}$ 及び円周率 π を使用する場合の数値は次によること。$\sqrt{2}=1.41$、$\sqrt{3}=1.73$、$\pi=3.14$

次の各問いには4通りの答え(イ、ロ、ハ、ニ)が書いてある。それぞれの問いに対して答えを1つ選びなさい。

なお、選択肢が数値の場合は最も近い値を選びなさい

問1 図のような回路で、端子a-b間の合成抵抗[Ω]は。

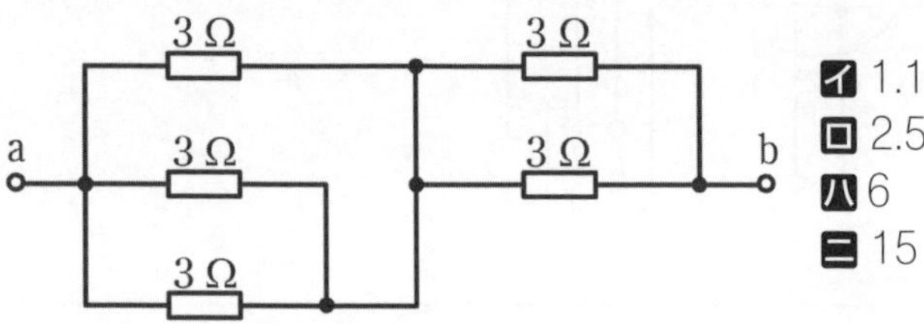

イ 1.1
ロ 2.5
ハ 6
ニ 15

問2 A、B 2本の同材質の銅線がある。Aは直径1.6 mm、長さ100 m、Bは直径3.2 mm、長さ50 mである。Aの抵抗はBの抵抗の何倍か。

イ 1　ロ 2　ハ 4　ニ 8

問3 抵抗に15 Aの電流を1時間30分流したとき、電力量が4.5 kW·hであった。抵抗に加えた電圧[V]は。

イ 24　ロ 100　ハ 200　ニ 400

問4 単相交流回路で200 Vの電圧を力率90 %の負荷に加えたとき、15 Aの電流が流れた。負荷の消費電力[kW]は。

イ 2.4　ロ 2.7　ハ 3.0　ニ 3.3

問5　図のような三相3線式回路に流れる電流 I [A] は。

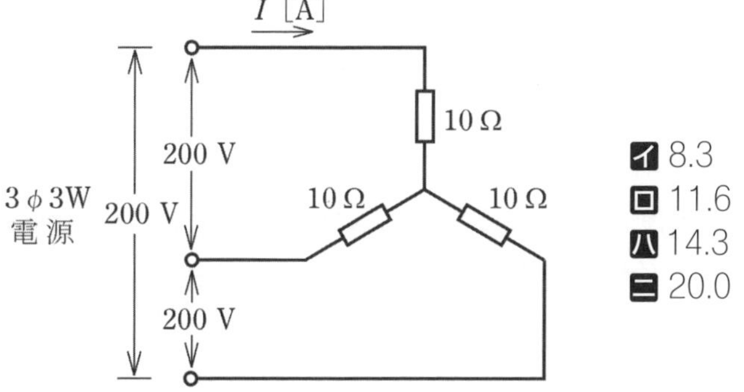

イ 8.3
ロ 11.6
ハ 14.3
ニ 20.0

問6　図のような単相2線式回路において、d-d' 間の電圧が 100 V のとき a-a' 間の電圧 [V] は。

ただし、r_1、r_2 及び r_3 は電線の電気抵抗 [Ω] とする。

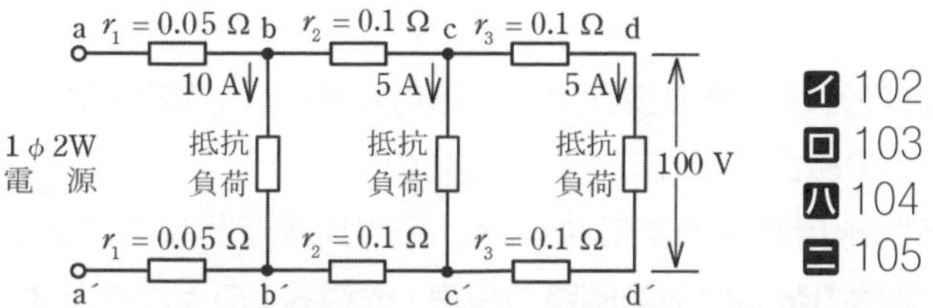

イ 102
ロ 103
ハ 104
ニ 105

問7　図のような単相3線式回路で、電線1線当たりの抵抗が r [Ω]、負荷電流が I [A]、中性線に流れる電流が 0 A のとき、電圧降下（$V_s - V_r$）[V] を示す式は。

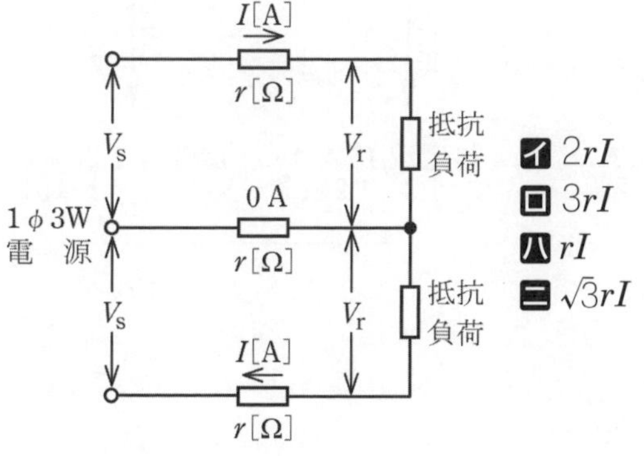

イ $2rI$
ロ $3rI$
ハ rI
ニ $\sqrt{3}rI$

問 8 低圧屋内配線工事に使用する 600 V ビニル絶縁ビニルシースケーブル丸形（軟銅線）、導体の直径 2.0 mm、3 心の許容電流［A］は。

ただし、周囲温度は 30 ℃以下、電流減少係数は 0.70 とする。

イ 19　ロ 24　ハ 33　ニ 35

問 9 図のように定格電流 40 A の過電流遮断器で保護された低圧屋内幹線から分岐して、10 m の位置に過電流遮断器を施設するとき、a-b 間の電線の許容電流の最小値［A］は。

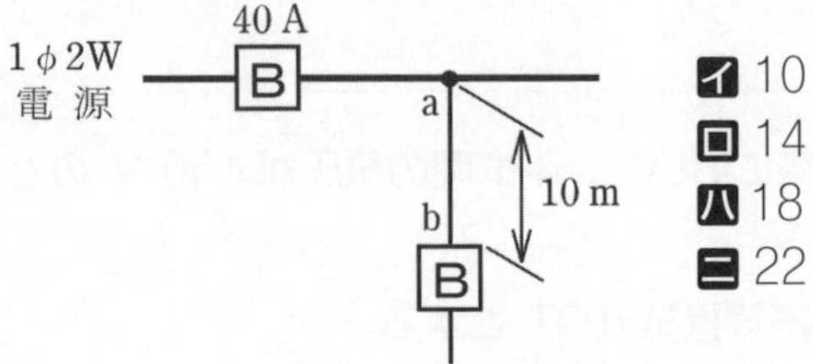

イ 10
ロ 14
ハ 18
ニ 22

問 10 低圧屋内配線の分岐回路の設計で、配線用遮断器、分岐回路の電線の太さ及びコンセントの組合せとして、適切なものは。

ただし、分岐点から配線用遮断器までは 3 m、配線用遮断器からコンセントまでは 8 m とし、電線の数値は分岐回路の電線（軟銅線）の太さを示す。

また、コンセントは兼用コンセントではないものとする。

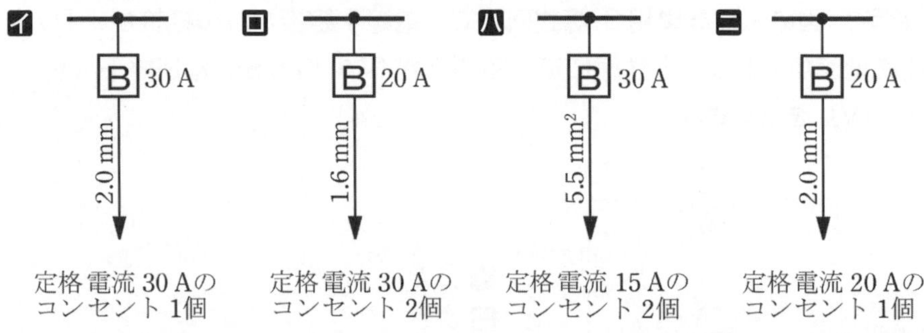

問 11　**アウトレットボックス（金属製）の使用方法として、不適切なものは。**

イ 金属管工事で電線の引き入れを容易にするのに用いる。

ロ 金属管工事で電線相互を接続する部分に用いる。

ハ 配線用遮断器を集合して設置するのに用いる。

ニ 照明器具などを取り付ける部分で電線を引き出す場合に用いる。

問 12　**使用電圧が 300 V 以下の屋内に施設する器具であって、付属する移動電線にビニルコードが使用できるものは。**

イ 電気扇風機　ロ 電気こたつ　ハ 電気こんろ　ニ 電気トースター

問 13　**電気工事の作業と使用する工具の組合せとして、誤っているものは。**

イ 金属製キャビネットに穴をあける作業とノックアウトパンチャ

ロ 木造天井板に電線管を通す穴をあける作業と羽根ぎり

ハ 電線、メッセンジャワイヤ等のたるみを取る作業と張線器

ニ 薄鋼電線管を切断する作業とプリカナイフ

問 14　**一般用低圧三相かご形誘導電動機に関する記述で、誤っているものは。**

イ 負荷が増加すると回転速度はやや低下する。

ロ 全電圧始動（じか入れ）での始動電流は全負荷電流の 2 倍程度である。

ハ 電源の周波数が 60 Hz から 50 Hz に変わると回転速度が低下する。

ニ 3 本の結線のうちいずれか 2 本を入れ替えると逆回転する。

問 15　**直管 LED ランプに関する記述として、誤っているものは。**

イ すべての蛍光灯照明器具にそのまま使用できる。

ロ 同じ明るさの蛍光灯と比較して消費電力が小さい。

ハ 制御装置が内蔵されているものと内蔵されていないものとがある。

ニ 蛍光灯に比べて寿命が長い。

問 16　写真に示す材料の用途は。

イ 合成樹脂製可とう電線管相互を接続するのに用いる。
ロ 合成樹脂製可とう電線管と硬質ポリ塩化ビニル電線管とを接続するのに用いる。
ハ 硬質ポリ塩化ビニル電線管相互を接続するのに用いる。
ニ 鋼製電線管と合成樹脂製可とう電線管とを接続するのに用いる。

問 17　写真に示す器具の名称は。

イ 漏電警報器
ロ 電磁開閉器
ハ 配線用遮断器（電動機保護兼用）
ニ 漏電遮断器

問 18　写真に示す工具の用途は。

イ 金属管切り口の面取りに使用する。
ロ 鉄板の穴あけに使用する。
ハ 木柱の穴あけに使用する。
ニ コンクリート壁の穴あけに使用する。

問 19　**低圧屋内配線工事で、600V ビニル絶縁電線（軟銅線）をリングスリーブ用圧着工具とリングスリーブ E 形を用いて終端接続を行った。接続する電線に適合するリングスリーブの種類と圧着マーク（刻印）の組合せで、不適切なものは。**

イ 直径 1.6 mm 2 本の接続に、小スリーブを使用して圧着マークを **○**にした。

ロ 直径 1.6 mm 1 本と直径 2.0 mm 1 本の接続に、小スリーブを使用して圧着マークを**小**にした。

ハ 直径 1.6 mm 4 本の接続に、中スリーブを使用して圧着マークを**中**にした。

ニ 直径 1.6 mm 1 本と直径 2.0 mm 2 本の接続に、中スリーブを使用して圧着マークを**中**にした。

問 20　**次表は使用電圧 100 V の屋内配線の施設場所による工事の種類を示す表である。表中の a ～ f のうち、「施設できない工事」を全て選んだ組合せとして、正しいものは。**

施設場所の区分	工事の種類		
	金属線ぴ工事	金属ダクト工事	ライティングダクト工事
展開した場所で湿気の多い場所	a	b	c
点検できる隠ぺい場所で乾燥した場所	d	e	f

イ a、b、c　**ロ** a、c

ハ b、e　**ニ** d、e、f

問 21　**単相 3 線式 100/200 V 屋内配線の住宅用分電盤の工事を施工した。不適切なものは。**

イ ルームエアコン（単相 200V）の分岐回路に 2 極 2 素子の配線用遮断器を取り付けた。

ロ 電熱器（単相 100V）の分岐回路に 2 極 2 素子の配線用遮断器を取り付けた。

ハ 主開閉器の中性極に銅バーを取り付けた。

ニ 電灯専用（単相 100V）の分岐回路に 2 極 1 素子の配線用遮断器を取り付け、素子のある極に中性線を結線した。

問 22　**機械器具の金属製外箱に施す D 種接地工事に関する記述で、不適切なものは。**

イ 一次側 200 V、二次側 100 V、3 kV·A の絶縁変圧器（二次側非接地）の二次側電路に電動丸のこぎりを接続し、接地を施さないで使用した。

ロ 三相 200 V 定格出力 0.75 kW 電動機外箱の接地線に直径 1.6 mm の IV 電線（軟銅線）を使用した。

ハ 単相 100 V 移動式の電気ドリル（一重絶縁）の接地線として多心コードの断面積 0.75 mm^2 の 1 心を使用した。

ニ 単相 100 V 定格出力 0.4 kW の電動機を水気のある場所に設置し、定格感度電流 15 mA、動作時間 0.1 秒の電流動作型漏電遮断器を取り付けたので、接地工事を省略した。

問 23　**図に示す雨線外に施設する金属管工事の末端Ⓐ又はⒷ部分に使用するものとして、不適切なものは。**

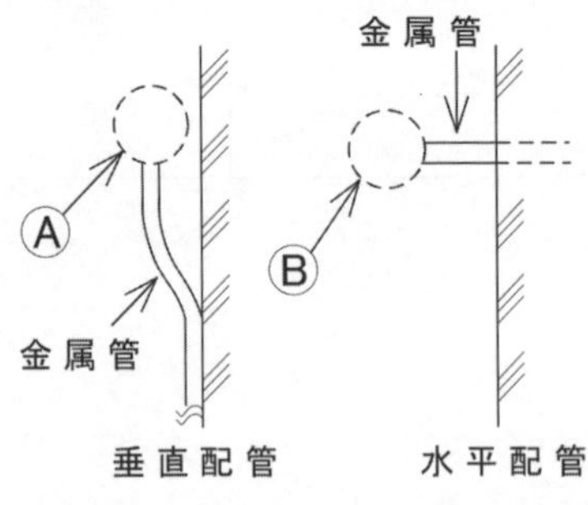

イ Ⓐ部分にエントランスキャップを使用した。

ロ Ⓑ部分にターミナルキャップを使用した。

ハ Ⓑ部分にエントランスキャップを使用した。

ニ Ⓐ部分にターミナルキャップを使用した。

問 24　**一般用電気工作物の竣工（新増設）検査に関する記述として、誤っているものは。**

イ 検査は点検、通電試験（試送電）、測定及び試験の順に実施する。

ロ 点検は目視により配線設備や電気機械器具の施工状態が「電気設備に関する技術基準を定める省令」などに適合しているか確認する。

ハ 通電試験（試送電）は、配線や機器について、通電後正常に使用できるかどうか確認する。

ニ 測定及び試験では、絶縁抵抗計、接地抵抗計、回路計などを利用して測定し、「電気設備に関する技術基準を定める省令」などに適合していることを確認する。

問 25　**図のような単相 3 線式回路で、開閉器を閉じて機器 A の両端の電圧を測定したところ 150 V を示した。この原因として、考えられるものは。**

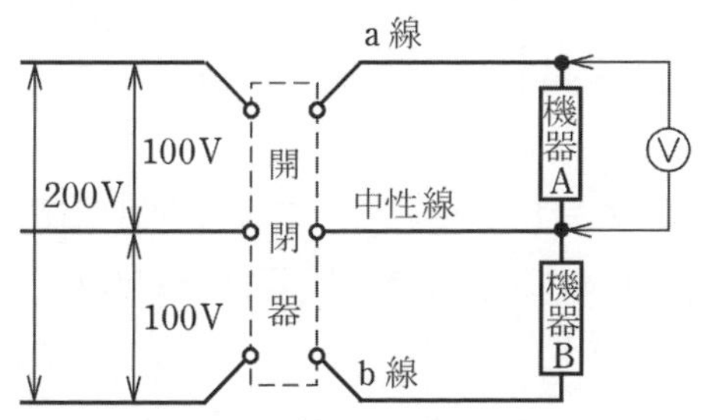

イ 機器 A の内部で断線している。

ロ a 線が断線している。

ハ b 線が断線している。

ニ 中性線が断線している。

問 26　**接地抵抗計（電池式）に関する記述として、誤っているものは。**

イ 接地抵抗計には、ディジタル形と指針形（アナログ形）がある。

ロ 接地抵抗計の出力端子における電圧は、直流電圧である。

ハ 接地抵抗測定の前には、接地抵抗計の電池が有効であることを確認する。

ニ 接地抵抗測定の前には、地電圧が許容値以下であることを確認する。

問 27　漏れ電流計（クランプ形）に関する記述として、誤っているものは。

イ 漏れ電流計（クランプ形）の方が一般的な負荷電流測定用のクランプ形電流計より感度が低い。

ロ 接地線を開放することなく、漏れ電流が測定できる。

ハ 漏れ電流専用のものとレンジ切換えで負荷電流も測定できるものもある。

ニ 漏れ電流計には増幅回路が内蔵され、[mA] 単位で測定できる。

問 28　次の記述は、電気工作物の保安に関する法令について記述したものである。誤っているものは。

イ「電気工事士法」は、電気工事の作業に従事する者の資格及び権利を定め、もって電気工事の欠陥による災害の発生の防止に寄与することを目的としている。

ロ「電気事業法」において、一般用電気工作物の範囲が定義されている。

ハ「電気用品安全法」では、電気工事士は適切な表示が付されているものでなければ電気用品を電気工作物の設置又は変更の工事に使用してはならないと定めている。

ニ「電気設備に関する技術基準を定める省令」において、電気設備は感電、火災その他人体に危害を及ぼし、又は物件に損傷を与えるおそれがないよう施設しなければならないと定めている。

問 29　「電気用品安全法」における電気用品に関する記述として、誤っているものは。

イ 電気用品の製造又は輸入の事業を行う者は、「電気用品安全法」に規定する義務を履行したときに、経済産業省令で定める方式による表示を付すことができる。

ロ 特定電気用品には 〈PS/E〉 または (PS)E の表示が付されている。

ハ 電気用品の販売の事業を行う者は、経済産業大臣の承認を受けた場合等を除き、法令に定める表示のない電気用品を販売してはならない。

ニ 電気工事士は、「電気用品安全法」に規定する表示の付されていない電気用品を電気工作物の設置又は変更の工事に使用してはならない。

問 30　「電気設備に関する技術基準を定める省令」における電圧の低圧区分の組合せで、正しいものは。

イ 直流にあっては 600 V 以下、交流にあっては 600 V 以下のもの

ロ 直流にあっては 750 V 以下、交流にあっては 600 V 以下のもの

ハ 直流にあっては 600 V 以下、交流にあっては 750 V 以下のもの

ニ 直流にあっては 750 V 以下、交流にあっては 750 V 以下のもの

問題 2　配線図 (問題数 20、配点は 1 問当たり 2 点)

図は、木造３階建住宅の配線図である。この図に関する次の各問いには 4 通りの答え（イ、ロ、ハ、ニ）が書いてある。それぞれの問いに対して、答えを１つ選びなさい。

【注意】1. 屋内配線の工事は、特記のある場合を除き 600V ビニル絶縁ビニルシースケーブル平形 (VVF) を用いたケーブル工事である。

2. 屋内配線等の電線の本数、電線の太さ、その他、問いに直接関係のない部分等は省略又は簡略化してある。

3. 漏電遮断器は、定格感度電流 30 mA、動作時間 0.1 秒以内のものを使用している。

4. 選択肢（答え）の写真にあるコンセント及び点滅器は、「JIS C 0303：2000 構内電気設備の配線用図記号」で示す「一般形」である。

5. 図においては、必要なジョイントボックスがすべて示されているとは限らないが、ジョイントボックスを経由する電線は、すべて接続箇所を設けている。

6. 3 路スイッチの記号「0」の端子には、電源側又は負荷側の電線を結線する。

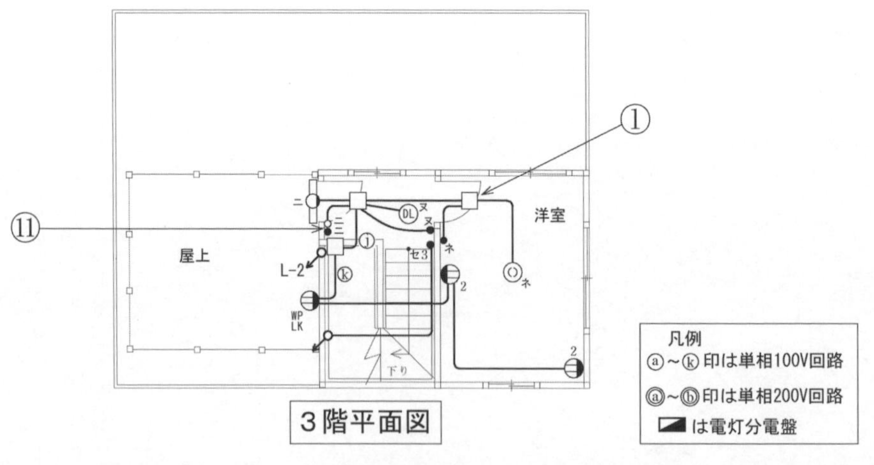

3階平面図

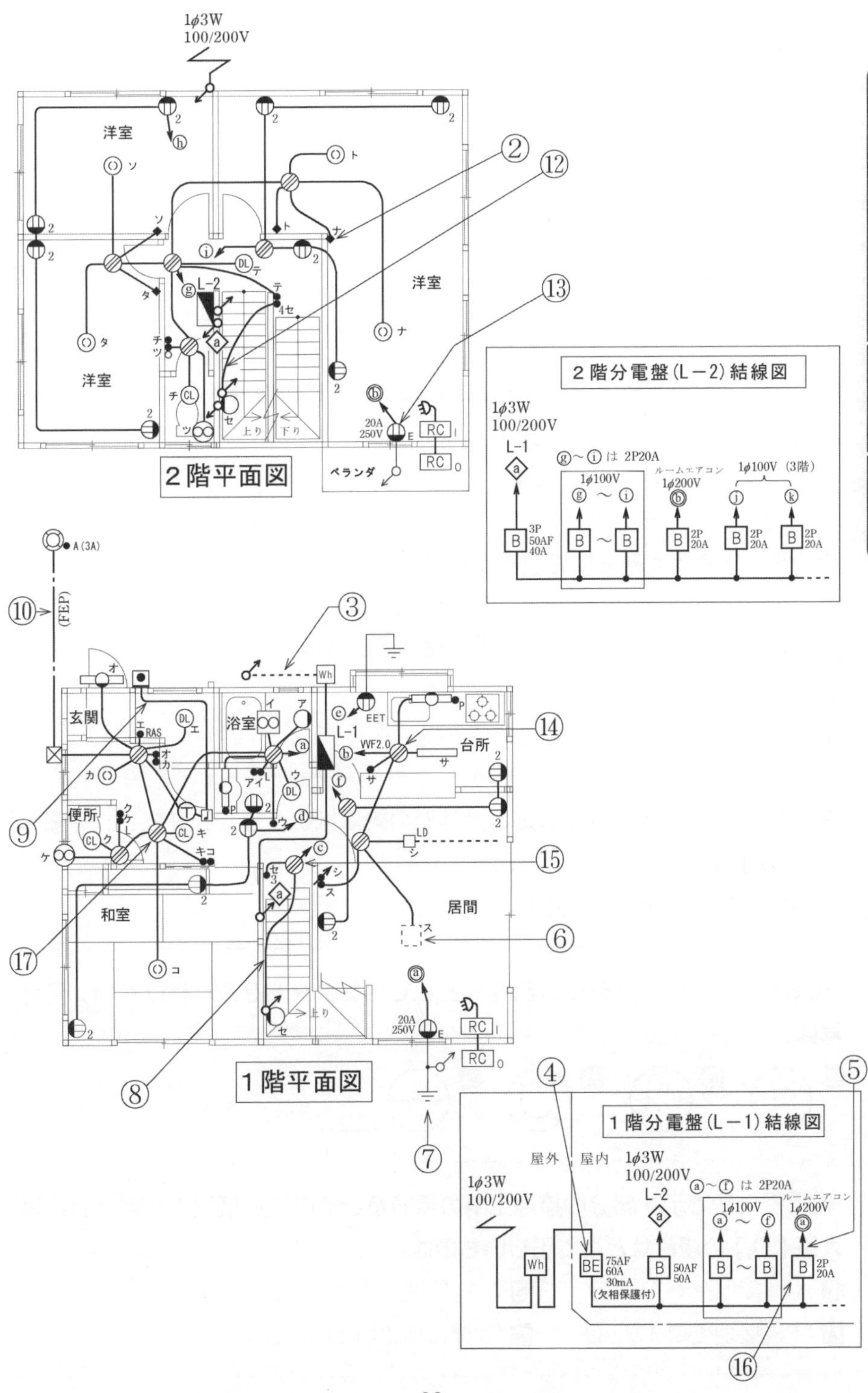
1φ3W
100/200V
洋室
洋室
洋室
L-2
ベランダ
2階平面図
2階分電盤(L－2)結線図
1φ3W
100/200V
L-1
ⓖ～ⓘ は 2P20A
1φ100V
ルームエアコン
1φ200V
1φ100V (3階)
3P
50AF
40A
2P
20A
(FEP)
A(3A)
玄関
浴室
台所
L-1
VVF2.0
便所
和室
居間
1階平面図
1階分電盤(L－1)結線図
屋外
屋内
1φ3W
100/200V
L-2
ⓐ～ⓕ は 2P20A
1φ100V
ルームエアコン
1φ200V
75AF
60A
30mA
(欠相保護付)
50AF
50A
2P
20A

問 31　①で示す図記号の名称は。

イ プルボックス　　ロ VVF 用ジョイントボックス

ハ ジャンクションボックス　　ニ ジョイントボックス

問 32　②で示す図記号の器具の名称は。

イ 一般形点滅器　　ロ 一般形調光器

ハ ワイド形調光器　　ニ ワイドハンドル形点滅器

問 33　③で示す部分の工事の種類として、正しいものは。

イ ケーブル工事 (CVT)　　ロ 金属線ぴ工事

ハ 金属ダクト工事　　ニ 金属管工事

問 34　④で示す部分に施設する機器は。

イ 3 極 2 素子配線用遮断器（中性線欠相保護付）

ロ 3 極 2 素子漏電遮断器（過負荷保護付、中性線欠相保護付）

ハ 3 極 3 素子配線用遮断器

ニ 2 極 2 素子漏電遮断器（過負荷保護付）

問 35　⑤で示す部分の電路と大地間の絶縁抵抗として、許容される最小値 [MΩ] は。

イ 0.1　ロ 0.2　ハ 0.4　ニ 1.0

問 36　⑥で示す部分に照明器具としてペンダントを取り付けたい。図記号は。

イ 

ロ 

ハ 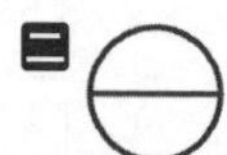
ニ

問 37　⑦で示す部分の接地工事の種類及びその接地抵抗の許容される最大値 [Ω] の組合せとして正しいものは。

イ A 種接地工事 10 Ω　　ロ A 種接地工事 100 Ω

ハ D 種接地工事 100 Ω　　ニ D 種接地工事 500 Ω

問 38　⑧で示す部分の最少電線本数（心線数）は。

イ 2　ロ 3　ハ 4　ニ 5

問 39　⑨で示す部分の小勢力回路で使用できる電圧の最大値［V］は。

イ 24　ロ 30　ハ 40　ニ 60

問 40　⑩で示す部分の配線工事で用いる管の種類は。

イ 波付硬質合成樹脂管　ロ 硬質ポリ塩化ビニル電線管

ハ 耐衝撃性硬質ポリ塩化ビニル電線管　ニ 耐衝撃性硬質ポリ塩化ビニル管

問 41　⑪で示す部分の配線を器具の裏面から見たものである。正しいものは。

ただし、電線の色別は、白色は電源からの接地側電線、黒色は電源からの非接地側電線とする。

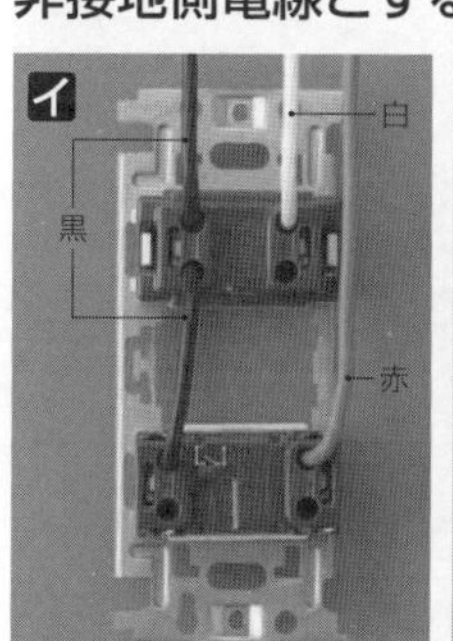

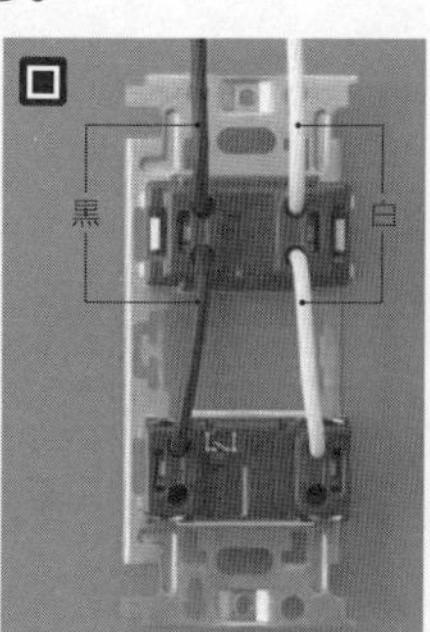

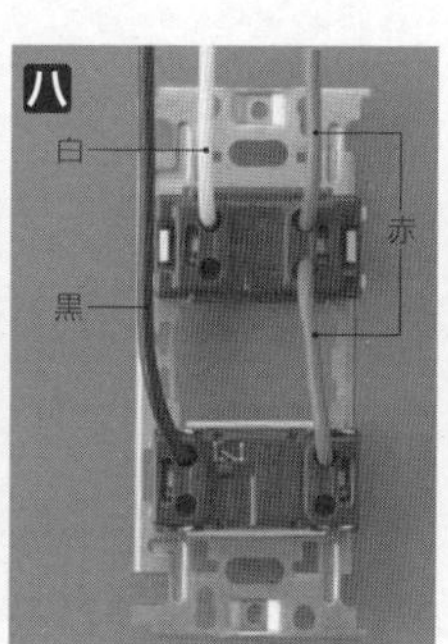

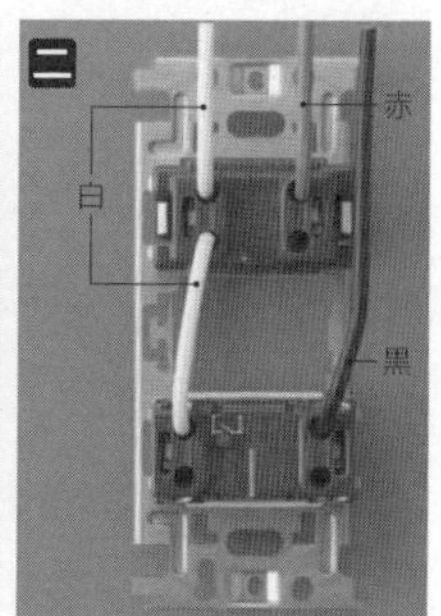

問 42　⑫で示す部分の配線工事に必要なケーブルは。

ただし、心線数は最少とする。

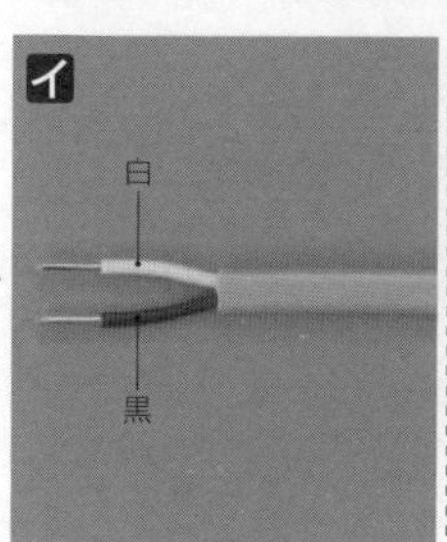

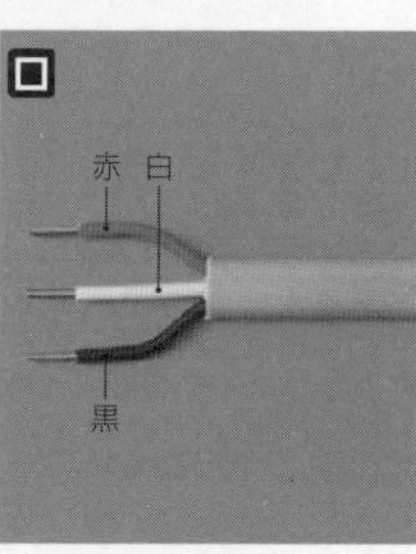

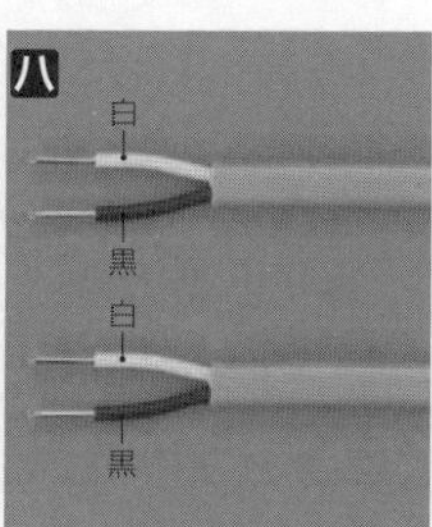

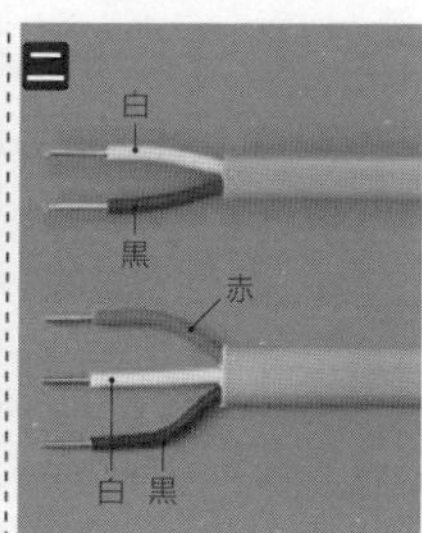

問 43　⑬で示す図記号の器具は。

イ
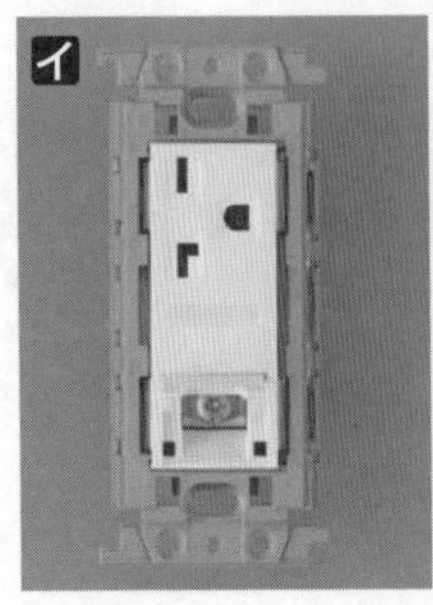
ロ

ハ

ニ
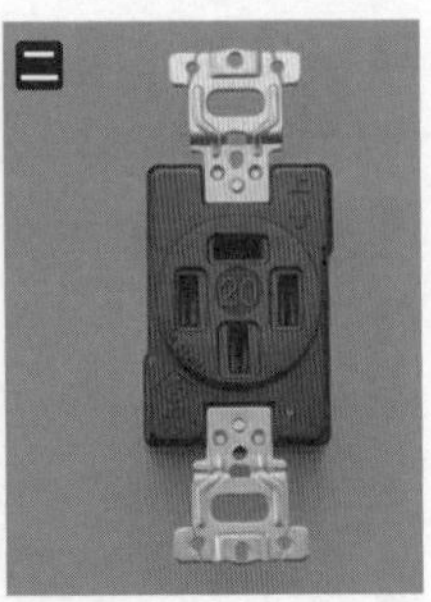

問 44　⑭で示すボックス内の接続をすべて圧着接続とする場合、使用するリングスリーブの種類と最少個数の組合せで、正しいものは。

ただし、使用する電線は特記のないものは VVF1.6 とする。

イ
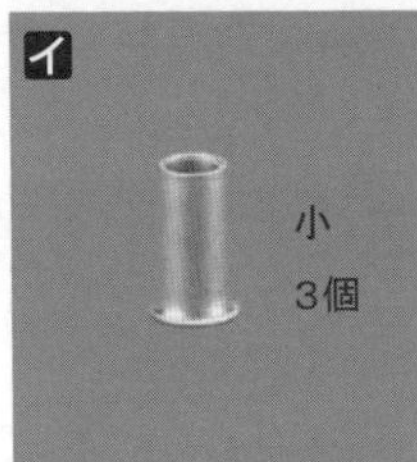

ロ

ハ
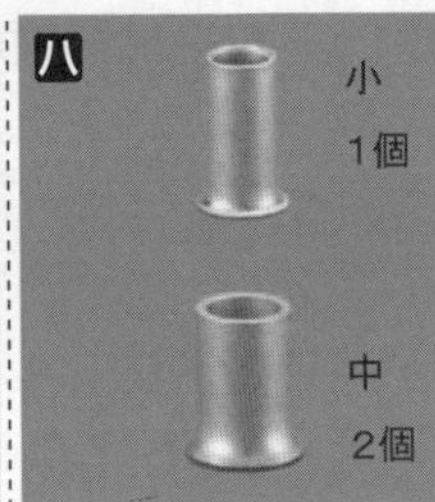

ニ
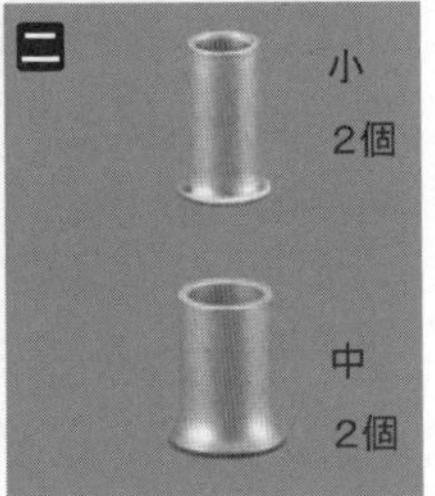

問 45　⑮で示すボックス内の接続をリングスリーブで圧着接続した場合のリングスリーブの種類、個数及び圧着接続後の刻印との組合せで、正しいものは。

ただし、使用する電線はすべて VVF1.6 とする。

また、写真に示すリングスリーブ中央の○、小は刻印を表す。

イ
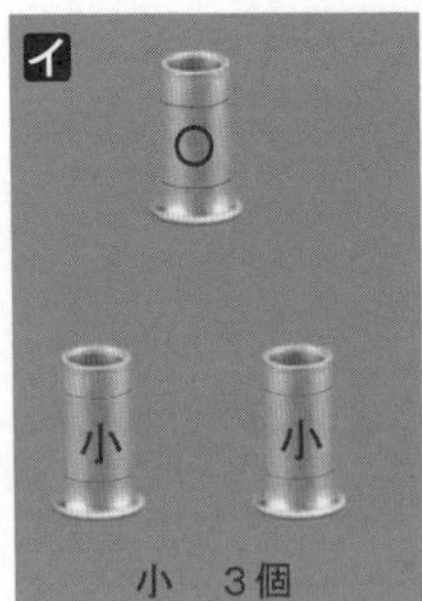

ロ

ハ
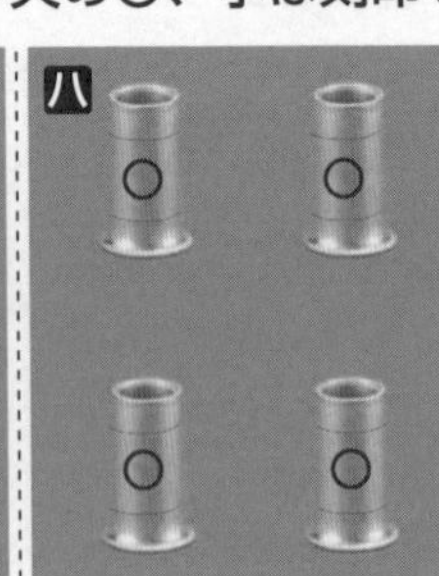

ニ
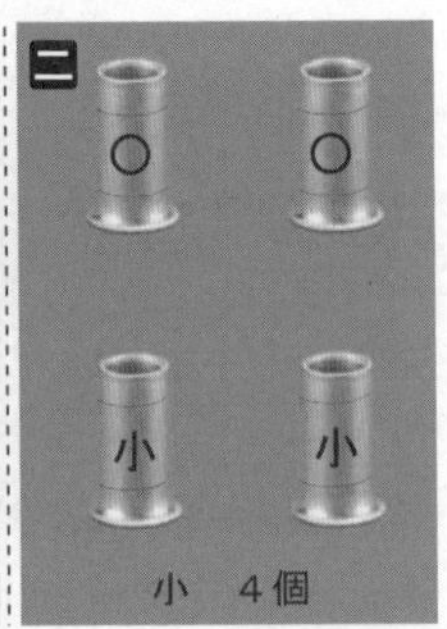

問 46　⑯で示す図記号の機器は。

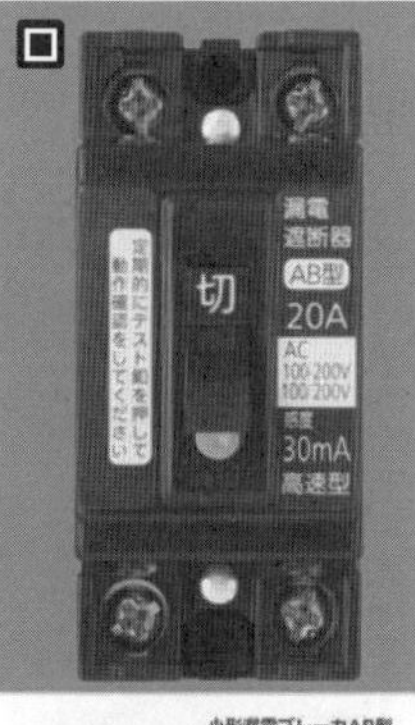

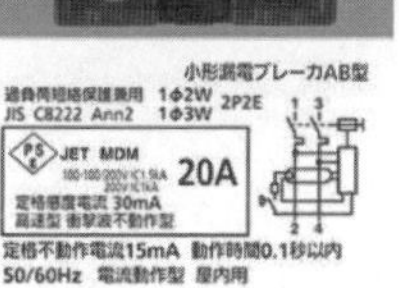

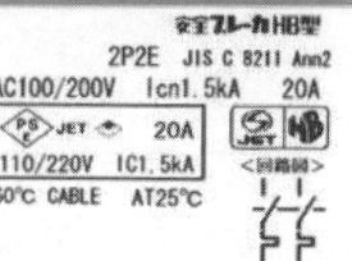

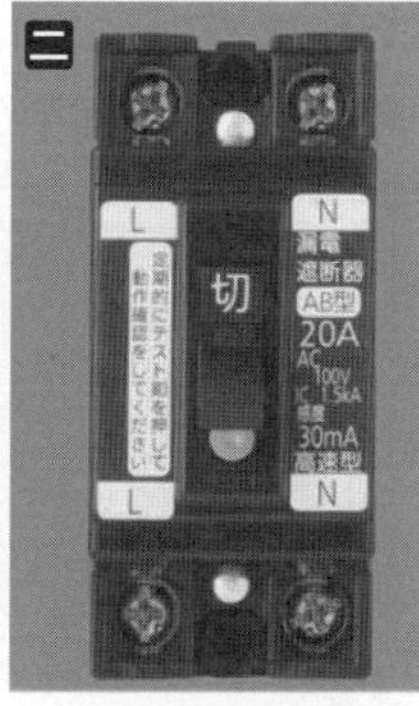

問 47　⑰で示すボックス内の接続をすべて差込形コネクタとする場合、使用する差込形コネクタの種類と最少個数の組合せで、正しいものは。

ただし、使用する電線はすべて VVF1.6 とする。

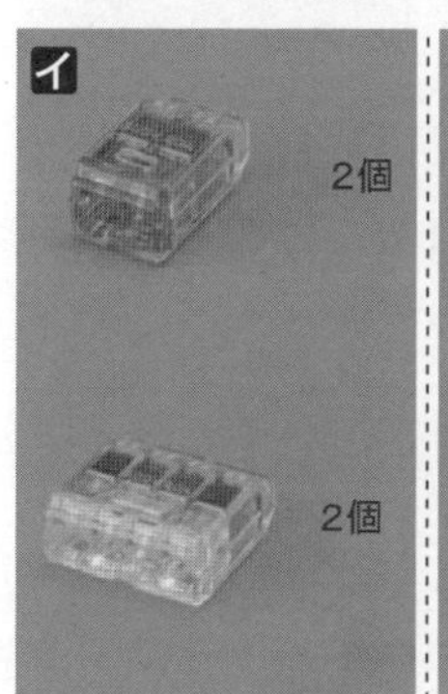

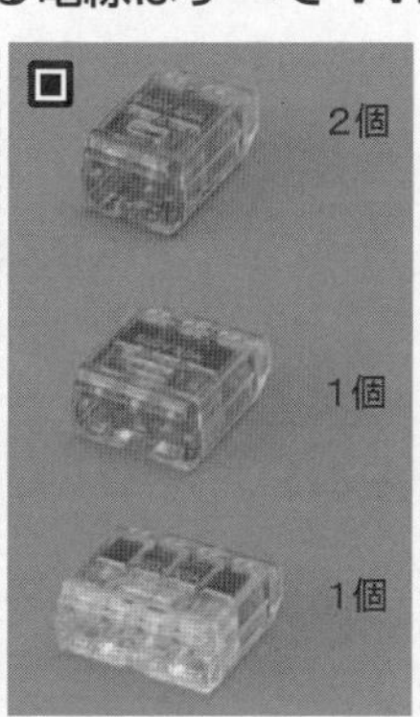

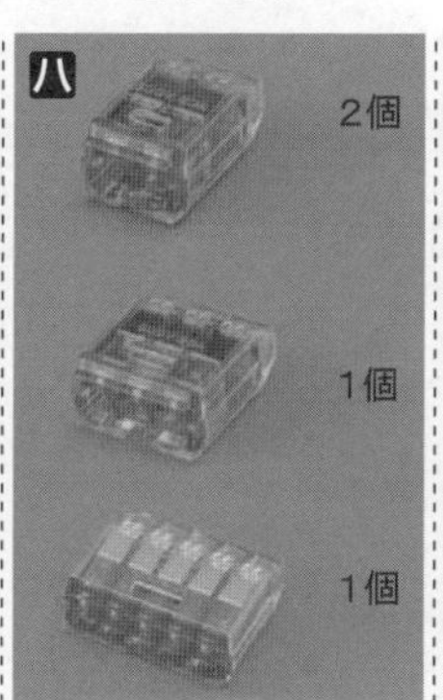

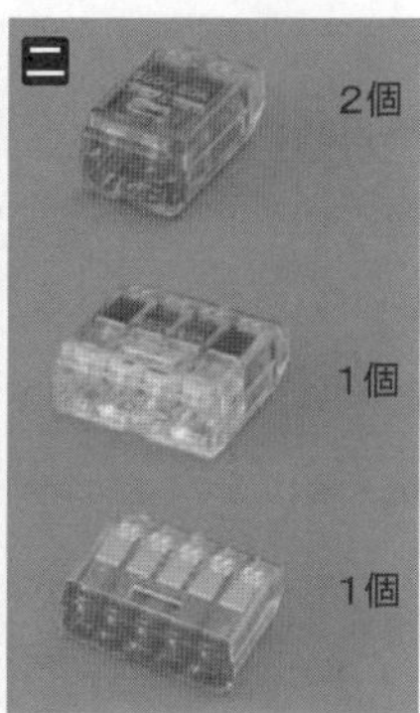

問 48　この配線図の図記号から、この工事で使用されていないスイッチは。

ただし、写真下の図は、接点の構成を示す。

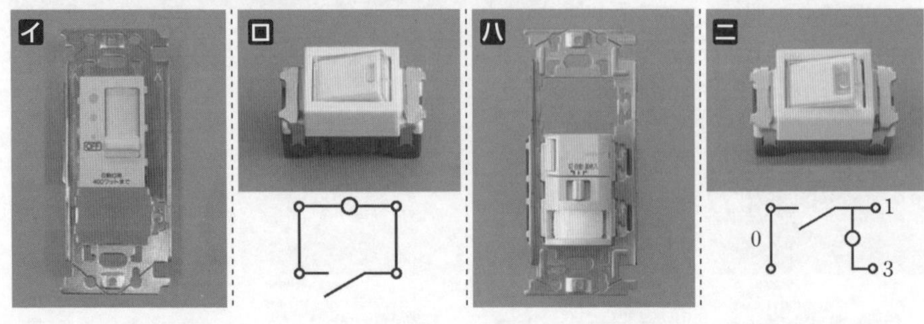

問 49　この配線図の施工で、使用されていないものは。

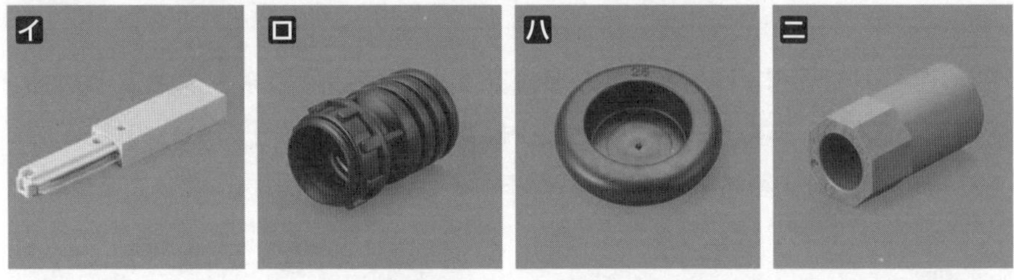

問 50　この配線図の施工に関して、一般的に使用されることのない工具は。

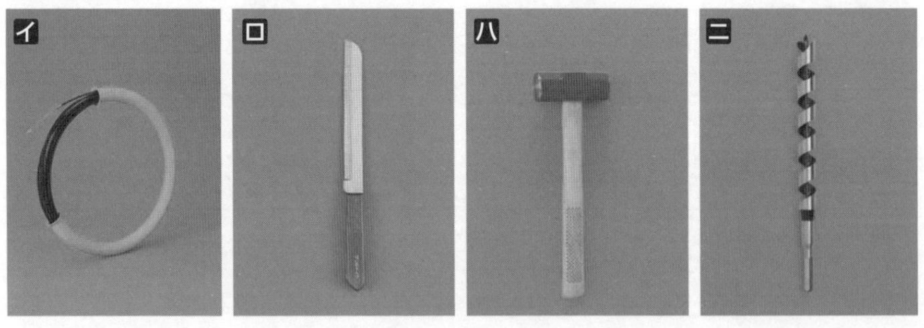

問 1
ロ

解説 回路の接続をよく見てみると、左半分は 3 Ωの抵抗が 3 本並列、右半分は 2 本並列になっていることがわかります。「同一抵抗のN本並列の抵抗値は、1 本の抵抗値のN分の 1」になりますから、左半分は 1 Ω、右半分は 1.5 Ωとなります。これらが直列接続になっているので、合計の 2.5 Ωが正解です。

問 2
ニ

解説 電線の抵抗値は、長さに比例し、断面積に反比例します。まず長さを比較すると、Bに比べてAは 2 倍となります。次に断面積ですが、Bに比べてAは直径が半分（2 分の 1）です。断面積は半径×半径× 3.14 なので、直径が半分ということは断面積は 4 分の 1 になります。したがって、Bに比べてAは断面積 4 分の 1、つまり抵抗値は 4 倍になります。以上 2 つの要素から、全体としての抵抗値は 2 × 4 = 8［倍］になります。

問 3
ハ

解説 電力の計算式「$P = VI$」と、電力量は「電力×時間」で求められることを利用します。1 時間 30 分は 1.5 時間ですから、「電圧× 15 × 1.5 = 4500」から R を求めることができます。小数点をなくすために両辺を 2 倍すると、「電圧× 15 × 3 = 9000」となり、次いで両辺を 3 で割ると「電圧× 15 = 3000」になります。3000 ÷ 15 = 200 ですから、電圧は 200［V］と求まります。

問 4
ロ

解説 交流回路における消費電力は、「皮相電力×力率」で求まります。「皮相電力＝電圧×電流」ですから、「200 × 15 × 0.9 ＝消費電力」となるので、これを計算すると 2700、つまり 2.7［kW］と求めることができます。

問 5
ロ

解説 三相Y結線ですから、相電圧は線間電圧 200 Vの$\sqrt{3}$分の 1 になります。この相電圧が 10 Ωの抵抗に掛かるため、相電流は「200 ÷ 1.73 ÷ 10」で求まります。これを計算すると約 11.6［A］と求まります。

問6 ニ	**解説** 負荷側から順番に電圧降下を足していきます。r_3 = 0.1 Ωには、負荷電流5 Aが流れるため、電圧降下は5 × 0.1 = 0.5［V］、それが上下にあるので「合計1 V」です。次に、r_2 = 0.1 Ωには、それより右にある負荷電流の合計10 Aが流れるため、電圧降下は10 × 0.1 = 1［V］、それが上下にあるので「合計2 V」です。最後にr_1 = 0.05 Ωには、それより右にある負荷電流の合計20 Aが流れるため、電圧降下は20 × 0.05 = 1［V］、それが上下にあるので「合計2 V」です。以上の電圧降下をすべて足すと、1 + 2 + 2 = 5［V］となり、100 + 5 = 105［V］と求まります。
問7 ハ	**解説** 中性線には電流が流れていないので、ここで発生する電圧降下はゼロです。上側のrで発生する電圧降下はrI［V］、同様に下側のrでもrI［V］の電圧降下が発生しますから、Vs − VrはrI［V］と求めることができます。 ※ VsやVrがどこを指しているかよく注意しましょう。早とちりで$2rI$と答えてしまいがちです。
問8 ロ	**解説** 直径2.0 mmの600 Vビニル絶縁電線の許容電流は35 Aです。これに電流減少係数0.70を掛けると24.5となり、最も近い24 Aが答えとなります。
問9 ニ	**解説** 「3 mを超え8 m以下、35 %以上55 %未満」の基準に照らすと、10 mなので55%以上の許容電流の電線を用いる必要があります。したがって、40 × 0.55 = 22［A］が正解です。
問10 ニ	**解説** イ 30 Aの回路に2.0 mmの電線は使えません。ロ 20 Aの遮断器に30 Aのコンセントを接続することはできません。ハ 30 Aの遮断器に15 Aのコンセントを接続することはできません。
問11 ハ	**解説** 配線用遮断器を集合して設置するために用いるのは分電盤です。

問題・解答	解説
問 12 イ	**解説** ビニルコードは耐熱性が低いため、電気こたつ、電気こんろ、電気トースターのような高温になる器具に使用できません。
問 13 ニ	**解説** プリカナイフは、二種金属製可とう電線管を切断するための工具です。
問 14 ロ	**解説** 全電圧始動の場合、始動電流は定格電流（全負荷電流）の6～8 倍もの値になります。
問 15 イ	**解説** LED ランプは、従来の蛍光灯と同一形状のものが製作され市販されていますが、これは器具に取り付ける場合の簡便性を図ったものです。蛍光灯からの交換にあたっては、従来の器具に内蔵されている蛍光灯用安定器や蛍光灯用インバータなどは撤去する必要があります。
問 16 イ	**解説** この部材は、合成樹脂製可とう電線管どうしを接続するために使用する PF 管カップリングです。
問 17 ハ	**解説** これは電動機保護兼用の配線用遮断器です。遮断器を投入・解放するためのレバーが存在すること、10 Aという電流値が記載されていること、漏電遮断器に付いているテストボタンが存在しないことなどから見分けることができます。
問 18 ロ	**解説** これはホルソーで、鉄板に比較的大きな穴を開ける際に使用します。中央に飛び出しているドリルで中心の位置決めを行い、次いで周囲の大きな刃で大きな穴を開けます。
問 19 ハ	**解説** 直径 1.6 mm × 4 本までは小スリーブを使います。
問 20 イ	**解説** 展開した場所でも湿気の多い場所においては、金属線ぴ工事、金属ダクト工事、ライティングダクト工事を行うことはできません。

問21 ニ	解説 「素子のある極」というのは、過電流時に遮断されるスイッチが存在する極のことです。2 極 1 素子の遮断機で、スイッチが存在する極を中性線に接続した場合、遮断機が作動しても非接地側の電圧が器具などに掛かりっぱなしになり大変危険です。したがって、素子のない側を中性線に接続しなければなりません。
問22 ニ	解説 水気のある場所においては、漏電遮断器を取り付けても接地工事を省略することはできません。
問23 ニ	解説 ターミナルキャップは、金属管に対して垂直な向きに電線引き込み穴が開いているため、垂直配管に使用すると内部に水が浸入してしまいます。
問24 イ	解説 最初に目視などによる点検、次いで測定器を用いた測定・試験を行い、最後に通電試験の順序となります。
問25 ニ	解説 中性線が断線した場合、200 Vの電圧が a 線と b 線の間に掛かり、「200 Vの単相電源に対して、機器Aと機器Bが直列に接続されている」状態になってしまいます。このとき、機器Aと機器Bの内部抵抗が偏っていると、片方に 100 Vを超える電圧が掛かってしまい、異常発熱による電気火災の原因となって大変危険な状態となります。
問26 ロ	解説 接地抵抗計の出力端子における電圧は交流電圧です。出力端子における電圧が直流電圧なのは絶縁抵抗計です。
問27 イ	解説 漏れ電流計は微弱な漏えい電流を計測する必要があるので、負荷電流測定用のクランプ電流計より感度が高いです。
問28 イ	解説 「電気工事士法」には「この法律は、電気工事の作業に従事する者の資格及び義務を定め、もつて電気工事の欠陥による災害の発生

の防止に寄与することを目的とする。」と明記されています。電気工事従事者の権利ではなく義務が規定されています。

問 29 ロ	**解説** 特定電気用品以外の電気用品には、PSE または（PS）E の表示が付されます。
問 30 ロ	**解説** 低圧の区分は、直流にあっては 750 V 以下，交流にあっては 600 V 以下のものです。
問 31 ニ	**解説** ①で示す図記号□は、ジョイントボックスまたはアウトレットボックスです。ハのジャンクションボックスはフロアダクトに用いられる部材です。
問 32 ニ	**解説** ②で示す図記号◆はニのワイドハンドル形点滅器です。
問 33 イ	**解説** ③で示す部分は木造造営物の屋側電線部分であり、金属管工事など金属製の部材を用いた工事で施工できません。したがって、イのケーブル工事が正しい工事の種類です。
問 34 ロ	**解説** ④で示す部分のBEは単相 3 線 100/200V 回路に施設される過負荷保護装置付き漏電遮断器です。また「欠相保護付」の傍記もあり、④で示す部分の機器はロの 3 極 2 素子漏電遮断器（過負荷保護付、中性線欠相保護付）です。
問 35 イ	**解説** ⑤で示す部分は単相 3 線 100/200V の 200 V 回路で、使用電圧 300 V 以下で対地電圧 150 V 以下の電路に該当するので、絶縁抵抗の許容最小値はイの 0.1MΩです。
問 36 ニ	**解説** ペンダントの図記号はニです。

問 37
ニ

解説　⑦で示す部分は単相 3 線 100/200V の 200 V 回路で、使用電圧 300 V 以下なので D 種接地工事が適用されます。接地抵抗の許容値は、動作時間 0.5 秒以内の漏電遮断器が施設されているので、500 Ωとなります。したがって**ニ**が正しい組み合わせです。

問 38
ロ

解説　⑧で示す部分の最少電線本数は、1 階のセの 3 路スイッチと 2 階のセの 4 路スイッチ間の電線 2 本と 1 階のセの照明器具に接続する非接地側電線の 1 本の合計 3 本です。

問 39
ニ

解説　小勢力回路で使用できる電圧の最大値は 60 V です。

問 40
イ

解説　⑩で示す部分の（EFP）は、**イ**の波付硬質合成樹脂管を示しています。

問 41
ハ

解説　⑪で示す部分は屋上の照明器具の確認表示灯とスイッチです。確認表示灯とスイッチの結線は下図のとおりです。

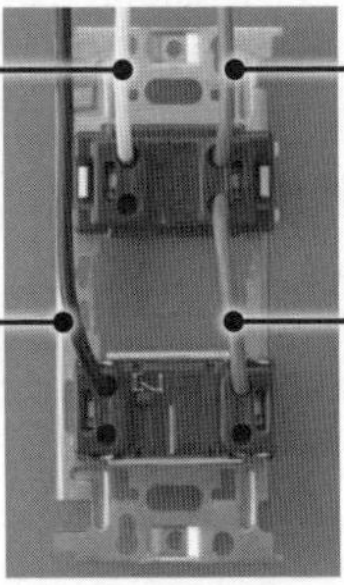

電源からの接地側電線の白線は確認表示灯に接続する。

負荷に結線する赤線は確認表示灯の白線と反対側に接続する。

電源からの非接地側電線の黒線はスイッチに接続する。

わたり線でスイッチと確認表示灯を接続する。

問 42
ハ

解説　⑫で示す部分の最少心線数は、1 階のセの 3 路スイッチと 2 階のセの 4 路スイッチ間の 2 本と 2 階のセの 4 路スイッチと 3 階のセの 3 路スイッチ間の 2 本の計 4 本です。したがって**ハ**が正解です。

問 43
ロ

解説　⑬で示す部分の 20A250V 接地極付コンセントは**ロ**です。

問 44
ハ

解説 ⑭で示すボックス内の電線の接続は、下図のとおり 1.6 mm:2 本が 1 箇所、2.0 mm:1 本と 1.6 mm:2 本が 2 箇所なので、使用するリングスリーブの種類と最少個数の組み合わせは、**ハ**の小 1 個、中 2 個です。

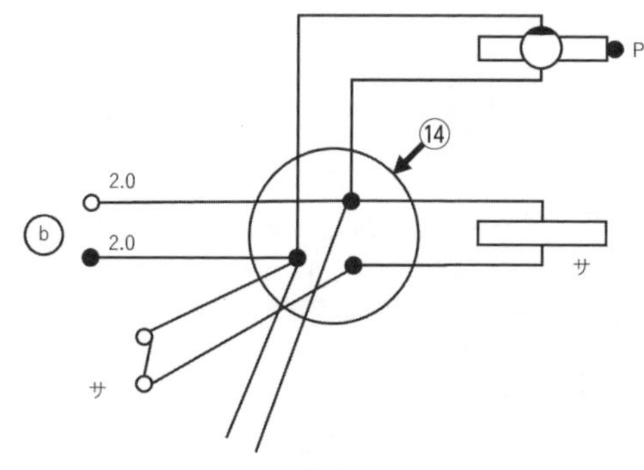

問 45
ハ

解説 【解説】⑮で示すボックス内の電線の接続は、下図のとおり 1.6 mm:2 本が 4 箇所で、使用するリングスリーブの種類、個数、刻印は、**ハ**の小スリーブ（刻印○）4 個です。

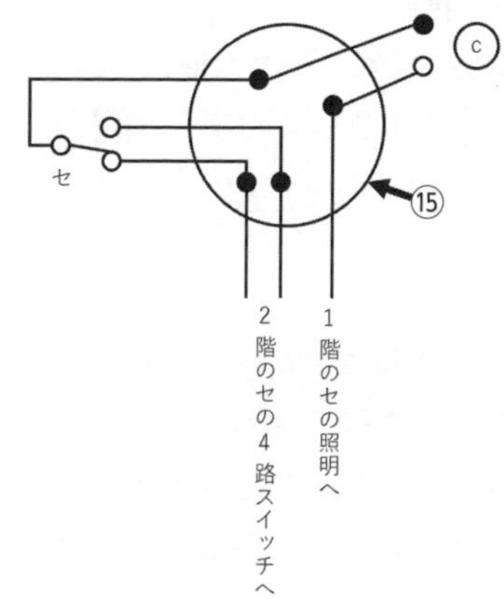

問 46
ハ

解説 ⑯で示す図記号の機器は単相 200 V の 2P20A の配線用遮断器なので写真の**ハ**が該当します。

問47
ニ

解説　⑰で示すボックス内の電線の接続は、下図のとおり1.6 mm:2本が2箇所、1.6 mm:4本が1箇所、1.6 mm:5本が1箇所なので、使用する差込形コネクタの種類と最少個数は、ニの2本用2個、4本用1個、5本用1個です。

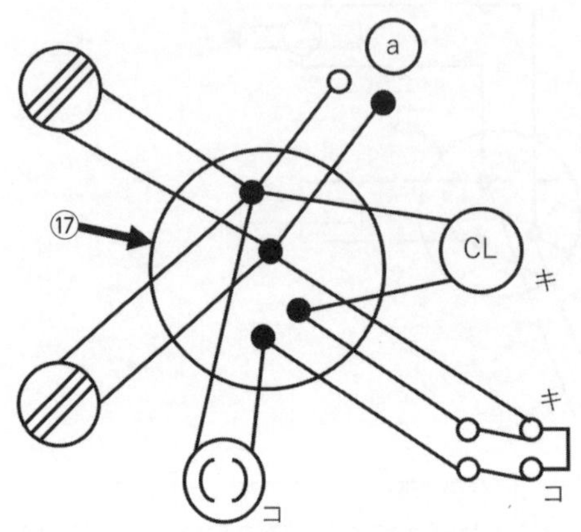

問48
ロ

解説　イの調光器 は、1階居間のシのライティングダクトのスイッチに使用されています。ロの位置表示灯内蔵スイッチ●$_H$は使用されていません。ハの熱線式自動スイッチ●$_{RAS}$は、1階玄関のエのダウンライトのスイッチに使用されています。ニの確認表示灯内蔵スイッチ●$_L$は、1階浴室のイの換気扇、1階便所のクのシーリングライトに使用されています。

問49
ニ

解説　イのライティングダクトは1階の居間に使用されます。ロのFEP管用ボックスコネクタは⑩のFEP管をボックスに接続するのに使用されます。ハのゴムブッシングは①のジョイントボックスの貫通孔に使用されます。ニのVE管用ボックスコネクタはこの配線図の施工で使用されません。

問50
ロ

解説　ロのプリカナイフは2種金属可とう電線管を切断するもので、この配線図の施工に関して、一般的に使用されません。

2023年度 下期

第2種電気工事士

学科試験問題

2023年度下期 午前 学科試験問題

問題1　一般問題　(問題数30、配点は1問当たり2点)

(注意) 本問題の計算で、$\sqrt{2}$、$\sqrt{3}$ 及び円周率 π を使用する場合の数値は次によること。$\sqrt{2}=1.41$、$\sqrt{3}=1.73$、$\pi=3.14$

次の各問いには4通りの答え (イ、ロ、ハ、ニ) が書いてある。それぞれの問いに対して答えを1つ選びなさい。

なお、選択肢が数値の場合は最も近い値を選びなさい。

問1　図のような直流回路で、a-b間の電圧 [V] は。

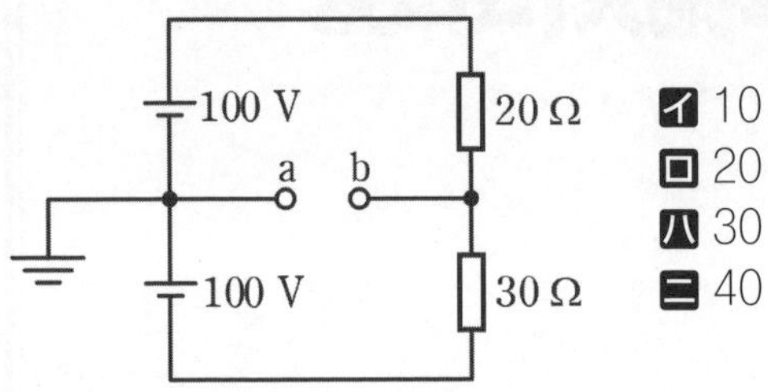

イ 10
ロ 20
ハ 30
ニ 40

問2　A、B 2本の同材質の銅線がある。Aは直径1.6 mm、長さ20 m、Bは直径3.2 mm、長さ40 mである。Aの抵抗はBの抵抗の何倍か。

イ 2　ロ 3　ハ 4　ニ 5

問3　消費電力が400 Wの電熱器を1時間20分使用した時の発熱量 [kJ] は。

イ 960　ロ 1920　ハ 2400　ニ 2700

問4　図のような交流回路で、電源電圧 102 V、抵抗の両端の電圧が 90 V、リアクタンスの両端の電圧が 48 V であるとき、負荷の力率［%］は。

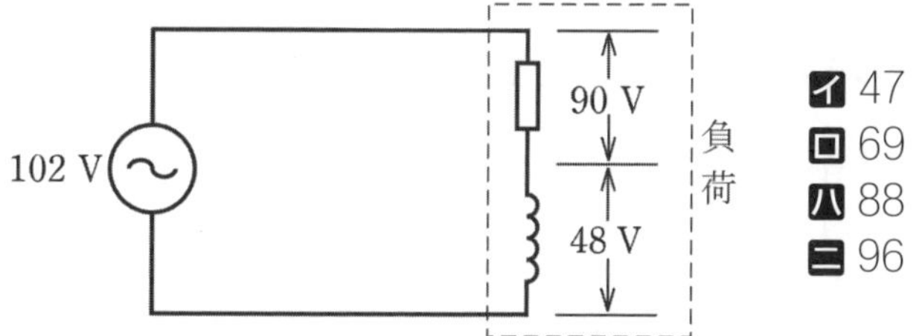

イ 47
ロ 69
ハ 88
ニ 96

問5　図のような電源電圧 E [V] の三相３線式回路で、図中の×印点で断線した場合、断線後の a-c 間の抵抗 R [Ω] に流れる電流 I [A] を示す式は。

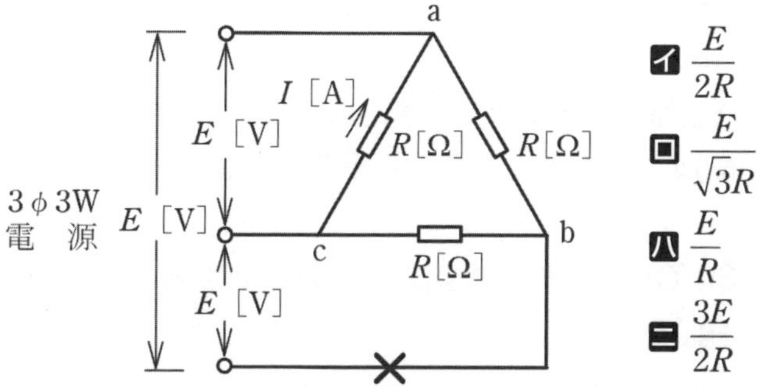

イ $\frac{E}{2R}$
ロ $\frac{E}{\sqrt{3}R}$
ハ $\frac{E}{R}$
ニ $\frac{3E}{2R}$

問6　図のような単相２線式回路で、c-c' 間の電圧が 100 V のとき、a-a' 間の電圧［V］は。

ただし、r_1及び r_2は電線の電気抵抗［Ω］とする。

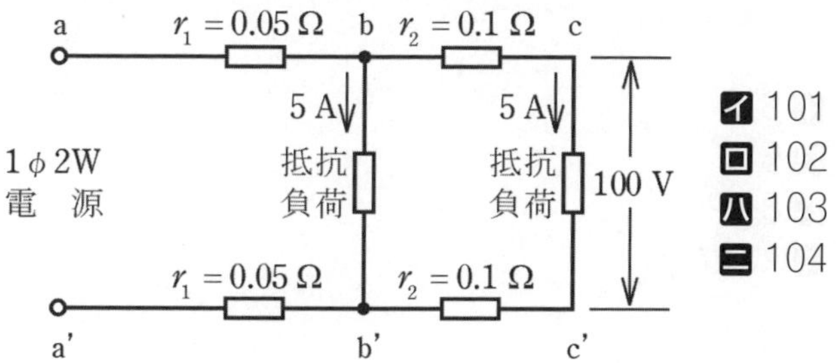

イ 101
ロ 102
ハ 103
ニ 104

2023 下期 午前 午後 学科試験問題

問7　図のような単相３線式回路で、負荷Ａ、負荷Ｂはともに消費電力 800 W の抵抗負荷である。負荷電圧がともに 100 V であるとき、この配線の電力損失［W］は。

ただし、電線１線当たりの抵抗は 0.5 Ωとする。

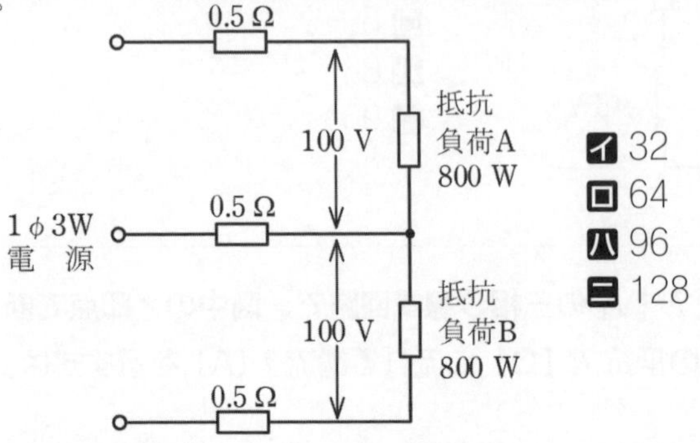

イ 32
ロ 64
ハ 96
ニ 128

問8　金属管による低圧屋内配線工事で、管内に直径 2.0 mm の 600V ビニル絶縁電線（軟銅線）4 本を収めて施設した場合、電線１本当たりの許容電流［A］は。

ただし、周囲温度は 30 ℃以下、電流減少係数は 0.63 とする。

イ 17　ロ 22　ハ 30　ニ 35

問9　図のように定格電流 50 A の配線用遮断器で保護された低圧屋内幹線から VVR ケーブル太さ 8 mm^2（許容電流 42 A）で低圧屋内電路を分岐する場合、a-b 間の長さの最大値［m］は。

ただし、低圧屋内幹線に接続される負荷は、電灯負荷とする。

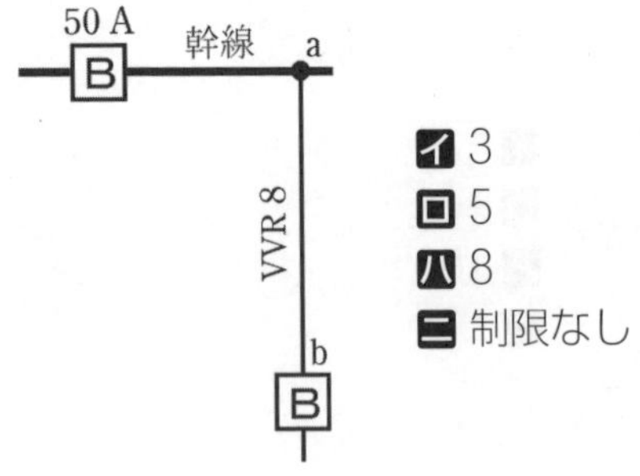

イ 3
ロ 5
ハ 8
ニ 制限なし

問 10 低圧屋内配線の分岐回路の設計で、配線用遮断器、分岐回路の電線の太さ及びコンセントの組合せとして、適切なものは。

ただし、分岐点から配線用遮断器までは 3 m、配線用遮断器からコンセントまでは 8 m とし、電線の数値は分岐回路の電線（軟銅線）の太さを示す。

また、コンセントは兼用コンセントではないものとする。

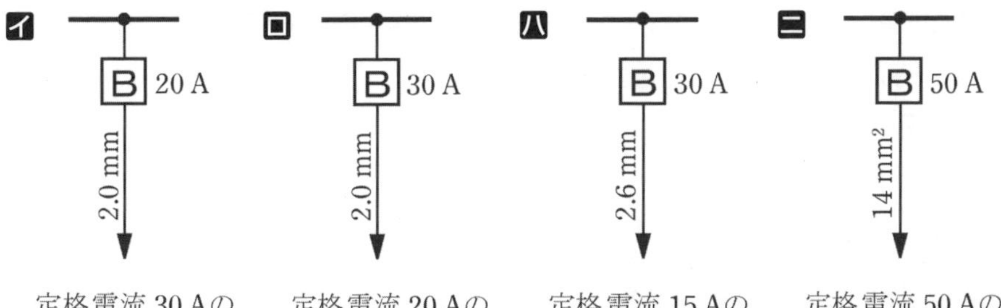

イ	ロ	ハ	ニ
定格電流 30 A のコンセント 1 個	定格電流 20 A のコンセント 2 個	定格電流 15 A のコンセント 1 個	定格電流 50 A のコンセント 1 個

問 11 プルボックスの主な使用目的は。

イ 多数の金属管が集合する場所等で、電線の引き入れを容易にするために用いる。

ロ 多数の開閉器類を集合して設置するために用いる。

ハ 埋込みの金属管工事で、スイッチやコンセントを取り付けるために用いる。

ニ 天井に比較的重い照明器具を取り付けるために用いる。

問 12 耐熱性が最も優れているものは。

イ 600V 二種ビニル絶縁電線

ロ 600V ビニル絶縁電線

ハ MI ケーブル

ニ 600V ビニル絶縁ビニルシースケーブル

問 13 ねじなし電線管の曲げ加工に使用する工具は。

イ トーチランプ　　ロ ディスクグラインダ

ハ パイプレンチ　　ニ パイプベンダ

問 14　**必要に応じ、スターデルタ始動を行う電動機は。**

イ 一般用三相かご形誘導電動機　ロ 三相巻線形誘導電動機

ハ 直流分巻電動機　ニ 単相誘導電動機

問 15　**低圧電路に使用する定格電流 30 A の配線用遮断器に 37.5 A の電流が継続して流れたとき、この配線用遮断器が自動的に動作しなければならない時間［分］の限度（最大の時間）は。**

イ 2　ロ 4　ハ 60　ニ 120

問 16　**写真に示す材料の名称は。**

イ 銅線用裸圧着スリーブ

ロ 銅管端子

ハ 銅線用裸圧着端子

ニ ねじ込み形コネクタ

問 17　**写真に示す機器の名称は。**

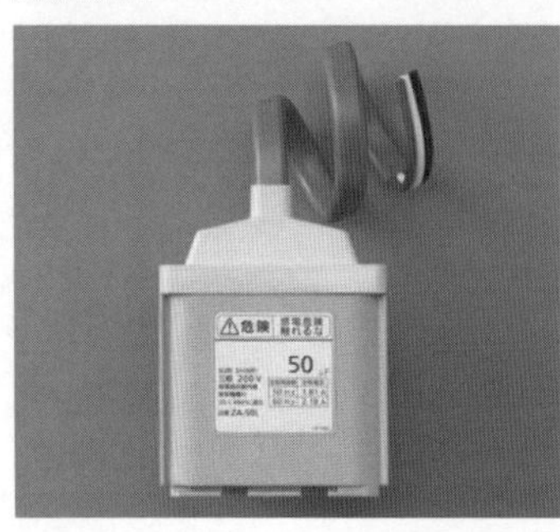

イ 水銀灯用安定器

ロ 変流器

ハ ネオン変圧器

ニ 低圧進相コンデンサ

問 18　写真に示す工具の電気工事における用途は。

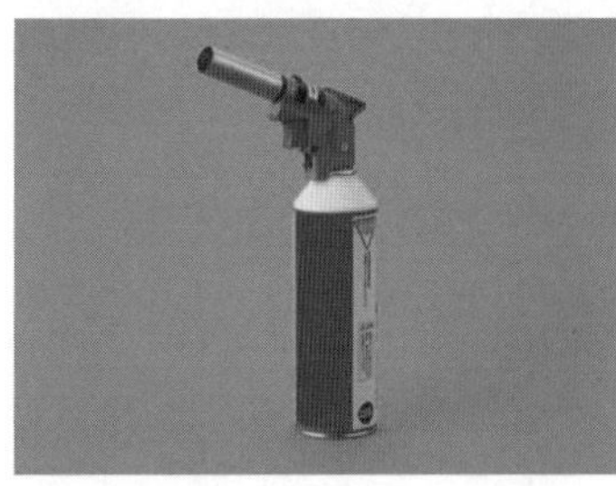

イ 硬質ポリ塩化ビニル電線管の曲げ加工に用いる。
ロ 金属管（鋼製電線管）の曲げ加工に用いる。
ハ 合成樹脂製可とう電線管の曲げ加工に用いる。
ニ ライティングダクトの曲げ加工に用いる。

問 19　600V ビニル絶縁ビニルシースケーブル平形 1.6 mm を使用した低圧屋内配線工事で、絶縁電線相互の終端接続部分の絶縁処理として、不適切なものは。

ただし、ビニルテープは JIS に定める厚さ約 0.2 mm の電気絶縁用ポリ塩化ビニル粘着テープとする。

イ リングスリーブ（E 形）により接続し、接続部分をビニルテープで半幅以上重ねて 3 回（6 層）巻いた。
ロ リングスリーブ（E 形）により接続し、接続部分を黒色粘着性ポリエチレン絶縁テープ（厚さ約 0.5 mm）で半幅以上重ねて 3 回（6 層）巻いた。
ハ リングスリーブ（E 形）により接続し、接続部分を自己融着性絶縁テープ（厚さ約 0.5 mm）で半幅以上重ねて 1 回（2 層）巻いた。
ニ 差込形コネクタにより接続し、接続部分をビニルテープで巻かなかった。

問 20　次表は使用電圧 100 V の屋内配線の施設場所による工事の種類を示す表である。表中の a ～ f のうち、「施設できる工事」を全て選んだ組合せとして、正しいものは。

施設場所の区分	工事の種類		
	金属ダクト工事	合成樹脂管工事（CD 管を除く）	セルラダクト工事
展開した場所で乾燥した場所	a	b	c
点検できる隠ぺい場所で乾燥した場所	d	e	f

イ a、f　**ロ** a、b、d、e、f　**ハ** b、d、e　**ニ** d、e、f

問 21　低圧屋内配線の図記号と、それに対する施工方法の組合せとして、正しいものは。

イ - - - - -///- - - - -　IV1.6（E19）　厚鋼電線管で天井隠ぺい配線。

ロ ――――///――――　IV1.6（PF16）　硬質ポリ塩化ビニル電線管で露出配線。

ハ ――――///――――　IV1.6（16）　合成樹脂製可とう電線管で天井隠ぺい配線。

ニ - - - - -///- - - - -　IV1.6（F2 17）　2 種金属製可とう電線管で露出配線。

問 22　D 種接地工事を省略できないものは。

ただし、電路には定格感度電流 30 mA、動作時間が 0.1 秒以下の電流動作型の漏電遮断器が取り付けられているものとする。

イ 乾燥したコンクリートの床に施設する三相 200 V(対地電圧 200 V) 誘導電動機の鉄台

ロ 乾燥した木製の床の上で取り扱うように施設する三相 200 V(対地電圧 200 V) 空気圧縮機の金属製外箱部分

ハ 乾燥した場所に施設する単相３線式 100/200 V(対地電圧 100 V) 配線の電線を収めた長さ 7 m の金属管

ニ 乾燥した場所に施設する三相 200 V(対地電圧 200 V) 動力配線の電線を収めた長さ 3 m の金属管

問 23　低圧屋内配線の合成樹脂管工事で、合成樹脂管 (合成樹脂製可とう電線管及び CD 管を除く) を造営材の面に沿って取り付ける場合、管の支持点間の距離の最大値 [m] は。

イ 1　ロ 1.5　ハ 2　ニ 2.5

問 24　低圧検電器に関する記述として、誤っているものは。

イ 低圧検電器では、接触式と非接触式のものがある。

ロ 音響発光式には電池が必要であるが、ネオン式には不要である。

ハ 使用電圧 100V のコンセントの接地側極では検知するが、非接地側極では検知しない。

ニ 電路の充電の有無を確認するには、当該電路の全ての電線について検電することが必要である。

問 25　使用電圧が低圧の電路において、絶縁抵抗測定が困難であったため、使用電圧が加わった状態で漏えい電流により絶縁性能を確認した。

「電気設備の技術基準の解釈」に定める、絶縁性能を有していると判断できる漏えい電流の最大値 [mA] は。

イ 0.1　ロ 0.2　ハ 1　ニ 2

問 26　使用電圧 100 V の低圧電路に、地絡が生じた場合 0.1 秒で自動的に電路を遮断する装置が施してある。この電路の屋外に D 種接地工事が必要な自動販売機がある。その接地抵抗値 a [Ω] と電路の絶縁抵抗値 b [MΩ] の組合せとして、「電気設備に関する技術基準を定める省令」及び「電気設備の技術基準の解釈」に適合していないものは。

イ	ロ	ハ	ニ
a 600	a 450	a 200	a 50
b 2.0	b 1.0	b 0.2	b 0.1

問 27　アナログ計器とディジタル計器の特徴に関する記述として、誤っているものは。

イ アナログ計器は永久磁石可動コイル形計器のように、電磁力等で指針を動かし、振れ角でスケールから値を読み取る。

ロ ディジタル計器は測定入力端子に加えられた交流電圧などのアナログ波形を入力変換回路で直流電圧に変換し、次に A-D 変換回路に送り、直流電圧の大きさに応じたディジタル量に変換し、測定値が表示される。

ハ 電圧測定では、アナログ計器は入力抵抗が高いので被測定回路に影響を与えにくいが、ディジタル計器は入力抵抗が低いので被測定回路に影響を与えやすい。

ニ アナログ計器は変化の度合いを読み取りやすく、測定量を直感的に判断できる利点を持つが、読み取り誤差を生じやすい。

問 28　「電気工事士法」において、第二種電気工事士免状の交付を受けている者であっても従事できない電気工事の作業は。

イ 自家用電気工作物（最大電力 500 kW 未満の需要設備）の低圧部分の電線相互を接続する作業

ロ 自家用電気工作物（最大電力 500 kW 未満の需要設備）の地中電線用の管を設置する作業

ハ 一般用電気工作物の接地工事の作業

ニ 一般用電気工作物のネオン工事の作業

問 29　「電気用品安全法」の適用を受ける次の電気用品のうち、特定電気用品は。

イ 定格電流 20 A の漏電遮断器　　ロ 消費電力 30 W の換気扇

ハ 外径 19 mm の金属製電線管　　ニ 消費電力 40 W の蛍光ランプ

問 30　「電気設備に関する技術基準を定める省令」における電圧の低圧区分の組合せで、正しいものは。

イ 直流 600 V 以下、交流 750 V 以下

ロ 直流 600 V 以下、交流 600 V 以下

ハ 直流 750 V 以下、交流 600 V 以下

ニ 直流 750 V 以下、交流 300 V 以下

問題 2　配線図 (問題数 20、配点は 1 問当たり 2 点)

図は、木造2階建住宅及び車庫の配線図である。この図に関する次の各問いには4通りの答え (イ、ロ、ハ、ニ) が書いてある。それぞれの問いに対して、答えを1つ選びなさい。

【注意】 1.　屋内配線の工事は、特記のある場合を除き 600V ビニル絶縁ビニルシースケーブル平形 (VVF) を用いたケーブル工事である。

2.　屋内配線等の電線の本数、電線の太さ、その他、問いに直接関係のない部分等は省略又は簡略化してある。

3.　漏電遮断器は、定格感度電流 30 mA、動作時間 0.1 秒以内のものを使用している。

4.　選択肢（答え）の写真にあるコンセント及び点滅器は、「JIS C 0303:2000 構内電気設備の配線用図記号」で示す「一般形」である。

5.　分電盤の外箱は合成樹脂製である。

6.　ジョイントボックスを経由する電線は、すべて接続箇所を設けている。

7.　3 路スイッチの記号「0」の端子には、電源側又は負荷側の電線を結線する。

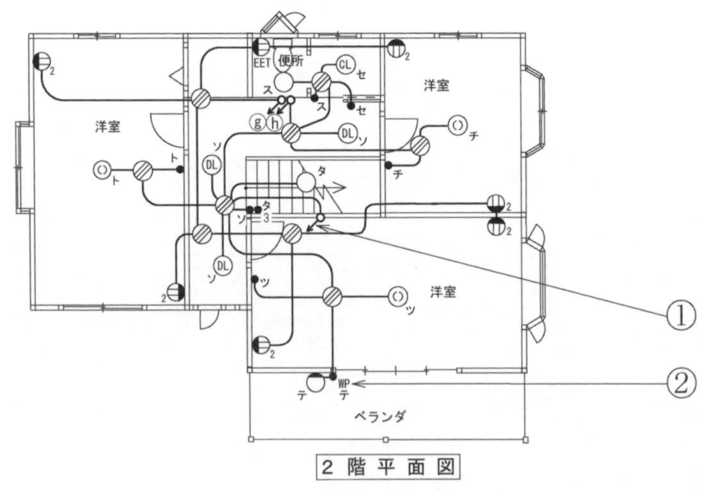

2 階 平 面 図

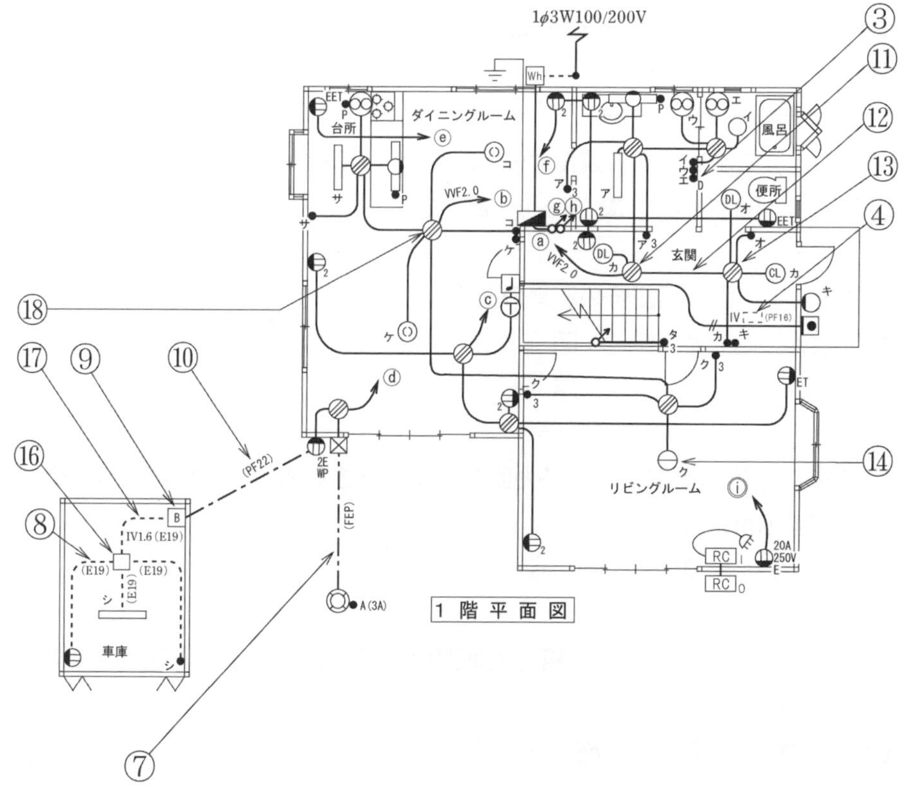

1ϕ3W100/200V

Wh

台所
ダイニングルーム
風呂
便所
玄関
リビングルーム
車庫

VVF2.0
IV (PF16)
(PF22)
(FEP)
IV1.6 (E19)
(E19)
2E WP
A (3A)
20A 250V E
RC I
RC O

③ ④ ⑦ ⑧ ⑨ ⑩ ⑪ ⑫ ⑬ ⑭ ⑯ ⑰ ⑱

1 階 平 面 図

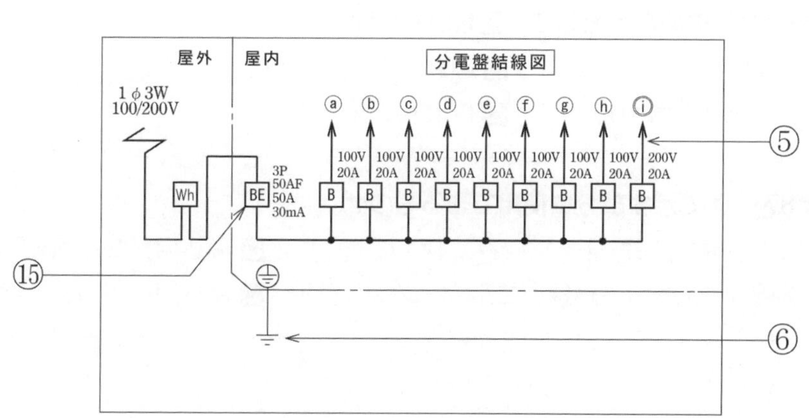

問 31　①で示す部分の最少電線本数（心線数）は。

イ 2　ロ 3　ハ 4　ニ 5

問 32　②で示す部分の図記号の傍記表示「WP」の意味は。

イ 防雨形　ロ 防爆形　ハ 屋外形　ニ 防滴形

問 33　③で示す図記号の器具の種類は。

イ 熱線式自動スイッチ　ロ タイマ付スイッチ
ハ 遅延スイッチ　ニ キースイッチ

問 34　④で示す部分の小勢力回路で使用できる電線（軟銅線）の導体の最小直径［mm］は。

イ 0.5　ロ 0.8　ハ 1.2　ニ 1.6

問 35　⑤で示す部分の電路と大地間の絶縁抵抗として、許容される最小値［MΩ］は。

イ 0.1　ロ 0.2　ハ 0.4　ニ 1.0

問 36　⑥で示す部分の接地工事の種類及びその接地抵抗の許容される最大値［Ω］の組合せとして、正しいものは。

イ C 種接地工事 10 Ω　ロ C 種接地工事 50 Ω
ハ D 種接地工事 100 Ω　ニ D 種接地工事 500 Ω

問 37　⑦で示す部分に使用できるものは。

イ ゴム絶縁丸打コード　ロ 引込用ビニル絶縁電線
ハ 架橋ポリエチレン絶縁ビニルシースケーブル　ニ 屋外用ビニル絶縁電線

問 38　⑧で示す部分の配線で (E19) とあるのは。

イ 外径 19 mm のねじなし電線管である。

ロ 内径 19 mm のねじなし電線管である。

ハ 外径 19 mm の薄鋼電線管である。

ニ 内径 19 mm の薄鋼電線管である。

問 39　⑨で示す引込口開閉器が省略できる場合の、住宅と車庫との間の電路の長さの最大値［m］は。

イ 8　ロ 10　ハ 15　ニ 20

問 40　⑩で示す部分の配線工事で用いる管の種類は。

イ 耐衝撃性硬質ポリ塩化ビニル電線管　ロ 波付硬質合成樹脂管

ハ 硬質ポリ塩化ビニル電線管　ニ 合成樹脂製可とう電線管

問 41　⑪で示すボックス内の接続をリングスリーブで圧着接続した場合のリングスリーブの種類、個数及び圧着接続後の刻印との組合せで、正しいものは。

ただし、使用する電線は特記のないものは VVF1.6 とする。

また、写真に示すリングスリーブ中央の○、小、中は刻印を表す。

イ

ロ
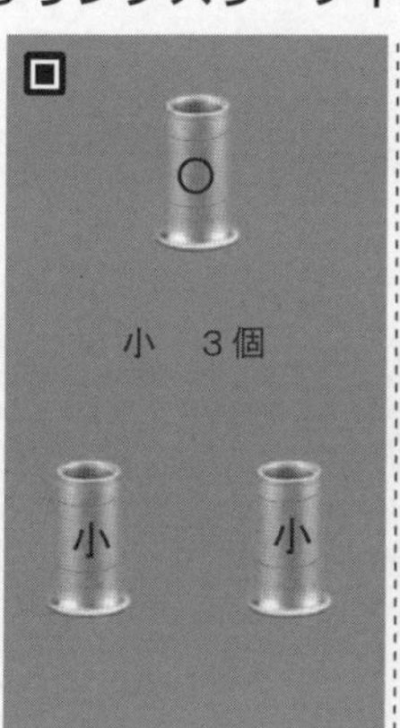

ハ
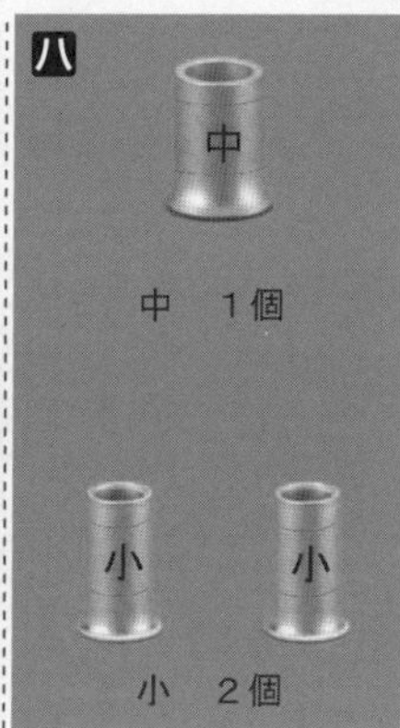

ニ
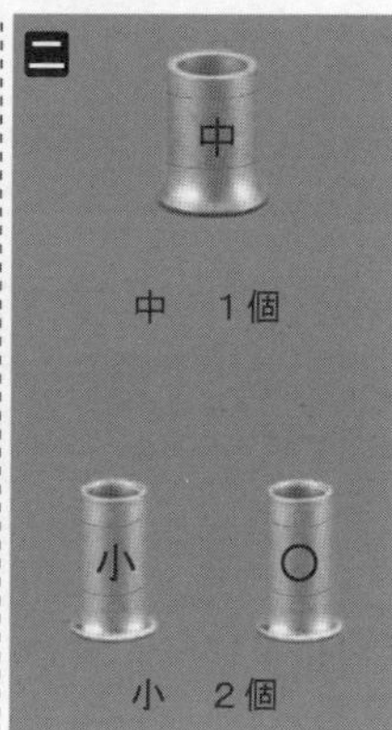

問 42　⑫で示す部分の配線工事に必要なケーブルは。

ただし、心線数は最少とする。

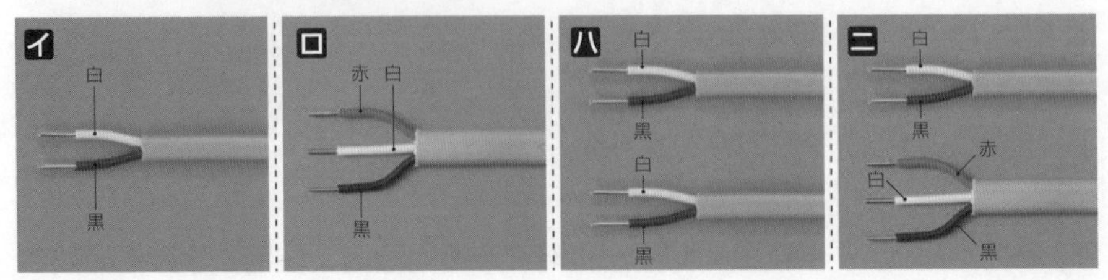

問 43　⑬で示すボックス内の接続をすべて差込形コネクタとする場合、使用する差込形コネクタの種類と最少個数の組合せで、正しいものは。

ただし、使用する電線はすべて VVF1.6 とする。

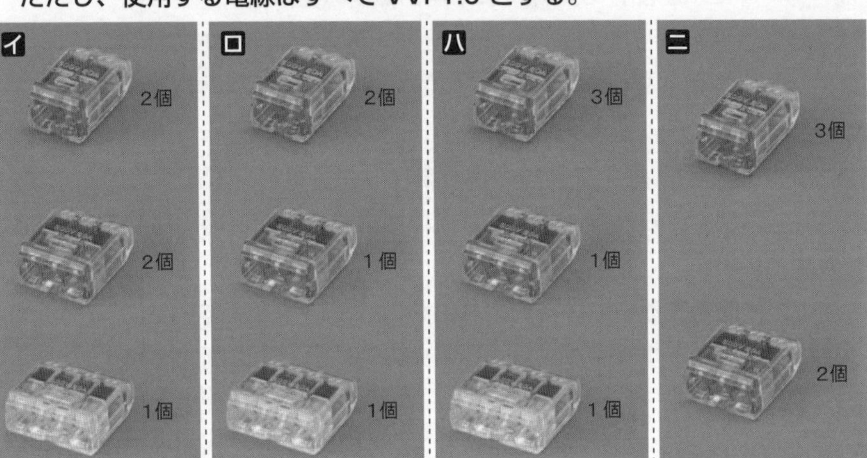

問 44　⑭で示す図記号の器具は。

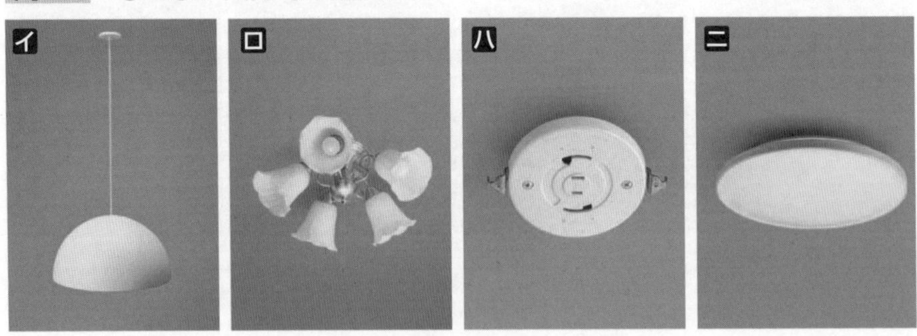

問 45　⑮で示す部分に取り付ける機器は。

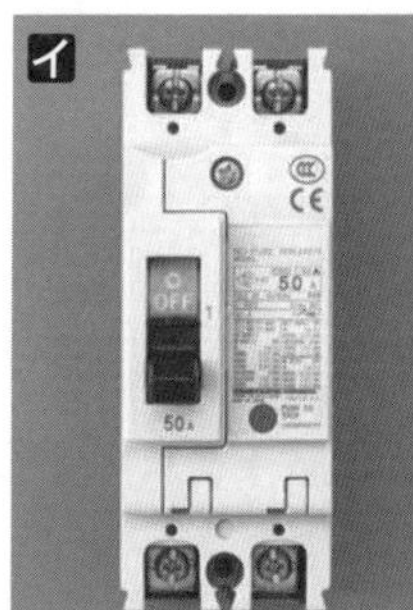

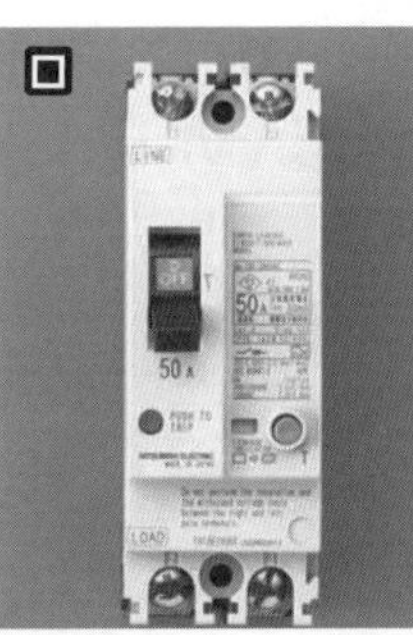

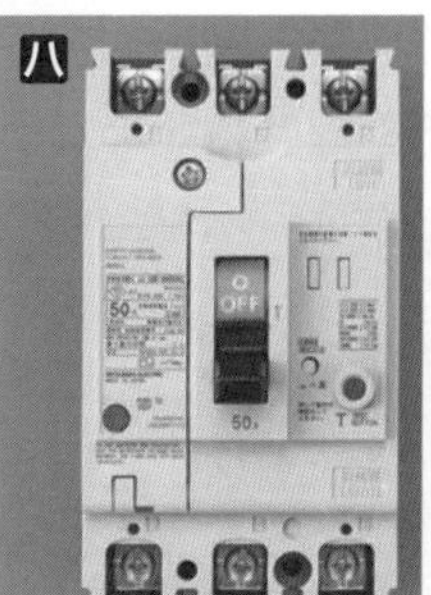

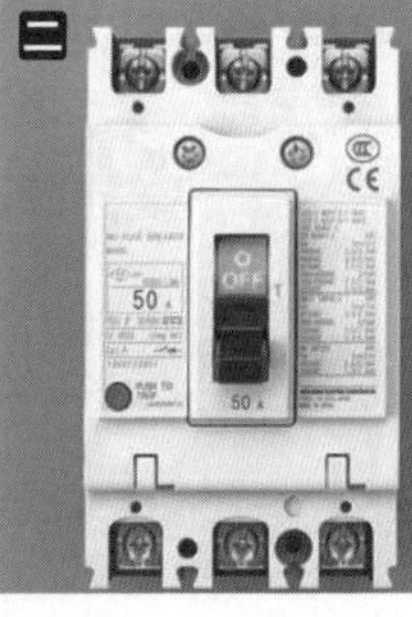

問 46　⑯で示す図記号のものは。

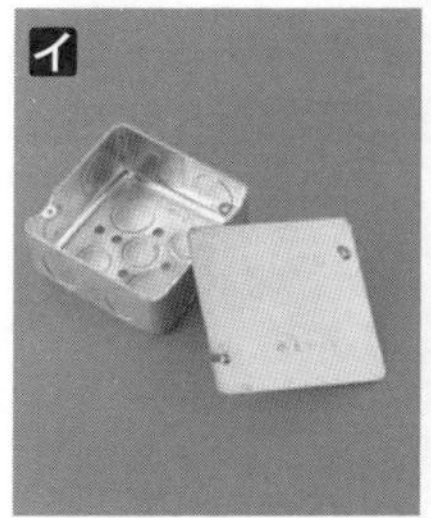

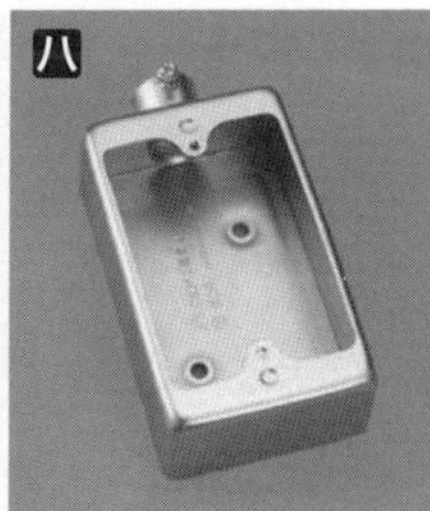

問 47　⑰で示す部分の配線工事で、一般的に使用されることのない工具は。

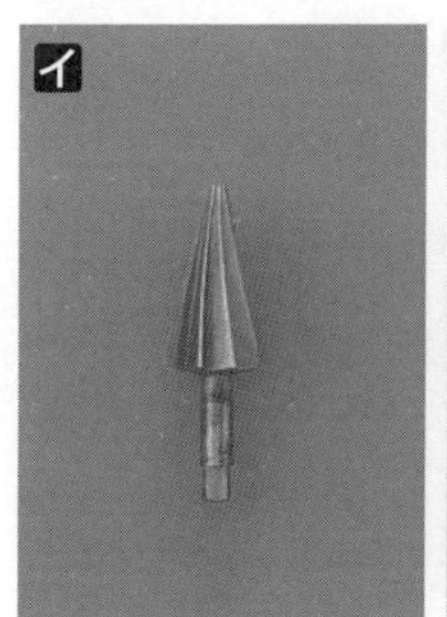

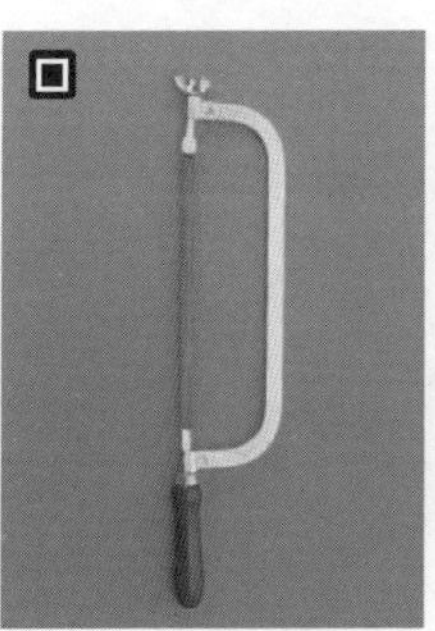

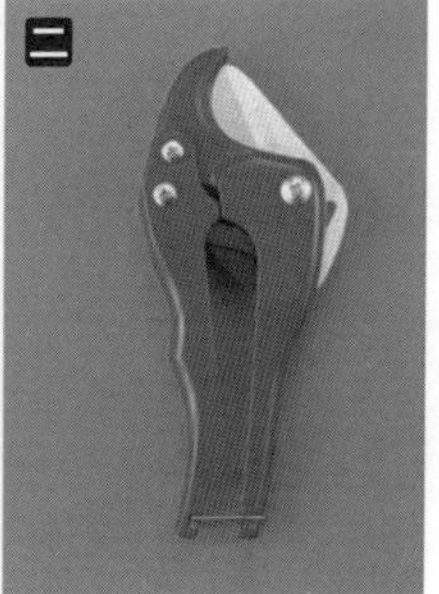

問 48　⑱で示すボックス内の接続をすべて圧着接続とする場合、使用するリングスリーブの種類と最少個数の組合せで、正しいものは。

ただし、使用する電線は特記のないものは VVF1.6 とする。

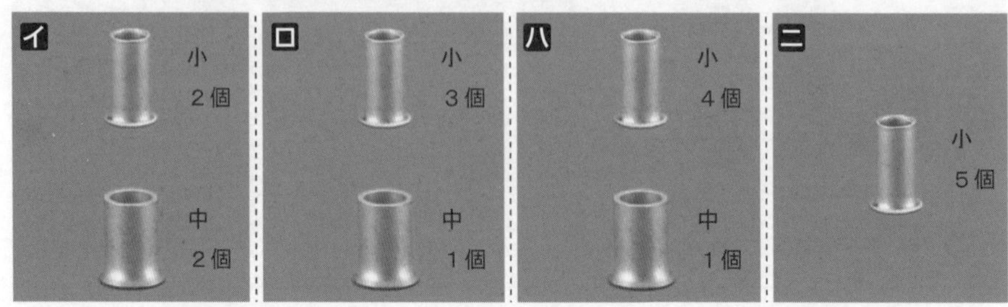

問 49　この配線図の図記号で、使用されていないコンセントは。

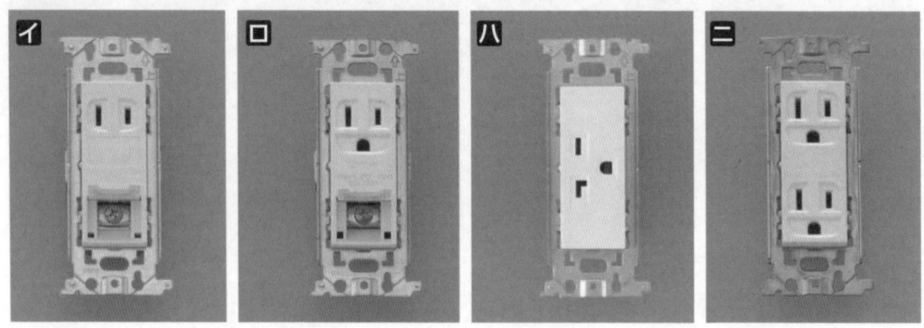

問 50　この配線図の施工に関して、使用するものの組合せで、誤っているものは。

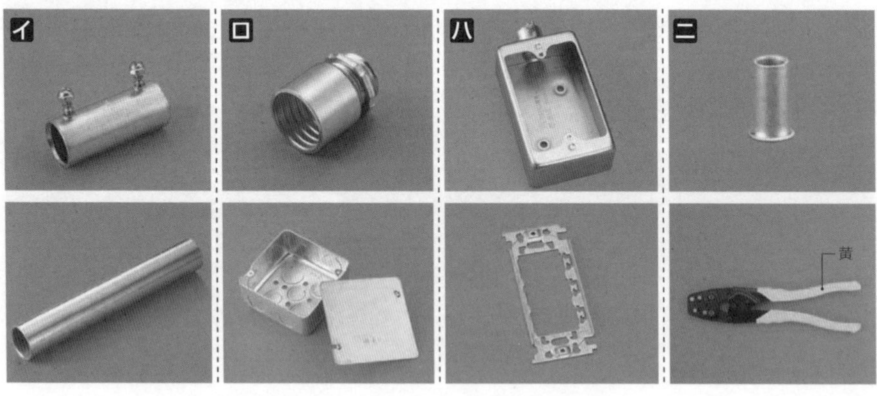

問1
ロ

解説 回路全体を考えると、100 Vの電池が2つ直列、それに対して20 Ωと30 Ωの抵抗が直列に接続されている回路となります。したがって、抵抗に流れる電流は、200 Vを50 Ωで割って4 Aであることがわかります。次に、抵抗の両端の電圧を計算すると、オームの法則から20 Ωの両端は80 V、30 Ωの両端は120 Vと求まります。したがって、a端子を基準とすると、b端子は+20 Vとなります。

問2
イ

解説 導線の抵抗は、長さに比例し、断面積に反比例します。断面積は、半径×半径×3.14なので、半径の2乗に反比例すると言い換えることもでき、また、半径は直径の半分なので、直径の2乗にも反比例することになります。ここで出題条件を見ると、Bに比べてAの長さは0.5倍ですから、この観点での抵抗値は0.5倍です。次に、Bに比べてAの直径は0.5倍ですから、断面積は0.5×0.5＝0.25倍になります。これは断面積が4分の1ということを意味するので、この観点での抵抗値は4倍です。したがって、0.5×4＝2倍が正解です。

問3
ロ

解説 抵抗に発生するジュール熱は、電力×時間（時間の単位は秒）で求められます。1時間20分は80分であり、80×60＝4800秒ですから、400[W]×4800[秒]＝1920000[J]と求まり、単位を[kJ]に直すと1920[kJ]となります。

問4
ハ

解説 負荷の力率は、電源から見た見掛けの電力（電源電圧×電流）に対して、負荷内部の抵抗で消費される電力の割合を意味します。出題の回路では、抵抗値や電流値などが示されていないので、回路に流れる電流を1 Aと置いてしまいます。すると、電源から見た見掛けの電力は102[V]×1[A]＝102[VA]、抵抗で消費される電力は90[V]×1[A]＝90[W]ですから、90÷102≒0.88となり、約88%と求まります。

問5 八

解説 この回路は三相Δ結線ですから、b点につながる相が断線したとしても、a点とc点の間の電圧は相電圧Eのままです。したがって、流れる電流もE/Rのままで変化しません。

問6 ロ

解説 c-b点とc'-b'点の電圧降下は、0.1[Ω] × 5[A] = 0.5[V]です。これが上下にあるため、電圧降下の合計は1Vとなり、b-b'間の電圧は101 Vです。同様にして、a-b点とa'-b'点の電圧降下は、0.05[Ω] × 10[A] = 0.5[V]、これが上下にあるため合計1 Vです。したがって、a-a'間の電圧は、101[V] + 1[V] = 102[V]となります。

問7 ロ

解説 単相3線式で上側の負荷と下側の負荷の電流が同一ですから、中性線には電流が流れません。したがって、電力損失が発生するのは上側と下側の2本の0.5 Ωになります。この値を計算すると、$P = I^2R$ の式を用いて、8[A] × 8[A] × 0.5[Ω] = 32[W]、これが2本分ですから64 Wが答えです。

問8 ロ

解説 直径2.0 mmの600Vビニル絶縁電線の許容電流は35 Aです。これに電流減少係数0.63を掛けると22.05となり、最も近い22 Aが答えとなります。

問9 ニ

解説 許容電流42 Aは、幹線の遮断器50 Aの0.84倍= 84 %です。分岐電線の許容電流が55 %を超えれば、遮断器の設置距離に制限はありません。

問10 ニ

解説 イ 20 Aの遮断器に30 Aのコンセントは接続できません。ロ 30A回路に2.0 mmの電線を使うことはできません。八 30 Aの遮断器に15 Aのコンセントは接続できません。

問11 イ

解説 プルボックスは、多数の金属管が集合する場所で、電線の引き入れを容易にするために設けられる箱状の部材です。

問12 ハ	**解説** MI ケーブルは非常に耐熱性が高く、耐火ケーブルとしても利用されます。
問13 ニ	**解説** ねじなし電線管は金属管ですから、パイプベンダを利用して曲げ加工を行います。
問14 イ	**解説** スターデルタ始動は、三相かご型誘導電動機に用いられます。
問15 ハ	**解説** 37.5 ÷ 30 ＝ 1.25 ですから、60 分の規定が適用されます。
問16 ハ	**解説** この部材は、銅線用裸圧着端子です。
問17 ニ	**解説** これは低圧進相コンデンサです。見分けるポイントは、表面に記載されている静電容量です。
問18 イ	**解説** これはガストーチで、硬質ポリ塩化ビニル電線管を加熱して曲げる際に利用します。
問19 ハ	**解説** 自己融着性絶縁テープの場合、保護のためにさらにビニルテープを重ね巻きする必要があります。
問20 ロ	**解説** セルラダクト工事は、乾燥した点検できる隠ぺい場所、もしくは乾燥した点検できない隠ぺい場所に行うものです。そもそもセルラダクト工事は、床コンクリートの仮枠または床構造材の一部として使用されるデッキプレートの溝にケーブルを敷設するものですから、展開した場所に施工するというのはナンセンスです。したがって、c のみ施設できない工事で、他はすべて施工可能です。

問 21 ニ	**解説** イ天井隠ぺい配線は実線です。ロ露出配線は点線です。ハ(16)は合成樹脂製可とう電線管ではなく、薄鋼金属管を意味します。
問 22 イ	**解説** コンクリートの床は、乾燥していたとしても接地工事を省略することはできません。
問 23 ロ	**解説** 合成樹脂管は、最大でも 1.5 m おきに支持点を設ける必要があります。
問 24 ハ	**解説** 非接地極側で検知し、接地極側では検知しません。この記述が逆です。
問 25 ハ	**解説** 使用電圧が加わった状態で漏洩電流により絶縁性能を確認する場合、その最大電流は 1 mA と規定されています。
問 26 イ	**解説** 地絡が生じたときに 0.5 秒以内に遮断する装置が施してある D 種接地工事の接地抵抗値は 500 Ω以下である必要があります。使用電圧 300 V 以下で対地電圧が 150 V 以下の電路の絶縁抵抗は 0.1 MΩ 以上である必要があります。したがって、イは a が適合していません。
問 27 ハ	**解説** 計器には、測定値を指針で読み取るアナログ計器と数値で読み取るディジタル計器があります。電圧測定では、ディジタル計器は入力抵抗が高いので被測定回路に影響を与えにくく、アナログ計器は入力抵抗が低いので被測定回路に影響を与えやすい、という特徴があります。
問 28 イ	**解説** 「電気工事士法」において、イの自家用電気工作物（最大電力 500 kW 未満の需要設備）の低圧部分の電線相互を接続する作業は第２種電気工事士であっても従事できない作業です。

問 29 イ	**解説** 定格電流 100 A 以下の漏電遮断器は、特定電気用品に該当します。
問 30 ハ	**解説** 電圧の低圧区分は、ハの直流 750 V 以下、交流 600 V 以下です。
問 31 ロ	**解説** ①で示す部分の最少電線本数は、タの器具と 2 階のタの 3 路スイッチをつなぐ電線 1 本と、1 階と 2 階のサの 3 路スイッチ同士の電線の 2 本の合計 3 本です。
問 32 イ	**解説** ②で示す傍記記号 WP はイの防雨型です。
問 33 ハ	**解説** ③で示す図記号●$_D$は、ハの遅延スイッチです。
問 34 ロ	**解説** 小勢力回路で使用できる電線（軟銅線）の導体の最小直径は 0.8 mm です。
問 35 イ	**解説** ⑤で示す部分は単相 3 線 100/200 V の 200 V の回路で、使用電圧 300 V 以下で対地電圧 150 V 以下の電路に該当するので、絶縁抵抗の許容最小値はイの 0.1 MΩです。
問 36 ニ	**解説** ⑥で示す部分は、使用電圧 300 V 以下の低圧の機器等に相当するので D 種接地工事が適用されます。また、回路に 0.5 秒以内に動作する漏電遮断器が使用されているので、許容される接地抵抗の最大値は 500 Ωです。
問 37 ハ	**解説** ⑦で示す部分は地中埋設部分なので使用できる電線はケーブルです。したがって、使用できるものは、ハの架橋ポリエチレン絶縁ビニルシースケーブルです。

問38 イ	**解説** ⑧で示す記号 (E29) は、**イ**の外径 19 mm のねじなし電線管を示しています。
問39 ハ	**解説** ⑨で示す引込開閉器が省略できる場合の電路の長さの最大値は 15 m です。
問40 ニ	**解説** ⑩で示す記号 (PF22) の PF は、**ニ**の合成樹脂製可とう電線管の PF 管を示しています。
問41 ニ	**解説** 下図のとおり⑪で示す接続点は、VVF2.0 mm：1本とVVF1.6 mm：3本、VVF2.0 mm：1本とVVF1.6 mm：2本、VVF1.6 mm：2本の3箇所で、使用するリングスリーブの組み合わせは、中（刻印：中）が1個、小（刻印：小）が1個、小（刻印：○）が1個です。 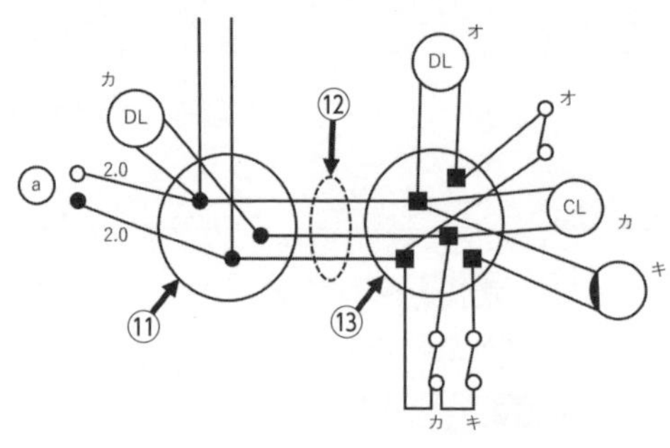
問42 ロ	**解説** 問41の図のとおり⑫の部分の心線数は3なので、配線工事に必要なケーブルは**ロ**です。
問43 イ	**解説** 問41の図のとおり⑬で示す部分の接続点は、2本が2箇所、3本が2箇所、4本が1箇所なので、使用する差込形コネクタは**イ**の2本用が2個、3本用が2個、4本用が1個です。

問44 イ	解説　⑭で示す図記号 ⊖ の機器は、イのコードペンダントです。
問45 ハ	解説　⑮で示す部分に取り付けられる機器は3P（3極）のBE（過負荷保護付き漏電遮断器）なので、ハが該当します。イは2極の配線用遮断器、ロは2極の過負荷保護付き漏電遮断器、ニは3極の配線用遮断器です。
問46 イ	解説　⑯で示す部分の図記号□は、イのアウトレットボックスです。
問47 ニ	解説　⑰で示す部分の配線工事は、ねじなし電線管による金属管工事なので、ニの合成樹脂管用カッタは一般的に使用されません。
問48 イ	解説　下図のように⑱の部分の電線の接続点は、VVF1.6 mm：2本が2箇所、VVF2.0 mm：1本とVVF1.6 mm：4本が1箇所、VVF2.0 mm：1本とVVF1.6 mm：3本が1箇所、なので、使用するリングスリーブはイの小2個、中2個です。 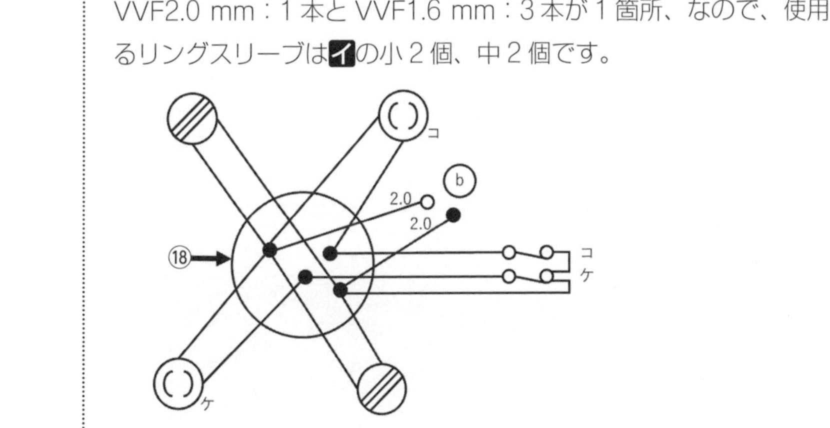

問 49
ニ

解説 **イ**の 15A125V 接地端子付きコンセント$_{ET}$は、1 階リビングルームに使用されています。

ロの 15A125V 接地極接地端子付きコンセント^{EET}は、1 階台所に使用されています。

ハの 20A250V 接地極付きコンセント$^{20A}_{250V\,E}$は、1 階リビングルームのルームエアコン用に使用されています。

ニの 15A125V 接地極付き 2 口コンセント$_{2E}$は、使用されていません。

問 50

解説 **ロ**の上の写真は、ストレートボックスコネクタで、2 種金属製可とう電線管をボックスに接続するのに使われます。この配線図に関して、2 種金属製可とう電線管は使用されていないので、ストレートボックスコネクタは使用されません。

2023年度下期 午後 学科試験問題

問題1　一般問題 (問題数30、配点は1問当たり2点)

（注意）本問題の計算で、$\sqrt{2}$、$\sqrt{3}$ 及び円周率 π を使用する場合の数値は次によること。$\sqrt{2}=1.41$、$\sqrt{3}=1.73$、$\pi=3.14$

次の各問いには4通りの答え（イ、ロ、ハ、ニ）が書いてある。それぞれの問いに対して答えを1つ選びなさい。

なお、選択肢が数値の場合は最も近い値を選びなさい。

問1　図のような回路で、8 Ωの抵抗での消費電力 [W] は。

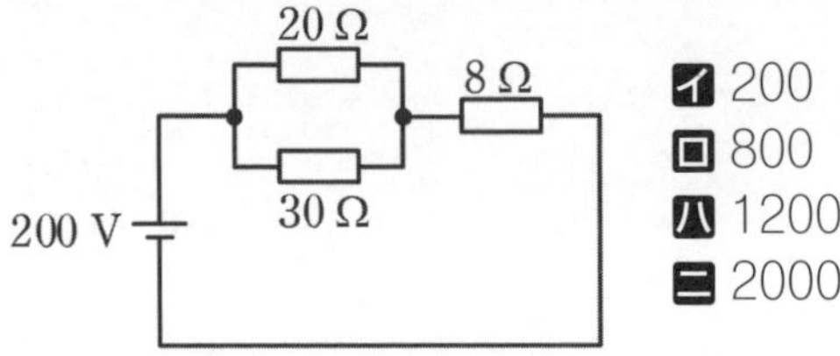

イ 200
ロ 800
ハ 1200
ニ 2000

問2　抵抗率 ρ [Ω・m]、直径 D [mm]、長さ L [m] の導線の電気抵抗 [Ω] を表す式は。

イ $\dfrac{4\rho L}{\pi D^2}\times 10^6$　ロ $\dfrac{\rho L^2}{\pi D^2}\times 10^6$　ハ $\dfrac{4\rho L}{\pi D}\times 10^6$　ニ $\dfrac{4\rho L^2}{\pi D}\times 10^6$

問3　電線の接続不良により、接続点の接触抵抗が0.2 Ωとなった。この電線に10 Aの電流が流れると、接続点から1時間に発生する熱量 [kJ] は。

ただし、接触抵抗の値は変化しないものとする。

イ 72　ロ 144　ハ 288　ニ 576

問4　図のような抵抗とリアクタンスとが直列に接続された回路の消費電力［W］は。

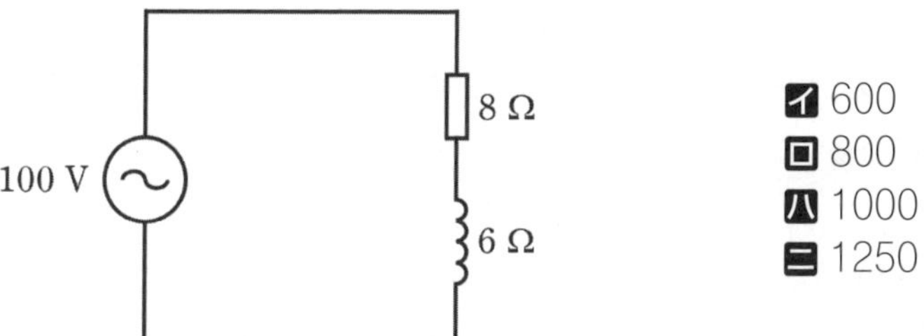

イ 600
ロ 800
ハ 1000
ニ 1250

問5　図のような三相負荷に三相交流電圧を加えたとき、各線に 20 A の電流が流れた。線間電圧 E［V］は。

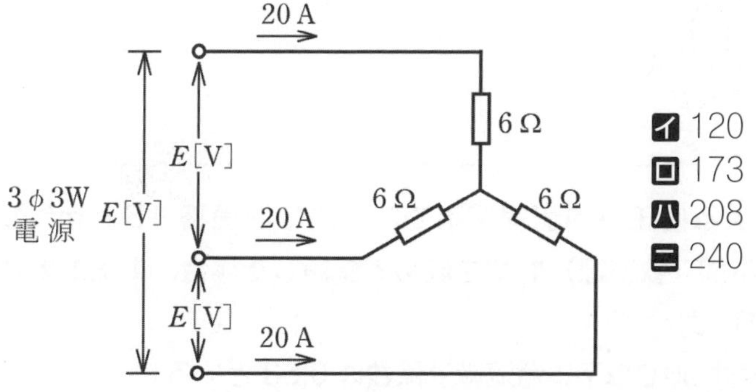

イ 120
ロ 173
ハ 208
ニ 240

問6　図のような三相3線式回路で、電線1線当たりの抵抗値が 0.15 Ω、線電流が 10 A のとき、この配線の電力損失［W］は。

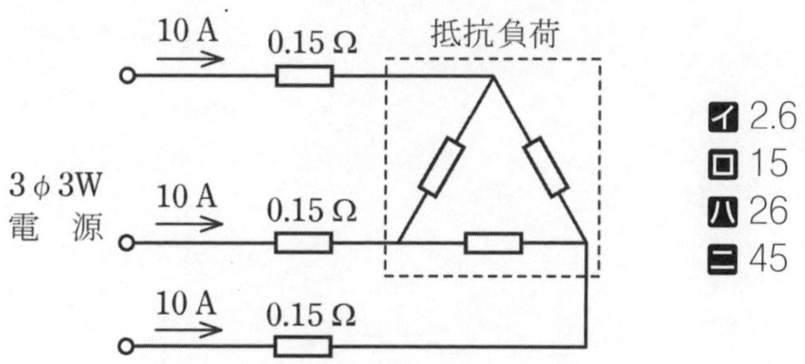

イ 2.6
ロ 15
ハ 26
ニ 45

問7　図のような単相3線式回路（電源電圧210/105V）において、抵抗負荷A 20 Ω、B 10 Ωを使用中に、図中の × 印点Pで中性線が断線した。断線後の抵抗負荷Aに加わる電圧［V］は。

ただし、断線によって負荷の抵抗値は変化せず、どの配線用遮断器も動作しなかったものとする。

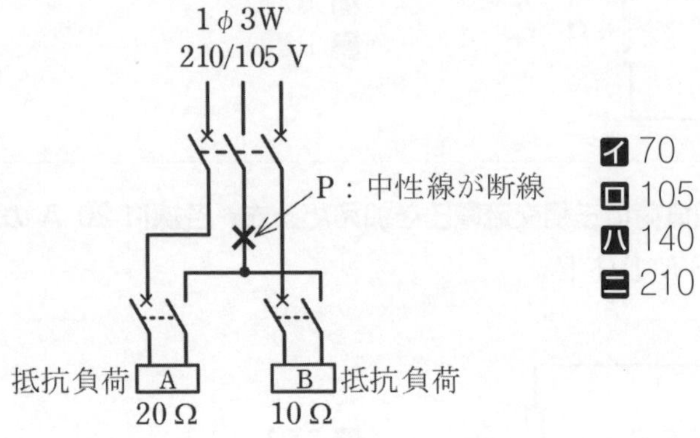

イ 70
ロ 105
ハ 140
ニ 210

問8　金属管による低圧屋内配線工事で、管内に断面積3.5 mm^{2}の600Vビニル絶縁電線（軟銅線）4本を収めて施設した場合、電線1本当たりの許容電流［A］は。

ただし、周囲温度は30℃以下、電流減少係数は0.63とする。

イ 19　ロ 23　ハ 31　ニ 49

問 9　図のように定格電流 50 A の配線用遮断器で保護された低圧屋内幹線から VVR ケーブル太さ 8 mm^2（許容電流 42 A）で低圧屋内電路を分岐する場合、a-b 間の長さの最大値［m］は。

ただし、低圧屋内幹線に接続される負荷は、電灯負荷とする。

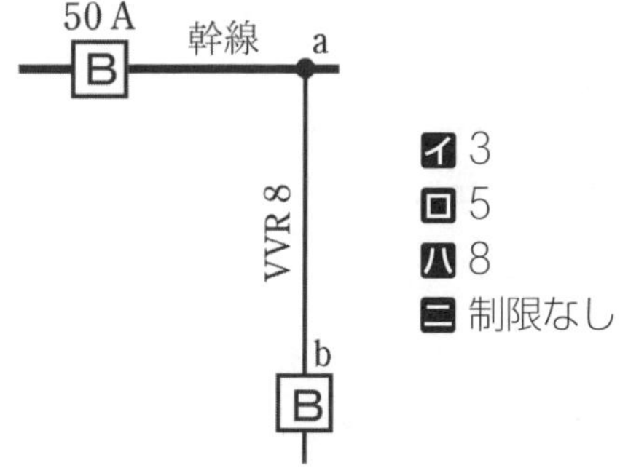

イ 3
ロ 5
ハ 8
ニ 制限なし

問 10　低圧屋内配線の分岐回路の設計で、配線用遮断器の定格電流とコンセントの組合せとして、不適切なものは。

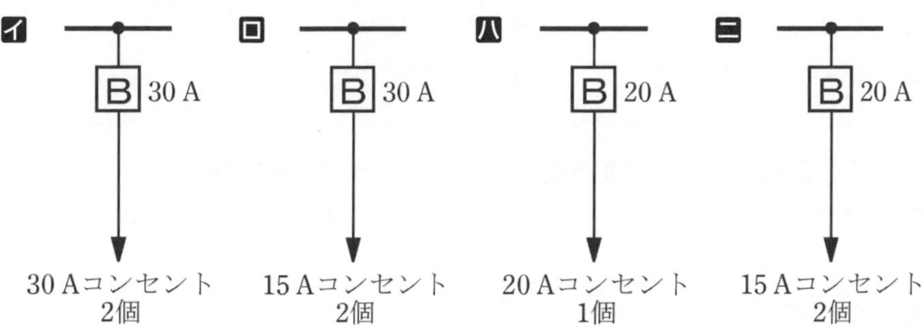

問 11　プルボックスの主な使用目的は。

イ 多数の金属管が集合する場所等で、電線の引き入れを容易にするために用いる。

ロ 多数の開閉器類を集合して設置するために用いる。

ハ 埋込みの金属管工事で、スイッチやコンセントを取り付けるために用いる。

ニ 天井に比較的重い照明器具を取り付けるために用いる。

問12　**600V ポリエチレン絶縁耐燃性ポリエチレンシースケーブルの特徴として、誤っているものは。**

イ 分別が容易でリサイクル性がよい。

ロ 焼却時に有害なハロゲン系ガスが発生する。

ハ ビニル絶縁ビニルシースケーブルと比べ絶縁物の最高許容温度が高い。

ニ 難燃性がある。

問13　**ノックアウトパンチャの用途で、適切なものは。**

イ 金属製キャビネットに穴を開けるのに用いる。

ロ 太い電線を圧着接続する場合に用いる。

ハ コンクリート壁に穴を開けるのに用いる。

ニ 太い電線管を曲げるのに用いる。

問14　**三相誘導電動機が周波数 50 Hz の電源で無負荷運転されている。この電動機を周波数 60 Hz の電源で無負荷運転した場合の回転の状態は。**

イ 回転速度は変化しない。　ロ 回転しない。

ハ 回転速度が減少する。　ニ 回転速度が増加する。

問15　**漏電遮断器に関する記述として、誤っているものは。**

イ 高速形漏電遮断器は、定格感度電流における動作時間が 0.1 秒以内である。

ロ 漏電遮断器には、漏電電流を模擬したテスト装置がある。

ハ 漏電遮断器は、零相変流器によって地絡電流を検出する。

ニ 高感度形漏電遮断器は、定格感度電流が 1000 mA 以下である。

問 16　**写真に示す材料の用途は。**

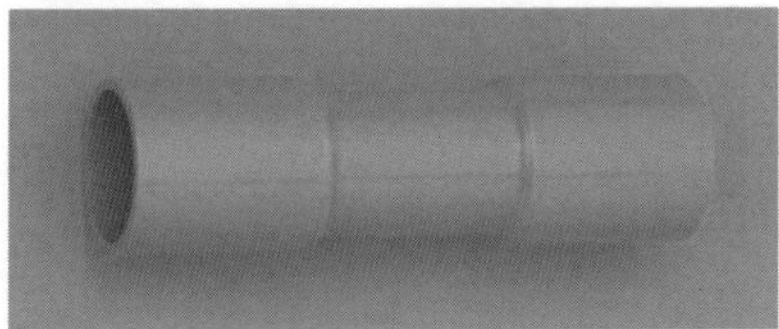

イ 硬質ポリ塩化ビニル電線管相互を接続するのに用いる。

ロ 金属管と硬質ポリ塩化ビニル電線管とを接続するのに用いる。

ハ 合成樹脂製可とう電線管相互を接続するのに用いる。

ニ 合成樹脂製可とう電線管と CD 管とを接続するのに用いる。

問 17　**写真に示す器具の用途は。**

イ リモコン配線の操作電源変圧器として用いる。

ロ リモコン配線のリレーとして用いる。

ハ リモコンリレー操作用のセレクタスイッチとして用いる。

ニ リモコン用調光スイッチとして用いる。

問 18　**写真に示す工具の用途は。**

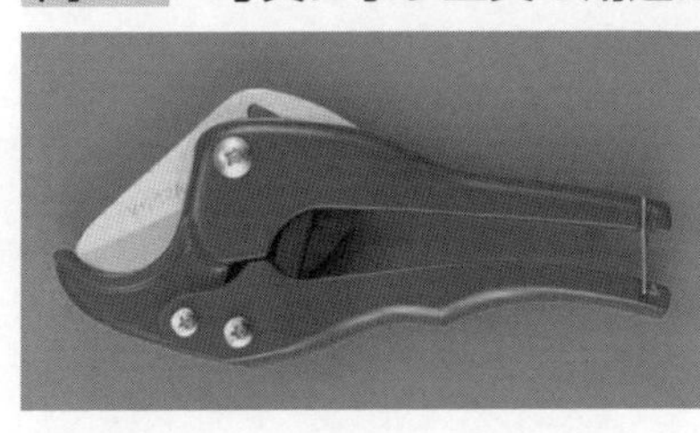

イ 金属管の切断に使用する。

ロ ライティングダクトの切断に使用する。

ハ 硬質ポリ塩化ビニル電線管の切断に使用する。

ニ 金属線ぴの切断に使用する。

問 19　**600V ビニル絶縁ビニルシースケーブル平形 1.6 mm を使用した低圧屋内配線工事で、絶縁電線相互の終端接続部分の絶縁処理として、不適切なものは。**

ただし、ビニルテープは JIS に定める厚さ約 0.2 mm の電気絶縁用ポリ塩化ビニル粘着テープとする。

イ リングスリーブにより接続し、接続部分を自己融着性絶縁テープ (厚さ約 0.5 mm) で半幅以上重ねて 1 回 (2 層) 巻き、更に保護テープ (厚さ約 0.2 mm) を半幅以上重ねて 1 回 (2 層) 巻いた。

ロ リングスリーブにより接続し、接続部分を黒色粘着性ポリエチレン絶縁テープ (厚さ約 0.5 mm) で半幅以上重ねて 2 回 (4 層) 巻いた。

ハ リングスリーブにより接続し、接続部分をビニルテープで半幅以上重ねて 1 回 (2 層) 巻いた。

ニ 差込形コネクタにより接続し、接続部分をビニルテープで巻かなかった。

問 20　**使用電圧 100 V の低圧屋内配線工事で、不適切なものは。**

イ 乾燥した場所にある乾燥したショウウィンドー内で、絶縁性のある造営材に、断面積 0.75mm^2 のビニル平形コードを 1 m の間隔で、外部から見えやすい箇所にその被覆を損傷しないように適当な留め具により取り付けた。

ロ 展開した場所に施設するケーブル工事で、2 種キャブタイヤケーブルを造営材の側面に沿って取り付け、このケーブルの支持点間の距離を 1.5 m とした。

ハ 合成樹脂管工事で、合成樹脂管 (合成樹脂製可とう電線管及び CD 管を除く) を造営材の側面に沿って取り付け、この管の支持点間の距離を 1.5 m とした。

ニ ライティングダクト工事で、造営材の下面に堅ろうに取り付け、このダクトの支持点間の距離を 2 m とした。

問 21　店舗付き住宅の屋内に三相 3 線式 200 V、定格消費電力 2.5 kW のルームエアコンを施設した。このルームエアコンに電気を供給する電路の工事方法として、適切なものは。

ただし、配線は接触防護措置を施し、ルームエアコン外箱等の人が触れるおそれがある部分は絶縁性のある材料で堅ろうに作られているものとする。

イ 専用の過電流遮断器を施設し、合成樹脂管工事で配線し、コンセントを使用してルームエアコンと接続した。

ロ 専用の漏電遮断器（過負荷保護付）を施設し、ケーブル工事で配線し、ルームエアコンと直接接続した。

ハ 専用の配線用遮断器を施設し、金属管工事で配線し、コンセントを使用してルームエアコンと接続した。

ニ 専用の開閉器のみを施設し、金属管工事で配線し、ルームエアコンと直接接続した。

問 22　特殊場所とその場所に施工する低圧屋内配線工事の組合せで、不適切なものは。

イ プロパンガスを他の小さな容器に小分けする可燃性ガスのある場所
厚鋼電線管で保護した 600V ビニル絶縁ビニルシースケーブルを用いたケーブル工事

ロ 小麦粉をふるい分けする可燃性粉じんのある場所
硬質ポリ塩化ビニル電線管 VE28 を使用した合成樹脂管工事

ハ 石油を貯蔵する危険物の存在する場所
金属線ぴ工事

ニ 自動車修理工場の吹き付け塗装作業を行う可燃性ガスのある場所
厚鋼電線管を使用した金属管工事

問 23　**硬質ポリ塩化ビニル電線管による合成樹脂管工事として、不適切なものは。**

イ 管の支持点間の距離は2m とした。

ロ 管相互及び管とボックスとの接続で、専用の接着剤を使用し、管の差込み深さを管の外径の 0.9 倍とした。

ハ 湿気の多い場所に施設した管とボックスとの接続箇所に、防湿装置を施した。

ニ 三相 200 V 配線で、簡易接触防護措置を施した場所に施設した管と接続する金属製プルボックスに、D 種接地工事を施した。

問 24　**アナログ式回路計（電池内蔵）の回路抵抗測定に関する記述として、誤っているものは。**

イ 測定レンジを OFF にして、指針が電圧表示の零の位置と一致しているか確認する。

ロ 抵抗測定レンジに切り換える。被測定物の概略値が想定される場合は、測定レンジの倍率を適正なものにする。

ハ 赤と黒の測定端子（テストリード）を短絡し、指針が 0 Ωになるよう調整する。

ニ 被測定物に、赤と黒の測定端子（テストリード）を接続し、その時の指示値を読む。なお、測定レンジに倍率表示がある場合は、読んだ指示値を倍率で割って測定値とする。

問 25 アナログ形絶縁抵抗計（電池内蔵）を用いた絶縁抵抗測定に関する記述として、誤っているものは。

イ 絶縁抵抗測定の前には、絶縁抵抗計の電池が有効であることを確認する。

ロ 絶縁抵抗測定の前には、絶縁抵抗測定のレンジに切り替え、測定モードにし、接地端子（E：アース）と線路端子（L：ライン）を短絡し零点を指示することを確認する。

ハ 電子機器が接続された回路の絶縁測定を行う場合は、機器等を損傷させない適正な定格測定電圧を選定する。

ニ 被測定回路に電源電圧が加わっている状態で測定する。

問 26 工場の 200 V 三相誘導電動機 (対地電圧 200 V) への配線の絶縁抵抗値［MΩ］及びこの電動機の鉄台の接地抵抗値［Ω］を測定した。電気設備技術基準等に適合する測定値の組合せとして、適切なものは。

ただし、200 V 電路に施設された漏電遮断器の動作時間は 0.1 秒とする。

イ	ロ	ハ	ニ
0.2 MΩ 300 Ω	0.4 MΩ 600 Ω	0.1 MΩ 200 Ω	0.1 MΩ 50 Ω

問 27 クランプ形電流計に関する記述として、誤っているものは。

イ クランプ形電流計を使用すると通電状態のまま電流を測定できる。

ロ クランプ形電流計は交流専用のみであり、直流を測定できるものはない。

ハ クランプ部の形状や大きさにより、測定できる電線の太さや最大電流に制限がある。

ニ クランプ形電流計にはアナログ式とディジタル式がある。

問 28 **「電気工事士法」において、一般用電気工作物の工事又は作業で電気工事士でなければ従事できないものは。**

イ 電圧 600 V 以下で使用する電動機の端子にキャブタイヤケーブルをねじ止めする。

ロ 火災感知器に使用する小型変圧器 (二次電圧が 36 V 以下) 二次側の配線をする。

ハ 電線を支持する柱を設置する。

ニ 配電盤を造営材に取り付ける。

問 29 **「電気用品安全法」における電気用品に関する記述として、誤っているものは。**

イ 電気用品の製造又は輸入の事業を行う者は、「電気用品安全法」に規定する義務を履行したときに、経済産業省令で定める方式による表示を付すことができる。

ロ 特定電気用品には (PS/E) または (PS)E の表示が付されている。

ハ 電気用品の販売の事業を行う者は、経済産業大臣の承認を受けた場合等を除き、法令に定める表示のない電気用品を販売してはならない。

ニ 電気工事士は、「電気用品安全法」に規定する表示の付されていない電気用品を電気工作物の設置又は変更の工事に使用してはならない。

問 30 **「電気設備に関する技術基準を定める省令」において、次の空欄 (A) 及び (B) の組合せとして、正しいものは。**

電圧の種別が低圧となるのは、電圧が直流にあっては［ (A) ］、交流にあっては［ (B) ］のものである。

イ (A) 600 V 以下　(B) 650 V 以下

ロ (A) 650 V 以下　(B) 750 V 以下

ハ (A) 750 V 以下　(B) 600 V 以下

ニ (A) 750 V 以下　(B) 650 V 以下

問題２　配線図（問題数 20、配点は１問当たり２点）

図は、鉄骨軽量コンクリート造店舗平屋建の配線図である。この図に関する次の各問いには４通りの答え（イ、ロ、ハ、ニ）が書いてある。それぞれの問いに対して、答えを１つ選びなさい。

【注意】１．屋内配線の工事は、特記のある場合を除き 600V ビニル絶縁ビニルシースケーブル平形 (VVF) を用いたケーブル工事である。

２．屋内配線等の電線の本数、電線の太さ、その他、問いに直接関係のない部分等は省略又は簡略化してある。

３．漏電遮断器は、定格感度電流 30 mA、動作時間 0.1 秒以内のものを使用している。

４．選択肢（答え）の写真にあるコンセント及び点滅器は、「JIS C 0303:2000 構内電気設備の配線用図記号」で示す「一般形」である。

５．ジョイントボックスを経由する電線は、すべて接続箇所を設けている。

６．３路スイッチの記号「0」の端子には、電源側又は負荷側の電線を結線する。

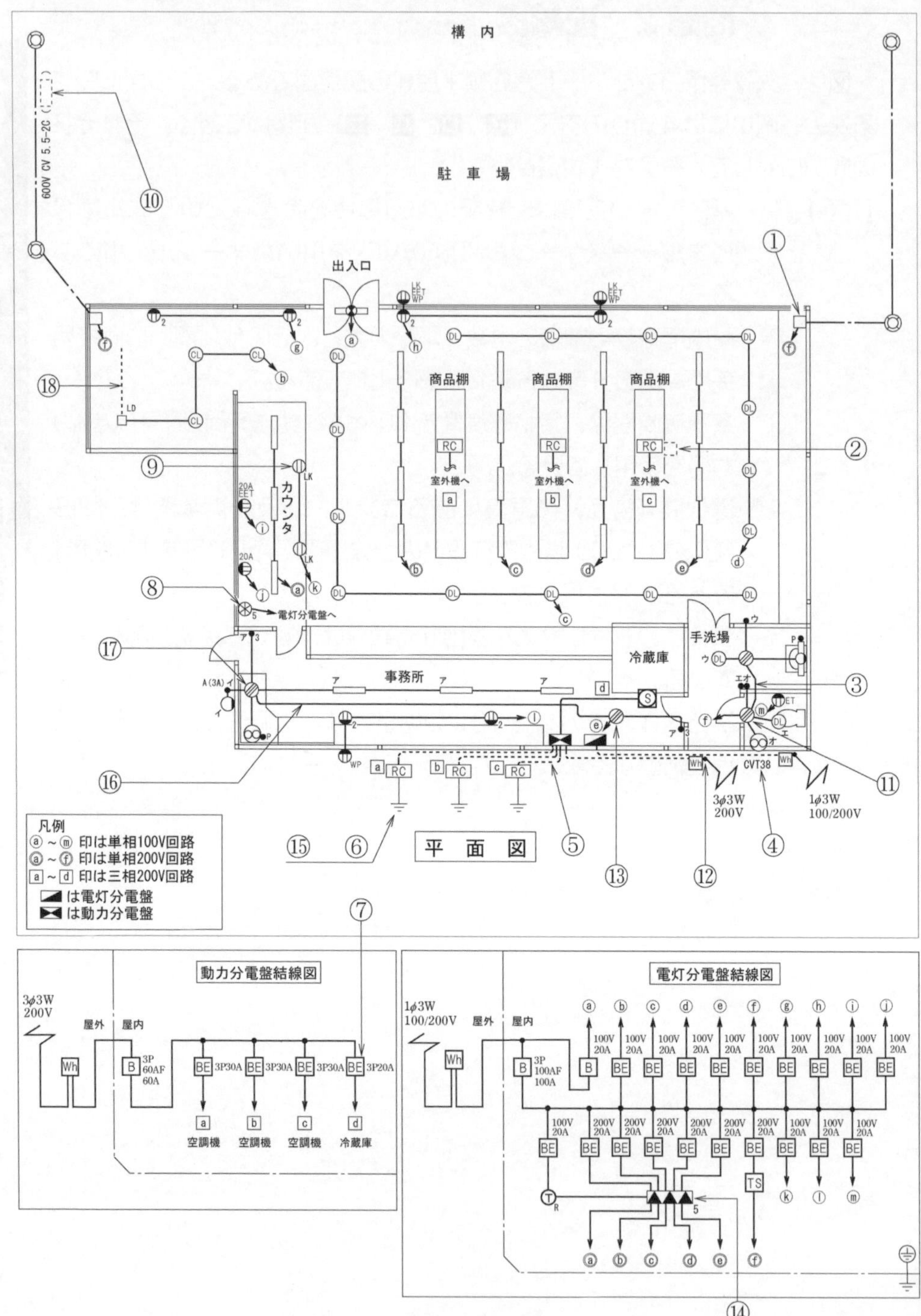

構内
駐車場
600V CV 5.5-2C
出入口
商品棚
商品棚
商品棚
室外機へ
室外機へ
室外機へ
カウンタ
電灯分電盤へ
手洗場
冷蔵庫
事務所
CVT38
3φ3W 200V
1φ3W 100/200V
凡例
ⓐ～ⓜ 印は単相100V回路
ⓐ～ⓕ 印は単相200V回路
a～d 印は三相200V回路
は電灯分電盤
は動力分電盤
平面図
動力分電盤結線図
3φ3W 200V
屋外
屋内
3P 60AF 60A
3P30A
3P30A
3P30A
3P20A
空調機
空調機
空調機
冷蔵庫
電灯分電盤結線図
1φ3W 100/200V
屋外
屋内
3P 100AF 100A
100V 20A
200V 20A

問 31　①で示す図記号の名称は。

イ ジョイントボックス　ロ VVF 用ジョイントボックス

ハ プルボックス　ニ ジャンクションボックス

問 32　②で示す部分はルームエアコンの屋内ユニットである。その図記号の傍記表示として、正しいものは。

イ B　ロ O　ハ I　ニ R

問 33　③で示す部分の最少電線本数（心線数）は。

イ 2　ロ 3　ハ 4　ニ 5

問 34　④で示す低圧ケーブルの名称は。

イ 引込用ビニル絶縁電線

ロ 600V ビニル絶縁ビニルシースケーブル平形

ハ 600V ビニル絶縁ビニルシースケーブル丸形

ニ 600V 架橋ポリエチレン絶縁ビニルシースケーブル（単心 3 本のより線）

問 35　⑤で示す部分の電路と大地間の絶縁抵抗として、許容される最小値［MΩ］は。

イ 0.1　ロ 0.2　ハ 0.4　ニ 1.0

問 36　⑥で示す部分の接地工事の種類及びその接地抵抗の許容される最大値［Ω］の組合せとして、正しいものは。

イ C 種接地工事 10 Ω　ロ C 種接地工事 50 Ω

ハ D 種接地工事 100 Ω　ニ D 種接地工事 500 Ω

問 37　⑦で示す図記号の名称は。

イ 配線用遮断器　ロ カットアウトスイッチ

ハ モータブレーカ　ニ 漏電遮断器（過負荷保護付）

問 38　⑧で示す図記号の名称は。

イ 火災表示灯　ロ 漏電警報器

ハ リモコンセレクタスイッチ　ニ 表示スイッチ

問 39　⑨で示す図記号の器具の取り付け場所は。

イ 二重床面　ロ 壁面　ハ 床面　ニ 天井面

問 40　⑩で示す配線工事で耐衝撃性硬質ポリ塩化ビニル電線管を使用した。その傍記表示は。

イ FEP　ロ HIVE　ハ VE　ニ CD

問 41　⑪で示すボックス内の接続をすべて圧着接続した場合のリングスリーブの種類、個数及び圧着接続後の刻印との組合せで、正しいものは。

ただし、使用する電線はすべて VVF1.6 とする。

また、写真に示すリングスリーブ中央の○、小、中は刻印を表す。

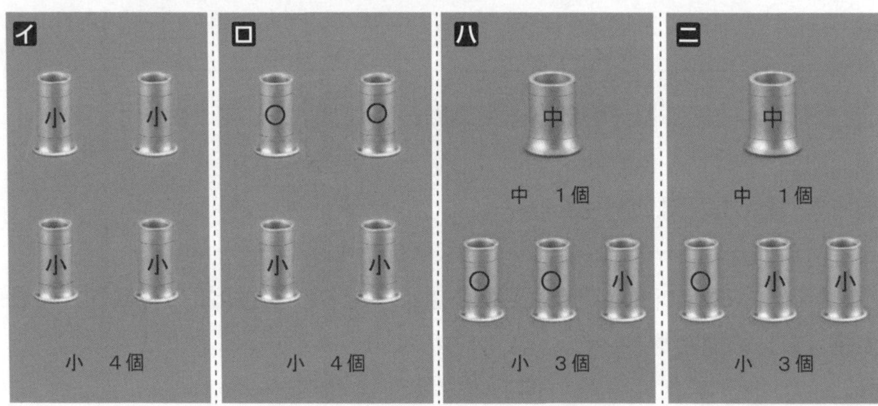

問 42　⑫で示す部分で DV 線を引き留める場合に使用するものは。

イ
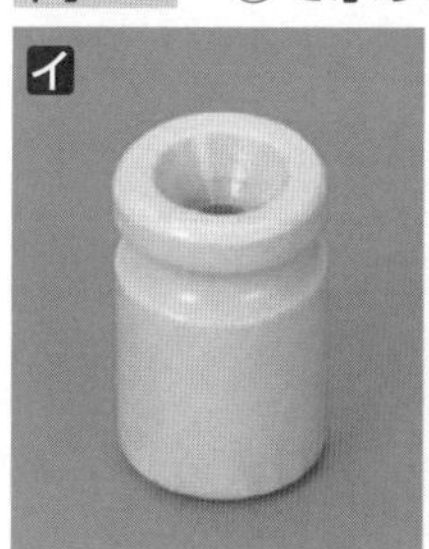
ロ
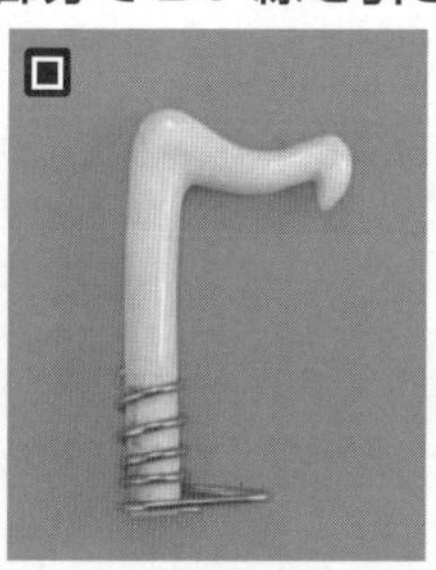
ハ
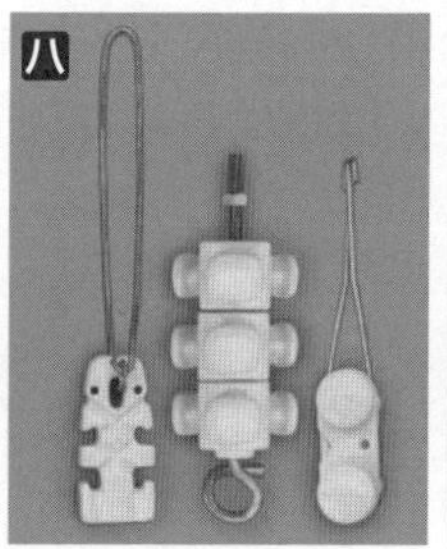
ニ

問 43　⑬で示すボックス内の接続をすべて圧着接続とする場合、使用するリングスリーブの種類と最少個数の組合せで、正しいものは。

ただし、使用する電線はすべて VVF1.6 とする。

イ
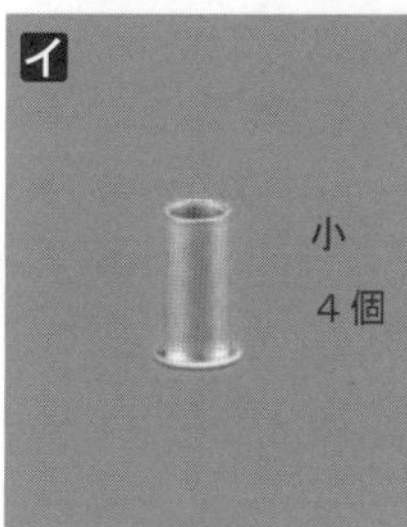
小　4個

ロ
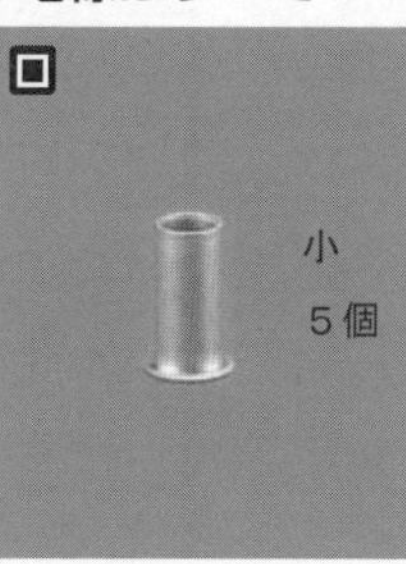
小　5個

ハ
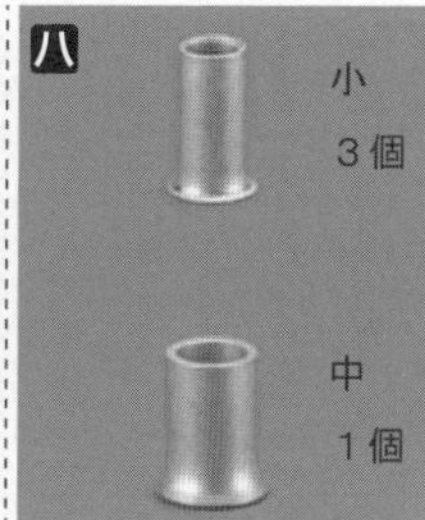
小　3個
中　1個

ニ
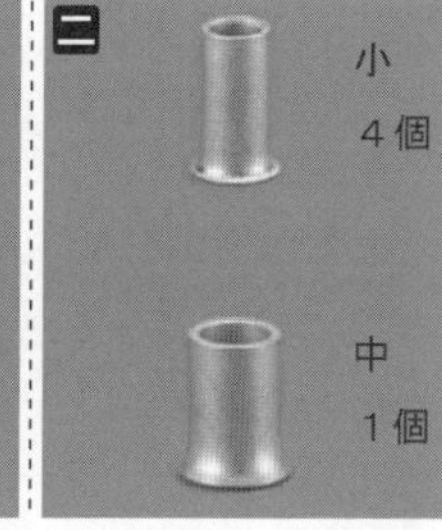
小　4個
中　1個

問 44　⑭で示す図記号の部分に使用される機器は。

イ
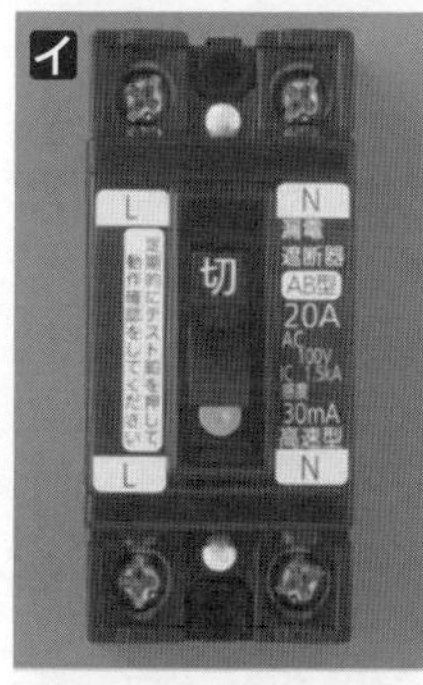

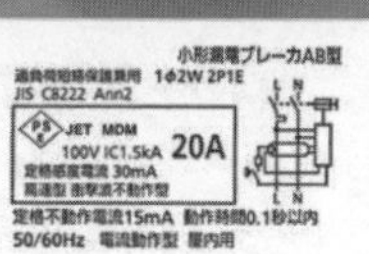

ロ

ハ
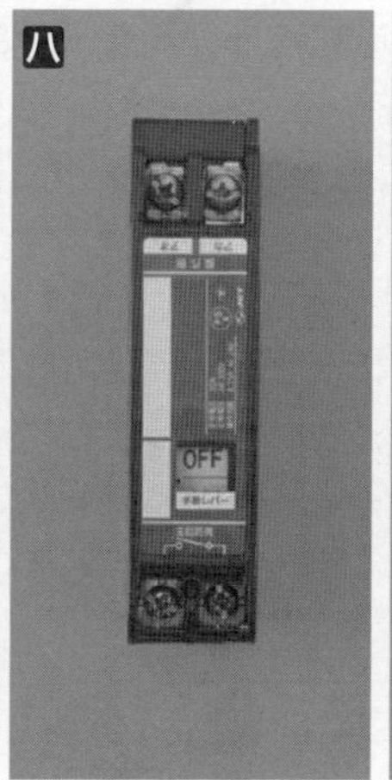

ニ
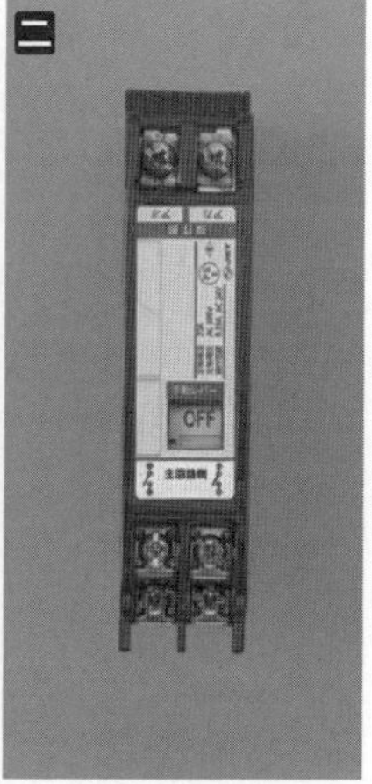

問 45　⑮で示す屋外部分の接地工事を施すとき、一般的に使用されることのないものは。

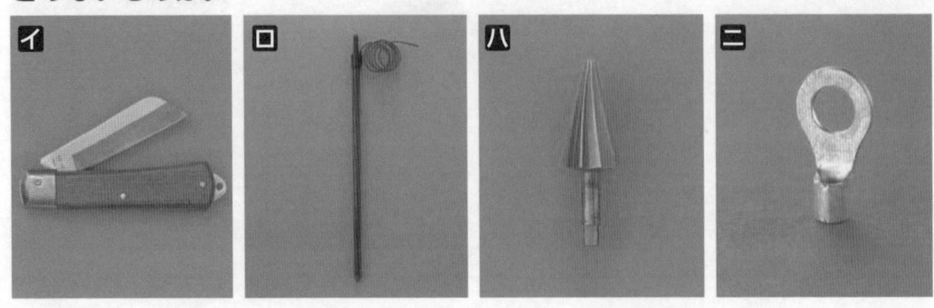

問 46　⑯で示す部分の配線工事に必要なケーブルは。

ただし、心線数は最少とする。

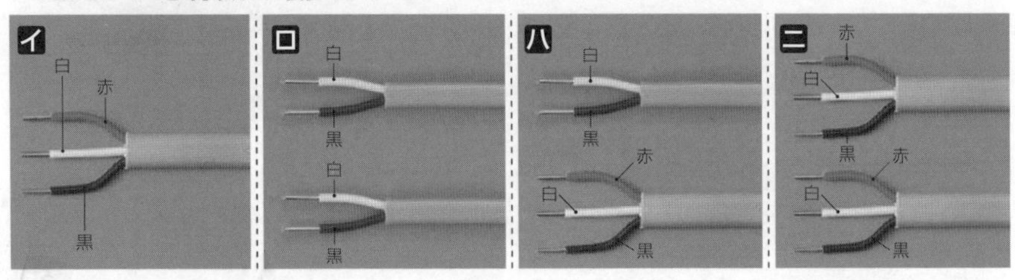

問 47　⑰で示すボックス内の接続をすべて差込形コネクタとする場合、使用する差込形コネクタの種類と最少個数の組合せで、正しいものは。

ただし、使用する電線はすべて VVF1.6 とする。

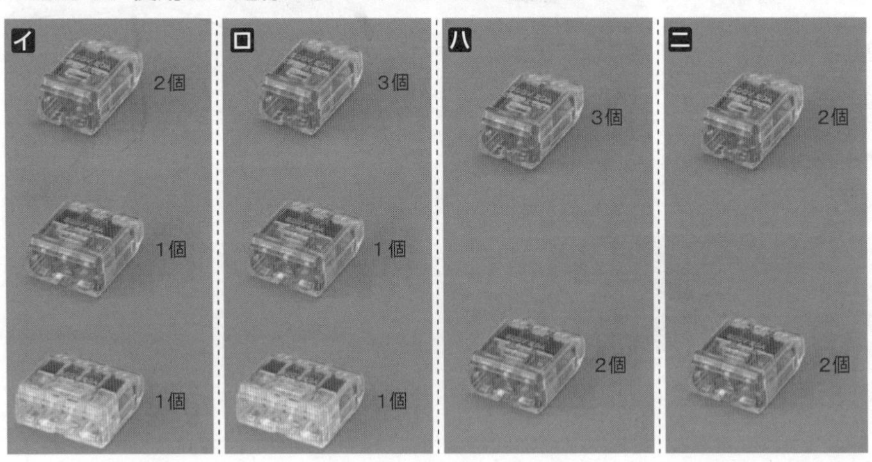

問 48　⑱で示す図記号のものは。

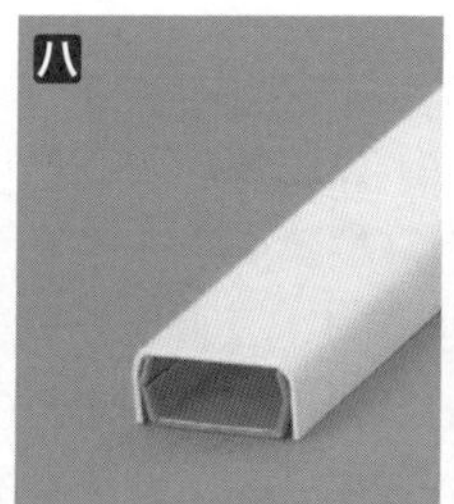

問 49　この配線図の施工で、使用されていないものは。

ただし、写真下の図は、接点の構成を示す。

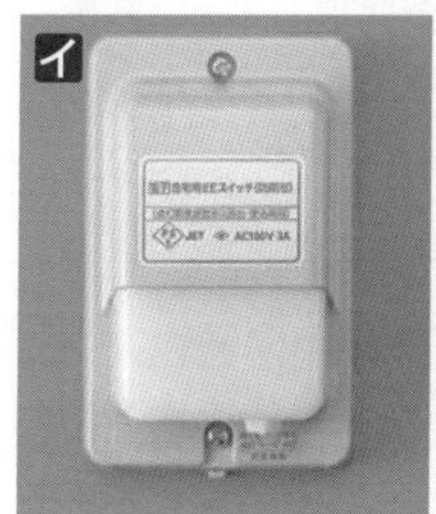

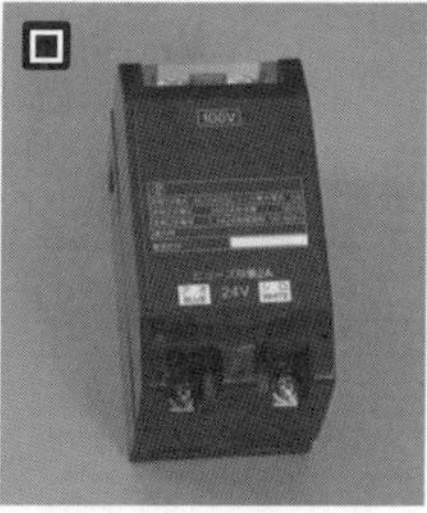

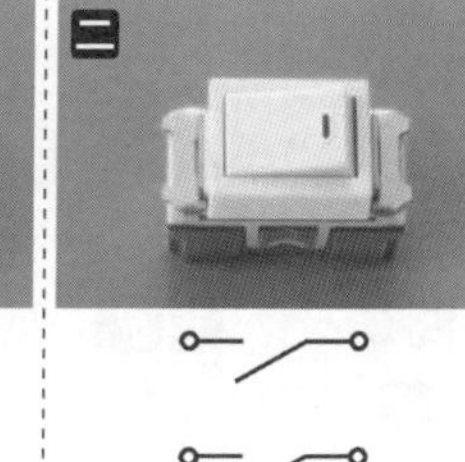

問 50　この配線図で、使用されているコンセントは。

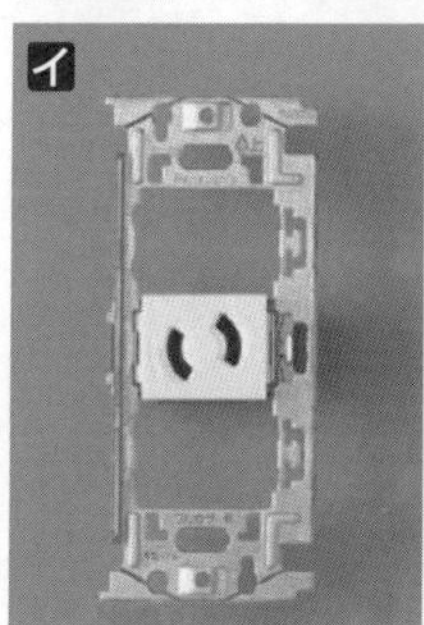

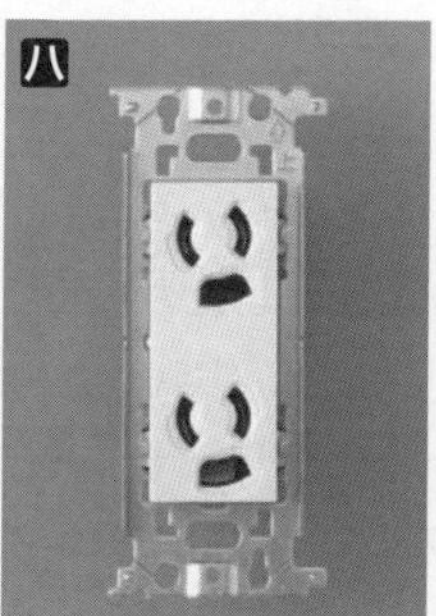

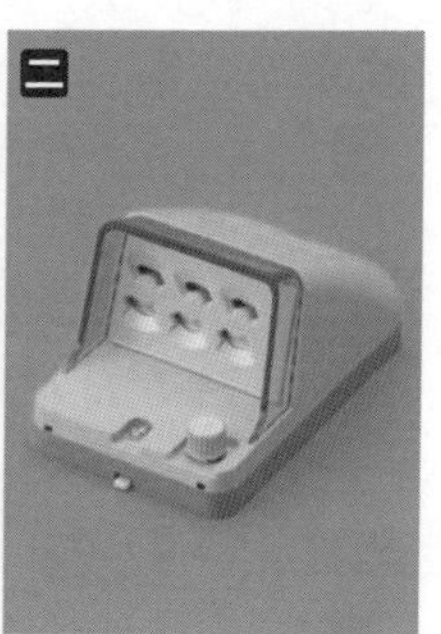

問1 ロ	**解説** 20 Ωと30 Ωの並列部分は、(20 × 30) ÷ (20 + 30) = 12[Ω]となりますから、回路全体としては200Vの電池に(12 + 8 =) 20 Ωが接続された回路と見なせます。したがって、回路に流れる電流は、200[V] ÷ 20[Ω] = 10[A] です。抵抗で消費される電力を求める式のうち、$P = I^2R$ を用いれば答えが求まりますから、10 × 10 × 8 = 800[W] と求めることができます。
問2 イ	**解説** 導線の抵抗値は、長さに比例し、断面積に反比例します。また、断面積は半径の2乗に比例しますから、直径の2乗にも比例します。したがって、直径Dに2乗がない選択肢ハとニは誤り、そして長さLが2乗になっている選択肢ロも誤りとわかります。
問3 イ	**解説** 抵抗で消費される電力を求める式 $P = I^2R$ を用いると、10 × 10 × 0.2 = 20[W] の電力が消費されることになります。1時間は3600秒ですから、1時間で発生する熱量は 20[W] × 3600[秒] = 72000[J]、これを [kJ] 単位にすると 72 kJ と求まります。
問4 ロ	**解説** RX直列回路の合成インピーダンスZは、$Z = \sqrt{R^2+X^2}$ で求まります。6:8:10の直角三角形の関係から、インピーダンスは10 Ωとなるため、回路に流れる電流は 100[V] ÷ 10[Ω] = 10[A] と求まります。したがって、抵抗で消費される電力を求める式 $P = I^2R$ を用いると、10 × 10 × 8 = 800[W] となります。
問5 ハ	**解説** 三相Y結線ですから、線間電圧 = $\sqrt{3}$ × 相電圧です。ここで、1相当たりの負荷6 Ωに発生する電圧を計算すると、20[A] × 6[Ω] = 120[V] であることから、1.73 × 120 ≒ 208[V] と求まります。
問6 ニ	**解説** 配線の電力損失は、抵抗で消費される電力を求める式 $P = I^2R$ から求めることができます。したがって、10 × 10 × 0.15 = 15[W]、これが3本分ですから合計 45 W と求まります。

問7 ハ	**解説** 点Pで断線すると、単相3線式の両端の電圧210 Vが、20 Ωと10 Ωの直列回路に加わる回路になります。このときの20 Ω側の電圧を求めればよいことになります。 まず回路に流れる電流を求めると、210[V] ÷ 30[Ω] = 7[A]、これが20 Ωの負荷に流れるので、両端の電圧は7[A] × 20[Ω] = 140[V]と求まります。
問8 ロ	**解説** 断面積3.5 mm^2の600Vビニル絶縁電線の許容電流は37 Aです。これに電流減少係数0.63を掛けると23.31となり、最も近い23 Aが答えとなります。
問9 ニ	**解説** 許容電流42 Aは、幹線の遮断器50 Aの0.84倍＝84 %です。分岐電線の許容電流が55 %を超えれば、遮断器の設置距離に制限はありません。
問10 ロ	**解説** 30 Aの遮断器に15 Aのコンセントを接続することはできません。
問11 イ	**解説** プルボックスは、多数の金属管等が集合する場所で、電線の引き入れを容易にするために使用される部材です。
問12 ロ	**解説** ポリエチレン絶縁耐燃性ポリエチレンシースケーブルは、通称エコケーブルとも呼ばれ、分別が容易でリサイクル性がよい、ビニル絶縁ケーブルに対して許容温度が高い、難燃性がある、そして焼却時に有害なハロゲン系ガスが発生しないなどの特徴を持っています。
問13 イ	**解説** ノックアウトパンチャは、金属製キャビネットに比較的大きな穴を開けるための工具です。

問 14 **ニ**	**解説** 120f/p の式からもわかるように、交流電動機の回転速度は基本的に電源周波数に比例します。したがって、50 Hz から 60 Hz に変えると回転速度は増加します。
問 15 **ニ**	**解説** 高感度型漏電遮断器は、30 mA 以下の漏電電流で動作します。一般に感電死に至る電流は 50 mA 以上と言われていますので、1000 mA では感電事故の保護にはまったく役に立たないことになってしまいます。
問 16 **イ**	**解説** この部材は、硬質ポリ塩化ビニル電線管どうしを接続するカップリングです。
問 17 **ロ**	**解説** この部材はリモコンリレーです。制御電源端子と、スイッチ側の端子、そして細長い形状から判断することができます。
問 18 **ハ**	**解説** この工具は塩ビ管カッターです。
問 19 **ハ**	**解説** ビニルテープで絶縁する場合、半幅以上重ねて 2 回以上巻く必要があります。
問 20 **ロ**	**解説** キャブタイヤケーブルは、造営材などに取り付けるのではなく、床などに転がして通電状態のままで移動することが可能な使い方をするためのケーブルです。
問 21 **ロ**	**解説** 定格消費電力 2 kW 以上の機器の場合、専用の漏電遮断器を施設し、ケーブル工事によって機器と直接接続する必要があります。
問 22 **ハ**	**解説** 金属線ぴは、内部に電線を収納する金属製の覆いですから、内部の密閉性がなく、可燃性ガス等に対して防護することができません。

問 23 イ	解説　合成樹脂管工事の場合、支持点間は 1.5 m 以下です。
問 24 ニ	解説　測定レンジに倍率表示がある場合、読んだ指示値に倍率を掛けたものが測定値になります。
問 25 ニ	解説　非測定回路に電源電圧が加わった状態では測定できません。電源を切り離してから測定を行います。
問 26 イ	解説　使用電圧 300 V 以下で対地電圧が 150 V 超えている電路の絶縁抵抗は 0.2 MΩ以上である必要があります。また地絡が生じたときに 0.5 秒以内に遮断する装置が施してある D 種接地工事の接地抵抗値は 500 Ω以下である必要があります。したがって、いずれも適合しているものはイです。
問 27 ロ	解説　クランプ形電流計には、交流専用のほか、交流・直流両用のものもあります。
問 28 ニ	解説　「電気工事士法」において、ニの配電盤を造営材に取り付ける作業は第 2 種電気工事士でなければ従事できない作業です。
問 29 ロ	解説　特定電気用品には、〈PS E〉または<PS>Eの表示が付されます。
問 30 ハ	解説　電圧の種別が低圧となるのは、電圧が直流にあっては 750 V 以下、交流にあっては 600 V 以下のものです。
問 31 イ	解説　①で示す□の図記号の名称はイのジョイントボックスです。

問 32 ハ	**解説** ルームエアコンの屋内ユニットを示す傍記記号は、ハの I（indoor の意）です。
問 33 イ	**解説** ③で示す VVF 用ジョイントボックス間の最少電線本数は、ウ、エ、オのいずれの系統もスイッチと器具間の電線をこの部分に通す必要がないため、非接地側電線 1 本、接地側電線 1 本の 2 本です。
問 34 ニ	**解説** ④で示す記号 CVT は、ニの 600V 架橋ポリエチレン絶縁ビニルシースケーブル (単心 3 本のより線) を示しています。
問 35 ロ	**解説** ⑤で示す部分は 3 相 3 線 200 V の回路で、使用電圧 300 V 以下で対地電圧 150 V を超える電路に該当するので、絶縁抵抗の許容最小値はロの 0.2MΩです。
問 36 ニ	**解説** ⑥で示す部分は、使用電圧 300 V 以下の低圧の機器等に相当するので D 種接地工事が適用されます。また、回路に 0.5 秒以内に動作する漏電遮断器が使用されているので、許容される接地抵抗の最大値は 500 Ωです。
問 37 ニ	**解説** ⑦で示す図記号BEは、ニの漏電遮断器（過負荷保護付）です。
問 38 ハ	**解説** ⑧で示す図記号⊗は、ハのリモコンセレクタスイッチを示しています。
問 39 ニ	**解説** ⑨で示す図記号◎は天井付きコンセントを示します。
問 40 ロ	**解説** 耐衝撃性硬質ポリ塩化ビニル電線管の傍記記号は、ロの HIVE です。

問41
ロ

解説 ⑪の部分の電線の接続点は下図のとおりです。

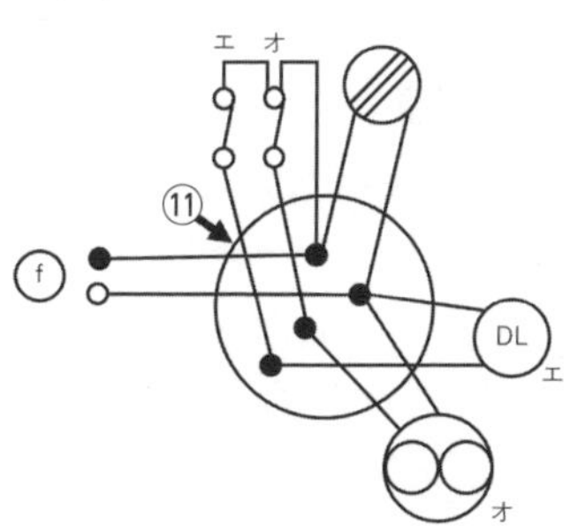

⑪の部分の電線の接続は、1.6mm:2本が2箇所、1.6mm:3本が1箇所、1.6mm:4本が1箇所です。したがって、⑪の部分に使用されるリングスリーブは、ロの小（刻印：○）2個、小（刻印：小）2個の計、小4個です。

問42
ハ

解説 DV線を引き留める場合に使用するものは、ハの引き留めがいしです。

問43
イ

解説 ⑬の部分の電線の接続は、下図のとおりです。

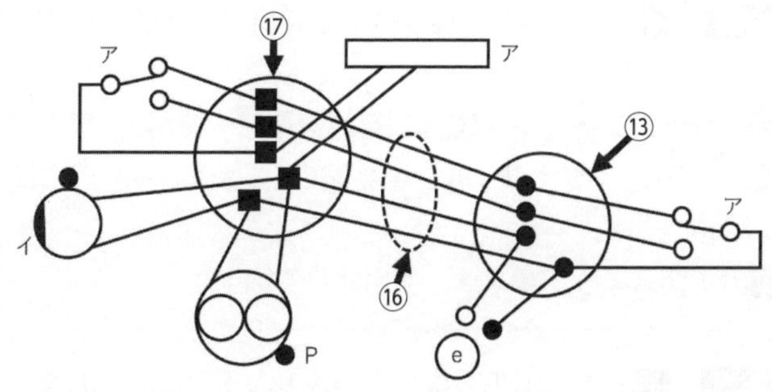

⑬の部分の電線の接続は、1.6mm:3本が1箇所、1.6mm:2本が3箇所です。したがって、使用するリングスリーブは、イの小4個です。

2023下期 午前 午後 解答と解説

問44 **ニ**

解説 ⑭で示す図記号▲▲▲はリモコンリレーを示します。⑭で示す部分は単相3線100/200Vの200Vの回路なので、ニの2極（両切）のリモコンリレーを使用します。ハは1極（片切）のリモコンリレーで、1線が接地されている100Vの回路に使用されます。

問45 **ハ**

解説 ハはリーマで金属管のバリ取りのために使用するもので、⑮で示す屋外部分の接地工事には使用されません。

問46 **ロ**

解説 ⑯の部分の電線は、問43の図のとおり、4本です。
したがって、配線工事に必要なケーブルは、ロです。

問47 **ロ**

解説 ⑰の部分の接続点は、問43の図のとおり、1.6mm:2本が3箇所、1.6mm:3本が1箇所、1.6mm:4本が1箇所です。
したがって、⑰の部分に使用される差込形コネクタは、ロの2本用3個、3本用1個、4本用1個です。

問48 **ロ**

解説 ⑱で示す図記号の傍記記号LDは、ロのライティングダクトです。

問49 **ニ**

解説 イの自動点滅器●$_A$は、事務所の屋外出入口のイの系統に使用されています。
ロのリモコントランスⓉ$_R$は、電灯分電盤に使用されています。
ハの3路スイッチ●$_3$は、事務室の照明のアの系統に使用されています。
ニの両切スイッチ●$_2$は、使用されていません。

問50 **イ**

解説 イの15A125V抜止形コンセント⦶$_{LK}$は、カウンターに使用されています。